Arbeitsanhang:

Sachverzeichnis
Die dort **fett** gedruckten Begriffe werden im Anhang als "Wichtige Begriffe" genau erläutert.

A

Agenda 21: Ein globales Aktionsprogramm zur Zukunftssicherung unserer Erde. Ziel ist eine → nachhaltige Entwicklung, d. h. nicht nur die Bedürfnisse der heutigen Generation sollen erfüllt werden, sondern auch die unserer Nachkommen. Sie wurde 1992 auf dem „Umweltgipfel“ in Rio de Janeiro beschlossen und soll in jedem Staat auch auf örtlicher Ebene umgesetzt werden (→ Lokale Agenda 21).

Wichtige Begriffe
Hier sind alle wichtigen Begriffe des Bandes zusammengestellt.

Zusatzangebot im Internet:

Weitere Lernangebote zu den Themen dieses Buches findest du im Internet mithilfe von Online-Links.
Die Online-Links, z. B. 104028-0101, stehen immer oben auf den Buchseiten.

Material
Netz der Globalen Herausforderungen
104028-0101

Öffne die Internetseite www.klett.de/online und gib den Online-Link im Suchfenster ein ...

... und du gelangst zum passenden Material für das jeweilige Thema.

Titelfoto: Zeltstadt in Pilton, Großbritannien, Glastonbury Festival 1994.

1. Auflage 1 9 8 7 6 5 | 25 24 23 22 21

Autor: Sebastian Paul, Hamburg
Mit Beiträgen von: Ulrich Bünstorf, Willich; Prof. Dr. Friedhelm Frank, Dresden; Christian Helmut Grosscurth, Siesbach; Bernd Haberlag, Lahstedt; Hans-Georg Herrnleben, Worms; Dr. Thomas Hoffmann, Lauf; Robert Jansen, Aachen; Jens Joachim, Leipzig; Arno Kreus, Aachen; Bodo Lehnig, Großdubrau; Yvonne Meyer, Mainz; Marcus Perabo, Mainz; Meike Rahner, Bochum; Heinrich Reif, Taunusstein; Sabine Rohdich, Bingen; Hans Joachim Salmen, Bochum; Dr. Petra Sauerborn, Bonn; Matthias Scholliers, Konstanz; Barbara Smielowski, Bochum; Dietmar Wagener, Hofgeismar; Prof. Dr. Volker Wilhelmi, Wackernheim; Kai Zimmermann, Viersen

Entstanden in Zusammenarbeit mit dem Projektteam des Verlages.

Esterne Redaktion: Mandy Görner, Oederan
Gestaltung: Nathanaël Gourdin & Katy Müller GbR, Leipzig
Umschlaggestaltung: Nathanaël Gourdin & Katy Müller GbR, Leipzig
Titelbild: Corbis (Skyscan), Düsseldorf
Illustrationen: Steffen Butz, Karlsruhe; Bettina Eckenfelder, Wenigenlupnitz; Klaus Feske, Ammerbuch; Rudolf Hungreder, Leinfelden-Echterdingen; Diana Jäckel, Erfurt; Wolfgang Schaar, Grafing; Ursula Wedde, Göppingen
Karten: Dr. Henry Waldenburger
Satz: Druckmedienzentrum Gotha GmbH, Gotha
Reproduktion: Druckmedienzentrum Gotha GmbH, Gotha
Druck: Firmengruppe APPL, aprinta druck, Wemding

Printed in Germany
ISBN 978-3-12-104028-5

9 783121 040285

Geographie 9/10

Hamburg

TERRA

Ernst Klett Verlag
Stuttgart · Leipzig

Inhalt

Farblegende:
TERRA **METHODE**
TERRA **ORIENTIERUNG**
TERRA **TRAINING**

1

2

3

4

5

6

1

Die Welt heute verändern

Die Kräfte der Natur und das Handeln der Menschen gestalten die Erde und damit immer auch unsere Lebensbedingungen. Unsere derzeitige Lebensweise hat dabei für alle heute erkennbare Entwicklungen in globaler Dimension in Gang gesetzt, die unsere Lebensgrundlage bedrohen.
Unser Denken und Handeln muss in die Zukunft gerichtet sein. So werden aus unausweichlich erscheinenden Problemen große Herausforderungen.

Wangari Maathai und Muhammad Yunus haben solche Herausforderungen angenommen, indem sie scheinbar Unmögliches gedacht und umgesetzt haben, indem sie die Menschen angesprochen und motiviert haben. Sie haben gezeigt, wie die Welt heute für alle wieder lebenswerter werden kann. Beide wurden für ihre Arbeit mit dem Friedensnobelpreis ausgezeichnet. Diesen großen Vorbildern können wir im Kleinen auch folgen.

Muhammad Yunus wurde 1940 in Chittagong, im Süden von Bangladesh, geboren. Dank eines Stipendiums konnte er in den USA Wirtschaftswissenschaft studieren. Zurück in Chittagong wurde er zunächst Projektmanager und später Direktor der Grameen Bank. Anders als alle anderen Banken dieser Welt entschied er Ende der 1970er-Jahre, angesichts der weit verbreiteten Armut in seinem Land, den Armen Kredite ohne Sicherheiten zu gewähren. Vor allem Frauen nahmen bisher diese Chance wahr. Sie können sich mithilfe sehr kleiner Kreditsummen eine Kuh, eine Nähmaschine oder aber einige Legehennen kaufen und so die Basis für eine solide wirtschaftliche Existenz legen und ein Leben in Würde führen.

Wangari Maathai kam 1940 südlich von Nairobi, der Hauptstadt Kenias, zur Welt. Auch sie konnte nur dank eines Stipendiums in den USA und Deutschland Biologie studieren. Wangari Maathai ist die erste Kenianerin, die einen Doktortitel erwarb und Professorin an der Universität in Nairobi wurde. Sie erkannte, dass sich das Leben vieler Menschen infolge der Rodung der Wälder und der dadurch verstärkten Erosion verschlechterte. Mit der Gründung der „Grüngürtelbewegung", die in vielen afrikanischen Ländern bis heute etwa 50 Millionen Bäume gepflanzt hat, beschloss sie, gegen diese Entwicklung vorzugehen. Wangari Maathai will den Menschen die Bedeutung der Bäume für die Existenzsicherung vermitteln und ein Leben mit der Natur zum Grundsatz machen.

1 Globale Herausforderungen für menschliche Bedürfnisse

Globale Probleme – Herausforderungen an uns

Wangari Maathai und Muhammad Yunus sind zwei von vielen Menschen, die sich mit den vielerorts durch Armut und Umweltzerstörung geprägten Lebensbedingungen nicht abfinden wollen. Sie haben sich entschlossen zu handeln und ihren Teil für eine zukunftsfähige Entwicklung der Erde beizutragen, anstatt sich den herrschenden Verhältnissen zu ergeben. Überwindung der Armut und Schutz der Natur richten sich gegen zwei zentrale Missstände in unserer Welt. Zugleich steht die Menschheit vor weiteren globalen Herausforderungen.

Vor allem die ungleichen Entwicklungschancen zwischen Staaten und innerhalb der einzelnen Gesellschaften führen dazu, dass die bestehenden sozialen und räumlichen Unterschiede weiter zunehmen. Die Globalisierung der Weltwirtschaft erscheint dabei den einen als Lösung, anderen als Ursache dieser Fehlentwicklung. In jedem Fall aber gilt die Beseitigung der Armut in den entwickelten Ländern wie in den Ländern des Südens als Schlüssel, um die „Geteilte Welt“ unserer Zeit in Richtung „Eine Welt der Chancengleichheit“ zu verändern.

Die herrschenden Unterschiede wirken zudem als Motor für die weltweit zu beobachtende Zunahme der Migrationsströme sowie der Verstädterung. Verschärft wird diese Problematik durch zwei weitere globale Entwicklungen: den Klimawandel und das Wachstum der Weltbevölkerung.

Unstrittig ist mittlerweile, dass die Durchschnittstemperatur der Erde deutlich angestiegen ist. Das beeinträchtigt vor allem in den Ländern des Südens die Lebensbedingungen durch Wassermangel, Ernteeinbußen und Wetterextreme massiv. Hinzu kommt die Tatsache, dass die Weltbevölkerung bis zum Jahre 2050 voraussichtlich auf mehr als 9 Milliarden Menschen angewachsen sein wird. Um zu erahnen, was dies bedeutet, stelle man sich vor, dass zur heutigen Weltbevölkerung die Zahl der Bewohner Indiens und Chinas noch einmal hinzukommen.

Angesichts dieser Situation müssen nicht nur Einzelne, sondern jeder Einzelne zugunsten einer zukunftsfähigen Entwicklung in der „Einen Welt“ handeln. Viele haben bereits damit begonnen.

Material
Netz der Globalen Herausforderungen
104028-0101

2 **Kinoplakat**

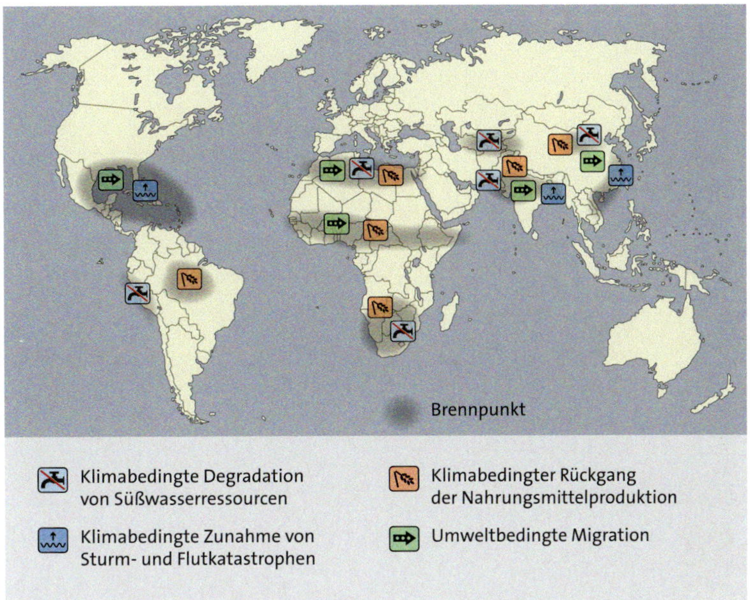

3 **Klimabedingte Konfliktsituationen in ausgewählten Brennpunkten**

Herausforderung Klimawandel

Der amerikanische Politiker Al Gore hatte sich schon vor seiner Amtszeit als Vizepräsident der USA mit Umweltverschmutzung und Klimaveränderung befasst. Er entwickelte die Idee, einen globalen Rettungsplan für die Umwelt zu begründen, den „Global Marshall-Plan". Dieses Engagement setzte er in den letzten Jahren fort, wobei er sich zum Ziel setzte, die Weltbevölkerung über den Fortgang und die Gefahren des Klimawandels zu informieren und sie wachzurütteln. Jeder kann, so seine Botschaft, durch seinen ganz persönlichen Lebensstil und bewusstes Handeln die Treibhausgasemissionen verringern und damit einen Beitrag zur Begrenzung des Klimawandels leisten. Al Gores Leistung ist es, mit seinen Vorträgen, vor allem aber mit dem Film „An unconvenient truth" („Eine unbequeme Wahrheit") Millionen Menschen auf der ganzen Welt erreicht zu haben. Al Gore wurde zusammen mit dem IPCC mit dem Friedensnobelpreis ausgezeichnet, „for their efforts to build up and disseminate greater knowledge about man-made climate change, and to lay the foundations for the measures that are needed to counteract such change".

Die Menschheit nimmt durch die Verbrennung fossiler Energieträger entscheidend Einfluss auf die Temperaturerhöhung. Sollte die Durchschnittstemperatur der Erde um mehr als zwei Grad ansteigen, ist mit nicht mehr kontrollierbaren Folgen zu rechnen – so die Botschaft des IPCC. Die Folgen des Klimawandels bewirken jedoch nicht nur höhere Temperaturen sowie Dürren oder Überschwemmungen. Seit der bahnbrechenden Studie von Sir Nicholas Stern 2006 wissen wir, dass sich der Klimawandel auch negativ auf die Wirtschaftsbilanzen auswirkt. Und schließlich verursachen nach Forschungen des WGBU die jeweils klimabedingten Verschlechterungen von Süßwasserressourcen, Zunahmen von Sturm- und Flutkatastrophen sowie Rückgänge der Nahrungsmittelproduktion millionenfache Umweltflucht und vielfältige Konflikte, vor allem in den Ländern des Südens. Klimaschutz ist somit zugleich auch als friedenssichernde Maßnahme zu begreifen und zu realisieren. Erreichen können wir dies, wenn wir alle zusammen die weltweiten Treibhausgasemissionen jedes Jahr um ein Prozent senken. Dazu muss aber jeder in unserer „Einen Welt" seinen Beitrag leisten.

4 **Al Gore** (Vizepräsident der USA 1993 – 2001)

IPCC
Intergovernmental Panel on Climate Change, wurde 1988 vom Umweltprogramm der Vereinten Nationen gegründet und veröffentlicht etwa alle fünf Jahre einen Bericht über den Stand der Klimaforschung.

WGBU
Wissenschaftlicher Beirat der Bundesregierung für globale Umweltveränderungen

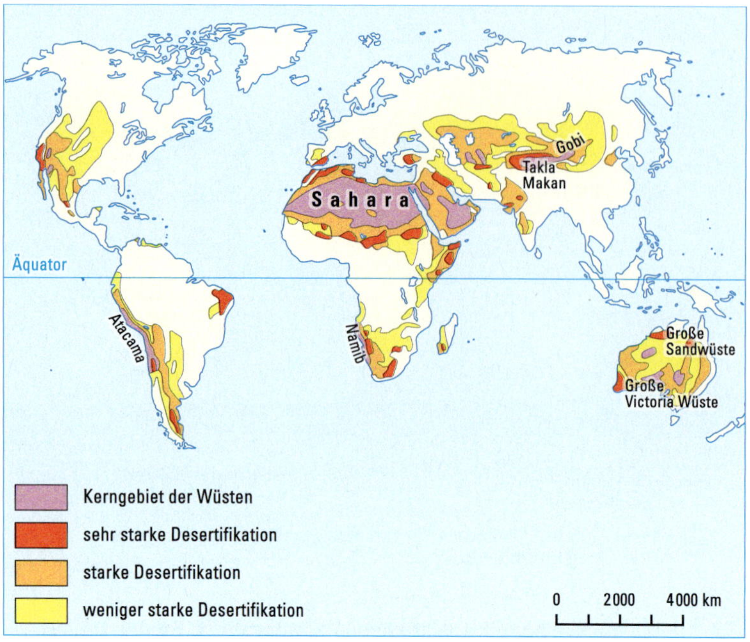

5 **Weltweite Desertifikation**

6 **Wandernde Sicheldünen**

Herausforderung Bodenzerstörung

Nicht nur der weltweite Verlust von Boden, auch verminderte Bodenfruchtbarkeit beeinträchtigt die Nahrungsgrundlage. Für diese Verwüstung, die sogenannte Desertion, gibt es häufig natürliche Ursachen: hohe Aridität, hohe Niederschlagsvariabilität mit Starkregen, starke Winde und Nährstoffarmut.

Oft kommt aber unsachgemäßes menschliches Handeln hinzu: Dadurch sind mittlerweile ungefähr 40 % des Ackerlandes, 20 % des Dauergrünlandes und 20 % der Wald- und Savannenböden beeinträchtigt. Man fasst die verschiedenen Formen der Schädigung unter dem Begriff Bodendegradation zusammen.

Vor allem die Bodenerosion, der Abtrag der oberen Bodenschichten, ist hier zu nennen: Die großflächige Abholzung führt in allen Vegetationszonen zu einer fast ungehinderten Wind- und Wassererosion. Aber auch falsche und übermäßige Nutzung durch den Menschen mit Monokulturen, Überweidung und Bewässerungsfeldbau zerstören die Böden nachhaltig. Bei uns kommen noch Schadstoffeinträge von Industrie und Landwirtschaft hinzu.

Diese anthropogenen, also vom Menschen verursachten Verwüstungsprozesse nennt man Desertifikation.

Vor allem für die afrikanische Sahelzone war diese Entwicklung bislang charakteristisch, doch nun gibt es erstaunliche Nachrichten: Im Niger scheint die Ausbreitung der Wüste gestoppt. „Wir beobachten hier die vielleicht größte erfolgreiche Bewaldungsaktion der Gegenwart. Seit 20 Jahren kommen jedes Jahr etwa eine Viertel Million Hektar Akazien-Baumbestand dazu, mittlerweile ist eine Fläche ergrünt, die so groß ist wie die Niederlande. So wachsen hier rund 200 Millionen Bäume heran, und in Burkina Faso und Mali sieht es ähnlich aus.“ Der Geograph Chris Reij von der Freien Universität Amsterdam berichtet weiter: „Die Bauern pflanzen die Akazien auf ihre Äcker, als Windschutz für die Hirse.“ Die Menschen vor Ort entwickeln selbst Strategien zur Verbesserung ihres Lebens.

So gibt es auch positive Entwicklungen zu berichten aus einer Zone, die als „Ground Zero“ oft schon aufgegeben wurde.

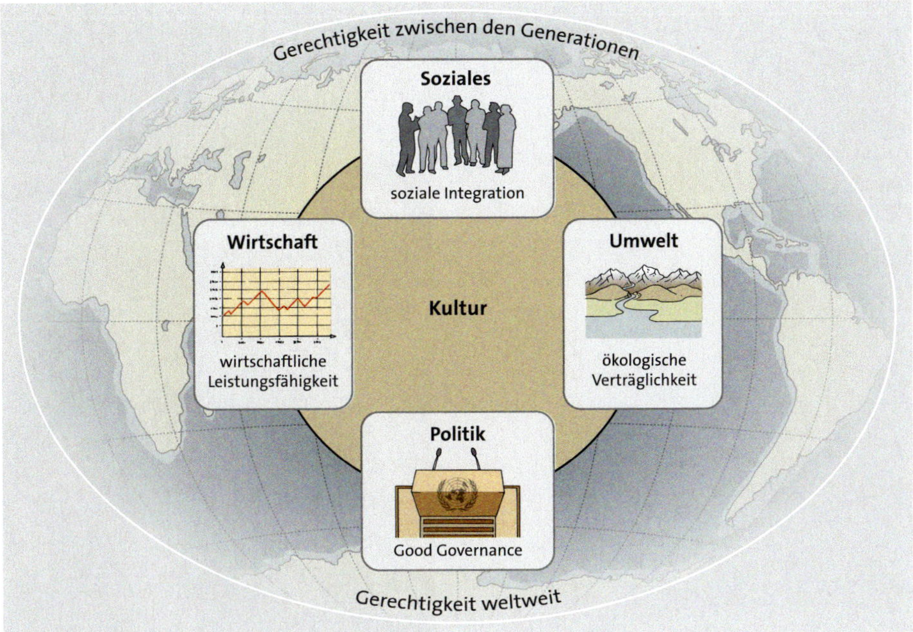

7 **Lösungsansatz Nachhaltigkeit**

8 **Teeanbau in Ruanda**

Lösungsansatz Nachhaltigkeit

„Die Menschheit steht an einem entscheidenden Punkt ihrer Geschichte. Wir erleben eine zunehmende Ungleichheit zwischen Völkern und innerhalb von Völkern eine immer größere Armut, immer mehr Hunger, Krankheit und Analphabetentum sowie eine fortschreitende Schädigung der Ökosysteme, von denen unser Wohlergehen abhängt. Durch eine Vereinigung von Umwelt- und Entwicklungsinteressen und ihre stärkere Beachtung kann es uns jedoch gelingen, die Deckung der Grundbedürfnisse, die Verbesserung des Lebensstandards aller Menschen, einen größeren Schutz und eine bessere Bewirtschaftung der Ökosysteme und eine gesicherte, gedeihlichere Zukunft zu gewährleisten. Das vermag keine Nation allein zu erreichen, während es uns gemeinsam gelingen kann: in einer globalen Partnerschaft, die auf eine nachhaltige Entwicklung ausgerichtet ist."

So beginnt die Erklärung der Welt-Umweltkonferenz 1992 in Rio de Janeiro. Mit der „Agenda 21" hat sich die Weltgemeinschaft auf das Prinzip der Nachhaltigkeit geeinigt. Es verpflichtet alle Akteure darauf, die ökonomischen, ökologischen und sozialen Aspekte und Interessen menschlichen Handelns miteinander in Einklang zu bringen.

Wangari Maathai, Muhammad Yunus und Al Gore verbindet die Überzeugung, dass nur durch ein auf Nachhaltigkeit ausgerichtetes Handeln aller Armut und Ungleichheit sowie Umweltzerstörung und Klimawandel begegnet werden kann. Und sie verbindet die Überzeugung, dass nur viele kleine, lokal umgesetzte Schritte zur Verbesserung der globalen Situation führen. „Think global – act local" lautet daher das in Rio de Janeiro ausgegebene Motto für nachhaltiges Handeln.

Für uns in den Industriestaaten kommt noch hinzu: Weniger ist mehr – weniger ist schwer! Wir müssen auch verzichten lernen, aber das kann ja auch durchaus „in" werden.

Und es muss unbedingt gefordert werden: Nicht nur im Kleinen, sondern vor allem auch im Großen muss vorbildlich gehandelt werden!

Umweltschutz in Ruanda

Ruanda gehört zu den Ländern mit dem kleinsten ökologischen Fußabdruck, obwohl die Wirtschaft wächst. Präsident Kagame: „Afrikas Wirtschaftswachstum hängt direkt von Landwirtschaft und der Ausbeutung natürlicher Ressourcen ab. All das ist nur mit einem effektiven Umweltmanagement möglich." Programme zur Aufforstung und Terrassierung werden konsequent vorangetrieben; aber auch vor allem die zukünftige Energiewirtschaft ist grün: Eigene Methanvorkommen im Kivu-See sollen ebenso genutzt werden wie die Sonnenkraft, denn Solaranlagen versorgen zunehmend Schulen und Krankenhäuser.

Weltbevölkerung – genug oder schon zu viel?

6 962 163 127 Menschen. In der Zeit, in der du diese Zahl liest, hat die Erdbevölkerung schon wieder um 12 Menschen zugenommen: 2,5 in der Sekunde, 151 in der Minute, 9 043 in der Stunde oder 217 024 pro Tag.
Wann sind die Grenzen dieses Wachstums erreicht? Wie lange reichen unsere Rohstoffe noch? Wie viele Menschen kann unsere Erde maximal ernähren? Kurz: Wie viele Menschen trägt die Erde?

1 Die Weltbevölkerungsuhr der Deutschen Stiftung Weltbevölkerung am 3.5.2011, 11:36 Uhr

2 Jobmesse in Peking

3 Entwicklung der Weltbevölkerung

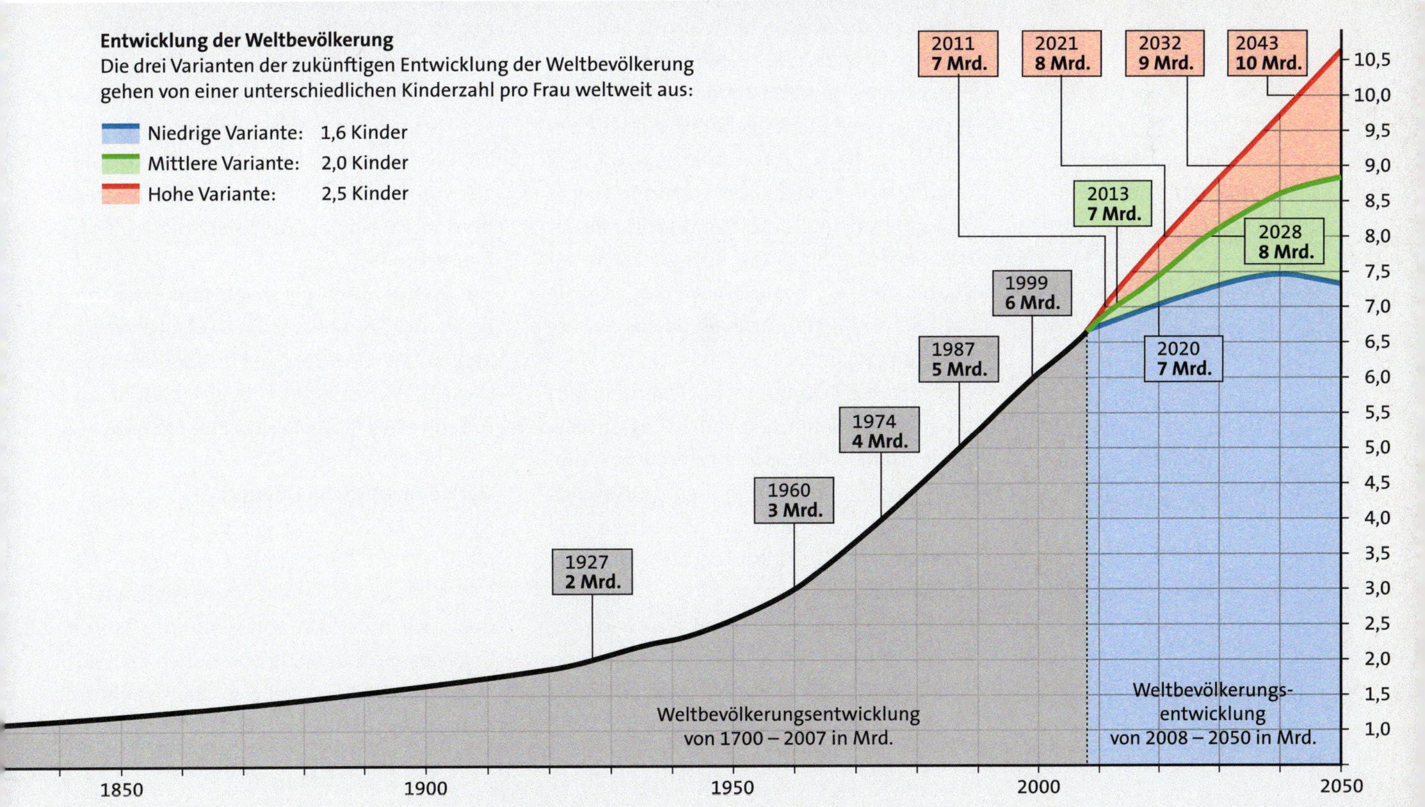

Entwicklung der Weltbevölkerung
Die drei Varianten der zukünftigen Entwicklung der Weltbevölkerung gehen von einer unterschiedlichen Kinderzahl pro Frau weltweit aus:
Niedrige Variante: 1,6 Kinder
Mittlere Variante: 2,0 Kinder
Hohe Variante: 2,5 Kinder
2011 7 Mrd.
2021 8 Mrd.
2032 9 Mrd.
2043 10 Mrd.
2013 7 Mrd.
2028 8 Mrd.
2020 7 Mrd.
1999 6 Mrd.
1987 5 Mrd.
1974 4 Mrd.
1960 3 Mrd.
1927 2 Mrd.
Weltbevölkerungsentwicklung von 1700 – 2007 in Mrd.
Weltbevölkerungs-entwicklung von 2008 – 2050 in Mrd.
10,5
10,0
9,5
9,0
8,5
8,0
7,5
7,0
6,5
6,0
5,5
5,0
4,5
4,0
3,5
3,0
2,5
2,0
1,5
1,0
1850
1900
1950
2000
2050

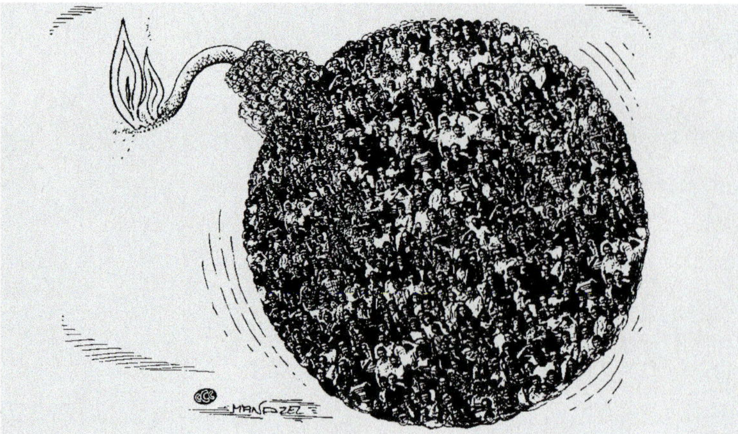

1 „Die Bevölkerungsbombe“

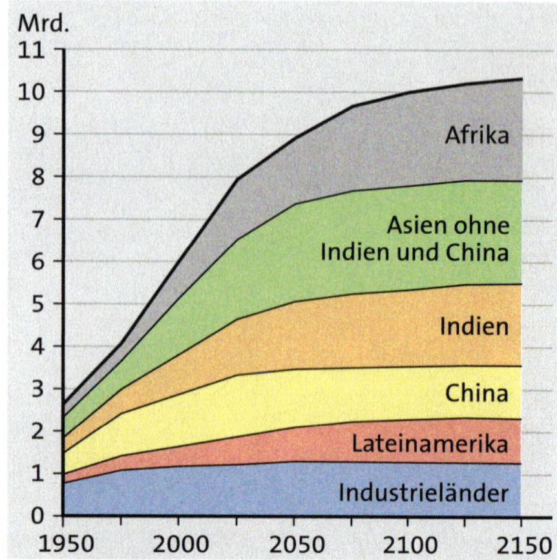

2 Bevölkerungsentwicklung nach Regionen (ab dem Jahr 2010 Prognose)

Immer mehr, immer schneller, überall?

Geburtenrate
Zahl der Lebendgeborenen pro 1 000 Einwohner in einem Jahr

Sterberate
Zahl der Verstorbenen pro 1 000 Einwohner in einem Jahr

Natürliche Bevölkerungsbewegung
Geburtenrate abzüglich der Sterberate

Als Kolumbus 1492 Amerika erreichte, lebten auf der Erde nur 500 Mio. Menschen. Es dauerte noch 300 Jahre, ehe sich die Weltbevölkerung auf 1 Mrd. Menschen verdoppelt hatte. Danach erfolgte die Verdoppelung immer schneller. Von 1960 bis 1999 stieg die Weltbevölkerung von 3 auf 6 Mrd. Und ein Ende ist noch nicht abzusehen. Wie ist diese Entwicklung zu erklären?

Bis vor etwa hundert Jahren wurden auch schon so viele Kinder geboren, dass die Bevölkerung hätte stark wachsen können. Doch Kriege, Krankheiten, schlechte Hygiene sowie unzureichende und schlechte Ernährung sorgten dafür, dass die Zahl der Sterbefälle fast ebenso hoch lag wie die Zahl der Geburten. Deshalb wuchs die Bevölkerung kaum.

Erst als es gelang, mehr Nahrungsmittel zu produzieren und durch bessere Hygiene Krankheiten erfolgreich zu bekämpfen, wurden die Menschen wesentlich älter. Durch die sinkende **Sterberate** und die unveränderte **Geburtenrate** wuchs die Bevölkerung.

Die Weltbevölkerung nimmt also dann zu, wenn die Geburtenrate höher als die Sterberate ist. Diese Differenz wird auch als **Wachstumsrate** bezeichnet.

Während über Jahrhunderte die Bevölkerung nur langsam anstieg, übersprang die Anzahl der Menschen im letzten Jahrhundert eine Milliardengrenze nach der anderen: Die Wachstumsrate stieg von 0,5 % im Jahr 1900 auf 2,1 % im Jahr 1975 an. Wäre die Weltbevölkerung mit gleich bleibender Wachstumsrate 50 Jahre lang weiter gewachsen, dann würden 11,3 Mrd. Menschen im Jahr 2025 auf der Erde leben. Angesichts solcher Vorhersagen wurde in den 1970er-Jahren von vielen Wissenschaftlern, z. B. vom Club of Rome, die **Bevölkerungsexplosion** als ein Grundproblem der Menschheit erkannt.

Die Weltbevölkerung steigt momentan nur noch um 1,2 % pro Jahr an. Das klingt wenig, aber es ist eine Zahl mit großer Wirkung. Diese 1,2 % bedeuten eine absolute Zunahme von etwa 80 Mio. Menschen pro Jahr.

Der demografische Übergang

Mit der Entwicklung der Bevölkerung befasst sich die Demografie. Demografen haben Mitte des 20. Jahrhunderts festgestellt, dass sich innerhalb von etwa 200 Jahren in Wales ein Übergang von hohen zu niedrigen Sterberaten vollzog. Sie glaubten, dass jedes Land eine solche Entwicklung

Lernen im Netz
Animation Demografischer Übergang
104028-0201

demografischer Wandel

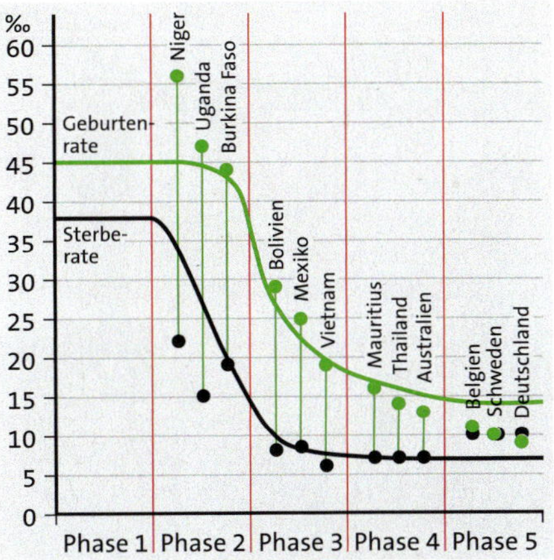

3 Stand des demografischen Übergangs in ausgewählten Ländern 2005

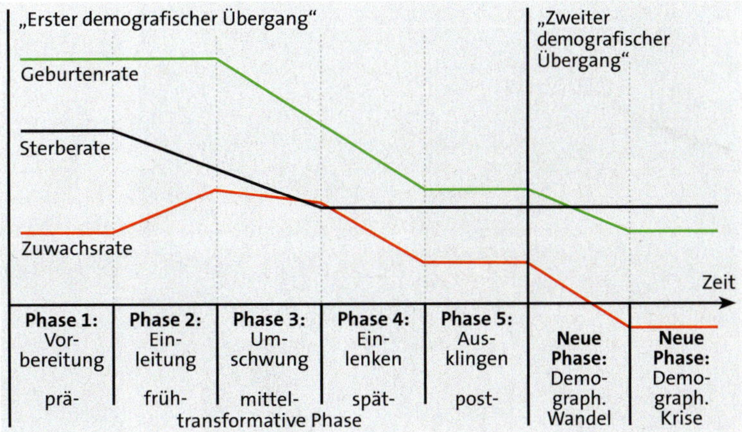

4 Modell des demografischen Übergangs

durchläuft und haben ein Modell entwickelt, das die historische Entwicklung von Geburten- und Sterberate, also die **natürliche Bevölkerungsbewegung** eines Landes, idealtypisch beschreibt: das Modell des **demografischen Übergangs**.
Mit dem Einsetzen der Industrialisierung in England, später auch in den anderen europäischen Ländern, kam es zu einem raschen Anstieg der Bevölkerungszahlen auf dem europäischen Kontinent.
Gründe für die abnehmende Geburtenrate sind unter anderem die zunehmende Verstädterung und der wachsende Wohlstand.

Das Modell soll auf alle Regionen der Welt übertragbar sein. Jedes Land könne nach seinem Standort in diesem Übergangsschema klassifiziert werden und damit die unterschiedliche Bevölkerungsentwicklung beschrieben bzw. verglichen werden. Wie bei jedem theoretischen Modell gelingt dies jedoch nicht immer hundertprozentig, zumal fraglich ist, ob sich Entwicklungen in westlichen Ländern auf andere Kulturkreise übertragen lassen.

$B_n = B_A \cdot \left(1 + \frac{p}{100}\right)^n$

B_n: Bevölkerungszahl nach n Jahren
B_A: Bevölkerungszahl im Anfangsjahr
p: Prozentsatz des Wachstums
n: Anzahl der Wachstumsjahre

Beispielrechnung für Belgien

$B_{23} = 10{,}25 \text{ Mio.} \cdot \left(1 + \frac{0{,}2}{100}\right)^{23}$
$= 10{,}73 \text{ Mio.}$

5 Wie man die Bevölkerungsentwicklung berechnet

1 Interpretiere die Karikatur 1.

2 Bevölkerungswachstum überall?
a) Berechne mithilfe der Formel (M5) und der Strukturdaten im Anhang die Bevölkerungszahlen von Belgien, Australien, Indien, Bangladesch und Deutschland für das Jahr 2025. Vergleiche die Veränderungen.
b) Werte Diagramm 2 aus.

3 Erläutere das Diagramm 4 mithilfe des Textes.

4 Ordne die folgenden Aussagen begründet Phasen des demografischen Übergangs zu:
– Zwei ihrer sechs Kinder sind bei der letzten Cholera-Epidemie gestorben.
– Anna wird von ihren Großeltern verwöhnt. Sie ist das einzige Enkelkind von Gudrun und Wolfgang.
– Die Regierung startet eine Kampagne, um über Verhütungsmittel zu informieren.

5 Modelle in der Kritik:
a) Begründe, weshalb sich nicht alle Länder problemlos in das Modell des demografischen Übergangs einordnen lassen.
b) Erläutere, inwiefern Modelle überhaupt geeignet sind, die Wirklichkeit zu beschreiben.

Seite 48/49
Eine Karikatur auswerten

1 Familien in Afrika und Deutschland

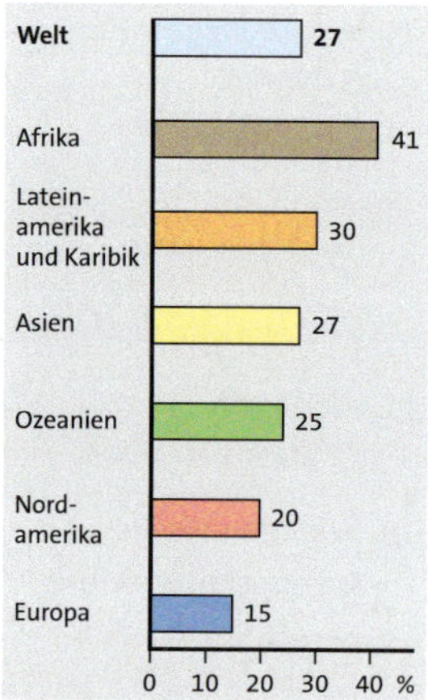

2 Anteil der Kinder unter 15 Jahren an der Bevölkerung 2009 in %

Altersstruktureffekt
Je mehr junge Menschen geboren werden, umso mehr potenzielle Eltern gibt es und umso schneller wird das zukünftige Bevölkerungswachstum sein.

Die einen werden mehr, die anderen älter

In einer Minute werden weltweit 156 Kinder geboren, 138 von ihnen in Entwicklungsländern und nur 18 in Industrieländern. Wieso gibt es solche großen Unterschiede?

Viele Kinder
Es gibt eine Vielzahl an Ursachen für die hohe Kinderzahl in Entwicklungsländern. Hier einige Beispiele:
Kinder haben in Entwicklungsländern einen anderen Stellenwert in der Lebensplanung der Eltern als bei uns. Für die Industrie in diesen Ländern sind Kinder billige Arbeitskräfte. Viele Betriebe vergeben ihre Arbeit bevorzugt an unter Fünfzehnjährige, weil deren Stundenlöhne gerade einmal halb so hoch sind wie die der Erwachsenen. Diese Einkommen benötigen die Familien aber, um zu überleben.
In einigen Regionen der Welt sind Verhütungsmittel nicht erschwinglich, noch nicht bekannt oder sie werden aus religiösen Gründen abgelehnt. Deswegen ist die Anzahl der ungewollten Schwangerschaften in diesen Ländern sehr hoch.

Wenig Kinder
In den Industrieländern ist das anders, es werden immer weniger Kinder geboren.
Ein Grund dafür ist, dass in den Industrieländern in der Regel die Eltern ihre Familie versorgen. Die Kinder arbeiten – wenn überhaupt – nur, um ihr Taschengeld und nicht um das Familieneinkommen zu verbessern. Gleichzeitig leistet der Staat einen Beitrag zur Altersvorsorge der Eltern in Form von Renten oder Pensionen. Es gibt Arbeitslosen- und Krankenversicherungen sowie eine staatliche Grundsicherung, um in Not geratene Familien zu unterstützen.
Mehrere Kinder würden die Berufstätigkeit von mindestens einem der Ehepartner einschränken. Viele Ehepaare entscheiden sich wegen der damit verbundenen Einschränkungen für nur ein oder kein Kind. Manche Eltern befürchten durch ein oder mehrere Kinder materielle Notlagen und ein Armutsrisiko.

Ein zweiter demografischer Übergang?
In vielen westlichen Industriestaaten lässt sich beobachten, dass die Geburtenrate unter das Niveau der Sterberate sinkt. Diese Entwicklung lässt sich mit dem

Material
Infoblatt Weltbevölkerung
104028-0202

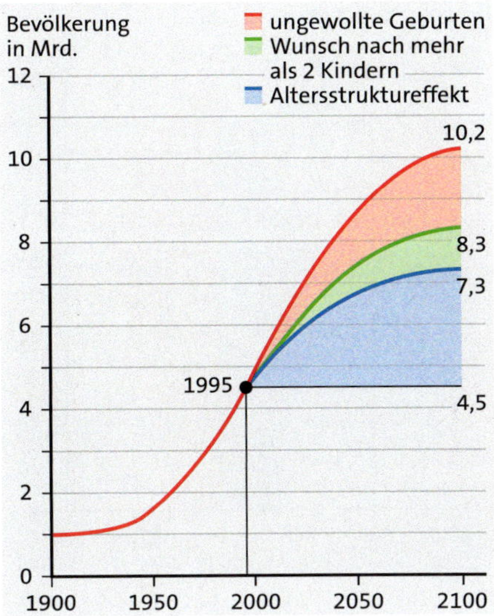

3 Ursachen des Bevölkerungswachstums in Entwicklungsländern

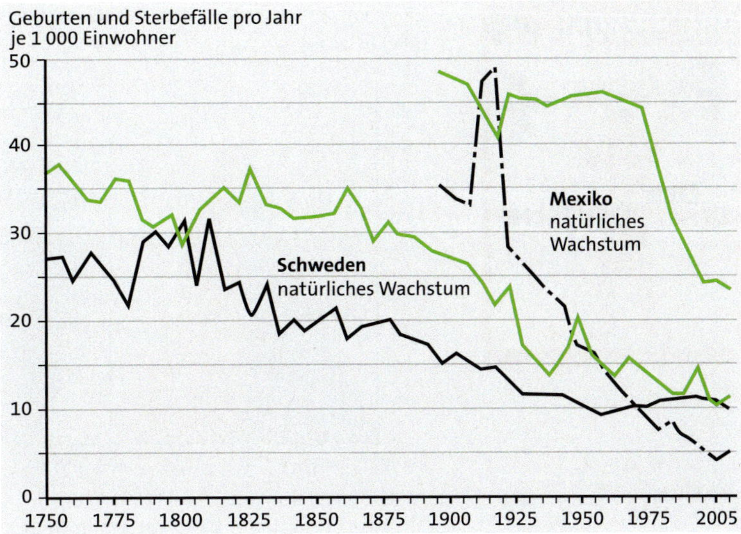

4 Der demografische Übergang in Schweden und Mexiko im Vergleich

ursprünglichen Modell des demografischen Übergangs nicht erklären und war Mitte des 20. Jahrhunderts auch noch nicht abzusehen. 1987 entwickelte man daher das Konzept vom „Zweiten demografischen Übergang" (siehe dazu auch Diagramm 4 auf Seite 13).

Die Folgen

In Deutschland klagen Politiker darüber, dass zu wenige Kinder geboren werden. Modellrechnungen zeigen, dass Deutschland im Jahr 2080 nur noch rund 43 Mio. Einwohner haben wird. Weniger Kinder gleich weniger Menschen – heißt das nicht: weniger Arbeitslosigkeit und weniger Umweltverschmutzung? Ganz so einfach ist das nicht, denn durch die niedrigere Geburtenrate und die höhere Lebenserwartung nimmt der Anteil der älteren Menschen zu (**Überalterung**). Immer weniger Menschen zahlen Beiträge für die Sozialversicherungen. Das soziale Sicherungssystem droht zusammenzubrechen. In den Entwicklungsländern führt das starke Bevölkerungswachstum hingegen zu ganz anderen Problemen: So mangelt es an Schulen und Ausbildungsplätzen und es wird immer schwerer, die Bevölkerung mit Nahrungsmitteln zu versorgen.

1 Im Text ist nur eine Auswahl an Gründen für viele bzw. wenige Kinder genannt. Erläutere weitere. Mögliche Aspekte sind die Kindersterblichkeit oder das Ansehen, welches mit Kinderreichtum verbunden ist.

2 Begründe, warum die Bilder 1 typische Familien darstellen.

3 Werte die Materialien 2, 3 und 4 aus.

4 Erinnert euch an den Geographieunterricht in Klasse 8: Einige Staaten versuchen auf verschiedene Weise, die Familienplanung positiv oder negativ zu beeinflussen.
a) Nenne mögliche Maßnahmen.
b) Dürfen wir den Entwicklungsländern Geburtenbeschränkung empfehlen? Diskutiert.
c) Mit dem Hinweis auf elementare Menschenrechte wird die chinesische Ein-Kind-Bevölkerungspolitik kritisiert. Nimm Stellung.

5 Beurteile die Aussage: „Die Bildung der Frauen führt zur Reduzierung des Bevölkerungswachstums".

1

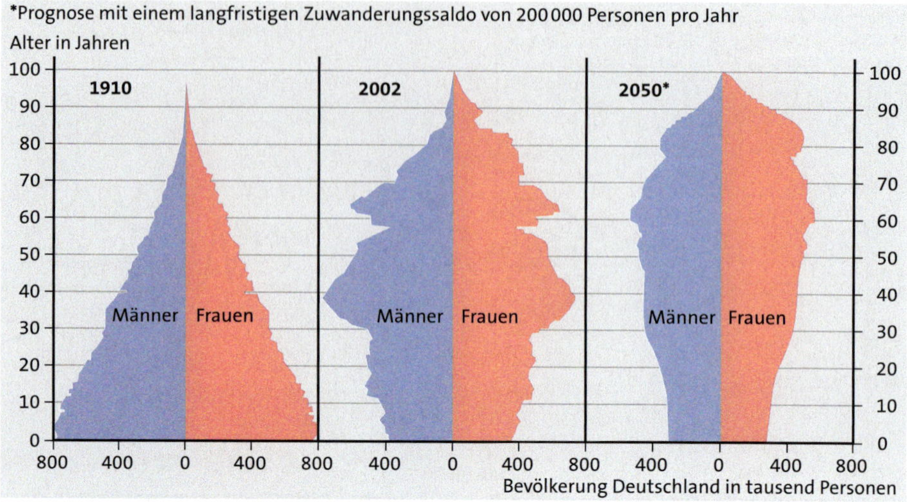

2 **Altersaufbau der Bevölkerung in Deutschland**

Vom Babyboom zum Omaboom?

Bis zur Mitte dieses Jahrhunderts wird der Anteil der unter 15 Jahre alten Menschen an der Weltbevölkerung auf etwa 20 Prozent sinken. Gleichzeitig wird sich der Anteil der Bevölkerung im Alter über 65 Jahren von sieben auf über 16 Prozent mehr als verdoppeln. Ursachen und Folgen dieser Veränderungen lassen sich am Beispiel Deutschlands erkennen.

Total Fertility Rate (TFR)/ Gesamtfruchtbarkeitsrate
Kennziffer, welche die Durchschnittszahl an Kindern angibt, die eine Frau im Verlauf ihres Lebens zur Welt bringt.

Individuelles Altern

Vor 100 Jahren lag die durchschnittliche Lebenserwartung in Deutschland für Männer bei 46,4 und für Frauen bei 52,5 Jahren. Heute kann ein neugeborener Junge mit 81,7, ein neugeborenes Mädchen mit 87,8 Jahren rechnen. Somit hat sich die Lebenserwartung in diesem Zeitraum nahezu verdoppelt. Im Schnitt gewinnen die Deutschen alle drei bis vier Jahre ein Jahr an Lebenserwartung hinzu.

Frauen haben dabei deutlich mehr vom Leben. Nach einer Modellrechnung des Statistischen Bundesamtes kann ein im Jahr 2010 geborener Junge damit rechnen, 84 Jahre alt zu werden, während ein im selben Jahr geborenes Mädchen auf durchschnittlich sechs Jahre mehr zählen kann. Deshalb wird sich die Gruppe der über 80-Jährigen in den nächsten 50 Jahren verdreifachen, von heute 3,2 Millionen auf 9,1 Millionen. Die Gruppe der über 100-Jährigen wird sogar 16-mal so groß werden (2000: 7 200, 2050: 114 700).

Demografisches Altern

Eine Gesellschaft altert aber erst, wenn nicht nur die Menschen länger leben, sondern gleichzeitig auch die **Gesamtfruchtbarkeitsrate (TFR)** sinkt. Dadurch wird die Kindergeneration kleiner als die der Eltern, der Anteil der Jüngeren an der Gesamtbevölkerung verringert sich. Während 1950 die TFR noch bei 2,2 Kindern pro Frau im gebärfähigen Alter lag, ist sie heute bei nur 1,34 angekommen. Die Gründe dafür sind vielseitig. Dazu gehören unter anderem wirksamere Möglichkeiten der Familienplanung („die Pille“) seit den 1970er-Jahren. Als weitere Gründe kommen die sich manchmal bis in das vierte Lebensjahrzehnt hinein ziehende Berufsausbildung sowie ein immer höheres Heiratsalter hinzu. Außerdem ist zu bedenken, dass etwa 15 Prozent der Paare gegen ihren Wunsch kinderlos bleiben. So setzt sich die Bevölkerung in Deutschland bereits jetzt deutlich anders zusammen als 1910 (siehe Abbildung 2).

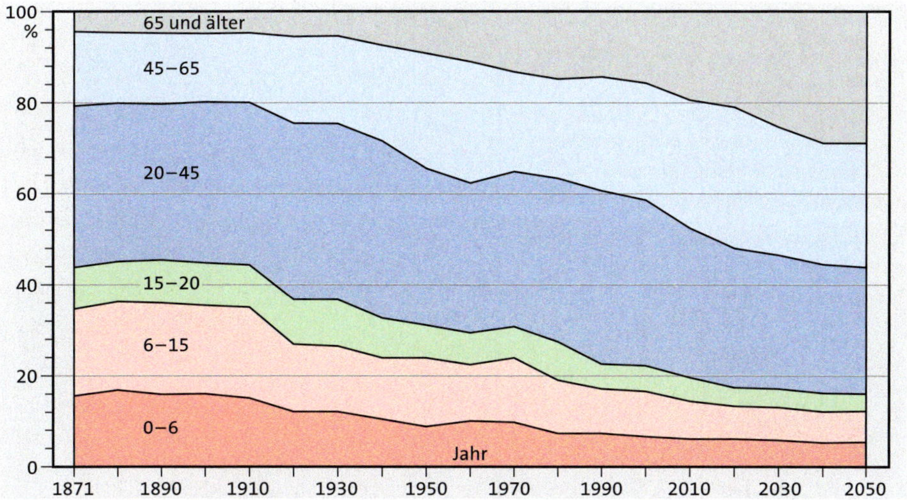

3 **Entwicklung und Prognose der Altersstruktur der Bevölkerung in Deutschland**

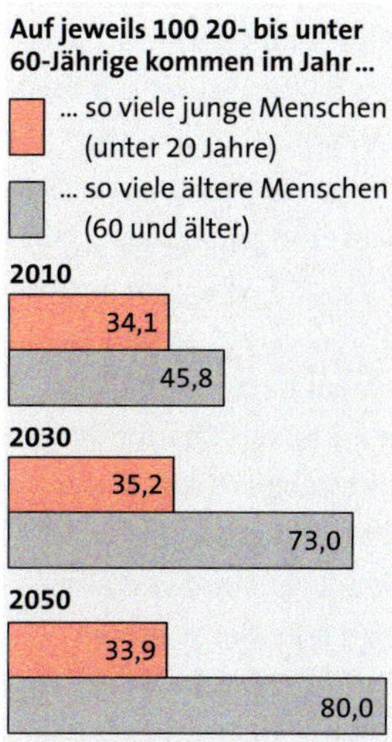

5 **Anteil der ‹20-Jährigen und ›60-Jährigen**

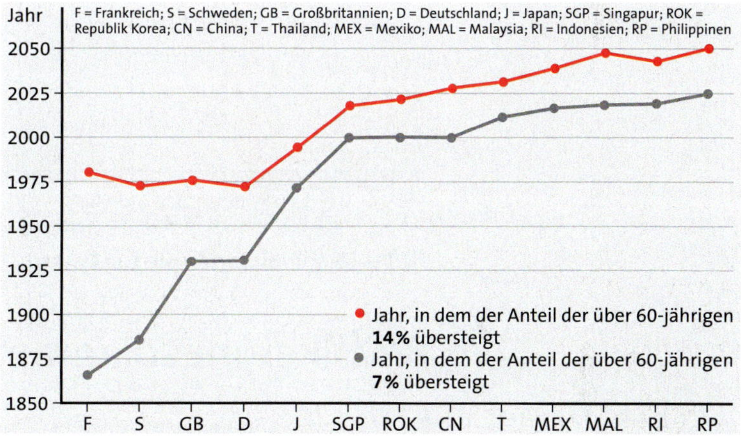

4 **Alterungsprozesse in Industrie-, Schwellen- und Entwicklungsländern**

Gesellschaften ändern sich

Viele Konsequenzen sind heute noch nicht ganz absehbar. In Deutschland werden bereits die Folgen sehr ernst diskutiert. Auf die sozialen Sicherungssysteme in Deutschland wirkt sich das neue Verhältnis von Jung zu Alt direkt aus. Schon jetzt finanzieren etwa zwei Einzahler einen Rentenempfänger. Von 2015 an, wenn die geburtenstarken Jahrgänge in den Ruhestand gehen, wird sich dieses Verhältnis in Richtung 1:1 schieben. Auch das Arbeitsleben wird sich langfristig ändern. Ältere Arbeitskräfte werden wieder mehr gefragt sein, wenn nicht mehr genug jüngere dem Arbeitsmarkt zur Verfügung stehen. Konzepte der Stadtentwicklung, von der Verkehrsführung bis hin zu Sportstätten und Sportmöglichkeiten für Ältere, die Erreichbarkeit von Arztpraxen, Poststellen und Supermärkten sind zu überdenken. Auch das Planen und Ausstatten von Häusern und Wohnungen wird sich durch den größeren Anteil Älterer mit ihren eigenen Anforderungen wandeln. Veränderungen in der Pflege sind ebenfalls absehbar. Etwa ein Drittel der über 85-Jährigen ist heute pflegebedürftig. Was aber passiert, wenn der Anteil der über 85-Jährigen in der Bevölkerung steigt?

1 Arbeite mit dem Text:
a) Erkläre die Begriffe demografisches und individuelles Altern.
b) Erläutere beide Begriffe anhand der Bevölkerungsdiagramme 2.
c) Nenne Folgen des Alterns für eine Gesellschaft.

2 Erläutere die Entwicklung und die Prognose der Altersstruktur in Deutschland.

3 Arbeite mit Diagramm 4:
a) Beschreibe die Unterschiede im Alterungsprozess zwischen Industrie- und Entwicklungsländern.
b) Nenne die Folgen der festgestellten Unterschiede.

TERRA **METHODE**

Alter und Geschlecht sind die beiden grundlegenden Merkmale der Bevölkerung eines Landes. Das Bevölkerungsdiagramm gibt Auskunft über den Altersaufbau eines Landes zu einem bestimmten Zeitpunkt nach Geschlecht differenziert. Mit dieser Darstellungsform können Tendenzen der vergangenen oder der weiteren Bevölkerungsentwicklung erklärt und begründet sowie Vergleiche zu anderen Staaten gezogen werden.

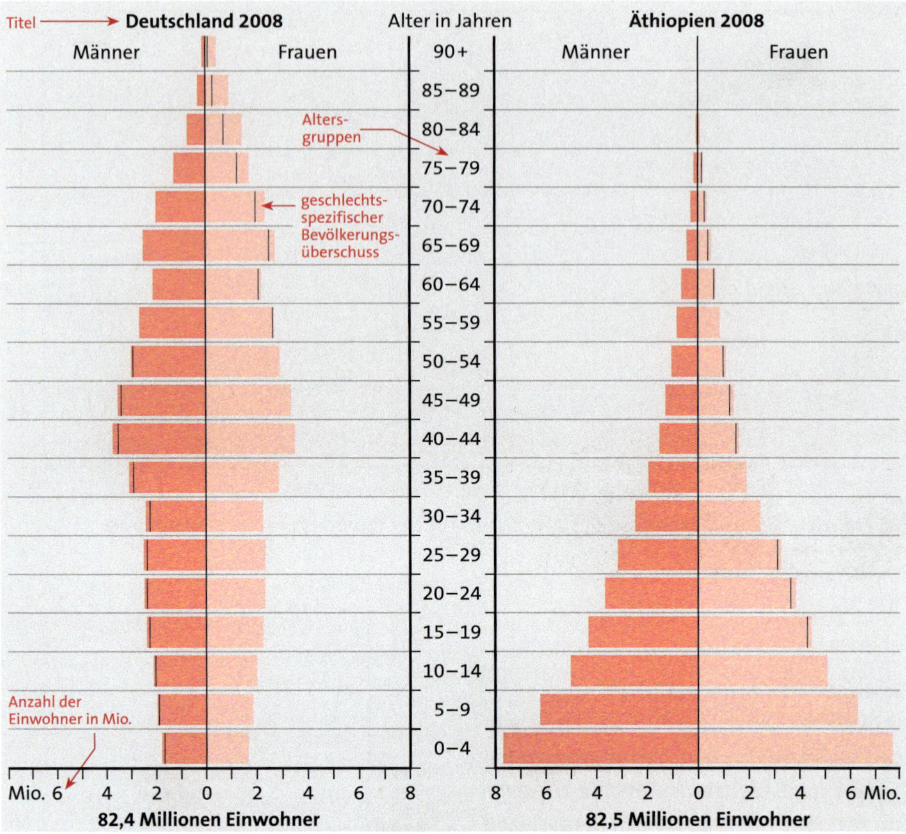

1 **Bevölkerungsdiagramme von Deutschland und Äthiopien**

Bevölkerungsdiagramme auswerten

Die Gesamtzusammensetzung einer Bevölkerung nach Merkmalen wie beispielsweise Altersaufbau, Geschlecht oder sozialer Zugehörigkeit bezeichnet man als **Bevölkerungsstruktur**.

In einem **Bevölkerungsdiagramm** wird die Zusammensetzung der Bevölkerung nach den natürlichen Merkmalen Alter und Geschlecht grafisch dargestellt.

Ein Bevölkerungsdiagramm ist ein Häufigkeitsdiagramm. Dabei werden die Altersklassen auf der y-Achse abgebildet. Auf der x-Achse werden die geschlechtlichen Anteile der Bevölkerung dargestellt – entweder wie in Grafik 1 in absoluten Zahlen oder prozentual.

Die Bevölkerungsdiagramme sind das Ergebnis einer langfristigen Bevölkerungsentwicklung und lassen sich in vier vereinfachte Grundformen einteilen (s. Grafiken 3).

Bevölkerungsdiagramme auswerten

1. Schritt: Orientieren

Stelle fest, für welches Land und für welches Jahr die Angaben gemacht werden. Bestimme die Einteilung der Achsen. Überprüfe, ob die Bevölkerungsanteile in absoluten oder relativen Zahlen angegeben werden.

Lernen im Netz
Bevölkerungsdiagramme zuordnen
104028-0203

Orientieren:
- Gesamtbevölkerung 2008: 82,5 Mio. Einwohner
- Einteilung der x-Achse: 1-Mio.-Schritte bis 8 Mio.
- Einteilung der y-Achse: ...

Beschreiben:

Altersgruppe	m	w	gesamt
0–4	7,7 Mio.	7,7 Mio.	15,4 Mio.
5–9	6,2 Mio.	6,3 Mio.	12,5 Mio.
...			
35–39	1,9 Mio.	1,9 Mio.	3,8 Mio.
...			

Gesamtanteile der Altersgruppen:
Kinder und Jugendliche 37,9 Mio. = ... %
Erwerbsfähige Bevölkerung ...
Nichterwerbsfähige Bevölkerung ...

Auffälligkeiten:
- hohe Bevölkerungszahlen der Jugendlichen
- geringe Bevölkerung ab 65 Jahren und ...

Einer Grundform zuordnen:
Äthiopiens Bevölkerungsdiagramm stellt eine Pyramide mit konkaven Seiten dar. Eine sehr hohe Geburtenrate bedingt ein schnelles Wachstum der Bevölkerung.

Erklären:
...

Prognose erstellen:
Die sehr hohe Geburtenrate lässt auf ein schnelles Wachstum der Gesamtbevölkerung schließen. Dafür spricht auch der geringe Anteil älterer Menschen. Ein so starkes Wachstum der Bevölkerung führt zur Verstärkung der sozialen Probleme wie mangelnde Ernährung und unzureichende medizinische Betreuung. Es bedeutet auch erhöhte Aufwendungen für Bildung und einen hohen Anteil junger Menschen auf dem Arbeitsmarkt.

2 Auswertungsbeispiel Bevölkerungsdiagramm Äthiopien

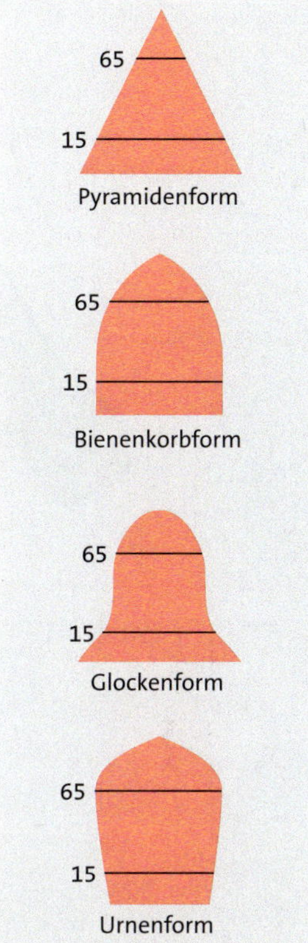

3 Grundformen von Bevölkerungsdiagrammen

2. Schritt: Beschreiben und zuordnen
Lies die geschlechtsspezifischen Anteile in den Altersgruppen ab. Gib die Gesamtanteile für folgende Bevölkerungsgruppen an:
- Kinder und Jugendliche (0–14 Jahre)
- Erwerbsfähige Personen (15–64 Jahre)
- Nicht mehr erwerbsfähige Personen (> 64 Jahre)

Beschreibe den Altersaufbau der Bevölkerung. Gibt es Auffälligkeiten bzw. Unregelmäßigkeiten? Ordne das gegebene Diagramm einem der vier Grundmodelle zu.

3. Schritt: Erklären
Sammle Hintergrundinformationen, die die Auffälligkeiten im Altersaufbau erklären.

4. Schritt: Eine Prognose erstellen
Beurteile mithilfe der Grundformen die zukünftige Bevölkerungsentwicklung des Landes (steigend, stagnierend oder fallend). Formuliere dann auch Aussagen zur Auswirkung der Altersstruktur auf die Gesellschaft.

1 Werte die Bevölkerungsdiagramme von Äthiopien und Deutschland aus.
2 Erkläre, inwiefern man mithilfe der Grundformen Aussagen zur zukünftigen Bevölkerungsentwicklung des Landes machen kann.
3 Ordne die Grundformen der Bevölkerungsdiagramme begründet in das Modell des demografischen Übergangs (s. Seite 13) ein.

1

2

Entwicklung ist weiblich

Kleine Familien sichern den Wohlstand – diese Verheißung der Familienplanungsprogramme gilt nicht nur für die Familie selbst, sondern auch für den ganzen Staat.

Seit mehreren Jahrzehnten stellt die UN fest, dass Staaten, in denen die Gesamtfruchtbarkeitsrate zurückgeht und sich das Bevölkerungswachstum verlangsamt, mehr Rücklagen bilden und größere Investitionen tätigen können. Eine zentrale Rolle spielen dabei Maßnahmen zur Verbesserung des wirtschaftlichen und gesellschaftlichen Status von Frauen. Denn mit zunehmendem Bildungsgrad und steigender Unabhängigkeit der Frauen sinkt die durchschnittliche Geburtenrate deutlich.

Wie in anderen Entwicklungsländern auch haben sich in Indien Frauen zusammengeschlossen, um für ihre Rechte einzutreten.

Seite 16
Gesamtfruchtbarkeitsrate

Abendschulen für Kinder

Im ländlich geprägten Rajasthan, dem zweitgrößten Bundesstaat Indiens, drücken 1800 Kinder im Alter zwischen 6 und 14 Jahren an sechs Abenden für je 3 Stunden die Schulbank. Dabei lernen die Mädchen und Jungen nicht nur Rechnen, Lesen und Schreiben, sondern auch ganz praktische Dinge wie das Ausfüllen von Formularen oder den Anbau von Gemüse und sie diskutieren im Unterricht über die Probleme von Leibeigenschaft oder Abhängigkeit von Geldverleihern.

Die Deutsche Welthungerhilfe und ihre indische Partnerorganisation SWRC (Social Work and Research Centre) entwickelten im Ajmer-Distrikt, rund 150 km südlich der Landeshauptstadt Jaipur, dieses Schul- und Unterrichtssystem, das sich zeitlich und inhaltlich an den speziellen Bedürfnissen der Kinder orientiert. Das Ziel des Projektes ist es, dass alle Kinder eine Schule besuchen und vor allem, dass die schulische Grundbildung von Mädchen gefördert wird. Denn in Rajasthans ländlichen Gebieten können nur 11,6 % der Frauen schreiben und lesen. Damit liegt Rajasthan an letzter Stelle der indischen Bundesstaaten. Auf dem Land müssen Kinder tagsüber in den Familien mitarbeiten. Sie hüten Schafe und Ziegen oder arbeiten auf den Feldern. Schuluniformen und Bücher für das staatliche Grundschulsystem sind für die meisten Familien unerschwinglich – vor allem, wenn es sich um die Bildung der Mädchen handelt.

www.Welthungerhilfe.de/textversion/WHHDE/projekte/südasien/Ausbildung_für_Frauen_Mädchen.html, 2005

4

Kerala und Uttar Pradesh im Vergleich (alle Daten 2007)

	Ø Alter bei der Erstgeburt	TFR	weibliche Alphabetenrate (in %)	Säuglingssterblichkeit (in ‰)	Anteil der Bevölkerung unter der Armutsgrenze (in %)
Kerala	22,7	1,9	87,8	13	12,7
Uttar Pradesh	19,4	3,8	42,2	69	31,2
Indien	19,8	2,7	53,7	55	26,1

3

Material
Digeshwars Lebenslauf
104028-0204

Banker der Armen

Muhammad Yunus aus Bangladesch erfand den Mikrokredit und gab so unzähligen Armen die Chance, ihr Geschick selbst in die Hand zu nehmen.

Niemand glaubte, dass es funktionieren würde, als Yunus zu Beginn der achtziger Jahre die Grameen Bank gründete. Seine Idee war so simpel wie revolutionär: Er wollte Armen durch die Vergabe von Kleinstkrediten helfen, ihrer materiellen Not zu entkommen. Häufig benötigten sie nur wenige Pence, um Rohmaterial für die Produkte zu kaufen, die sie dann herstellen und mit ein wenig Gewinn weiterverkaufen können.

Yunus begann Menschen in ähnlich prekären Situationen Geld zu leihen. Zunächst finanzierte er die Kredite aus eigener Tasche. 1983 gründete er dann die Grameen Bank. Auch heute noch sind ihre Kunden vorwiegend Frauen, denn sie leiden am stärksten unter der Armut. Und sie gelten als pflichtbewusstere Schuldner. Vielleicht erhält die Grameen Bank deshalb weit mehr als 90 Prozent ihrer Kredite zurück.

Längst finanziert sie nicht nur Kleinstunternehmer, sondern vergibt auch Studienkredite oder Baudarlehen. Und sie arbeitet – entgegen der Befürchtungen aller Kritiker – profitabel. Der größte Erfolg von Muhammad Yunus ist aber, dass er durch seine Idee unzähligen Armen eine Möglichkeit eröffnet hat, ihr Geschick selbst in die Hand zu nehmen. Denn sein Projekt hat inzwischen weltweit Nachahmer gefunden, und auch in der offiziellen Entwicklungspolitik sind Mikrokredite längst angekommen.

nach Alexandra Endres: Banker der Armen; unter: zeit-online, 13.10.2006

5

7 **Muhammad Yunus,** Friedensnobelpreisträger 2006

Wie funktionieren die Mikrofinanzprogramme?

„Frauen, die an Spar- und Kreditprogrammen teilnehmen, organisieren sich in Gruppen mit 15 bis 40 Mitgliedern. Auf ihren regelmäßigen, meist wöchentlichen Treffen spart jedes Mitglied zwischen zwei und 15 Cent. Das Sparen ist verpflichtend. Der Kredit gebenden Institution gibt das die Sicherheit, dass es sich um eine zuverlässige Kundin handelt. Die Ersparnisse bilden eine Rücklage für Notzeiten und Eigenkapital für Investitionen. (...)

Wenn eine Gruppe vier Monate gespart hat, erhalten die ersten Mitglieder Kredite. Anfangs liegen sie zwischen 15 und 50 €. Die Frauen investieren zum Beispiel in mehrere Hühner für 15 € oder in eine Milchkuh für 50 €. Eier und Milch werden verkauft und bringen die erwünschten Einnahmen. Innerhalb eines Jahres muss der Kredit zurückgezahlt werden. (...) Wenn dies gelingt, erhält die Frau den nächsten Kredit. Mit jedem neuen Kredit kann dessen Höhe steigen, auf bis zu 300 €. Jede Teilnehmerin bringt zum Gruppentreffen ihr Sparbuch mit, in dem alle Ersparnisse und Rückzahlungen eingetragen werden. Zentrales Element für die hohe Rückzahlungsquote, die bei der Grameen Bank 2006 nach deren Angaben 98 % beträgt, ist der Gruppendruck: Wenn eine Frau nicht zurückzahlt, erhalten die anderen in der Gruppe keinen Kredit."

Peter Dietzel/ Ingo Ritz. NETZe.V. Partnerschaft für Entwicklung und Gerechtigkeit, www.bangladesch.org, Juni 2008

6

8 **Frauen einer Grameen Bank beim Eintragen von Krediten und Einzahlungen**

1 Erläutere die vorgestellten Projekte 4–6 und nenne Probleme, die mit diesen Projekten gelöst werden sollen.

2 Erkläre die Funktionsweise der Grameen Bank und bewerte anschließend das Projekt.

3 Nimm Stellung zur Aussage der Überschrift dieser Doppelseite.

Nie zuvor gab es so viele Menschen auf der Erde wie heute. Nach wie vor wächst die Weltbevölkerung rasant: Bis zum Jahr 2050 werden es voraussichtlich mehr als neun Milliarden Menschen sein. Doch wie verteilt sich die Menschheit heute und voraussichtlich 2050 über die Erde?

Verteilung der Weltbevölkerung

Die Weltbevölkerung wird gegenwärtig auf etwa 6,8 Milliarden Menschen geschätzt. Doch nicht überall leben gleich viel Menschen, sie sind auf der Erde sehr ungleichmäßig verteilt. Der bevölkerungsreichste Kontinent ist Asien, dort leben 4,2 Milliarden Menschen, gefolgt von Afrika mit 967 Millionen und Europa einschließlich Russland mit 736 Millionen Menschen. 582 Millionen Menschen leben in Lateinamerika und 333 Millionen in Nordamerika. Australien/Ozeanien wird von den restlichen 35 Millionen Menschen besiedelt.

Weltbevölkerungsentwicklung bis 2050

Die jüngsten Projektionen der UN zur Entwicklung der Weltbevölkerung zeigen, dass bereits geringe Unterschiede der Gesamtfruchtbarkeitsrate einen erheblichen Einfluss auf das Bevölkerungswachstum haben können. Die wahrscheinlichste Variante der Projektionen erwartet eine Gesamtfruchtbarkeitsrate von 2,0 und ein Anwachsen der Weltbevölkerung auf 9,2 Milliarden Menschen. Wie sähe deren Verteilung aus?

Der bevölkerungsreichste Kontinent wäre nach wie vor Asien mit rund 5,3 Milliarden Menschen, gefolgt von Afrika mit 2 Milliarden und Lateinamerika mit 769 Millionen. In Europa lebten dann 664 Millionen und in Nordamerika 445 Millionen. In Australien stiege die Einwohnerzahl auf 49 Millionen.

1 Verteilung der Weltbevölkerung

Am 11. Juli 1987 überschritt die Weltbevölkerung die Zahl von fünf Milliarden Menschen. Um auf die damit verbundenen Probleme aufmerksam zu machen, wurde seit 1989 der 11. Juli eines jeden Jahres zum Internationalen Weltbevölkerungstag erklärt.

1 Arbeite mit Karte 1: Beschreibe die globale Verteilung der Bevölkerung.

2 Arbeite mit dem Text:
a) Erstelle eine Tabelle, die die Einwohnerzahl nach Kontinenten für 2010 und 2050 ausweist.
b) Berechne den prozentualen Anteil der jeweiligen Kontinente für 2010 und 2050. Stelle die Ergebnisse in Kreisdiagrammen dar.

3 Bearbeite drei Länder aus Tabelle 2:
a) Beschreibe deren Bevölkerungsentwicklung von 1950 bis 2050.
b) Schlage die aktuellen Kenndaten der Bevölkerung nach (Strukturdaten im Anhang) und begründe damit die in a) beschriebene Entwicklung.

4 Beurteile die Aussage „Die Bevölkerungsverteilung wird durch naturräumliche und sozioökonomische Faktoren beeinflusst."

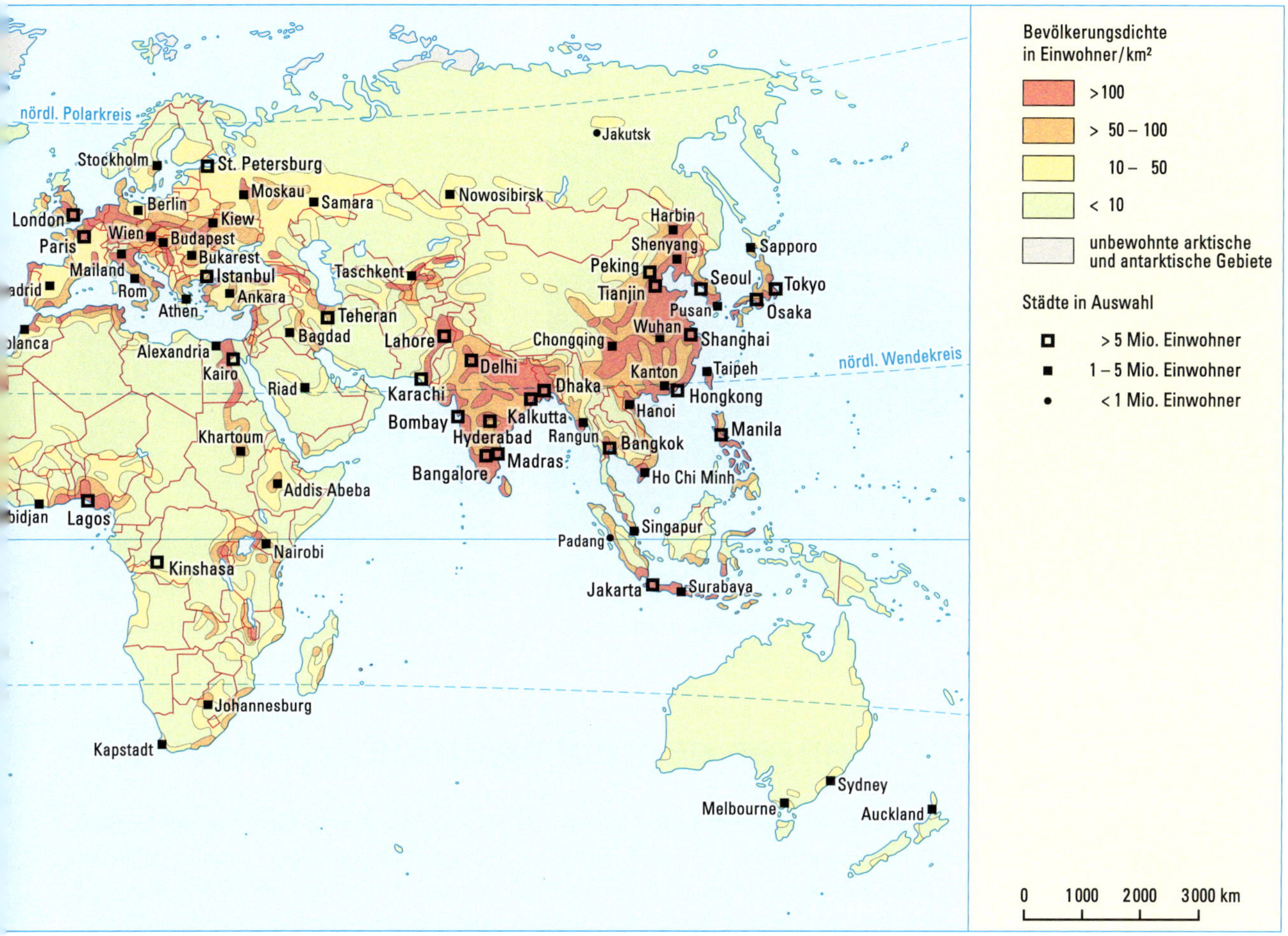

Die größten Staaten der Welt 2010 und ihre Bevölkerungsentwicklung zw. 1950 und 2050

	Staaten	Einwohner (gerundet auf Millionen)				
		1950	2000	2010*	2050*	Maximum
	Welt	2529	6115	6909	9150	nach 2050
1	China	545	1267	1354	1417	nach 2030
2	Indien	372	1043	1214	1614	nach 2050
3	USA	158	288	318	404	nach 2050
4	Indonesien	77	205	233	288	nach 2050
5	Brasilien	54	174	195	219	nach 2050
6	Pakistan	41	148	185	335	nach 2050
7	Bangladesch	44	141	164	222	nach 2050
8	Nigeria	37	125	158	289	nach 2050
9	Russland	103	147	140	116	nach 1995
10	Japan	83	127	127	102	nach 2005
…						
15	Deutschland	68	82	82	70	nach 2005

* Hochrechnung

UN world population prospects

2

1 Bewässerte Getreidefelder in den Kufra-Oasen: Ackerbau in einem Grenzbereich

3 Mount Erebus in der Antarktis: bislang frei von menschlicher Nutzung

Die Grenzen der Lebensräume

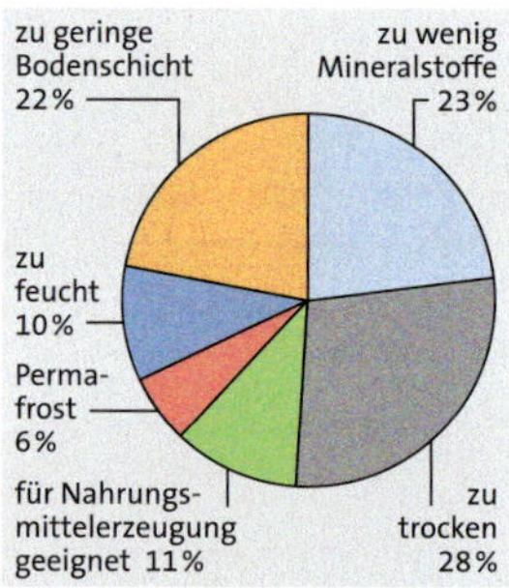

2 Eignung des Bodens zur Nahrungsmittelerzeugung

Wüsten, Regenwälder und kalte Gebiete – hier leben und arbeiten Menschen, nutzen das Land und kultivieren es. Insgesamt handelt es sich um Regionen, die für eine landwirtschaftliche Nutzung von Natur aus nur begrenzt oder gar nicht geeignet sind.

Ein Widerspruch? Nur scheinbar, denn im Laufe der Zeit ist es dem Menschen immer wieder gelungen, mithilfe der Technik und langjähriger Erfahrung die für die Besiedlung ungünstigen Gebiete zu erschließen und als Lebensraum zu nutzen.

Traditionelle Beispiele dafür sind

- in den kalten Gebieten der Erde: die Inuit auf Grönland und in Alaska sowie die Rentiernomaden (Samen) in Lappland;
- in den Trockengebieten der Erde: die Nomaden und die Oasenbauern mit ihrer traditionellen Bewässerungswirtschaft;
- in den tropischen Regenwäldern: die indigenen Völker, die durch Brandrodung und Wanderfeldbau Regenwaldgebiete urbar machten.

Die genannten Formen der Landnutzung sind an die jeweiligen natürlichen Bedingungen wie Klima und Böden angepasst und haben bei stagnierender Bevölkerungszahl im Naturhaushalt keinen nachhaltigen Schaden angerichtet. Doch dies hat sich geändert: Gerade in den wechselfeuchten Tropen wurden aufgrund des wachsenden Bevölkerungsdrucks die für die Besiedlung eher ungeeigneten Gebiete immer weiter erschlossen. Neue Techniken wie das Bohren von Tiefbrunnen halfen dabei.

Der Mensch ist heute in der Lage, seinen Lebensraum weiter auszudehnen und klimatische Anbaugrenzen zu verschieben. Der dauerhaft besiedelte Teil der Erdoberfläche, die **Ökumene**, wächst. Die **Anökumene**, das völlig unbewohnbare Gebiet, verkleinert sich.

Allerdings werden die Menschen immer wieder daran erinnert, dass diese Eingriffe negative Auswirkungen auf den Naturhaushalt haben können: Mühevoll urbar gemachte Ackerflächen in Trockengebieten

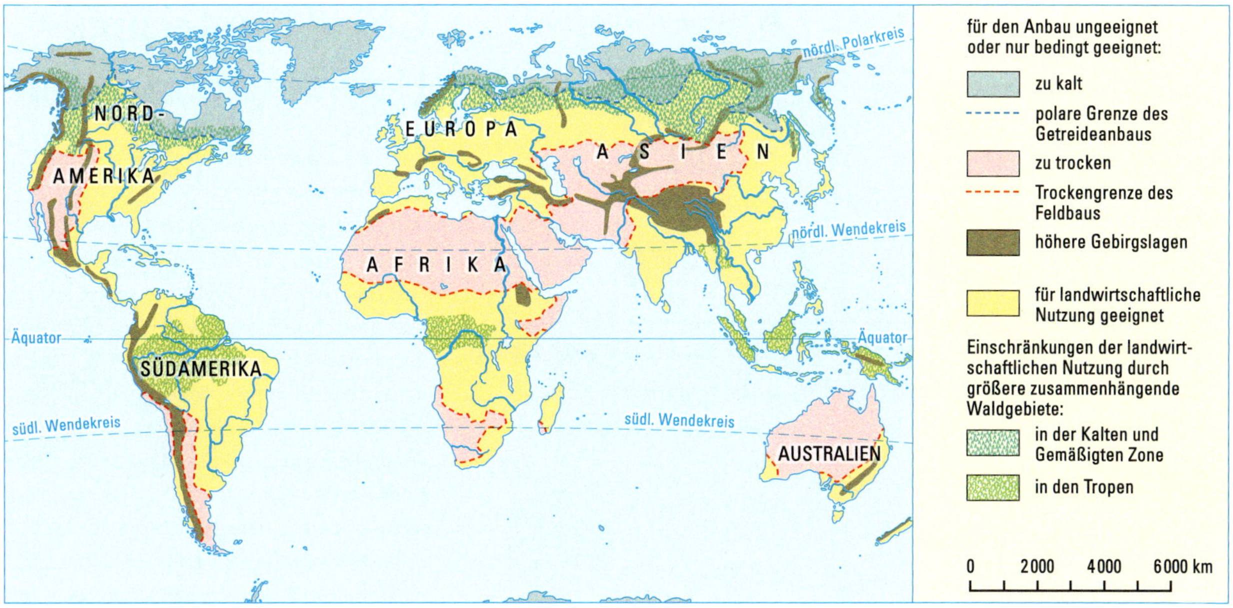

4 Grenzen landwirtschaftlicher Nutzung

können bei künstlicher Bewässerung versalzen, gerodete Flächen im Regenwald verlieren in wenigen Jahren ihre Bodenfruchtbarkeit und fallen bei den regelmäßigen Starkregen der Bodenerosion zum Opfer.

Und die Auswirkungen des Klimawandels auf die Nahrungsmittelerzeugung und die Anbaugrenzen lässt sich derzeit nur vermuten. Werden Permafrostgebiete und boreale Nadelwälder, die derzeit noch nicht ackerbaulich genutzt werden, künftig urbar gemacht? Werden demnächst in nördlichen Gefilden Sonderkulturen angebaut? Nimmt die Trockenheit in Gebieten mit Regenknappheit weiter zu?

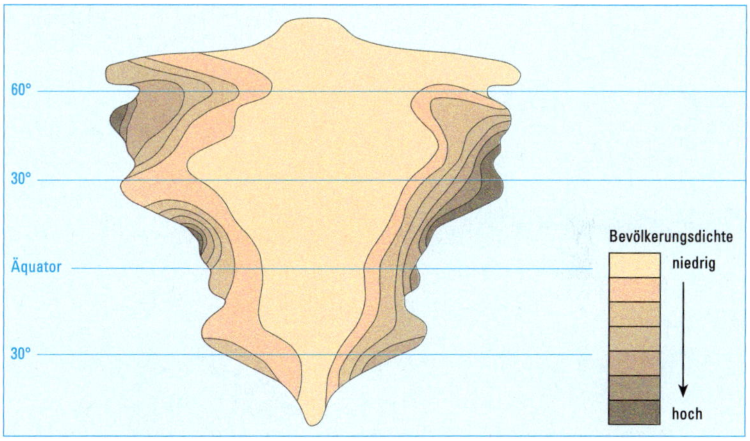

5 Bevölkerungsverteilung nach Küstenabstand und Klimaregion auf dem „Idealkontinent"

1 Werte Karte 4 aus. Ziehe dabei die Karte 1 auf der vorhergehenden Seite hinzu.

2 Interpretiere die Grafik 2.

3 Überprüfe für zehn Staaten mit hohem Bevölkerungswachstum, ob den Lebensräumen Grenzen gesetzt sind und welche dies sind.

4 Beschreibe und begründe die Bevölkerungsverteilung auf dem Idealkontinent.

5 Ökumene und Anökumene:

a) Die Ökumene wächst, die Anökumene wird zurückgedrängt. Nenne über den Text hinaus weitere Beispiele hierfür.

b) Stelle deine Ergebnisse angemessen dar (Wirkungsgefüge, Mindmap).

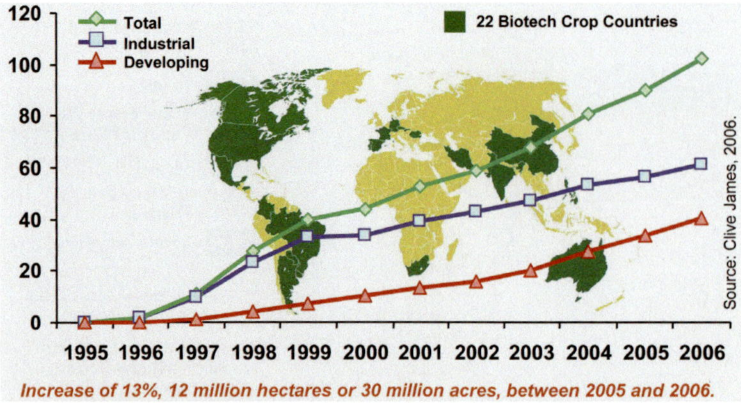

1 **Global area of biotech crops in million hectares (1996 to 2006)**

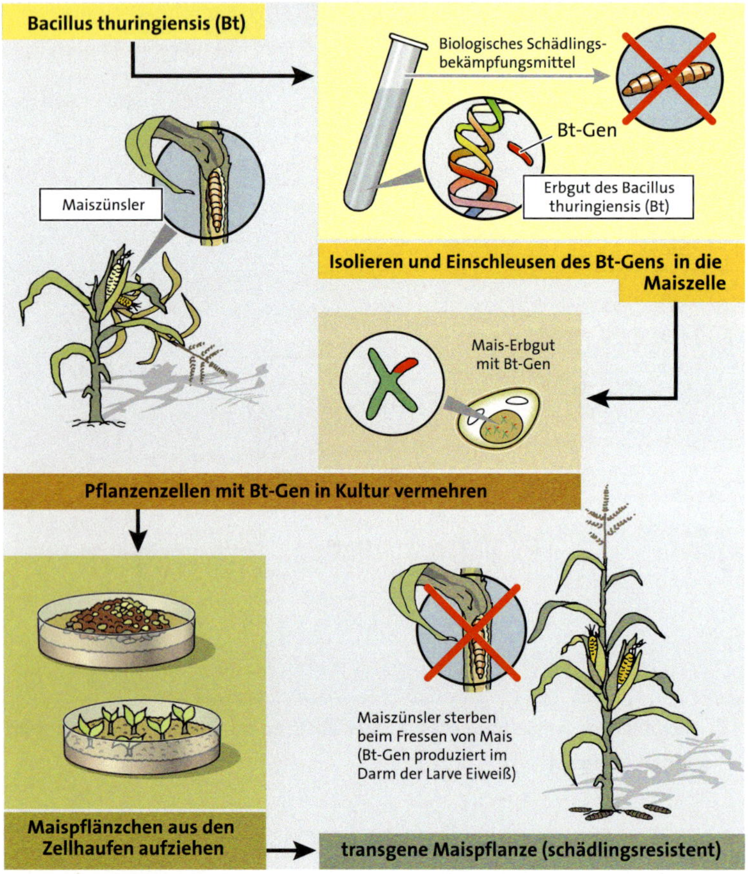

2 **Wie die Gentechnik aus Mais eine transgene Pflanze macht**

„Welches Gentechnik-Labor wird erst Millionen investieren, um nachher das Produkt zu verschenken?“

Dr. Ernst Ulrich von Weizsäcker, 1992

3

Grüne Gentechnik – Hoffnung und Zweifel

Weltweit nahm die pro Kopf verfügbare Ackerfläche seit 1950 um 50 Prozent ab und wird bis 2025 nochmals um ein Drittel auf dann nur noch 1700 m² pro Kopf zurückgehen. Der Trend zu mehr Fleischkonsum schraubt den Bedarf an Nahrungsmitteln noch zusätzlich in die Höhe. Wenn außerdem Klimaveränderungen die landwirtschaftlichen Nutzflächen weiter verknappen, kann dann die sogenannte **Grüne Gentechnik** weiterhelfen? Wissenschaftler rechnen damit, dass sich durch die Anwendung gentechnischer Verfahren in der Landwirtschaft, z. B. die Erzeugung gentechnisch veränderter Organismen durch Gen-Transfer, langfristig landwirtschaftliche Erträge steigern lassen. Sie weisen aber auch darauf hin, dass weiterhin großer Forschungsbedarf besteht.

Hauptziel der Grünen Gentechnik ist die Optimierung der Nutzpflanzen: höherer Ertrag; verbesserte Anpassungsfähigkeit an schlechte nährstoffarme Böden, zu wenig oder zu viel Feuchtigkeit, Schadstoffe in Luft und Boden. Ferner sollen der Nährwert und die Abwehrfähigkeit gegen Schädlinge und Krankheiten erhöht werden. Allerdings handelt es sich bei gentechnisch veränderten Nutzpflanzen um kein Wundermittel für die Landwirtschaft. Zusätzlich sind andere Maßnahmen dringend erforderlich, um langfristig zur Ernährungssicherung und Verminderung der Armut in Entwicklungsländern beizutragen.

In Deutschland wird seit Jahren über das Pro und Kontra der Grünen Gentechnik diskutiert. Es wurden zwar verschiedene Freilandversuche mit gentechnisch verändertem Saatgut gestartet, zu einem großflächigen Einsatz wie etwa in den USA, Kanada oder China kam es noch nicht. Im internationalen Vergleich stehen die Europäer der Grünen Gentechnik eher zurückhaltend gegenüber.

Gentechnik gegen Welthunger

Mit fünf Pflanzen kann die Welternährung fast sichergestellt werden: Mais, Weizen, Raps, Soja und Reis. Bisher zielte die Gentechnik darauf ab, Pflanzen zu entwickeln, die gegen Schädlinge resistent sind oder denen Unkraut nichts anhaben kann. Mittlerweile arbeitet die Forschung aber daran, die Pflanzen qualitativ zu verändern: Der Eiweiß- oder Zuckergehalt zum Beispiel wird gesteigert. Pflanzen, die gegen Dürre oder Hitze beständig sind, könnten wesentlich zur Welternährung beitragen, ist Manfred Kern von BayerCropScience überzeugt. „Wir brauchen zehn bis 15 Jahre Vorlaufzeit, um solche Pflanzen zu entwickeln, und wenn es uns gelingt – das ist in China gelungen – Pflanzen zu entwickeln, die hochgradig salztolerant sind, dann können wir dazu beitragen, den Hunger zu bekämpfen. Tomaten, die mit Salzwasser bewässert werden, stehen in China mittlerweile auf dem Feld. Ich schätze, in den nächsten fünf bis zehn Jahren werden wir 600 Pflanzen haben, die gentechnisch modifiziert sein werden." Das wichtigste Argument der Gegner ist die Gefahr der Auskreuzung – dass sich die gentechnisch veränderten Pflanzen mit Wildpflanzen vermischen. Der Industrie-Forscher meint, man müsse deshalb die Ursprungszentren der Pflanzen betrachten. Denn zu 90 Prozent gehören die Getreidesorten, die wir in Europa anbauen, gar nicht in unsere Region. „Das heißt, wir müssen schauen, wo Mais herkommt – dass man dann mit gentechnisch verändertem Material nicht gerade dort anbaut, sondern diese Ursprungszonen der Erde, wo unsere Kulturpflanzen herkommen, so isoliert und unbelastet lässt, wie es überhaupt möglich ist, um späteren Generationen den Zugang zu diesem genetischen Material offenzuhalten", so Kern.

Ulrike Schmitzer: Biotech-Industrie. Gentechnik gegen Welthunger. ORF ON Science. http://science.orf.at/science/news/57025 (Zugriff am 30.07.2006, gekürzt)

4

1) Trotz Bevölkerungswachstums stehen der Welt heute 15 Prozent mehr Nahrung zur Verfügung als noch vor 20 Jahren. Doch die höheren Erträge sind nicht bei den Hungernden gelandet.

2) Derzeit geht fast die Hälfte der potenziellen pflanzlichen Nahrungsmittel als Futter in die Viehzucht. Gentechnisch veränderte Pflanzen und Tiere unterliegen dem Patentrecht. In ihre Entwicklung und Zulassung müssen die Produktionsfirmen erhebliche Summen investieren. Die Folge: Das so entstandene Saatgut und die Produkte einer gentechnischen Nahrungsmittelproduktion kosten mehr und sind deshalb in der sogenannten Dritten Welt nur noch für Devisenbesitzer erschwinglich. Die Bauern würden in nahezu vollständige Abhängigkeit von den Saatgutlieferanten geraten.

3) Das Hauptproblem in entwickelten wie in unterentwickelten Ländern ist vielmehr die Bodenqualität. Der den Ertrag begrenzende Faktor ist in vielen Regionen der Welt nicht die Produktivität der Pflanzen, sondern die (gentechnisch kaum beeinflussbare) Qualität der Böden.

Kann Gentechnik den Hunger in der Dritten Welt bekämpfen? www.genfood.at (brainbows informationsmanagement GmbH, Wien): www.genfood.at/Argumente/Pro%20und%20Contra/709/index.html (Zugriff am 30.07.2006; gekürzt)

5

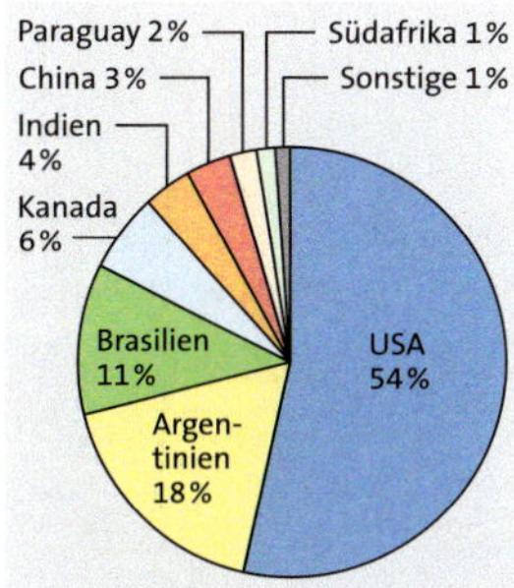

6 **Hauptanbauländer gentechnisch veränderter Pflanzen**

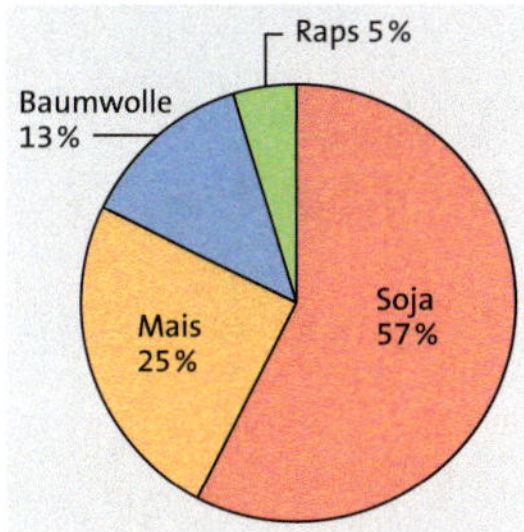

7 **Anteil gentechnisch veränderter Pflanzen an der Anbaufläche weltweit (102 Mio. ha)**

1 Erläutere anhand der Zeichnung 2, wie die gentechnische Veränderung von Nutzpflanzen vonstatten geht.

2 Ein Kleinbauer in einem Entwicklungsland, ein international tätiger Konzern, der gentechnisch verändertes Saatgut produziert, ein Umweltschützer und ein Vertreter der Welternährungsorganisation FAO – sie haben alle spezifische Ansichten im Streit um die Grüne Gentechnik.

a) Sammle Argumente aus der jeweiligen Perspektive.

b) Diskutiert die Thematik in einem Rollenspiel.

1 „Energieengpässe“ der Zukunft

3 Titelseite SPIEGEL special Nr. 5 / 2006

Wie lange reichen die Rohstoffe?

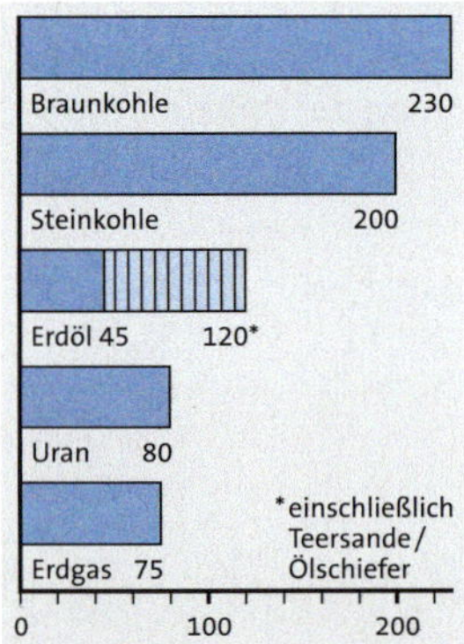

2 **Statistische Lebensdauer einzelner Energieträger in Jahren**

Statistische Lebensdauer
Die heute bekannten Vorräte des Rohstoffs werden dividiert durch den heutigen Verbrauch.

Unbestrittene Tatsache ist, dass fossile Energiequellen knapper werden. Eine exakte Prognose, wie lange die Rohstoffe reichen werden, ist allerdings schwierig, denn immer wieder werden neue Vorkommen entdeckt und technische Entwicklungen könnten in Zukunft die Förderung an schwer zugänglichen Stellen, z. B. auf dem Meeresgrund, ermöglichen. Davon abhängig wird sich der Preis und somit die Nachfrage entwickeln. Der zukünftige Verbrauch wird zudem vom Wachstum der Weltbevölkerung beeinflusst. Schließlich könnte der technische Fortschritt dafür sorgen, dass Rohstoffe in Zukunft noch wirkungsvoller genutzt werden. Alle Prognosen müssen demnach als mit Unsicherheiten behaftete Schätzungen angesehen werden.

Man geht davon aus, dass in der jüngeren geologischen Geschichte im Mittel etwa 2–5 Mio. Tonnen Erdöl pro Jahr gebildet wurden. Derzeit verbrauchen wir allerdings etwa 1 000-mal so viel Erdöl pro Jahr. Dieses wird unweigerlich ein Ende haben. Man kann bei gegenwärtigem Verbrauch mit einem Ende von Erdöl und Erdgas in 40–70 Jahren rechnen. Eine Verknappung wird schon weit vorher eintreten. Die Folge: Preissteigerungen und Verteilungskämpfe – der „Kampf um Rohstoffe“ ist entbrannt. Es gilt, Lösungen für den sparsamen Umgang mit Energie zu finden. Erforderlich ist eine Intensivierung der Forschung. Fossile Rohstoffe müssen zudem so weit wie möglich durch regenerative Energiequellen wie Sonne, Wasser und Wind ersetzt werden.

1 Diagramm 2 zeigt die statistische Lebensdauer einzelner Energieträger. Erläutere mithilfe des Textes, wie aussagekräftig eine solche Statistik ist.

2 Stelle in einem Wirkungsdiagramm dar, von welchen Entwicklungen die tatsächliche Reichweite der Rohstoffe abhängig ist und wie diese miteinander zusammenhängen.

3 Vergleiche die beiden in Diagramm 5 dargestellten Szenarien zum weltweiten Energieverbrauch.

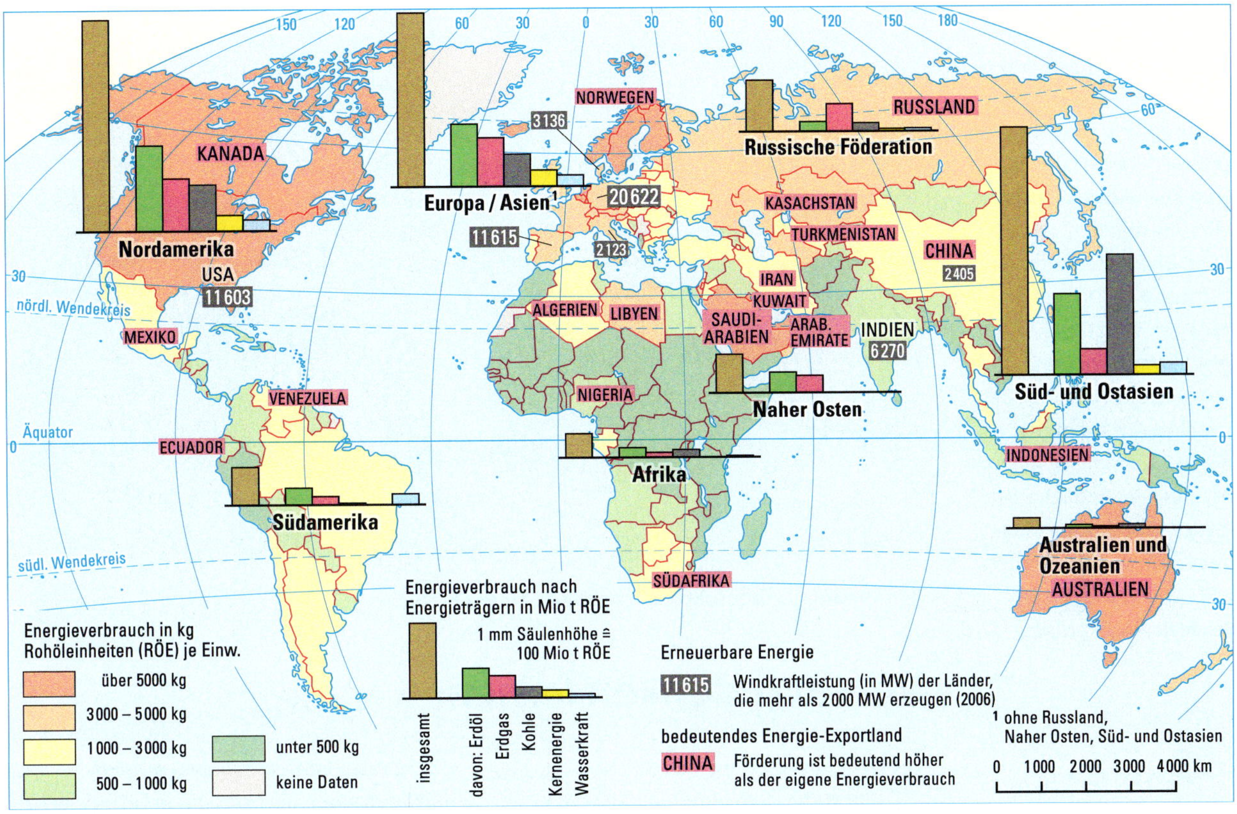

4 Weltweiter Energieverbrauch nach Regionen

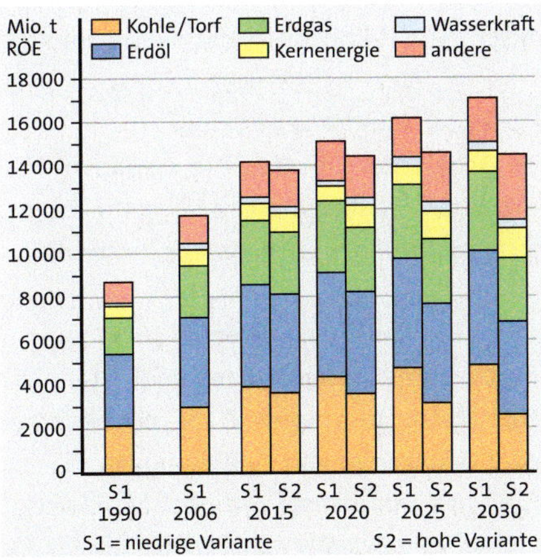

5 Szenarien zum weltweiten Energieverbrauch nach Energieträgern

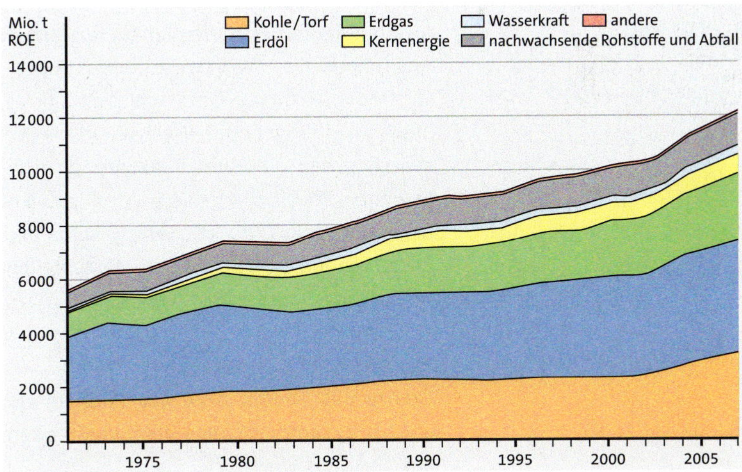

6 Entwicklung des weltweiten Energieverbrauchs nach Energieträgern

4 Die Weltbevölkerung umfasst 6,8 Mrd. Menschen, ihr Energieverbrauch beträgt rund 12,5 Mrd. t Rohöleinheiten (RÖE).

a) Wähle aus der Karte 4 jeweils drei Staaten mit einem besonders hohen sowie einem besonders niedrigen Energieverbrauch aus. Ermittle mithilfe der Strukturdaten den jeweiligen Anteil der Staaten am Weltenergieverbrauch und an der Weltbevölkerung.

b) Vergleiche die Ergebnisse.

5 Werte die Karikatur 1 aus.

Seite 48/49
Eine Karikatur auswerten

2 TERRA **METHODE**

In vielen Bereichen werden die Problemstellungen immer komplexer. Viele Faktoren sind miteinander verknüpft. Das traditionelle, lineare Ursache-Wirkungsdenken, wie zum Beispiel der „Teufelskreis“ hilft nicht mehr weiter. Dagegen wird das Denken in Wirkungsschemata und Systemen notwendig. Das Erfassen von möglichst vielen Zusammenhängen ist eine wichtige Voraussetzung für das nachhaltige Lösen von Problemen wie z. B. das Wachstum der Weltbevölkerung.

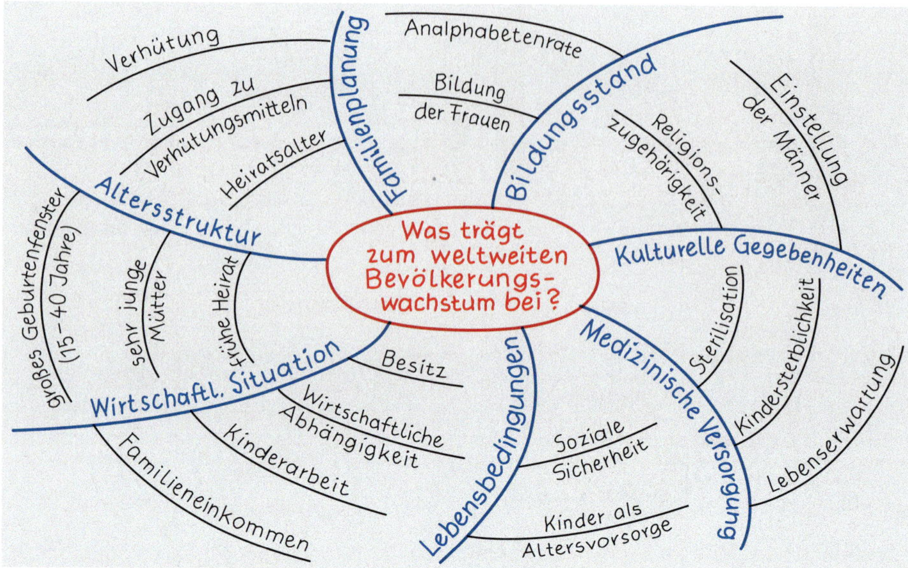

1 **Mindmap zur Strukturierung des Themas / Problems**

Vernetzt denken lernen

Die Weltbevölkerung wächst Tag für Tag. Auf den vorherigen Seiten hast du verschiedene Gründe dafür am Beispiel Indien kennengelernt: die medizinische Versorgung, die Stellung der Frau, die Familienplanung. Aber haben alle Faktoren die gleiche Bedeutung oder existieren Unterschiede? Gibt es Zusammenhänge oder Wechselwirkungen zwischen den einzelnen Faktoren? Probiere beim „Bevölkerungswachstum“ die Arbeitsschritte aus, die dir helfen, komplexe Zusammenhänge zu erfassen, darzustellen und Lösungswege zu entwickeln.

1. Schritt: Thema festlegen

Grenze das Thema bzw. das Problemfeld ab: z. B. Zusammenhänge beim weltweiten Bevölkerungswachstum.

2. Schritt: Auflisten der Einflussfaktoren

Beschaffe dir die nötigen Informationen z. B. aus diesem Buch, dem Internet und der Schulbibliothek. Z. B.: Lebensbedingungen, Altersstruktur und wirtschaftliche Situation (siehe Abbildung 1).

3. Schritt: Einflussfaktoren ordnen

Dabei werden die Faktoren in Ober- und Unterbegriffe geordnet und zugeordnet. Z. B.: Oberbegriff „Familienplanung“, zugehörige Unterbegriffe „Verhütung“, „Heiratsalter“.

4. Schritt: Mindmap erstellen

Die Anzahl der Oberbegriffe entspricht der Anzahl der Leitäste. Die Unterbegriffe stellen die Seitenäste des jeweiligen Leitastes dar.

5. Schritt: Einflüsse bewerten

Stelle die Wechselwirkungen der Faktoren in einer Matrix zusammen. Dabei gilt generell: Jeder Faktor wird von einem anderen beeinflusst und übt ebenso Einfluss auf die anderen aus. Mit der Matrix lässt sich die Stärke der gegenseitigen Beeinflussung ermitteln:

a) Zeichne eine Matrix wie in Abbildung 2.
b) Trage dann zu den Buchstaben A, B usw. die wichtigsten Faktoren ein. Schätze die relativen Wirkungen untereinander ein:

0 = keine Einwirkung
1 = schwache Einwirkung
2 = mittlere Einwirkung
3 = starke Einwirkung

Übersicht zur Bedeutung eines Faktors

- Faktor mit der höchsten Aktivsumme AS = er beeinflusst die anderen am stärksten;
- Faktor mit der höchsten Passivsumme PS = Faktor, der am meisten beeinflusst wird;
- Faktor mit der höchsten Q-Zahl = aktiver Faktor (er beeinflusst alle anderen am stärksten, wird aber von ihnen am schwächsten beeinflusst);
- Faktor mit der niedrigsten Q-Zahl: reaktiver Faktor (er beeinflusst die übrigen am schwächsten, wird aber selbst am stärksten beeinflusst);
- Faktor mit der höchsten P-Zahl: kritischer Faktor (er beeinflusst die übrigen am stärksten und wird gleichzeitig auch von ihnen am stärksten beeinflusst);
- Faktor mit der niedrigsten P-Zahl: puffender Faktor (er beeinflusst die übrigen am schwächsten und wird von ihnen am schwächsten beeinflusst).

Wirkung von ↓ auf →	A	B	C	D	E	F	G	H	I	J	K	L	M	N	O	P	AS	Q
A Bevölkerungswachstum	•	1	1	2	3	3	1	3									A 14	0,7
B Bildungsstand	3	•	2	0	3	1	3	3									B 13	3,3
C Kulturelle Gegebenheiten	3	1	•	0	1	0	3	2									C 8	2,7
D Medizinische Versorgung	3	0	0	•	1	0	2	1									D 7	1,2
E Lebensbedingungen	3	0	0	0	•	2	2	1									E 8	0,7
F Wirtschaftliche Situation	3	2	0	2	2	•	2	1									F 11	1,4
G Familienplanung	3	0	0	0	2	2	•	2									G 7	0,5
H Altersstruktur	3	0	1	0	1	1	2	•									H 8	0,6
I									•								I	
J										•							J	
K											•						K	
L												•					L	
M													•				M	
N														•			N	
O															•		O	
P																•	P	
	A	B	C	D	E	F	G	H	I	J	K	L	M	N	O	P	AS	Q
PS	21	4	3	6	12	8	15	13									PS	
P	294	52	24	42	96	88	105	104									P	

2 **Bewertungsmatrix**

6. Schritt: Auswertung

Werte die Matrix wie folgt aus:

a) Addiere alle senkrechten Zahlen je Faktor = Passivsumme (PS).

b) Addiere alle waagerechten Zahlen je Faktor = Aktivsumme (AS).

c) Berechne die Produktzahl P je Faktor mit $P = AS \cdot PS$.

d) Berechne die Quotientenzahl Q je Faktor: $Q = AS : PS$

7. Schritt: Ergebniserläuterung

Interpretiere das Ergebnis mithilfe der Matrix 2. Zum Beispiel beeinflussen das Bevölkerungswachstum und der Bildungsstand die anderen Faktoren am stärksten. Gleichzeitig wird der Faktor Bevölkerungswachstum am stärksten von allen Faktoren beeinflusst.

8. Schritt: Wirkungsschema erstellen

Fertige ein Wirkungsschema (Abb. 3) an und setze die Beziehungen ein. Schreibe dazu die entscheidenden Faktoren auf verschiedene Zettel und versuche eine Ordnung herzustellen. Die Auswertung der Matrix gibt dir entscheidende Informationen über die Zusammenhänge. Für ein fertiges Wirkungsschema gibt es keine Musterlösung.

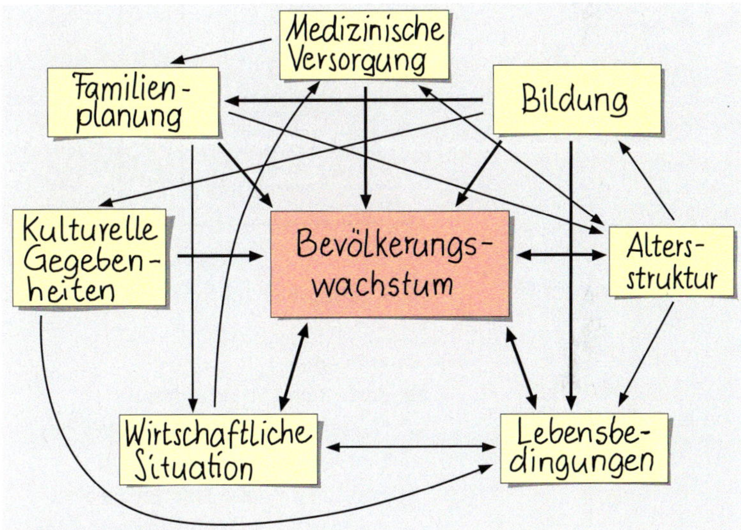

3 **Wirkungsschema**

1 Teilt eure Klasse in Gruppen auf:

a) Fertigt in jeder Gruppe eine eigene Bewertungsmatrix zum Thema „Weltweites Bevölkerungswachstum" an.

b) Entwickelt dann das zugehörige Wirkungsschema. Verwendet unterschiedlich dicke Pfeile.

c) Stellt die Gruppenergebnisse gegenseitig vor und diskutiert die Ergebnisse.

2

TERRA TRAINING

Wichtige Begriffe
Anökumene
Bevölkerungsexplosion
Bevölkerungsstruktur
Bevölkerungsdiagramm
demografischer Übergang
Geburtenrate
Gesamtfruchtbarkeitsrate
Grüne Gentechnik
natürliche Bevölkerungsbewegung
Ökumene
Sterberate
Überalterung
Wachstumsrate

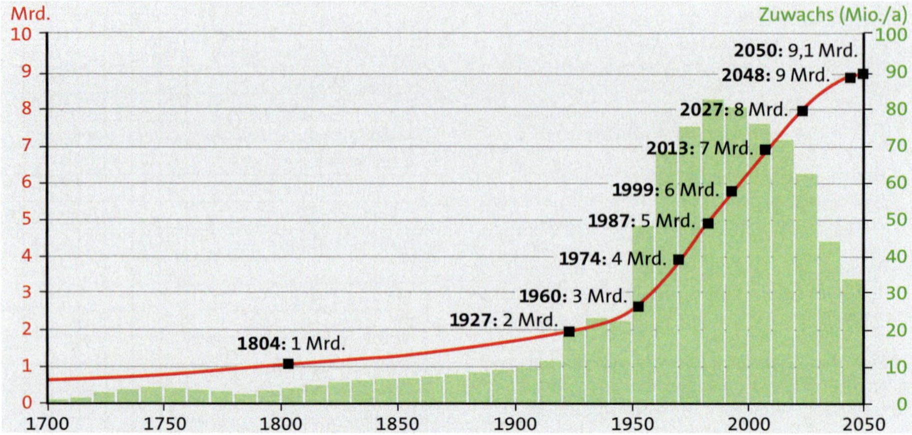

1 **Historische Entwicklung der Weltbevölkerung**

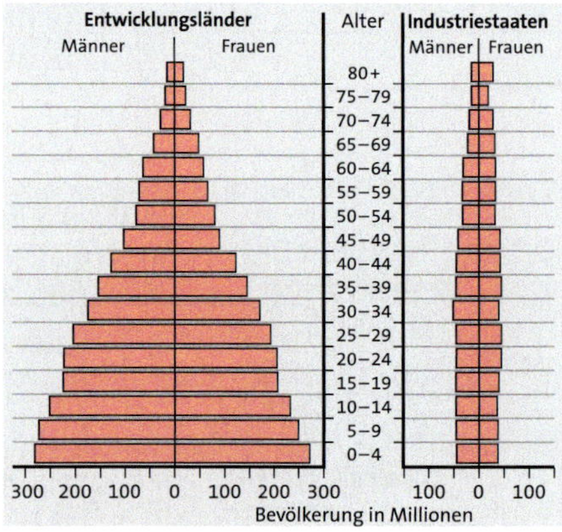

2 **Altersaufbau 2004 im Vergleich**

Orientieren

1 Karte 3 und Strukturdaten

a) Nenne die Staaten, die eine Wachstumsrate über 3 % haben.

b) Ermittle für diese Staaten die aktuelle Bevölkerungszahl, berechne den jährlichen Zuwachs und vergleiche mit Deutschland.

Wissen und verstehen

2 Begriffe gesucht

a) Begriff für den landwirtschaftlich nutzbaren und ständig bewohnten Teil der Erdoberfläche.

b) Begriff für den Übergang von hohen Geburten- und Wachstumsraten zu niedrigen Geburten- und Wachstumsraten.

c) Zu- oder Abnahme der Bevölkerung eines Landes ohne Berücksichtigung der Wanderungen.

d) Verursacht große Probleme für die Sozialversicherungen vieler Industrieländer.

3 Richtig oder falsch?

Überprüfe (auch mithilfe der Karten 3 und 4) die folgenden Aussagen. Verbessere falsche Aussagen und begründe diese anschließend:

a) China wird immer das Land mit der höchsten Einwohnerzahl sein.

b) Wenn man die heute bekannten Vorräte eines Rohstoffs durch den heutigen Verbrauch dividiert, erhält man die statistische Lebensdauer.

c) Das Modell des demografischen Übergangs ist problemlos auf Entwicklungsländer übertragbar.

d) Mit Bevölkerungsdiagrammen kann man keine Aussagen zur zukünftigen Entwicklung eines Landes treffen.

Methoden anwenden

4 Altersaufbau in Industrie- und Entwicklungsländern

a) Werte die Bevölkerungsdiagramme 2 aus.

b) Beschreibe jeweils Auswirkungen auf das Wachstum der Bevölkerung, die sich aus dem Altersaufbau ergeben.

Material
Selbsteinschätzungsbogen
104028-0205

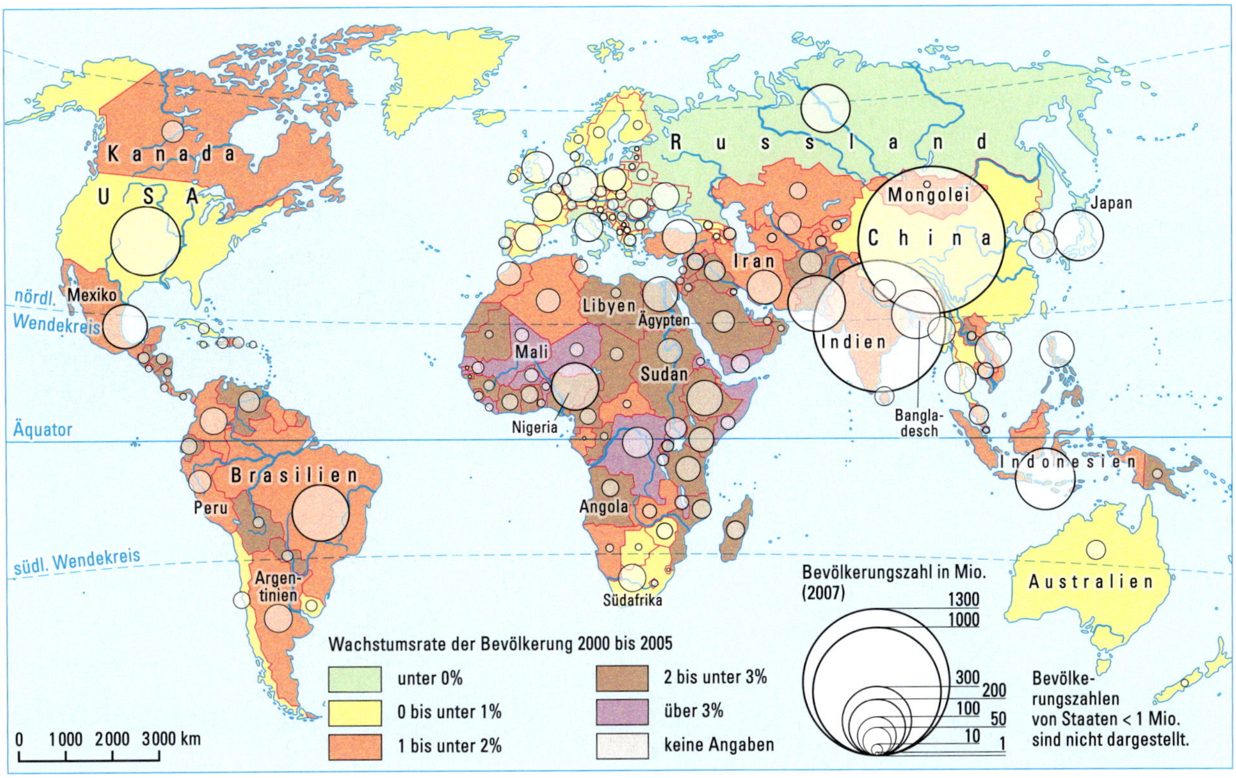

3 **Verteilung der Weltbevölkerung und Wachstumsrate der Bevölkerung**

5 Statistiken auswerten
Arbeite mit Diagramm 1:
a) Erläutere die Entwicklung des durchschnittlichen jährlichen Zuwachses von 1920 bis 2000.
b) Erkläre, warum die Weltbevölkerung nach 1990 weiter wächst, obwohl der durchschnittliche jährliche Zuwachs abnimmt.

6 Demografischer Übergang
Erläutere das Diagramm 5.

Beurteilen und Bewerten

7 Vergleiche Karte 3 mit der Karte 4.
a) Analysiere, welche gemeinsamen bzw. unterschiedlichen Aussagen hier getroffen werden.
b) Begründe, welche Kartendarstellung du aussagekräftiger findest.

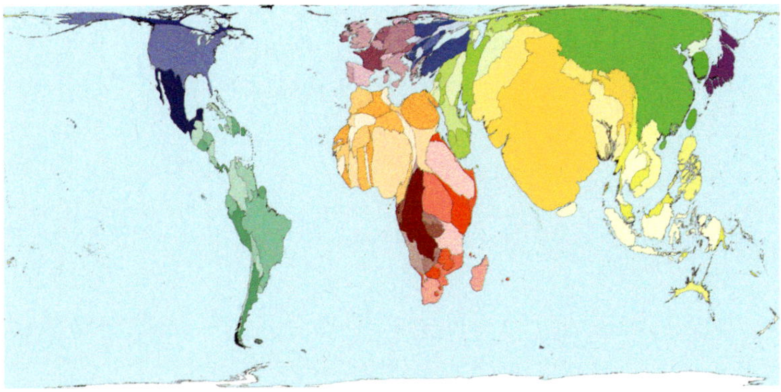

4 **Prognose der Verteilung der Weltbevölkerung 2050.** Die Darstellung der Größe eines Landes resultiert aus der jeweiligen Bevölkerungszahl.

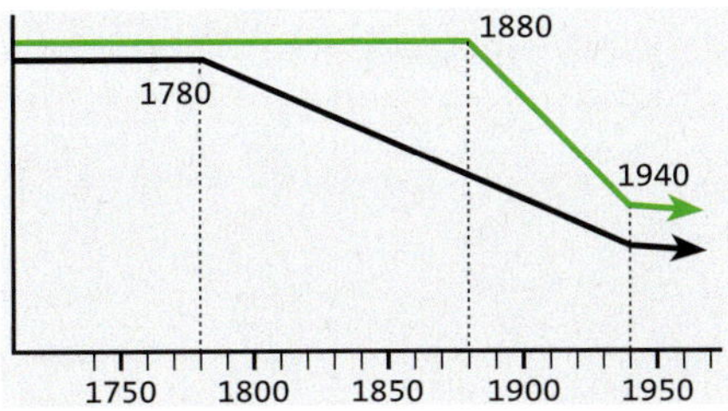

5 **Dänemark: Demografischer Übergang**

Teste dich selbst
mit den Aufgaben 2b, 3c und 5b.

3

Eine Welt? – Klüfte überwinden

Wir leben alle in einer Welt und doch sind die Unterschiede unvorstellbar groß. Noch nie lagen Arm und Reich in der Welt und auch innerhalb von Ländern so weit auseinander wie heute.
Wie lassen sich diese Unterschiede messen und vergleichen? Welche Möglichkeiten gibt es, diese zu überwinden?
Wie sehen die Lebensperspektiven aus? Welche Chancen hat der Einzelne oder das Land?

Welternährungskonferen in Rom

Wird der Hunger-Gipfel die Welt satt mac können?

Wieder Hilfe für Darfur

Humanitäre Organisationen dürfen ihre Arbeit in der Krisenregion wieder aufnehmen. Im März hatte die sudanesische Regierung die Helfer des Landes verwiesen.

Die mustergültigen Staaten

Es gibt viele hoffnungsvolle Länder in Afri Dazu zählen Ghana, Mali und Botsuana.

Ankunft von 300 Flüchtlingen auf Sizilien

In der sizilianischen Hafenstadt Pozallo ist für 300 Flüchtlinge eine zermürbende Irrfahrt zu Ende gegangen. Die Rettung wurde offenbar aufgrund eines Zuständigkeitsstreites zwischen Behörden verzögert.

Hilfe für ein Waisenhaus in Ruanda

Die Stadt Ingelheim unterstützt seit vielen Jahren ein Projekt im Partnerland von Rheinland-Pfalz

Nie war der Hunger größer

Noch nie zuvor waren so viele Menschen von Lebensmittelknappheit betroffen wie heute. Nach neuesten Angaben hungern 1,2 Milliarden Menschen – Schuld an dem Anstieg haben Dürren und die Wirtschaftskrise.

Großzügiges Entwicklungsland

Die Volksrepublik China ist einer der größten Verteiler von Aufbauhilfe. Aber auch als Investor zeigt sich das Land tätig.

Genuss um welchen Preis?

Deutschlands Edelrestaurants sind ausgebucht. Und selbstverständlich ordern die Gourmets teure Weine und Menüs. Manch ein Gastronom fragt sich: Wie kann das sein in einem Krisenjahr?

1 **Verschiedene Vorstellungen von Luxus aus Ruanda und aus Deutschland**

Grundbedürfnisse
Ob du auf einem Hausboot, in einem Hochhaus oder in einem runden Lehmhaus wohnst, ist unwichtig.
Ob du einen Sari trägst, eine Jacke oder einen Poncho, ist unwichtig.
Ob du dir Reis kochst, Jamswurzeln oder Maisfladen isst, ist unwichtig.
Eines aber ist wichtig: dass du ein Dach über dem Kopf hast.
Denn Wohnen, Kleiden und Essen sind Grundbedürfnisse. Sie zu befriedigen ist ein Recht aller Menschen.

Hans-Martin Große-Oetringhaus: Grundbedürfnisse. In: Dritte-Welt-Kalender. Lamuv-Verlag Göttingen 1996, S. 39

2

Bruttonationaleinkommen (BNE):
Geldwert aller in einer Volkswirtschaft im Zeitraum eines Jahres produzierten Güter und erbrachten Dienstleistungen.

Was heißt schon Luxus?

„Den Luxus leiste ich mir!“ oder „Dafür würde ich nie so viel Geld ausgeben!“ – Jeder Mensch hat seine eigene Vorstellung, was Luxus bedeutet. Luxus ist generell der Aufwand, der das Notwendige übersteigt. Doch was ist notwendig?

Im Gegensatz zu anderen Bedürfnissen ist die Erfüllung von **Grundbedürfnissen** eine bedeutsame Voraussetzung für ein menschenwürdiges Leben.

Die Länder, in denen die meisten Menschen ihre Grundbedürfnisse nicht vollständig erfüllen können, zählen zu den sogenannten **Entwicklungsländern**. Entwicklungsland ist dabei ein fragwürdiger Begriff. Er ist mit Vorsicht zu verwenden, da er leicht Vorstellungen aus unserem Kulturkreis als Bewertungsmaßstab unreflektiert übernimmt und zu Fehlschlüssen verleitet. So entsteht leicht der Eindruck, dass „Entwicklung“ – nach dem Vorbild der sogenannten **Industrieländer** – mit Wirtschaftswachstum gleichzusetzen ist. Entwicklung ist aber mehr als der Übergang von Arm zu Reich. Richtig ist, dass viele der „Entwicklungsländer“ in den für die Lebensqualität von Menschen wichtigen Bereichen Defizite aufweisen. Andererseits können viele von ihnen auf jahrhundertealte Hochkulturen zurückblicken und leisten auch in der Gegenwart Beachtliches.

Merkmale von Entwicklungsländern
Die Gruppe der Entwicklungsländer setzt sich aus etwa 130 Ländern mit z. T. erheblichen Unterschieden und jeweils eigenen charakteristischen Merkmalen zusammen. Häufig werden Staaten allein aufgrund ihrer wirtschaftlichen Leistung, also z. B. nach dem **Bruttonationaleinkommen** (BNE), abgegrenzt. Entwicklungsländer zeichnen sich durch ein niedriges BNE pro Kopf aus.

Unter diesen Staaten gibt es einige, die sich in den letzten Jahren durch ein dynamisches Wirtschaftswachstum ausgezeichnet haben und somit in ihrer wirtschaftlichen Entwicklung an der Schwelle zu den Industrieländern stehen. Daher werden sie als **Schwellenländer** bezeichnet.

Es gibt Entwicklungsländer, die über reiche Rohstoffreserven verfügen. Andere haben keine Bodenschätze, die sie auf dem Weltmarkt anbieten können. Weitere Merkmale von Entwicklungsländern sind z. B. ungenügende Versorgung mit Nahrung, schlechte Gesundheitsversorgung und niedrige Lebenserwartung. Außerdem sind in vielen dieser Länder das Bevölkerungswachstum sehr hoch und die Bildungsmöglichkeiten gering.

Schließlich kann es auch innerhalb eines Entwicklungslandes zum Teil große Entwicklungsunterschiede geben. In einigen

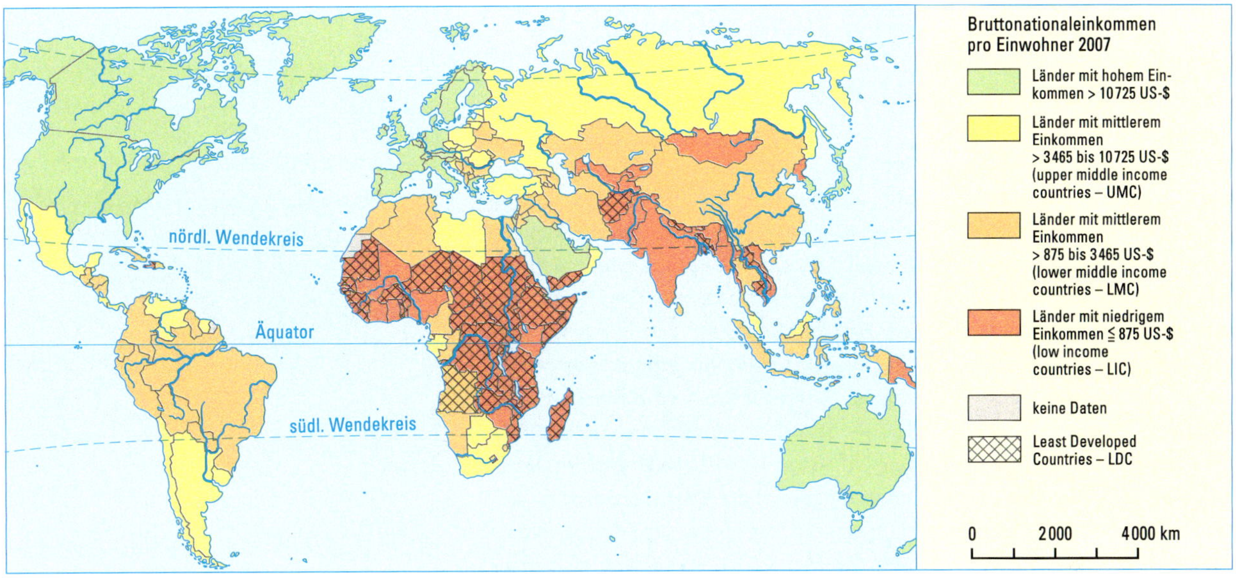

3 **Länderklassifizierung der Weltbank und Least Developed Countries**

Ländern wie Brasilien oder Indien befinden sich hoch entwickelte Regionen neben Armutsgebieten, es bestehen ausgeprägte **regionale Disparitäten**. Auch im sozialen Bereich sind in fast allen Entwicklungsländern extreme Gegensätze zwischen den verschiedenen Bevölkerungsschichten zu erkennen, man spricht von **sozialen Disparitäten**. Sie existieren sowohl bei Einkommen und Lebensstandard (z.B. Ernährung, Lebenserwartung) als auch im kulturellen Bereich (z.B. Bildung sowie Rechtsstellung der Frau).

Millenniumsziele

Im Jahre 2000 einigten sich die Vertreter von 189 Ländern auf die sogenannte Millenniumserklärung. In den Millenniumszielen hat man sich unter anderem vorgenommen, den Anteil der hungernden Menschen bis zum Jahr 2015 zu halbieren. Weitere Ziele sind in den Bereichen Schulbildung, Gleichstellung der Frau und Gesundheit aufgestellt worden. Den Industrie- und Entwicklungsländern wird die gemeinsame Verantwortung für die Erreichung dieser Ziele übertragen.

Least Developed Countries (LDC)

Mit Least Developed Countries (= am wenigsten entwickelte Länder) wird von den Vereinten Nationen eine Gruppe von etwa 50 besonders armen Ländern bezeichnet.

1 Grundbedürfnisse

a) Erstelle eine Liste der fünf Bedürfnisse, die jedem Menschen auf der Welt erfüllt werden sollten. Schreibe das dir Wichtigste auf Platz 1.

b) Vergleiche deine Liste mit der deiner Mitschüler.

c) Erstelle eine Liste für einen Jugendlichen aus einem armen Land.

2 Indikatoren für Entwicklung

a) Nenne Beispiele für Länder mit niedrigem, mittlerem bzw. hohem Einkommen (Strukturdaten Seiten 222/223).

b) Welche Länder könnten Schwellenländer sein? Begründe deine Auswahl.

c) Erkläre, warum das Bruttonationaleinkommen, auch umgerechnet pro Kopf der Bevölkerung, allein nicht ausreicht, um den Entwicklungsstand eines Landes zu kennzeichnen.

3 Suche aus Karte 3 je zwei Länder in Afrika und Asien mit niedrigem Entwicklungsstand heraus. Schreibe die für Entwicklungsländer charakteristischen Strukturdaten (Seiten 222/223) in eine Tabelle und vergleiche sie mit denen von Deutschland.

4 Informiere dich im Internet über weitere Millenniumsziele. Erläutere, in wieweit sie bereits erreicht worden sind.

Alles begann am 20. Januar 1949, als der US-Präsident Harry Truman eine berühmte Antrittsrede hielt, bei der zum ersten Mal das Wort „Unterentwicklung" fiel. Truman betrachtete nur das westliche Gesellschaftsmodell als entwickelt, während der größte Teil der Menschheit bei ihm als unterentwickelt galt.
Dazu meint Gustavo Esteva: „I got underdevelopment when I was thirteen years old, when President Truman took office and coined the word 'underdevelopment'. I was one of the two billion people who that very day became underdeveloped. We were not."

HDI – den Entwicklungsstand erfassen

Der HDI

Um Staaten voneinander abgrenzen zu können, genügt es nicht, sie ausschließlich nach ökonomischen Kriterien wie dem Bruttonationaleinkommen (BNE) einzuteilen. Eine differenzierte Einteilung ist mithilfe des **Human Development Index (HDI)** möglich. Dieser HDI ist eine Maßzahl, mit der der Stand der menschlichen Entwicklung erfasst wird. Hier sind drei Indikatoren maßgebend: die Lebenserwartung, der Bildungsgrad und das Pro-Kopf-Einkommen der Menschen. Diese werden als Indexwerte aus verschiedenen Messgrößen berechnet. Die Lebensdauer steht hierbei für die Gesundheit der Bevölkerung bzw. das Gesundheitssystem des Landes. Der Bildungsgrad drückt die Möglichkeiten für eine Entwicklung und den kulturellen Stand des Landes aus, was über die Alphabetisierungsrate Erwachsener und die Einschulungsrate untersucht werden kann. Das Pro-Kopf-Einkommen soll eine Aussage über die Wirtschaftskraft zulassen.

Ermittlung des HDI

Die Werte für diese drei Indikatoren werden auf einer Skala von 0 bis 1 eingetragen, wobei 0 und 1 jeweils für feste Mindest- bzw. Höchstwerte stehen. Der Mittelwert aus den drei Indikatoren ergibt den HDI. Er zeigt an, wie stark dieser Durchschnittswert vom Maximalwert 1 abweicht. Je größer der Wert, desto besser ist der Entwicklungsstand des Landes.

Der HDI wird jedes Jahr vom United Nations Development Program (UNDP) herausgegeben. Hier werden UN-Mitgliedsstaaten berücksichtigt. Für den HDI 2009 wurden 182 Staaten untersucht. Spitzenreiter waren Norwegen, Australien und Island. Sierra Leone, Afghanistan und Niger nahmen die letzten Plätze ein.

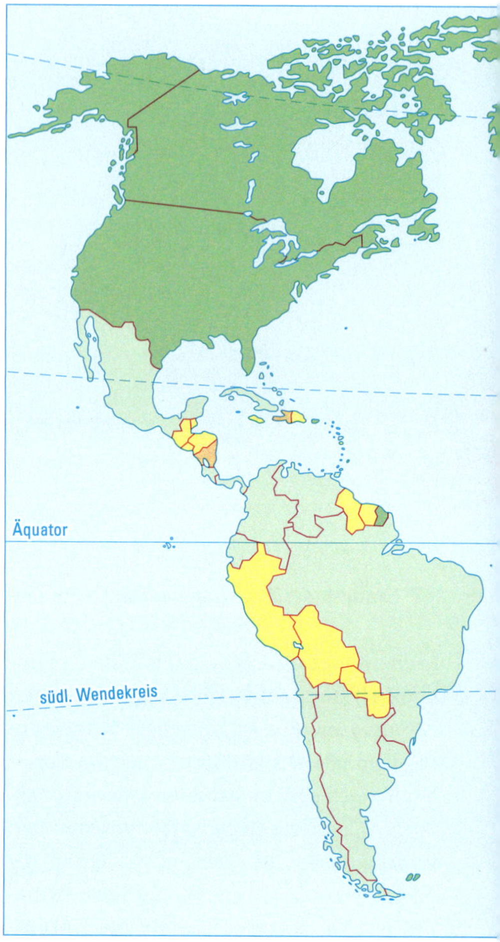

1 **HDI weltweit**

Kritik am HDI

Der HDI ist aber auch der Kritik ausgesetzt, weil er unter anderem nicht die Menschenrechtssituation und die Lage bestimmter Bevölkerungsgruppen berücksichtigt. Auch interne regionale Unterschiede werden nicht erfasst. So wird der HDI durch weitere Indikatoren ergänzt, z. B. den Index für menschliche Armut (Human Poverty Index, HPI) oder den Welthungerindex (WHI).

1 Räumliche Verteilungsmuster des HDI:
a) Beschreibe die räumlichen Verteilungsmuster des HDI mithilfe von Karte 1.
b) Vergleiche sie mit der globalen Verteilung des Bruttonationaleinkommens pro Kopf (Seite 37, Karte 3).

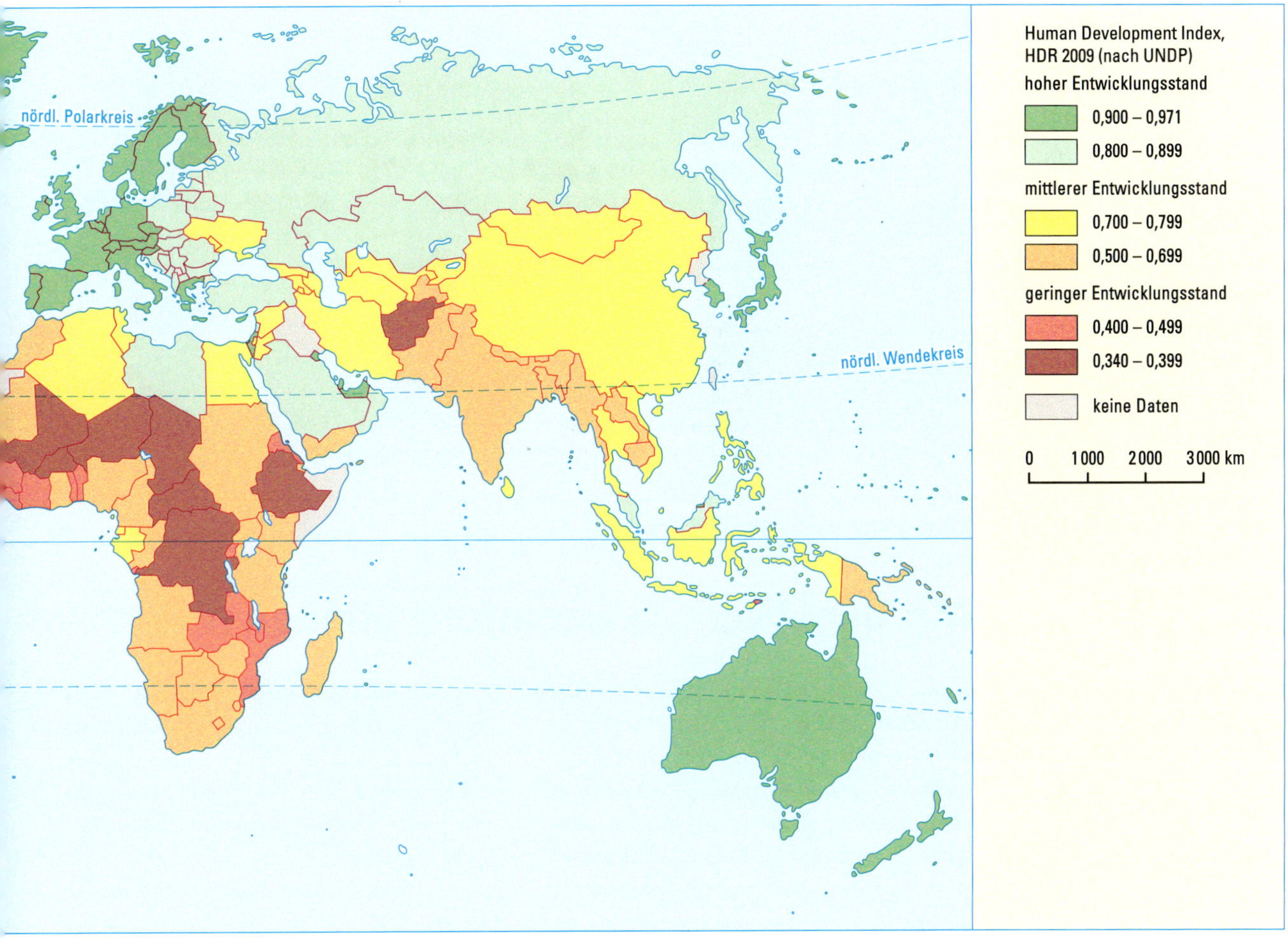

Ausgewählte Messgrößen aus dem Human Development Report 2009 für 7 Staaten

	Norwegen	USA	Deutschland	Mexiko	China	Ruanda	Niger
HDI-Wert (2005)	0,971	0,956	0,947	0,854	0,772	0,460	0,340
HDI-Rang (2005)	1	13	22	53	92	167	182
Lebenserwartung	80,5	79,1	79,8	76	72,9	49,7	50,8
BIP/ Kopf (KKS US-$)	53433	45592	34401	14104	5383	866	627
Einschulungsrate (%)	98,6	92,4	88,1	80,2	68,7	52,2	27,2
Alphabetenrate (%)	o. A.	o. A.	o. A.	92,8	93,3	64,9	28,7

United Nations Development Programme (UNDP)

2

2 Vergleiche die Länder in Tabelle 2 miteinander: Was sagen die Werte über den Indikator HDI aus?

3 Setze dich vor dem Hintergrund des Zitates von Gustavo Esteva („I got underdevelopment when I was thirteen years old.“) mit Weltkarten wie Karte 1 auseinander, die den unterschiedlichen Entwicklungsstand zum Thema haben.

TERRA METHODE

Fast 200 Länder sind im Klett-GIS Erde gespeichert. Zu jedem Land gibt es mehr als 20 Merkmale. Eine gezielte Suche nach Informationen wäre per Hand sehr aufwändig. Hier helfen in Geographischen Informationsdiensten Suchwerkzeuge, die auch Abfragemanager heißen. Mit ihm ist es möglich, diese Suche oder besser Filterung der gespeicherten Daten vorzunehmen. Der Vorteil des GIS besteht nun darin, dass die Informationen zum einen in Tabellen und zum anderen auch auf der Karte angezeigt werden.

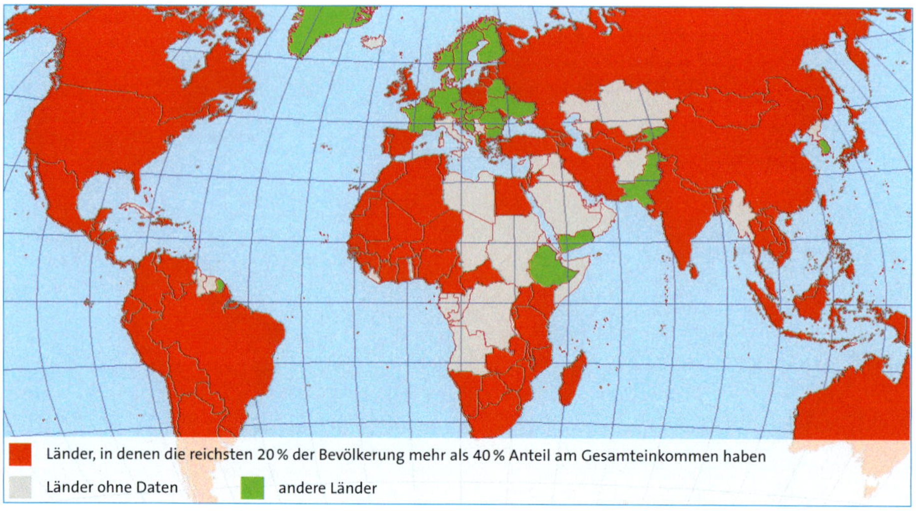

1 Ausschnitt aus dem Klett-GIS

Mit dem WebGIS Geoinformationen filtern

Ein wesentlicher Bestandteil des HDI ist die Wirtschaftsleistung eines Landes. Wie du schon weißt, bildet dieser Indikator aber nicht die Einkommensverhältnisse der im Land lebenden Bevölkerung ab. Um diese näher zu untersuchen, hat die Weltbank ermittelt, welchen Anteil jeweils die ärmsten 10 bzw. 20 Prozent der Bevölkerung am Gesamteinkommen und die reichsten 10 bzw. 20 Prozent haben. Bei einer gleichen Verteilung müsste der Anteil der Bevölkerung gleich dem Anteil am Einkommen sein. Doch wie sieht die Wirklichkeit aus? Gibt es Zusammenhänge zwischen Einkommensverteilung und dem HDI bzw. dem BIP/Kopf eines Landes?

Solche und ähnliche Fragen lassen sich mit einem GIS sehr effektiv beantworten, weil mit wenigen Klicks aus den vielen gespeicherten Länderdaten die interessierenden Informationen mit dem Abfragemanager gewonnen werden können. Notwendig für alle Abfragen ist, dass man für die Suche eine genaue Bedingung formuliert, die dann in den Abfragemanager eingegeben wird. Nach der Verarbeitung im System werden alle Länder, welche der Bedingung entsprechen, in einer „Treffertabelle" ausgegeben und in der Karte angezeigt.

Mit dem Abfragemanager ist es aber auch möglich, mehrere Bedingungen gleichzeitig einzugeben und verarbeiten zu lassen. Hierbei ist zu beachten, dass die Bedingungen mit einer logischen Operation verbunden werden müssen.

Dabei wirkt die Operation „UND" in der Weise, dass nur dann ein Treffer erzielt wird, wenn alle eingegebenen Bedingungen erfüllt sind. Sind die Bedingungen mit „ODER" verknüpft, reicht es für einen Treffer schon aus, wenn nur eine der eingegebenen Bedingungen erfüllt wird.

Datenbank

Merkmal	A	B
Finnland	4,0	22,6
Kamerun	2,3	35,4
Brasilien	0,9	44,8
Indien	3,6	31,1

Abfrage mit einer Bedingung

A > 2,5		
Finnland	4,0	22,6
Kamerun	2,3	35,4
Brasilien	0,9	44,8
Indien	3,6	31,1

Abfrage mit mehreren Bedingungen (UND/ODER)

A > 2,5 UND B > 30		
Finnland	4,0	22,6
Kamerun	2,3	35,4
Brasilien	0,9	44,8
Indien	3,6	31,1

Abfrage mit mehreren Bedingungen (UND/ODER)

A > 2,5 ODER B > 30		
Finnland	4,0	22,6
Kamerun	2,3	35,4
Brasilien	0,9	44,8
Indien	3,6	31,1

2 Funktionsweise des Abfragemanagers

GIS
HDI
104028-0301

Mit WebGIS Geoinformationen filtern

Man kann z. B. die Einkommensunterschiede zwischen Ländern ermitteln. Die Aufgabe könnte lauten: Ermittle die Länder, in denen die ärmsten 20 Prozent weniger als 5 Prozent Anteil am Gesamteinkommen haben.

1. Schritt: Klett-GIS starten und Kartendienst „Erde“ aufrufen

(alternativ: Öffne den oben angegebenen Klett-GIS-Link im Internet.)

2. Schritt: Suche (Abfragemanager) starten

Klicke die Schaltfläche „Suche“ und stelle nach dem Öffnen des Fensters die Ebene Staaten ein (Abbildung 3).

3. Schritt: Abfrage als Bedingung formulieren

Wähle im Feld „Attribut“ das Merkmal „Anteil der ärmsten 20 % am Gesamteinkommen“ aus. Vervollständige die Bedingung, indem du den Operator „<“ und den Wert „5“ wählst. Nach dem Klicken auf „Suche starten“ werden in der „Trefferliste“ unterhalb der Anfrage die zutreffenden Länder angezeigt (Abbildung 4).

4. Schritt: Länder auf der Karte anzeigen

Aktiviere alle Länder mit einem Haken und klicke „Auf Karte zeigen“.

5. Schritt: Fragestellung auswerten

Beschreibe das Verteilungsmuster der „Treffer“ (Kontinenten bzw. Kontinentteile).

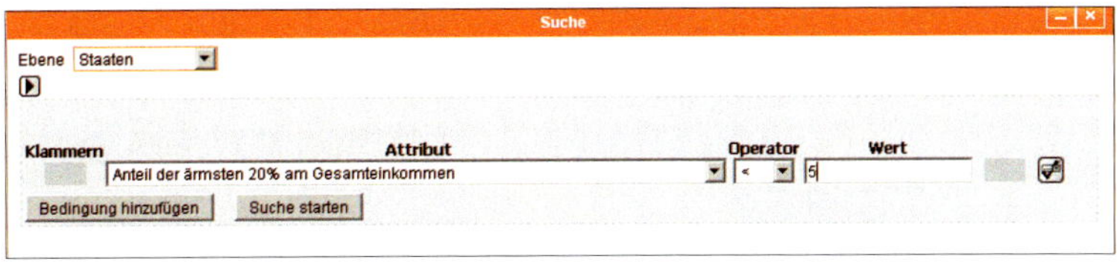

3 Abfragemanager

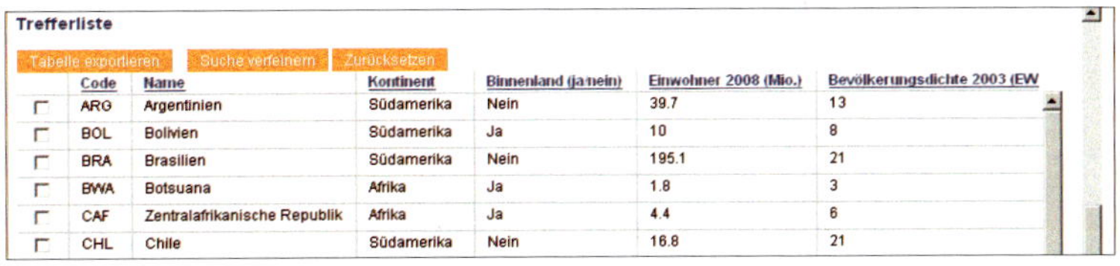

Trefferliste

Tabelle exportieren | Suche verfeinern | Zurücksetzen

	Code	Name	Kontinent	Binnenland (ja/nein)	Einwohner 2008 (Mio.)	Bevölkerungsdichte 2003 (EW
☐	ARG	Argentinien	Südamerika	Nein	39.7	13
☐	BOL	Bolivien	Südamerika	Ja	10	8
☐	BRA	Brasilien	Südamerika	Nein	195.1	21
☐	BWA	Botsuana	Afrika	Ja	1.8	3
☐	CAF	Zentralafrikanische Republik	Afrika	Ja	4.4	6
☐	CHL	Chile	Südamerika	Nein	16.8	21

4 Auszug aus der Trefferliste

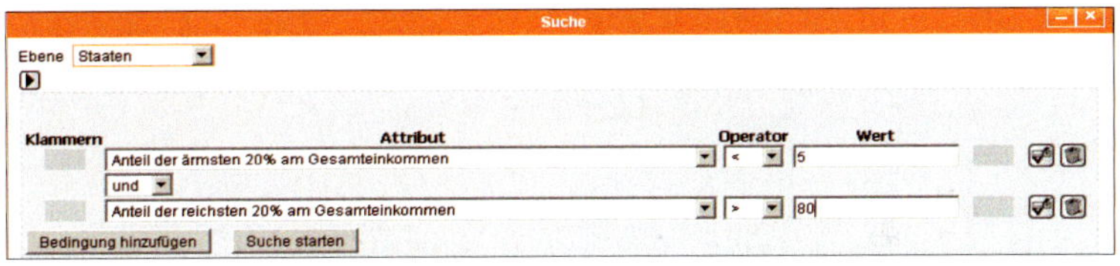

5 Abfragemanager mit zwei Bedingungen

Abfrage mit zwei Bedingungen

Gibt es Länder, in denen die ärmsten 20 % der Bevölkerung weniger als 5 % Anteil an der Gesamtbevölkeurng haben „UND“ in denen die reichsten 20 % mehr als 60 % Anteil haben?

Wiederhole die Schrittfolge. Erweitere den 3. Schritt, indem du eine weitere Bedingung eingibst. Klicke dafür „Bedingung hinzufügen“ und gib die Bedingung „Anteil der reichsten 20 % am Gesamteinkommen > 60“ ein (Abbildung 5) und dann „Suche starten“. Setze die Schrittfolge fort.

1 Abfrageergebnisse bearbeiten:
a) Begründe, warum sich das Verteilungsmuster im Ergebnis der kombinierten Abfrage verändert hat.
b) Erläutere, welche Aussagen sich über diese Länder bezüglich der Einkommensgerechtigkeit treffen lassen.

2 Ermittle mit einer neuen Abfrage Länder, in denen die Ungleichheiten noch größer sind.

3 Marion stellt die Abfrage mit den Bedingungen „HDI > 0,5 UND Lebenserwartung < = 60“. Welche Ländergruppe will sie ermitteln?

4 Armenien und der Iran haben einen HDI von 0,777. Nadja will die Tabelle mit Daten beider Länder anzeigen lassen und gibt folgende Abfrage ein:
„Name = Armenien ODER Name = Iran“
Tobias behauptet, dass man die Länder mit UND verbinden muss.
a) Überprüfe, wer recht hat.
b) Ermittle die Kennzahlen der beiden Länder, die in den HDI eingehen. Beschreibe deine Feststellung.

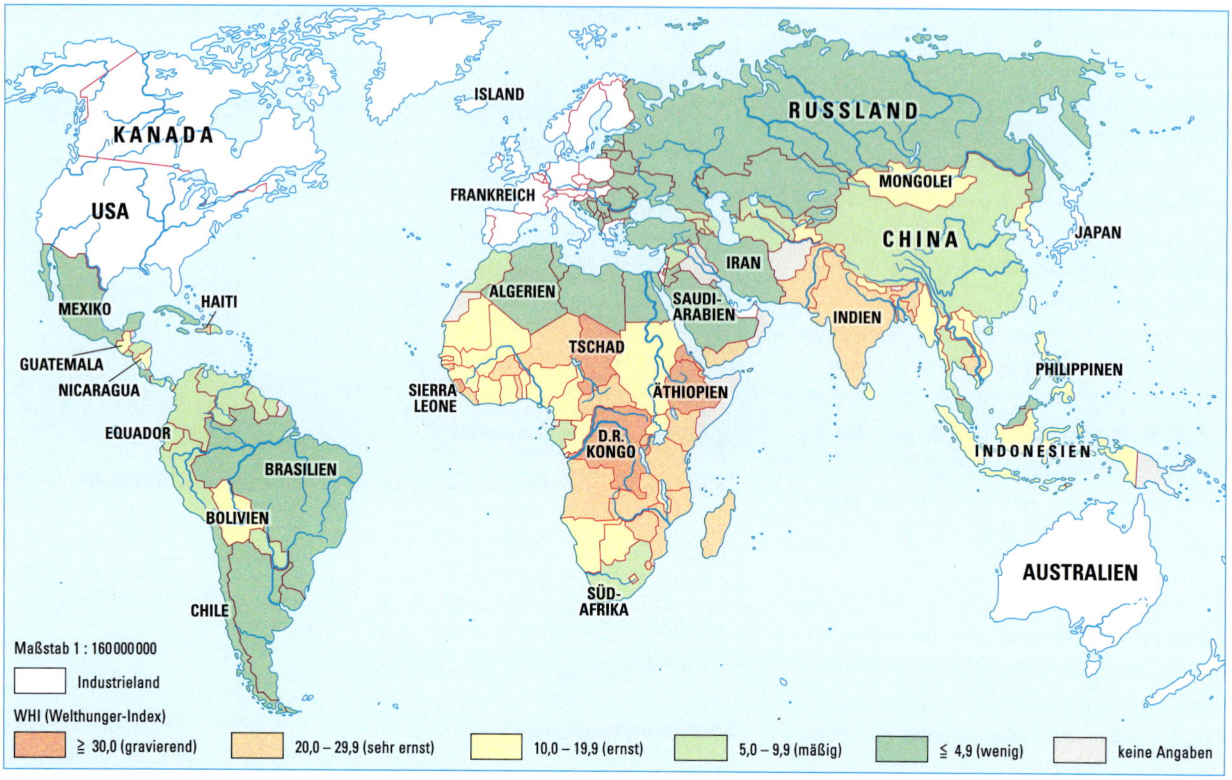

1 **Welthungerindex 2009 nach Schweregrad**

Welthungerindex (WHI)
Der Welthungerindex (WHI) wird mithilfe von drei Indikatoren berechnet: dem Anteil der Unterernährten an der Bevölkerung, dem Anteil der Kinder unter fünf Jahren mit Untergewicht und der Sterblichkeitsrate von Kindern unter fünf Jahren. Der Index bewegt sich zwischen dem besten Wert 0 (kein Hunger) und dem schlechtesten Wert 100, wobei keiner dieser Extremwerte tatsächlich erreicht wird.

Hungern müsste niemand, wenn ...

Die gegenwärtige Nettoproduktion an Lebensmitteln könnte 12 Milliarden Menschen ernähren. Gleichzeitig hungern global 850 Millionen Menschen extrem. Wie kann so etwas heute noch sein?
In den Entwicklungsländern leiden Millionen von Menschen an **Unterernährung**. Das heißt, die Menschen müssen mit weniger Kalorien auskommen, als ihr Körper eigentlich braucht. Die Karte zeigt, dass diese Länder wie ein Hungergürtel um die Erde angeordnet sind.
„Du bist, was Du isst!“ heißt ein Werbeslogan und dies bedeutet: auch wenn in den Industrieländern ein Großteil der Menschen keinen Hunger leiden muss, gesunde Ernährung heißt mehr als satt werden. Selbst wenn die notwendige Kalorienmenge pro Tag erreicht ist, kann es auch durch eine falsche Zusammensetzung der Nahrung zu Problemen kommen. Höchstens 60 % der Kalorienmenge sollten aus Kohlenhydraten (Getreide, Knollenfrüchte oder Zucker) bestehen, 25 % sollten durch Fette und mindestens 15 % durch Eiweiße, Mineralstoffe und Vitamine gedeckt werden. Ist dies nicht der Fall, dann kommt es zu Mangelernährung, auch Fehlernährung genannt. Unter- und Mangelernährung gelten als wesentliche Ursachen für die hohe Kinder- und Säuglingssterblichkeit in den Entwicklungsländern.
In den Industrieländern dagegen ist häufig eine **Überernährung** und eine ungesunde Zusammensetzung der Nahrung ein Problem. In vielen Industrieländern werden deshalb zum Beispiel Ernährungskurse von Krankenkassen angeboten, um Krankheiten in Folge von Fehl- oder Überernährung vorzubeugen.

Material
Welternährungslage
104028-0302

Lernen im Netz
Weltbevölkerung und Ernährung
104028-0303

2 **Voraussetzungen zur Verbesserung der Welternährungslage**

Artikel 25 der Allgemeinen Erklärung der Menschenrechte besagt:
1. Jeder hat das Recht auf einen Lebensstandard, der seine und seiner Familie Gesundheit und Wohl gewährleistet, einschließlich Nahrung, Wohnung, ärztliche Versorgung und notwendige soziale Leistungen ...

4

Es ist genug für alle da!
Theoretisch gibt es ausreichend Nahrungsmittel auf der Erde, um auch langfristig alle Menschen zu ernähren. Gründe für die derzeit ungleiche Verteilung der Nahrung auf der Erde sind zum Beispiel politische oder naturräumliche Unterschiede in den Ländern. Besonders wichtig ist auch das Bevölkerungswachstum. Denn: was nützt eine Produktionssteigerung der Nahrungsmittelindustrie, wenn die Zahl der Menschen, die ernährt werden muss, in viel schnellerem Maße zunimmt? Ein weiteres Problem ist die ungerechte globale Verteilung.

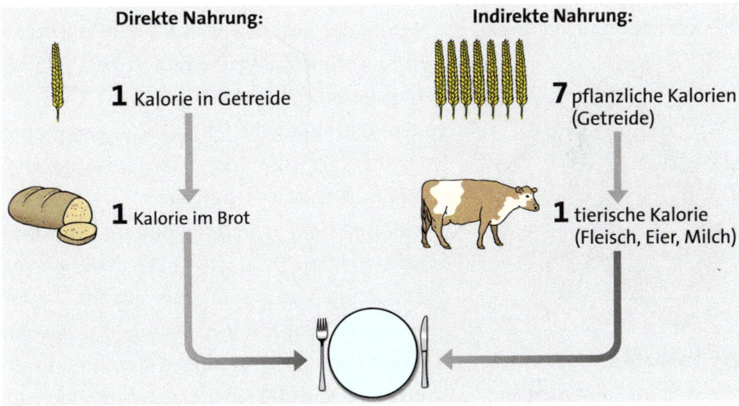

3 **Kalorienumsatz von Weizen bei der Verwendung zur Herstellung verschiedener Lebensmittel**

1 Werte Karte 1 aus.
a) Berücksichtige die Lage der Hungergebiete. Vergleiche mit den Karten auf Seite 37 und 39.
b) Nach der Legende zu Karte 1 ist die Lage im Sudan ernst (WHI 19,6), aber nicht gravierend. Trotzdem wird immer wieder von Hungernden aus dem Sudan berichtet. Vermute Gründe für den Widerspruch.

2 Formuliere Möglichkeiten und Probleme bei der Umsetzung der in Material 2 genannten Voraussetzungen zur Verbesserung der Welternährungslage.

3 Beurteile die Aussage: „Hunger ist eine Folge des Politikversagens!“

1 **Von der Bohne bis in den Laden**

2 **Kakaobohne am Baum**

3 **Kakaofrucht** mit 30–50 weißen Samenkernen, die mit Fruchtfleisch umhüllt sind

Wachstumsbedingungen
Temperaturen:
20°C – 35°C
Schutz vor direkter Sonneneinstrahlung

Kuapa Kokoo =
Guter Kakao

Bittere Schokolade

Kakao, für uns ein Genuss als Getränk oder als Schokolade, für Ghana ein Segen, der Aufschwung und Geld ins Land brachte.

Weil der Weltmarktpreis jedoch starken Schwankungen unterliegt und sich so direkt auf die Wirtschaftslage im Land auswirkt, wurde der gesamte Handel über die staatliche Vermarktungsbehörde Cocoa Marketing Board (COCOBOD) geregelt. 1992 endete das staatliche Vermarktungsmonopol. Damit wurde der Weg frei für private Händler und Genossenschaften.

Im April 1993 gründeten Bauern die Kuapa Kokoo Union (KKU) als erste staatlich unabhängige Vereinigung, die sich um die gemeinschaftliche Vermarktung des Kakaos kümmerte. 1999 gehörten der Organisation bereits 30 000 Kakaobauern an. Doch der Export von Kakao läuft heute noch über die COCOBOD. Die Importorganisationen zahlen dieser Behörde den jeweils aktuellen Weltmarktpreis. Die Fair-Handels-Prämie von 150 US-$ pro Tonne wird direkt auf das Konto von Kuapa Kokoo überwiesen.

Liegt der Weltmarktpreis unter dem beim **Fairen Handel** garantierten Mindestpreis, zahlt die Importorganisation zusätzlich die Differenz an die Genossenschaft. Igbo Kenzo, ein Genossenschaftsmitglied: „Garantierte Mindestpreise reduzieren die Abhängigkeit von den starken Schwankungen der Weltmarktpreise. Die Prämien des fairen Handels werden innerhalb der Genossenschaft investiert. Hiervon werden z. B. die Infrastruktur ausgebaut, Maschinen angeschafft, Transportkosten bestritten und Fortbildungsmaßnahmen oder Brunnenbau gefördert. Die Hälfte der Prämien wird auf Konten für zukünftige Investitionen verwaltet, so z. B. für Ausbildungsstipendien für die Kinder der Kakaobauern.“

„Entscheidend für den Absatz der teureren, aber fair gehandelten Produkte ist das Vertrauen der Verbraucher“, sagt ein Mitarbeiter der Fairtrade Labelling Organization. Diese führt deshalb regelmäßig Kontrollen bei der KKU durch und prüft, ob die Bedingungen fairen Handels gewährleistet sind.

Neben der Entwicklung an den Weltmarktbörsen beeinflussen auch Entscheidungen der EU die Kakaobauern in Ghana: Seit Mai 2000 darf in allen EU-Staaten Kakaobutter in Schokolade durch billigere tropische Pflanzenfette ersetzt werden. Als Folge sank die Nachfrage nach Kakaobohnen. Allein durch diese EU-Entscheidung wird der Bedarf um 20 % zurückgehen. Nun wollen auch die USA dem Beispiel folgen und die Ersatzfette erlauben.

Schlechte Aussichten für Ghana! Besonders hart wird es wieder die vielen kleinen Kakaobauern treffen, denn sie haben keine

Lernen im Netz
Von der Bohne in den Laden
104028-0304

4 **Terms of Trade**

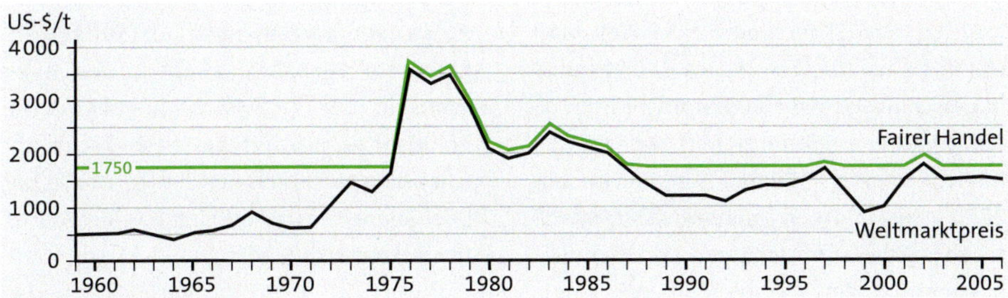

5 **Kakaopreisentwicklung**

Terms of Trade

Austauschverhältnis zwischen den Preisen der Güter, die ein Land exportiert und importiert. Steigt der Preis der Exportgüter und der Preis der Importwaren bleibt gleich, so verbessern sich für dieses Land die Terms of Trade. Für Entwicklungsländer verändern sich die Preise meist genau anders: Der Preis der Exportgüter (oftmals Rohstoffe) bleibt gleich oder sinkt, der Preis der Importgüter (Industrieprodukte) steigt, die Terms of Trade verschlechtern sich.

Reserven, um noch so kurze Krisenzeiten zu überstehen. Deshalb meint auch ein Mitglied der KKU: „Da wir keinen Einfluss auf den Weltmarkt haben, müssen wir im Land etwas ändern. Wir hoffen, dass sich uns immer mehr Kleinbauern anschließen. Nur so haben wir Kakaobauern hier in Ghana eine Zukunft."

1 Wenn du für eine Tafel Schokolade 70 Cent bezahlst, geht nur ein geringer Teil davon an die Kakaobauern. Begründe dies anhand des Produktionsschemas 1.

2 Stelle Vor- und Nachteile der Arbeit von Kuapa Kokoo gegenüber.

3 Beschreibe, wie sich der Kakaopreis und die Preise für Industrieprodukte entwickeln (Grafik 4).

4 Erkläre, wie der Preis für fair gehandelten Kakao zustande kommt.

5 Nenne Möglichkeiten, wie du einen fairen Kakaohandel beeinflussen kannst.

1 **Chinesischer Vorarbeiter auf einer Baustelle in Guinea-Bissau**

Ein chinesisch-kongolesisches Projekt
Generalunternehmer ist die Firma Sicomines, ein Joint Venture, an dem die Demokratische Republik Kongo 32 Prozent hält. Projektträger sind zwei chinesische Unternehmen, die im ganzen Land 3000 Straßen- und Eisenbahnkilometer, 31 Krankenhäuser mit jeweils 150 Betten (...) und 50000 Sozialwohnungen bauen oder instand setzen sollen. Zudem gewährt China Entwicklungshilfekredite mit extrem langen Laufzeiten und sehr niedrigen Zinsen. Im Gegenzug (...) erhalten die Chinesen die Abbaurechte für zehn Millionen Tonnen Rohkupfer, 200000 Tonnen Kobalt und 372 Tonnen Gold. Der kongolesische Verkehrsminister Lumbi versichert, dass bei diesem Tauschgeschäft beide gewinnen.

Gekürzt und leicht verändert nach: Colette Braeckmann: Die besseren Freunde. In: Le Monde Diplomatique, September 2009, S.19

4

Außenhandel afrikanischer Staaten in %

Jahr	mit westl. Industrieländern	mit China
1999	66,3	4,8
2006	60,5	8,7

nach GTZ

2

Außenhandelsvolumen der VR China mit Afrika (in Mrd. US-$)

Jahr	Exporte nach Afrika	Importe nach China
2001	6,0	4,8
2006	26,6	28,8

nach GTZ

3

China in Afrika

Im November 2006 staunte die Welt über ein noch nie da gewesenes Gipfeltreffen in der chinesischen Hauptstadt Peking: 48 afrikanische Regierungschefs versammelten sich zu einer Tagung des bereits im Jahr 2000 begründeten „chinesisch-afrikanischen Kooperationsforums". Das Handelsministerium der Volksrepublik (VR) China schreibt dazu: „Diese Aktivitäten haben aktiven Einfluss darauf, die freundschaftliche Zusammenarbeit zwischen China und Afrika unter neuen Umständen weiter auszubauen, der wirtschaftlichen Globalisierung gemeinsam zu begegnen und die gemeinsame Entwicklung zu fördern". Chinas Grundsätze sind dabei gegenseitiges Vertrauen und Nichteinmischung sowie wirtschaftliche Zusammenarbeit auf der Basis gegenseitigen Nutzens.
Die VR China ist ein Noch-Entwicklungsland, das für seinen ökonomischen Aufschwung Rohstoffe, Energie, Märkte und Vertrauen benötigt und dafür unter anderem in Afrika wirtschaftliche und politische Partner sucht.
Afrika, vor Kurzem noch „der vergessene Kontinent" genannt, erlebt zurzeit einen Wettlauf der großen Wirtschaftsmächte, bei dem amerikanische, europäische und asiatische Unternehmen um Rohstoffe und Energiequellen und die Gunst seiner Machthaber konkurrieren.

Afrika gewinnt ...
Chinesisches Kapital fließt in den Bereich der Ressourcensicherung (Erdöl, Bergbau, Holz, Agrarprodukte) und in den Ausbau der Infrastruktur (Straßen, Eisenbahnen, Staudämme), des Gesundheitswesens, der Landwirtschaft (Bewässerungsprojekte) und der Bildung, was sich zunächst positiv auf die Entwicklung Afrikas auswirkt.
China gibt Kredite zu günstigen Konditionen (z.B. an Angola, Nigeria) oder gewährt Schuldenerlass (z.B. für Äthiopien, Tansania). 2008 sind etwa 1000 chinesische Unternehmen in rund 900 Projekten in Afrika tätig. Das chinesische Engagement wird

Paul Kagame, Ruandas Staatspräsident:
„Das europäische und in jüngerer Zeit das amerikanische Engagement hat Afrika nicht vorangebracht. Unsere Ressourcen wurden ausgebeutet und haben anderen genutzt. Westliche Firmen haben Afrika in großem Maßstab verschmutzt. (...) Die Chinesen bringen mit, was Afrika braucht: Investitionen und Geld für Regierungen und Unternehmen. China investiert in Infrastruktur, baut Straßen. Man sollte den Hinweis auf Menschenrechte nicht als Entschuldigung dafür nehmen, dass kein Kapital fließt. Der neue Wettbewerb ist für Afrika sehr gesund, er hilft uns. (...) Ausbeutung ist kein von China erfundenes Problem. Die Verantwortung tragen schwache Regierungen, die zulassen, dass sich ausländische Firmen oder Regierungen Rohstoffe gegen schlechte Konditionen sichern. (...) Afrikanische Regierungen müssen entschiedener gegen korrupte Beamte vorgehen und ein System installieren, das Knebel- oder Ausbeutungsverträge verhindert. (...) Afrikanische Regierungen müssen dafür sorgen, dass zunehmend auch die Verarbeitung von Rohstoffen auf unserem Kontinent passiert. Wir suchen echte Partnerschaften mit Ausländern, die Know-How und Kapital stellen, aber dies mit einheimischen Firmen teilen. (...) Es gibt ein grundsätzliches Problem bei der Entwicklungshilfe. Sie führt zu Abhängigkeiten, zu dem Wunsch nach Kontrolle der Geber in den Nehmerländern – und damit in einen Teufelskreis. Diese Entwicklung muss man durchbrechen. Wir brauchen Selbstbestimmung und Würde. Ich wünsche mir, dass die westliche Welt in Afrika lieber investiert, statt Entwicklungshilfe zu leisten. Es gibt die Notwendigkeit der Hilfe – aber sie sollte dazu eingesetzt werden, Handel zu ermöglichen und Firmen aufzubauen."

Andreas Rinke: Ruandas Präsident: „China gibt, was Afrika braucht", Auszüge aus einem Interview in: Handelsblatt.com vom 11.10.2009,unter: www.handelsblatt.com

5

Wichtigste afrikanische Lieferländer für China (2006 in %)	
Angola	38
Südafrika	14
Äquatorialguinea	9
Republik Kongo	8
Libyen	8
Sudan	7

nach GTZ

6

Warenstruktur der Lieferungen Afrikas nach China (2006 in %)	
Erdöl	74
Eisenerz	3
Baumwolle	3
Holz	2
Diamanten	2

nach GTZ

7

Warenstruktur der Lieferungen Chinas nach Afrika (2006 in %)	
mechan. und elektr. Produkte	45
Textilien	15
High-Tech	11

nach GTZ

8

geschätzt, weil es nicht mit Vorgaben wie transparente Staatshaushalte oder Einhaltung der Menschenrechte verbunden ist. Doch verlangt China, dass für seine kreditgebundenen Projekte afrikanische Schuldner sich chinesischer Firmen bedienen, die häufig chinesische Arbeitskräfte beschäftigen. Außerdem müssen oft bis zu 50 % der Materialien, Technologie oder Dienstleistungen aus China kommen.
Die VR China ist mit 10 % am Welt-Erdölverbrauch und mit 5 % an den globalen Erdölimporten beteiligt, Tendenz steigend, und mehr als 30 % der Erdöleinfuhren Chinas stammen aus Afrika (z. B. Angola).

Für einige afrikanische Staaten ist die VR China der Hauptabnehmer ihrer Exporte (z. B. Sudan ca. 50 %).

... und verliert
Als Schattenseiten der chinesischen Aktivitäten in Afrika werden dagegen die Ausbeutung der Rohstoffvorkommen, der Raubbau an der Umwelt (z. B. durch nicht nachhaltigen Holzeinschlag), das Verdrängen der einheimischen Wirtschaft durch chinesische Unternehmen und Kleinhändler, die Stabilisierung autoritärer Regierungen (z. B Sudan oder Zimbabwe) oder die fehlende direkte Armutsbekämpfung genannt.

1 Beschreibe Entwicklung, Struktur und Motive der Handelsbeziehungen zwischen China und Afrika.
2 Beurteile, ob China für eine künftige Beziehung zwischen den demokratisch-westlichen Industrieländern und Afrika ein Vorbild oder sogar ein Partner sein kann.
3 Nimm Stellung zu Paul Kagames Wunsch „dass die westliche Welt in Afrika lieber investiert, statt Entwicklungshilfe zu leisten."

3 TERRA **METHODE**

Ganz egal, welche Tageszeitung du in Deutschland oder sonst in der Welt aufschlägst, sie enthält meist eine Karikatur zu einem aktuellen Thema.
Eine Karikatur versteht man jedoch nur dann, wenn man das angesprochene Thema kennt und weiß, mit welchen Mitteln und Absichten der Karikaturist gearbeitet hat.

1 **„Schaut euch doch mal um!"**

Eine Karikatur auswerten

Karikaturen (von ital.: caricare = überladen, übertreiben) zeigen mit zeichnerischen Mitteln Hintergründe und Zusammenhänge politischer Probleme kurz und prägnant auf. Dies geschieht vor allem durch Übertreibung, Zuspitzung und Personalisierung. Meist bedient sich der Karikaturist witziger und humorvoller Stilmittel: Ironie (spöttischer Ausdruck des Gegenteils, was man eigentlich meint, wobei man seine wirkliche Meinung aber durchblicken lässt), Sarkasmus (bittere Verspottung), Parodie (übertreibende Nachahmung eines Vorbildes). Die Wirkung von Karikaturen auf die Leser hängt davon ab, ob die dargestellten Personen oder Symbole leicht erkennbar sind und die Botschaft des Karikaturisten verstanden werden kann.

Um die Aussage einer Karikatur zu verstehen, gehst du am besten schrittweise vor.

Eine Karikatur auswerten

1. Schritt: Karikatur beschreiben

Mit wenigen Sätzen soll die Karikatur beschrieben werden. Achte dabei auf Aussagen oder Bildunterschriften.

Ein dicker, weißer Mann, dem das Essen fast im Hals stecken bleibt, sitzt verkehrt herum auf einer Wippe. Am anderen Ende der Wippe versucht ein dünner, schwarzer Mann vergeblich, ein auf der Wippe liegendes Stück Brot zu erreichen. In der Bildunterschrift steht: „Schaut euch doch mal um!"

2. Schritt: Einzelne Bildteile deuten

Wen sollen die Personen und was die Gegenstände darstellen?

Der dicke Mann symbolisiert die Bevölkerung der Industrieländer, der schwarze Mann die der Entwicklungsländer. Die Wippe steht für die Machtbalance in der Welt.

2

3 **„Zufälliges Treffen vor Gran Canaria“**

3. Schritt: Gesamtaussage deuten

Was soll mit der dargestellten Karikatur ausgesagt werden? Was will der Karikaturist kritisieren?

Die Industrieländer ersticken fast an ihrem Wohlstand. Sie bringen damit die Welt aus dem Gleichgewicht. So sind am anderen Ende der Welt die Menschen kaum in der Lage, zu überleben. Durch die Sitzposition des dicken Mannes wird deutlich, dass die Industrieländer nicht daran interessiert sind oder dass sie nicht mitbekommen, was am anderen Ende der Welt passiert. Der Appell in der Bildunterschrift ist direkt an den Betrachter gerichtet. Er wird als Mitglied der Wohlstandsgesellschaft aufgefordert zu handeln.

4. Schritt: Eine Karikatur beurteilen

Ist dem Zeichner gelungen, das Problem treffend darzustellen? Kannst du der Aussage der Karikatur zustimmen?

Mit der Wippe hat der Karikaturist eine gute Metapher gewählt, um zu zeigen, dass etwas aus dem Gleichgewicht geraten ist. Entwicklungs- bzw. Industrieländer sind durch die Hautfarbe und das Gewicht der Personen überspitzt, aber sofort erkennbar dargestellt. So ist es dem Zeichner gelungen, mit einfachen Mitteln das Problem auf den Punkt zu bringen.
Natürlich gibt es Versuche, die bestehenden Verhältnisse zu ändern. Dies aber auch noch in der Karikatur unterzubringen, würde zu weit führen und das Bild überfrachten. Insofern kann man der Grundaussage des Karikaturisten zustimmen.

Die hier aufgezeigten Schritte zur Auswertung einer Karikatur lassen sich noch ergänzen. Weitere mögliche Fragestellungen: Welche Merkmale kennzeichnen die Abbildung als Karikatur? Welche Bildelemente sind verzerrt gezeichnet? Will uns der Karikaturist auf eine bestimmte Seite ziehen? Will er belehren oder spotten?

1 Karikaturen auswerten

a) Werte die Karikaturen 2 und 3 aus.

b) Gib der Karikatur 2 einen treffenden Titel. Begründe.

Gib einem Hungernden einen Fisch und er wird einen Tag lang satt. Lehre ihn fischen und er wird nie mehr hungern.
(Chinesisches Sprichwort)

1

2 **Chichicaxtepec (Mexiko): 1200 Mixe leben in dem schwer zu erreichenden Dorf**

Es gibt viele Arten zu helfen

Gemeinsam kann man viel bewegen
Die indianischen Bauernfamilien vom Volk der Mixe haben (...) einen zukunftsweisenden Weg gefunden: Jahrzehntelang hatte das bergige Siedlungsgebiet der Mixe im Nordwesten von Oaxaca [Mexiko] eine stabile Wirtschaft. Unten im Tal, in der heißen Zone, wurde Mais auf großen Feldern angebaut, in den mittleren Höhen mit gemäßigtem Klima wuchs Kaffee. Und weil sich beides gut verkaufte, gab es immer Handwerks-Aufträge für die Männer aus den Dörfern oben (...), wo die Felder steil sind und klein und nicht mehr hergeben, als eine Familie braucht. (...) Dann kam in den neunziger Jahren die (...) Kaffeekrise. Die Preise stürzten in den Keller. Gleichzeitig kam mit dem Freihandelsvertrag zwischen Mexiko, Kanada und den USA billiger Mais (...) ins Land. Seither gibt es in den Dörfern der heißen und gemäßigten Höhenstufen kein Geld mehr und auch keine Arbeit für die Männer aus dem hochgelegenen Chichicaxtepec. „Viele ziehen weg in die Städte", sagt Sánchez. „Oder sie gehen gleich illegal in die USA." „Die Mixe (...)", sagt Sofía Robles von der Mixe-Organisation SERMIXE (Servicios del Pueblo Mixe). „(...) wollen weiter in ihrer Heimat leben, mit ihrer Sprache und ihrer Kultur." SERMIXE unterstützt sie dabei. Das wirtschaftliche Gleichgewicht im Mixe-Land soll wieder hergestellt werden – nach Möglichkeit auf höherem Niveau: Die Bauern von Chichicaxtepec stellen auf organische Landwirtschaft um. Das spart Kosten für chemischen Dünger und bringt gesündere Ernten. Außerdem pflanzen sie Obst- und Gemüsesorten an, die sie bislang nicht kannten. Zu den traditionellen Produkten Mais und Bohnen sind Pfirsiche, (...) Avocados, Kürbisse und Tomaten gekommen. (...) „Wir haben mit zwei Versuchsfeldern angefangen", erzählt Sánchez. „Eines für die Frauen und eines für die Männer unserer Produktionsgruppe. Und man muss es einfach zugeben: Die Frauen sind erfolgreicher." Bauern aus einem Nachbardorf haben ihnen beigebracht, wie man eine Miete [Grube zur Aufbewahrung von Feldfrüchten] anlegt zum Kompostieren, haben ihnen gezeigt, wie die neuen Pflanzen aufgezogen werden. (...) Wer etwas Neues gelernt hat, bringt es den anderen bei: (...)So lässt sich mit wenig Geld viel erreichen.

Diakonisches Werk der Evangelischen Kirche in Deutschland e. V. für die Aktion „Brot für die Welt": Mexiko: Gemeinsam kann man viel bewegen, 2007, unter: www.brot-fuer-die-welt.de

3

„Jede Hilfe zählt!", so textet eine Hilfsorganisation in der Werbung ihrer Weihnachtsaktion. Sicherlich stimmt das, doch unterscheiden sich die Arten und Möglichkeiten der Hilfe. Dies gilt für die Helfer ebenso wie für die, denen geholfen werden soll. Spendet man Geld? Ist man selbst im Entwicklungshilfeeinsatz? Wie werden die Mittel vor Ort eingesetzt? Und so weiter.

Warum man **Entwicklungshilfe** leisten sollte, sagt ein Mitglied einer Hilfsorganisation: „Natürlich gibt es soziale und moralische Motive. Aber globale Verantwortung ist nicht nur ein ethisches Problem, sondern es wird auch immer ein Eigeninteresse verfolgt. Denn was in anderen Ländern passiert, berührt auch unseren Alltag. So spielen neben ökonomischen und ökologischen auch außen- und militärpolitische Interessen eine wichtige Rolle."

Was heißt nun „Entwicklungshilfe"? Dies ist ein Sammelbegriff für Maßnahmen zur Verbesserung der Lebensbedingungen in den Entwicklungsländern. Zunächst aber heißt Entwicklung nichts anderes als Wandel der bestehenden Verhältnisse. In diesem Sinne sind alle Länder Entwicklungsländer.

Hilfe zur Selbsthilfe

Bei diesem Prinzip der Entwicklungshilfe soll den Einheimischen eine Chance gegeben werden, ihre Zukunft selbst zu gestalten. Das geschieht zum Beispiel durch die Ausbildung einheimischer Fachleute. Diese kennen die Situation vor Ort am besten und werden von der Bevölkerung akzeptiert. Eine finanzielle Unterstützung von Vorhaben gibt es bei der Hilfe zur Selbsthilfe nur, wenn langfristige Erfolge für viele Menschen erwartet werden und das Vorhaben in absehbarer Zeit ganz eigenständig funktioniert.

4 „Entwicklungshilfe"

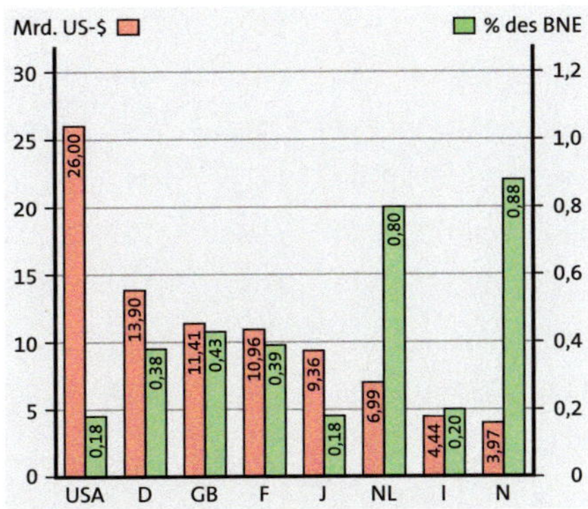

5 Ausgaben für die öffentliche Entwicklungszusammenarbeit 2008

1970 riefen die UN die Industrieländer dazu auf, 0,7 % ihres BNE für Entwicklungshilfe zu verwenden

1 Erläutere die im Text genannten Motive für Entwicklungshilfe.

2 Werte die Karikatur 4 aus.

3 Beurteile, inwieweit das Projekt aus Mexiko als gelungenes Beispiel für eine nachhaltige Entwicklungszusammenarbeit gelten kann.

4 Ergänze folgende Aussagen:
a) Entwicklung ist...
b) Entwickelt ist, wer...

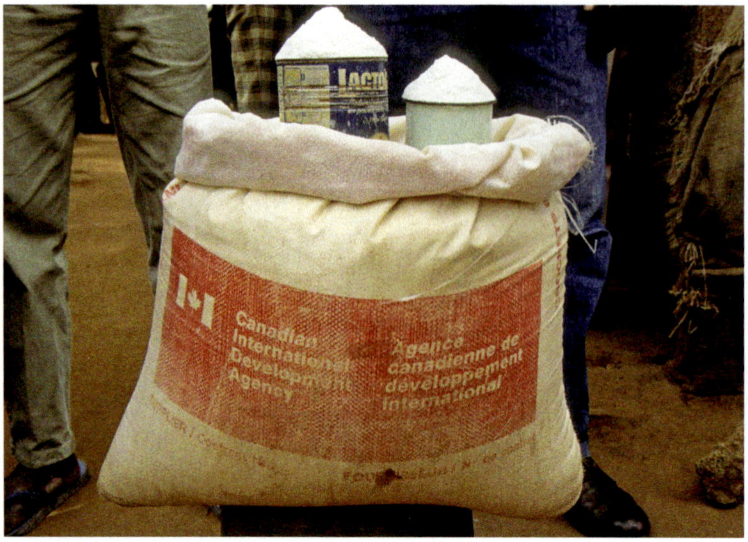

1 **Auf dem Wochenmarkt im Angebot: internationale Lebensmittelhilfe**

4 **Kinder fischen mit einem Moskitonetz**

Entwicklungshilfe: wichtige Empfängerländer

Land	2000	2002	2003	2004	2005	2006	2007	
	Mill. US-$							% des BNE
Entwicklungsländer insgesamt	49 877	60 573	70 713	78 920	107 671	105 858	105 284	0,86
Afrika insgesamt	15 577	21 675	27 127	29 520	35 525	43 494	38 550	3,16
Äthiopien	686	1 303	1 600	1 809	1 916	1 948	2 422	12,48
Burundi	93	172	227	359	364	415	466	49,50
Liberia	67	52	107	213	232	268	696	120,24
Mosambik	906	2 218	1 049	1 243	1 290	1 605	1 772	26,26
Ruanda	321	358	335	490	574	586	712	21,54
Sudan	220	343	613	992	1 824	2 052	2 104	4,90
Tansania	1 035	1 257	1 721	1 765	1 489	1 825	2 811	17,43
Uganda	845	732	999	1 217	1 195	1 549	1 727	15,71

Statistisches Bundesamt, Wiesbaden, 2009

2

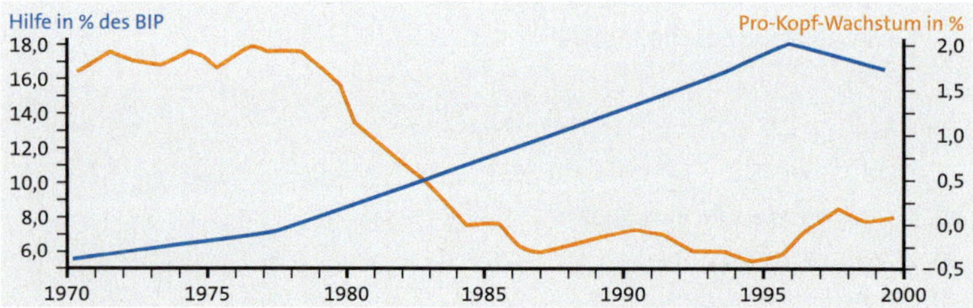

3 **Hilfe und Wachstum in Afrika (gleitender 10-Jahresdurchschnitt)**

Hilft Hilfe immer?

Es ist leicht, Gutes zu tun. Moskitonetze, die vor Malariainfektionen schützen, kosten nur wenige Dollar. Medikamente gegen Malaria kosten nur 12 Cent pro Dosis. Drei Dollar pro junger Mutter müsste man ausgeben, um den Tod von fünf Millionen Kindern für die nächsten zehn Jahre zu verhindern.

Und tatsächlich sind in den vergangenen fünf Jahrzehnten 2,3 Billionen Dollar für Entwicklungshilfeprojekte in der Landwirtschaft, in Industrie und Handel, angesiedelt sowohl auf nationaler als auch globaler Ebene, ausgegeben worden – jedoch ohne sichtbaren Erfolg. Im Gegenteil: Viele Entwicklungsländer stehen schlechter da als je zuvor.

Stimmen, die die negativen Auswirkungen von Entwicklungshilfe anprangern, gab es schon immer. Immer lauter werden die Rufe nach einem Stopp der Entwicklungshilfe, denn diese sei der Grund allen Übels.

1 Beschreibe die Fotos 1 und 4. Erkläre, inwieweit hier Entwicklungshilfe fehlgeschlagen ist.

2 Fasse die Argumente des afrikanischen Ökonoms James Shikwati zusammen.

Hilfe lähmt

Die Bilder von unterernährten, fliegenbedeckten Kindern und mit Malaria infizierten erwachsenen Afrikanern veranlassen Leute in den entwickelten Ländern, Geldspenden als den Schlüssel zur Entwicklung vorzuschlagen. Nur sehr wenige in der westlichen Welt machen sich klar, dass sie damit dazu beitragen, einen der reichsten Kontinente der Erde in Armut zu halten.

Kein Afrikaner lebt gern in ständiger Krankheit und Armut, mit unreinem Wasser, in Hunger und als Objekt zur Reinwaschung des westlichen Gewissens. Ich sage nicht, dass Afrikaner sich zurückziehen sollten auf den Lebensstil armer Höhlenbewohner, aber die dringend nötige Entwicklung muss von ihnen selbst kommen, nicht von Gebern. Die Entwicklungshilfe hat das afrikanische Selbstbewusstsein ausgehöhlt.

Was Afrika derzeit erlebt ist, dass die Hilfe als Instrument im Kampf um Einfluss benutzt wird. Der Westen ist besorgt über das Vordringen der Chinesen. Beide Seiten wollen an die Reichtümer des Kontinents kommen. Während der Westen seine Interessen mit schönen Worten von Demokratie und Menschenrechten bemäntelt, stellt China „wertfreie Hilfe" zur Verfügung. Steht bei alledem etwa Afrika auf der Tagesordnung? Da es beim Handel um Wettbewerb geht, ist das von den Geberstaaten entwickelte „Aid For Trade"-Konzept kontraproduktiv, weil jetzt die Geber entscheiden können, welche Produkte sie unterstützen, und so Ideenreichtum und Vielfalt der afrikanischen Produktion eingeschränkt werden. [...] Entwicklungshilfe hat in Afrika ein wirtschaftsfeindliches Klima geschaffen. Mit den Hilfsgeldern im Rücken schikanieren die Regierungen kleine Händler und Bauern. Dagegen hatte eine leichte Liberalisierung des Mobiltelefonsektors einen Zuwachs von 75 Prozent bei den Anbietern zur Folge. Ein Steuersystem ist essenziell für eine eigene Entwicklung. Man könnte das Ziel setzen, den Tee- und Kaffeebedarf von 950 Millionen Afrikanern zu decken. Ein solcher, nach innen gerichteter Ansatz könnte der erste Schritt zu einer mehrwertbesteuerten Industrie sein. Hilfsgelder zementieren nur die alten Bindungen und gefährden wirtschaftlichen Fortschritt.

Der einfache Afrikaner kann nur hilflos zusehen, wenn Entwicklungshelfer und Regierungsbeamte durchs Land fahren und nach Armut Ausschau halten. Ohne Hilfe würden die Afrikaner das Töten von Moskitos kommerzialisieren, die Agrarproduktion verbessern und für effektive Gesundheitsversorgung sorgen. Die Hilfe hat die Lösung der Probleme Afrikas ausgelagert.

Kurz gesagt sollte die Entwicklung des Kontinents das Letzte sein, was auf der Tagesordnung der G8-Länder steht, wenn ihnen Afrika wirklich am Herzen liegt. Anscheinend ist es vertretbarer, profitorientierte Organisationen zu beauftragen, Afrika von Fliegen, Malaria und Hunger zu befreien, als Afrikas Regierungsbeamte anzuhalten, die Steuergelder ihrer Wähler zur Selbsthilfe zu verwenden. Afrika muss seine Bodenschätze vermarkten, eine Mehrwertsteuer auf seine Produkte im In- und Ausland erheben und sein Schicksal in eigene Hände nehmen.

James Shikwati: Contra Entwicklungshilfe – Hilfe lähmt, in: Frankfurter Rundschau FR-online vom 01.06.2007, unter: www.fr-online.de/in_und_ausland/politik/dossiers/afrika_spezial/?em_cnt=1146571&em_loc=2373

5

Würdet ihr einem fremden Menschen 20 Euro leihen?

Viele Menschen spenden Geld, um so einen Beitrag zur Verringerung von Armut zu leisten. Ein anderer Ansatz besteht darin, sein Geld Menschen zu leihen, z. B. über eine Mikrokredit-Organisation wie KIVA. Bei KIVA stellen sich auf einer Internetplattform Menschen vor, die einen Kleinkredit brauchen, um ihre Ideen zum Aufbau einer Existenz zu verwirklichen. Als KIVA-Mitglied kann man sich aussuchen, wem man Geld für ein Projekt leihen möchte und wie viel. Nur der Mindestbetrag muss eingehalten werden: 25 Dollar. Zinsen bekommen die KIVA-Mitglieder nicht. Die Rückzahlquote beträgt 99,8 Prozent.

6

G8-Länder

Der Gruppe der Acht gehören Deutschland, die USA, Kanada, Japan, Großbritannien, Frankreich, Italien und Russland an, außerdem ist die europäische Kommission vertreten.

3 Kleinkredite (Text 6)

b) Geld an eine Organisation spenden oder Geld als Mikrokredit verleihen – erkläre die wichtigsten Unterschiede.

c) 20 € – entscheide, ob du sie spenden oder sie verleihen würdest. Begründe.

a) Informiert euch im Internet über das System der Kleinkreditvergabe.

TERRA TRAINING

Wichtige Begriffe
Bruttonationaleinkommen (BNE)
Entwicklungshilfe
Entwicklungsland
Fairer Handel
Grundbedürfnis
Human Development Index (HDI)
Industrieland
regionale Disparitäten
Schwellenland
soziale Disparitäten
Terms of Trade
Überernährung
Unterernährung

1 **„Was geht das eigentlich uns an?“**

Orientieren

1 Wer kennt sich aus?

a) Schreibe fünf Länder auf, in denen die Unterernährung besonders groß ist.
b) Schreibe fünf Länder auf, in denen der HDI-Wert besonders hoch ist.
c) Nenne die Länder deiner Liste einem Mitschüler oder einer Mitschülerin und lasse sie an der Weltkarte zeigen (Atlas oder Wandkarte).

Wissen und Verstehen

2 Findest du die Begriffe?

a) Wichtige Unterstützung der armen Länder durch die Industrieländer.
b) Staaten, die im globalen Vergleich einen geringen Stand der Entwicklung besitzen.
c) Staaten, die im globalen Vergleich als hochentwickelt gelten.
d) Das Verhältnis zwischen den Erlösen aus den Exportwaren und den Aufwendungen für Importgüter (Austauschbedingungen).
e) Etwas, das jedem Menschen der Erde zustehen sollte, um menschenwürdig leben zu können.

3 Richtig oder falsch?

Begründe die richtigen Aussagen und verbessere die falschen Aussagen:

a) Nahrungsmittellieferungen sind immer eine sinnvolle Hilfe für die Entwicklungsländer.
b) Die Lebenserwartung in den Entwicklungsländern ist ähnlich hoch wie in den Industrieländern.

Methoden anwenden

4 Karikatur auswerten

Werte die Karikatur 1 aus.

5 Länder mit geringen Entwicklungschancen mit dem Web-GIS ermitteln

Die Entwicklungschancen von Ländern mit geringem Entwicklungsstand sind besonders ungünstig, wenn sie keinen Zugang zum Weltmeer haben. Begründe diese Aussage:

a) Ermittle mit einer kombinierten Abfrage diese Ländergruppe;
b) Nenne die Länder und beschreibe gemeinsame Lagemerkmale.

Material
Selbsteinschätzungsbogen
104028-0305

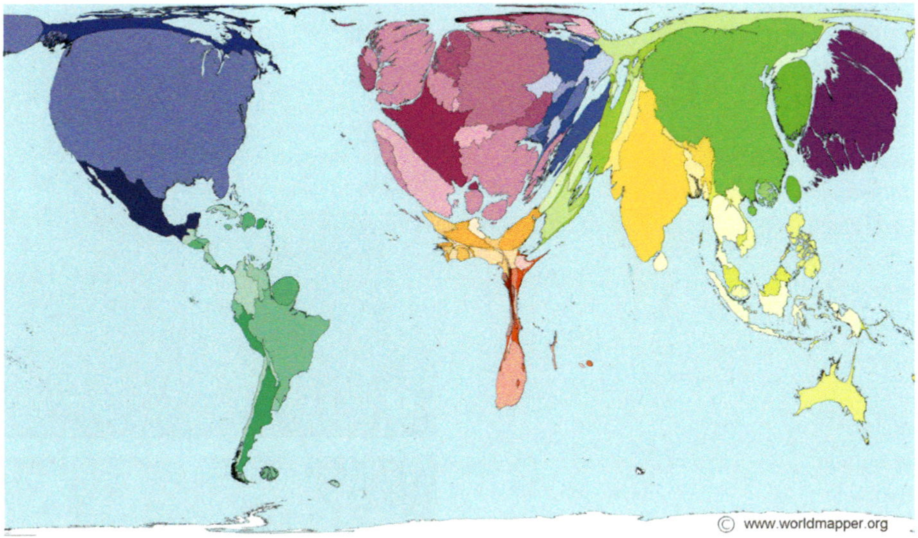

2 **Bruttoinlandsprodukt / Kopf (PPP) 2006**

Teste dich selbst
mit den Aufgaben 2d, 2e und 6b.

Lehmöfen schützen den Wald

30 000 „Greenstoves" – Brennholz sparende Lehmöfen – konnte die Organisation Menschen für Menschen innerhalb von zwei Jahren in der Provinz Illubabor, im Südwesten Äthiopiens, installieren. [...]

32 Frauen und Männer wurden angelernt, die Öfen herzustellen. Menschen für Menschen stellte Werkzeug sowie Zement und Sand für die Bauteile zur Verfügung. Teamleiter Getachew Demesa hatte 27 äthiopische Sozialarbeiterinnen angeworben, die die Dörfer besuchten, um den Familien die Vorteile der Öfen zu demonstrieren: Sie verbrauchen 2/3 weniger Holz als eine offene Feuerstelle und – im Gegensatz zum offenen Feuer in den Hütten – ist die Verbrennungsgefahr und die Schädigung von Augen und Lungen durch die Rauchentwicklung gebannt. [...]

Stiftung Menschen für Menschen. Karlheinz Böhms Äthiopienhilfe, unter: www.menschenfuermenschen.de (Zugriff vom 10.01.2009)

3

6 Eine thematische Karte auswerten:
a) Werte die Karte 2 aus.
b) Beurteile die Aussagekraft im Vergleich zur Karte 3 auf der Seite 37.

Beurteilen und Bewerten

7 Überschrift gesucht
Überlege dir eine Überschrift und Sprechblasen für den Cartoon 4.

8 Projekt bewerten
Bewerte das in Text 3 dargestellte Projekt.

Handeln

9 Überprüft in eurer Heimatstadt das Angebot fair gehandelter Produkte. Stellt ein alternatives Branchenbuch zusammen.

4

4

Auf der Suche nach Zukunft

Seine Heimat verlässt kein Mensch ohne Grund. Viele müssen gehen, weil sie dort keine Zukunft mehr haben. Sie werden vertrieben oder haben keine Möglichkeiten sich und ihre Familien ausreichend zu versorgen. Oder die Fremde lockt mit der Aussicht auf ein besseres Leben ohne Not und Angst.

Im Jahr 2000 haben 150 Millionen Menschen ihr Heimatland verlassen. Das entspricht in etwa der doppelten Einwohnerzahl von Deutschland.

Warum verlassen Menschen ihre Heimat? Woher kommen sie? Wo finden sie Aufnahme? Welche Schwierigkeiten ergeben sich in den Herkunfts- und Zielgebieten?

1

2

3

1 Berlin, Deutschkurs für arabische Frauen
2 Spanien, Bootsflüchtlinge aus Afrika
3 Mumbai, Wanderarbeiter
4 Utar Pradesch, Bauernfamilie

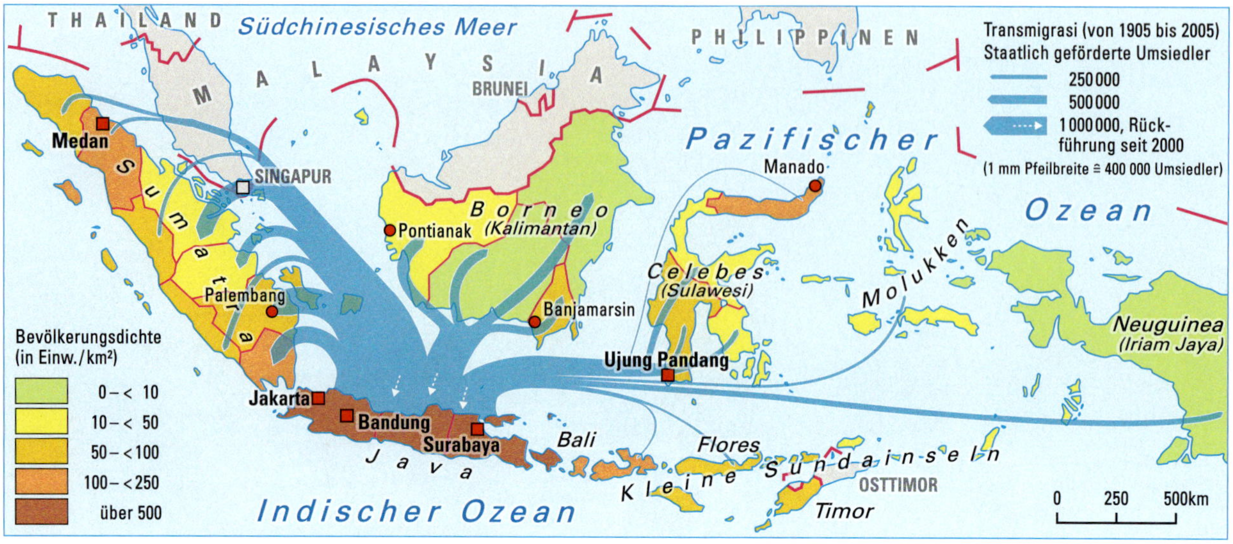

1 Das Projekt Transmigrasi

Kaum zu glauben
Es wird behauptet, dass noch nie ein Mensch alle Inseln Indonesiens besucht habe. Schließlich bräuchte man über 37 Jahre, wenn man jeden Tag eine der fast 13 700 Inseln bereisen würde.

Transmigrasi (lat.): die Umzusiedelnden

Transmigrasi

Der größte Inselstaat der Welt – so wird Indonesien auch genannt. Er besteht aus insgesamt 13 700 Inseln. Auf der Hauptinsel Java leben immer mehr und mittlerweile zu viele Menschen. Viele andere Inseln sind dagegen nur dünn besiedelt. Wäre es nicht sinnvoll, die Bevölkerung zum Wohle aller gleichmäßiger zu verteilen?
Diese Überlegung war der Ausgangspunkt für das **Transmigrasi**-Projekt der indonesischen Regierung, das 1952 startete. 1949 war Indonesien unabhängig geworden. Schon die alte Kolonialmacht Niederlande hatte das Ziel verfolgt, die Bevölkerung von der Insel Java auf andere Inseln zu verteilen. Dieser Plan wurde nun wieder aufgenommen. Zwischen 1969 und 1998 wurden 1,6 Millionen Familien mit insgesamt 10 Millionen Menschen von der Regierung in 2 400 neu errichtete Siedlungen umgesiedelt. Jede Familie erhielt ein „Startpaket". Die Ureinwohner wurden ohne Entschädigung enteignet.

Zu dicht besiedelt: Java
Auf der Insel Java ist die landwirtschaftliche Nutzung wegen der fruchtbaren Böden auf vulkanischem Gestein sehr ertragreich. Hier können auch tropische Böden im Dauerfeldbau bewirtschaftet werden, ohne dass der Boden eine Ruhephase benötigt. Dies ist eine Ursache für die Überbevölkerung Javas.

Der Regenwald – kein Paradies für Siedler
Die meisten neu besiedelten Flächen liegen in den immerfeuchten Tropen. Hier sind die Böden für den Ackerbau nur mäßig geeignet. Die traditionelle Anbauform ist der Brandrodungswanderfeldbau. Damit können jedoch die Ernährungsprobleme der rasch wachsenden Bevölkerung nicht bewältigt werden. Also bearbeiteten die Siedler ihr neues Land nach der aus Java mitgebrachten Anbauweise. Mit wenig Erfolg: Die Erträge sanken rapide ab. Nur wer auf die traditionelle Anbauform umstellte, konnte überleben.
Die aus ihrer Heimat herausgerissenen Umsiedler konnten in den neuen Siedlungen oft kein Zusammengehörigkeitsgefühl entwickeln. Der Kontakt zur Urbevölkerung ließ sich nur schwer herstellen, die Neusiedler waren unbeliebt. Auch religiöse

2 **Wohnhaus eines Neusiedlers**

4 **Werbeplakat für Transmigrasi**

Gründe erschweren die Integration: Die Javaner sind zu einem Großteil Muslime. Die Bewohner der anderen indonesischen Inseln gehören oft der christlichen Religion an oder sind Vertreter von Naturreligionen.
Transmigrasi wurde von der Urbevölkerung als Versuch gewertet, die Vorherrschaft der Javaner auszuweiten. Da der Lebensraum der Ureinwohner beschnitten oder weggenommen und die natürlichen Ressourcen entzogen wurden, waren die Neusiedler zunächst wenig beliebt, später verhasst. Immer wieder kam es zu blutigen Auseinandersetzungen. Zum Beispiel fielen 1999 auf Iriam Jaya Hunderte Neusiedler dem Angriff Einheimischer zum Opfer.
Viele Siedler zogen um und suchten ihr Glück in anderen Umsiedlungszentren. In der Folge fielen die meisten Siedler bereits nach wenigen Jahren in ihre alte Elendssituation zurück. Die Zwangsumsiedlung soll trotzdem weiter fortgesetzt werden. Sie kostet rund 15 000 € pro Familie.

Irrweg Transmigration?

Die Regierung Indonesiens bezeichnet das Projekt als Erfolg. Demgegenüber reden ausländische Beobachter vom Scheitern. Deshalb wurden auch die ausländischen Finanzhilfen zurückgezogen.

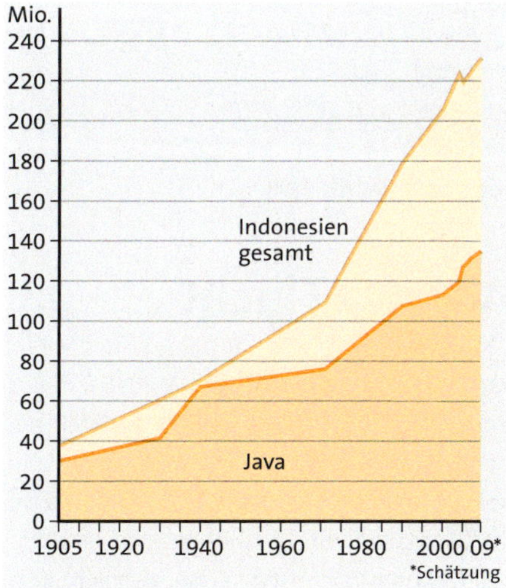

3 **Bevölkerungsentwicklung Indonesiens (in Mio.)**

„Startpaket" für jede Familie
- 2–4 ha gerodetes Land,
- ein ausgebautes Haus,
- Lebensmittel für das erste Jahr,
- ein Kleiderpaket,
- Saatgut für die erste Aussaat,
- Dünger und Schädlingsbekämpfungsmittel für drei Jahre sowie
- landwirtschaftliches Gerät.

5

1 Begründe die unterschiedliche Bevölkerungsdichte der indonesischen Inseln.
2 Erstelle ein Schema, in dem du Ursachen, Ziele, Maßnahmen und Ergebnisse des Transmigrasi-Projekts darstellst.
3 Überprüfe den Erfolg der Transmigrasi-Politik mithilfe von Diagramm 3.

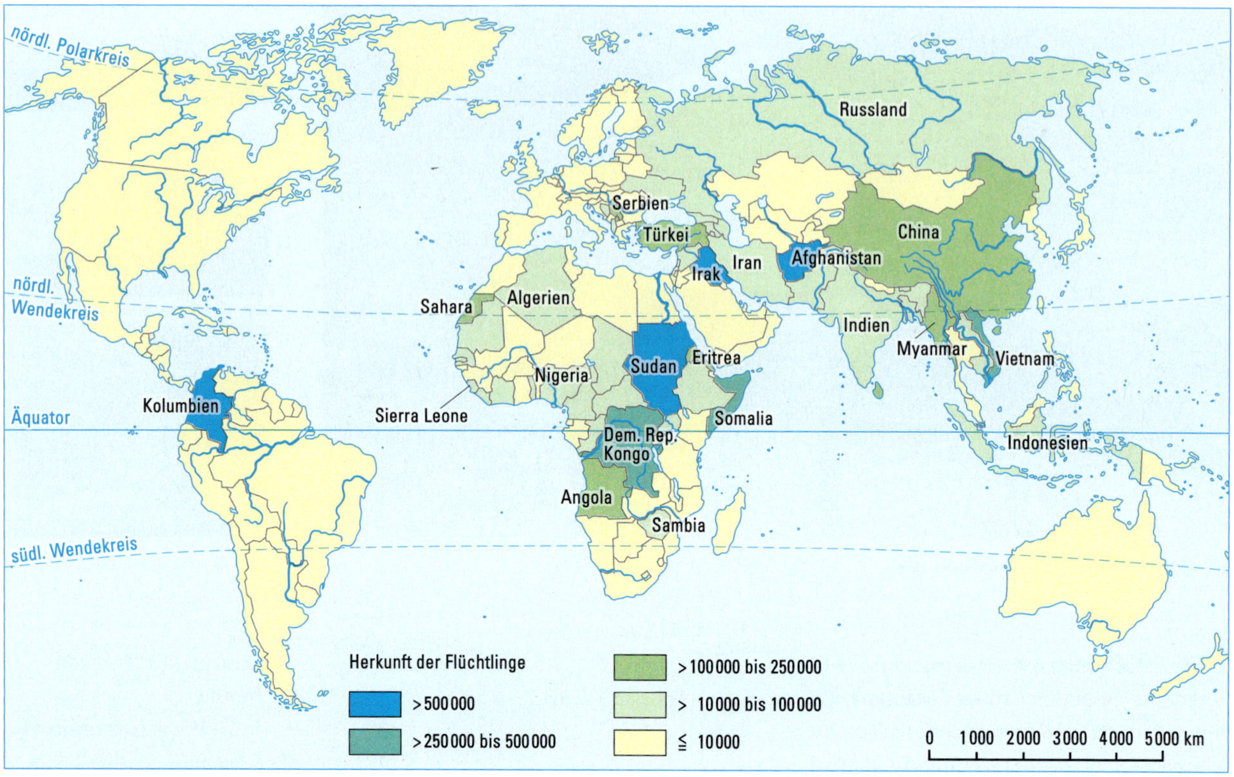

1 Die wichtigsten Herkunftsländer von Flüchtlingen

Auf der Flucht

Täglich sind Tausende von Menschen auf der Flucht. Keiner von ihnen, weder Kind, noch Frau, noch Mann verlässt freiwillig sein Zuhause. Sie werden von Politikern, von Soldaten, von gewaltbereiten und intoleranten Mitmenschen oder von Naturkatastrophen dazu gezwungen. Meist können sie nicht mehr mitnehmen, als sie mit ihren bloßen Händen tragen können.

Im Jahr 2008 gab es weltweit etwa 10,5 Millionen **Flüchtlinge**. Hinzu kommen noch die 14,4 Millionen **Binnenflüchtlinge**, die innerhalb ihres Heimatlandes vertrieben wurden.

Mit der Flucht beginnt für die meisten von ihnen das nächste Problem: Wohin sollen sie gehen und wo ist man bereit, sie aufzunehmen? Oft kommen sie in den Nachbarländern in schnell errichteten Flüchtlingslagern unter. Viele wollen aber gleich in die Industrieländer der nördlichen Halbkugel, weil sie sich dort eine bessere Zukunft erhoffen.

1 Erstelle eine Mindmap zu möglichen Fluchtursachen.

2 Zeige mithilfe von Karte 1 auf, aus welchen Regionen die meisten Flüchtlinge kommen und begründe diese Verteilung.

3 Fotos und Texte 2–4 bringen Einzelschicksale von Menschen auf der Flucht nahe. Versetze dich in die Situation eines Flüchtlings und schreibe einen kurzen Brief, in dem du Angehörige über deine Lage informierst.

4 Diskutiert, warum Flüchtlinge es oft schwer haben, in anderen Ländern aufgenommen zu werden.

Magdalena Ocotlán, ein kleiner Ort im südmexikanischen Bundesstaat Oaxaca. Die Nachmittagssonne wirft schon lange Schatten auf den schlecht gepflasterten Weg, der zum Dorfzentrum führt. Ein paar Kinder spielen Fangen oder Basketball. Eine Kirche, ein Schulgebäude, ein paar Steinhäuser – viel mehr hat die Tausendseelengemeinde nicht zu bieten. Die meisten Männer sind ausgewandert. Auf die andere Seite des Rio Grande, in die USA. Dort suchen sie Arbeit, träumen von Wohlstand.

Wer geblieben ist, lebt von ihren Überweisungen. Oft reicht das Geld nicht einmal für das Allernotwendigste. [...] Auch José Ramérez Flores bleibt und kämpft für eine bessere Zukunft [...]: „Hier sind wir alle Bauern, hier verdienen wir nichts. Immer haben wir gearbeitet. Wir bestellen die Felder, aber das reicht nur, um die Familien am Leben zu halten. Wir verdienen nichts, nicht einen Peso den lieben langen Tag. [...]“

Wolf-Dieter Vogel: Viele wandern aus – Der südmexikanische Ort Magdalena Octolán, unter: http://migrationsblog.swr.de, vom 10.07.2007

2 **Flüchtlinge aus Mexiko an der Grenze zur USA**

Aus zwei einfachen Brettern ist das kniehohe Kreuz zusammengenagelt. „Das war eine sehr schöne Frau, sehr groß, schwarz, in afrikanischen Kleidern“, sagt Vincenzo Lombardo. „Sie war am Ende ihrer Kräfte, als sie ankam, und ist hier gestorben.“ Lombardo arbeitet auf dem Friedhof von Lampedusa, der kleinen, kargen italienischen Insel südlich von Sizilien. Der Mann mit Glatze und Brille hat nicht nur für die Afrikanerin ein Kreuz aufgestellt, sondern auch für alle anderen Flüchtlinge, die nach der Ankunft auf der Insel starben.

Zwölf waren es bisher, die meisten überleben die Strapazen der Überfahrt. Über tausend Menschen sind es zurzeit pro Woche. Für sie ist Lampedusa der erste Flecken Europäische Union, den sie erreichen können, und damit nicht weniger als die Hoffnung auf ein neues, besseres Leben.

AFP Meldung vom Juli 2008

3 **Ein Flüchtlingsboot erreicht die Insel Lampedusa**

Civilian protection in Darfur remains a serious concern. More than 2.6 million [internally displaced people] are in Darfur and over 250,000 Darfuris are living in refugee camps in Chad. Insecurity continues and many displaced people are still unable to return home. [...]However, the UN peacekeeping mission, UNAMID, lacks adequate resources and humanitarian workers are unable to access the most vulnerable due to insecurity and government impediments. Refugees International is particularly concerned about sexual violence against women in Darfur and the difficulties faced by civil society organizations who try to assist survivors.

www.refugeesinternational.org/where-we-work/africa/sudan (Zugriff: 03/2011)

Vokabeln

concern: Angelegenheit
internally displaced people: Binnenvertriebene
someone lacks in something: jemandem fehlt es an etwas
impediment: Hindernis

4 **Current Humanitarian Situation in Darfur**

1 **Wanderarbeiter auf der Rückfahrt nach Polen**

3 **Geschäftseröffnung**

Immer der Arbeit nach

Linie Nr. 2 (Express): Krakau–Wroclaw–Essen–Düsseldorf–Köln–Bonn–Brühl

Sonntag		Samstag
···· 4-7		
12:00	Kraków	11:00
13:15	Katowice	10:00
14:00	Gliwice	09:00
14:30	Strzelce Opolskie	08:30
15:30	Opole	08:00
17:00	Wroclaw	06:30
19:00	Olszyna/Leknica	02:30
Montag		Freitag
03:30	Essen	19:15
04:15	Düsseldorf	18:30
05:00	Köln	17:30
05:30	Bonn	16:45
05:50	Brühl	16:15
		···· 2-5

2 **Auszug aus einem Busfahrplan**

Die Hoffnung auf ein besseres Leben mit sicherer Arbeit und sicherem Einkommen lässt viele Menschen ihr Glück in der Fremde suchen. So wanderten im 19. Jahrhundert viele Deutsche nach Amerika aus. Hungersnöte, politische Unterdrückung, religiöse Unfreiheit und wachsende Bevölkerungszahlen in der Heimat waren Gründe, Deutschland zu verlassen.

Industrialisierung braucht Arbeitskräfte

Doch um 1870 begann eine Entwicklung, die Deutschland vom Auswanderungs- zum Einwanderungsland werden ließ. In der ersten Zuwanderungsphase ab 1870 strömten schätzungsweise 500 000 Menschen aus Polen und anderen östlichen Regionen in das wirtschaftlich aufstrebende Ruhrgebiet. Namen wie Schimanski und Katschmarek erinnern noch heute an diese Zeit. Ohne Zuwanderer wäre das Ruhrgebiet nicht zum größten Industriegebiet Europas aufgestiegen.

Ab 1960 gab es in der Bundesrepublik Deutschland zu wenig Arbeitskräfte für die boomende Wirtschaft. Im Ausland wurden Arbeitnehmer für Deutschland angeworben. Deshalb kamen in einer zweiten Phase ab 1960 die sogenannten Gastarbeiter aus den südeuropäischen Ländern Italien, Spanien, Portugal und dem ehemaligen Jugoslawien. Sie ließen sich in den großen Wirtschaftszentren nieder. Im weiteren Verlauf wurden vor allem in der Türkei migrationswillige Menschen angeworben. Als in der Wirtschaftskrise Anfang der 1970er-Jahre keine weiteren Arbeitskräfte benötigt wurden, wurde 1973 ein Anwerbestopp erlassen. Jedoch wuchs auch danach der Anteil der ausländischen Bevölkerung, unter anderem durch nachziehende Familienmitglieder.

Da die Menschen in ihrer Heimat oft nur schwer Arbeit finden konnten, gingen sie lieber in die Fremde nach Deutschland. In ländlichen Gebieten der Herkunftsstaaten wurde manches Dorf fast entvölkert.

Aussiedler und Flüchtlinge

In einer dritten Zuwanderungsphase kamen ab 1989 Aussiedler, Menschen mit deutscher Abstammung aus östlichen Ländern wie Polen und der ehemaligen Sowjetunion. Die wirtschaftlich schlechte Lage im östlichen Europa und die Hoffnung auf Arbeit in Deutschland verstärkten die Gründe für die Aussiedlung. Zeitgleich kamen Flüchtlinge aus den Krisengebieten der Erde.

„Apfelernte ist Maloche“

Michael und Peter Krings wissen es. Denn sie bauen in Nieukerk das Obst an, das gerade gepflückt wird. In diesem Jahr helfen ihnen neun Polen bis Ende Oktober bei der Arbeit. „Der Job ist allerdings eine richtige Maloche“, gibt Krings Senior zu. „Da schmerzen die Hände am Ende eines Tages mehr als bei einem Schüler, der sechs Stunden lang Bach am Klavier übt.“ Dennoch freuen sich die Saisonarbeiter auf die Arbeit am Niederrhein. In einer Woche verdienen sie als Erntehelfer etwa so viel wie ein Holzfäller in Polen pro Monat.

Norbert Hemmersbach: Apfelernte ist Maloche. unter: www.rp-online.de/public/article/geldern/356832/Apfelernte-ist-Maloche.html (Zugriff: 02/2011)

4

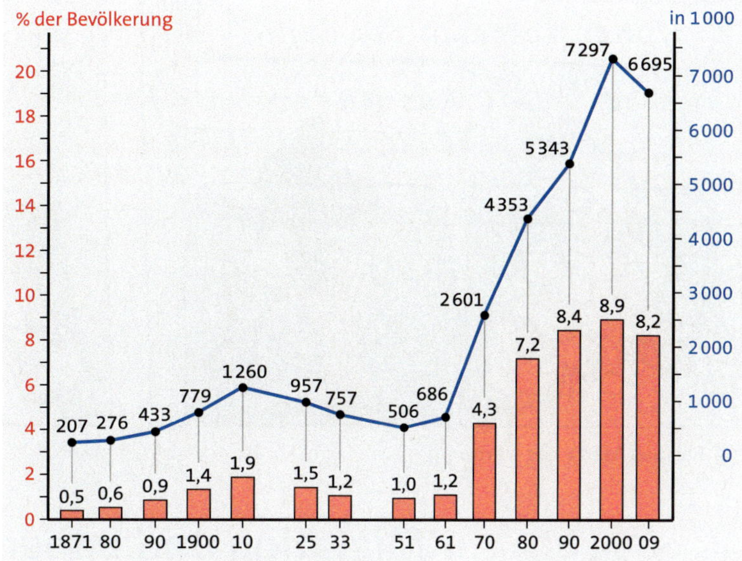

6 **Ausländische Mitbürger in Deutschland**

Virtuelle Trainerin

Kim ist schwarzhaarig, blauäugig, schlank. Sie trägt eine Sporthose und ein bauchfreies Top und turnt an einem Palmenstrand. Eigentlich nur am Bildschirm, denn Kim ist ein Cybergirl. Alen Jevsenak, der „Vater“ von Kim und Gründer der Firma fitatwork, ist ein 33-jähriger Kybernetik-Ingenieur. Er wurde in Slowenien geboren. Mit fünf Jahren brachten ihn die Eltern nach Stuttgart, weil sie dort eine Beschäftigung gefunden hatten. Es kam ihm vor, als ob er aus einem Paradies voller Freiheit, Natur und Freunde in eine fremde Großstadt eines Landes entführt wurde, dessen Sprache er noch zu lernen hatte. Nach dem Studium programmierte und designte er 4 Jahre allein und im Verborgenen. Er sperrte sich Tag und Nacht im Zimmer ein! Das große Interesse gab ihm schließlich Recht. Inzwischen hat er Kim per Internet tausendfach in die ganze Welt verkauft. Alen Jevsenak träumt davon, einen „Ein-Mann-Weltkonzern“ zu gründen – und dessen Sitz nach Maribor in Slowenien zu verlegen.

Nach General-Anzeiger Bonn, 01.08.2002

5

Wanderarbeiter und Facharbeiter

Trotz vorhandener Arbeitslosigkeit fehlen der deutschen Wirtschaft in besonderen Bereichen immer wieder Arbeitskräfte. Wie die Landwirte, die polnische Erntehelfer brauchen, so ist das Gaststätten- und Hotelgewerbe auf die geringen Löhne der Beschäftigten aus Osteuropa angewiesen.

Die Hightechindustrie leidet unter Facharbeitermangel. Mit einem gültigen Arbeitsvertrag haben ausländische Fachkräfte die Möglichkeit, eine dauerhafte Aufenthaltsgenehmigung zu bekommen.

1 Stelle in einer Tabelle Motiv, Herkunfts- und Zielgebiet der drei Einwanderungsphasen dar.

2 Erläutere das Diagramm 6 mithilfe des Textes.

3 Deutschland benötigt trotz Arbeitslosigkeit nach wie vor ausländische Arbeitskräfte. Begründe anhand von Beispielen.

4 Beurteile den Begriff „Gastarbeiter“.

5 Erkundigt euch, ob es auch in eurer oder einer nahe gelegenen Stadt einen Busbahnhof für „Gastarbeiter“ gibt und wohin diese vor allem fahren.

1 **Beispiel Maria aus Nürnberg**

Anteil der Arbeitslosen in Deutschland (in %)

Jahr	Arbeitslose insgesamt	arbeitslose Ausländer
1998	12,3	18,9
1999	11,7	19,0
2000	10,7	17,1
2001	10,3	17,2
2002	10,8	18,8
2003	11,6	20,2
2004	11,7	20,3
2005	13,0	25,2
2006	12,0	23,6
2007	10,1	20,3
2008	8,7	18,1

2

Migration und Integration

Ziel im Umgang mit Migranten muss deren Integration sein. Dazu müssen die Gastländer zur Aufnahme bereit sein und die Migranten Bereitschaft zeigen, sich anzupassen. Nur wenn beide Seiten aktiv sind, kann Integration gelingen.

Neben der aktiven Ausgrenzung durch das Aufnahmeland verhindern auch Ausländer eine Integration durch bewusste Abgrenzung. Dieses Verhalten führt zur Konzentration von Ausländern in bestimmten Stadtteilen oder Straßen. Manchmal bewirken äußere Faktoren wie günstige Mieten, dass die Migranten hier zusammen wohnen.

Beispiel irgendwo in Deutschland

In der XY-Straße und Umgebung wohnen sehr viele Menschen türkischer Abstammung. Durch viel Engagement und Arbeit der Türken hat sich im Laufe der Zeit diese Straße verändert. Ein türkisches Einkaufszentrum ist entstanden, ein Bazar außerhalb der Türkei. Hier versorgen sich die türkischen Menschen des Viertels, hier treffen sie sich, haben sie Gebetshäuser und Versammlungsräume, hier wollen sie unter sich sein. Wer als Deutscher einmal richtig türkisch essen gehen möchte, geht hierher.

3

Betül Kamat, Verwaltungsbeamtin bei der Stadt Mönchengladbach

Meine Großeltern haben zu Beginn der 1970er-Jahre die Türkei verlassen. Ich selbst bin 1987 in Mönchengladbach geboren. Während der Schulzeit am Gymnasium hatte ich fast nur deutsche Freunde, da es auf unserer Schule kaum Ausländer gab. Nach dem Abitur habe ich den Vorbereitungsdienst als Verwaltungsbeamtin im gehobenen Dienst begonnen und im Sommer 2009 meine Staatsprüfung abgelegt. Ich selbst fühle mich in Deutschland sehr wohl und mache mir selten Gedanken darüber, dass ich als Migrantenkind eine spezifische Rolle in der deutschen Gesellschaft einnehme.

Eine Rückkehr in die Türkei könnte ich mir kaum noch vorstellen, da ich sprachliche Probleme haben würde und auch gar nicht weiß, ob ich beruflich und gesellschaftlich in meiner alten Heimat jemals wieder Fuß fassen könnte.

4

Xavier Naidoo, Sänger, geboren in Deutschland, Eltern aus Südafrika
Ich war früher selbst erschrocken, als ich dunkelhäutige Menschen deutsch sprechen hörte. Dass ich selbst dunkelhäutig bin, ist mir erst durch Erlebnisse von außen bewusst geworden – etwa, wenn mich jemand als „Bimbo" bezeichnet hat. Ich erlebe Menschen, die ihre Handtasche festhalten, weil ihnen ein dunkelhäutiger Mensch entgegenkommt. Letztendlich laufe ich ja auch mit Vorurteilen herum. Ich bin so deutsch wie alle anderen. Ich könnte in einem Lied sogar singen, dass ich stolz bin, ein Deutscher zu sein, und hätte damit weniger Probleme als ein weißhäutiger Deutscher.

5

Helena, Spätaussiedlerin aus Kasachstan
Ich bin mit meinem Mann und meinen drei Kindern hierher gekommen, weil meine Vorfahren aus Deutschland stammten. Wir bekamen einen deutschen Pass, die Kinder gingen in die Schule und mein Mann bekam eine Anstellung im Straßenbau. Die Kinder lernten bald Deutsch, die Älteste bekam auch nach der Schule einen Ausbildungsplatz. Wir zogen mit mehreren anderen Familien aus Kasachstan zusammen in eine neue Siedlung, wo wir oft die Freizeit miteinander verbringen. Besonders die Jugendlichen sind ständig zusammen. Uns geht es besser als früher in Kasachstan und wir wollen nicht mehr zurück. Aber immer noch sind wir die „Russen", wenn die Deutschen von uns reden.

6

Mehdi Noheh Khan,
Inhaber eines Teppichgeschäfts
1962 kam er aus dem damaligen Persien (heute Iran) nach Recklinghausen. Ausgerechnet am Rosenmontag. Er verliebte sich so sehr in den Karneval, dass er 1979 „Prinz Karneval" wurde. Er brachte der Stadt Recklinghausen eine Session mit morgenländischer Farbenpracht.
Inzwischen ist Noheh Khan der Organisator des jährlichen Kinderkarnevals und eine „feste Größe" in der Bürgerschaft.

7

Vier Dimensionen der Integration

1. Die strukturelle Integration beinhaltet z. B. Staatsbürgerschaft, Rechtslage, Ausbildung, Arbeitsmöglichkeiten u. ä.
2. Die soziale Integration verringert die Distanz zwischen den Gruppen durch gemeinsame Arbeit, Bekanntschaft, Freundschaft u. ä.
3. Die kulturelle Integration vollzieht sich beim Erwerb der Sprache, aber auch durch Einstellungsänderung.
4. Die emotionale Integration vollzieht, wer denkt und handelt wie die andere Gruppe oder ein Zusammengehörigkeitsgefühl entwickelt.

8

1 Werte die Karikatur 1 aus.
2 Nenne Probleme, die aus Tabelle 2 hervorgehen.
3 Ordnet in Partnerarbeit jedes der fünf Beispiele 3–7 einer Stufe der Integration (Text 8) zu und begründet eure Entscheidung.

Seite 48/49
Eine Karikatur auswerten

Es gibt viele Gründe, warum Menschen migrieren. Von den Wanderungsströmen sind einige Regionen der Welt besonders betroffen, andere kaum.

Migration weltweit

Ändert man seinen Wohnort dauerhaft, so nennt man das **Wanderung** oder **Migration** (lat. migrare = wandern).

Migrationen können innerhalb eines Staates stattfinden, dann werden sie **Binnenmigration** genannt. Überschreiten sie eine Staatengrenze, so spricht man von **Außenmigration**. Wer aus einem Land auswandert, ist ein **Emigrant**. **Immigranten** dagegen sind Menschen, die in einen Staat einwandern.

Die Gründe, warum sich Menschen einen anderen Wohnort suchen, nennt man Wanderungsmotive. Wirtschaftliche Gründe sind ein besonders wichtiges Wanderungsmotiv. Von zehn Migranten wandern neun aus wirtschaftlichen und einer aus politischen Motiven aus.

Die Ursache für die Wanderungsströme ist vor allem das Wohlstandsgefälle zwischen dem Gast- und dem Heimatland. Freiwillige Migration ist fast immer mit der Hoffnung auf eine bessere Zukunft verbunden. Dabei können sich die Migranten im Zielland oft auf ihre Landsleute stützen. So entstehen durch die Kontakte untereinander Migrantennetzwerke.

Migrationen können freiwillig geschehen oder erzwungen sein. Flüchtlinge sind Menschen, die unfreiwillig und unter Druck ihre Heimat verlassen. Oft müssen sie dabei ihr Eigentum zurück lassen. Ursache für eine Flucht ist oft politischer Druck. Bei Menschen, die infolge von Naturkatastrophen gezwungen werden ihre Heimat zu verlassen, spricht man von Umweltflüchtlingen.

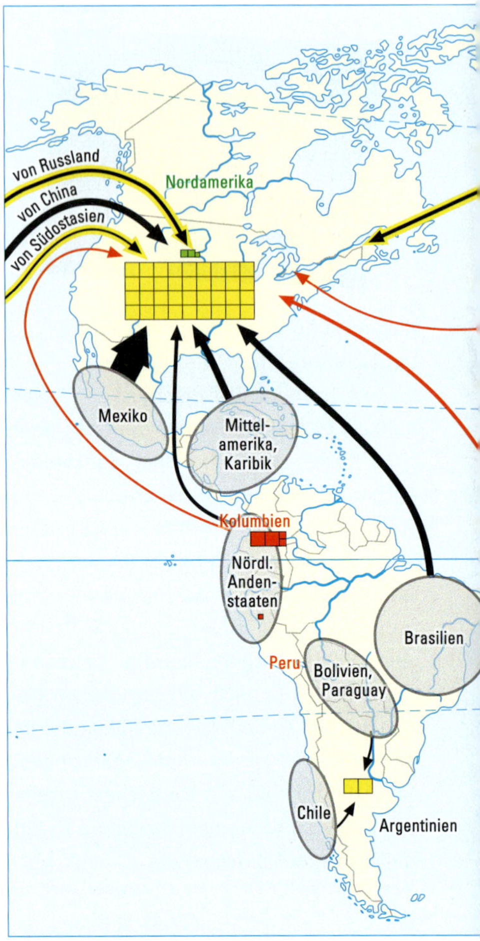

1 **Migration 1995–2005**

2 **Flüchtlinge und Wirtschaftsmigranten**

1 Nenne verschiedene Motive für eine freiwillige Migration.

2 Die Karte 1 unterscheidet zwischen Flüchtlingen und Wirtschaftsmigranten.

a) Stelle in einer Tabelle die wichtigsten Herkunfts- und Zielgebiete beider Gruppen gegenüber.

Material
Migrationsspiel
104028-0401

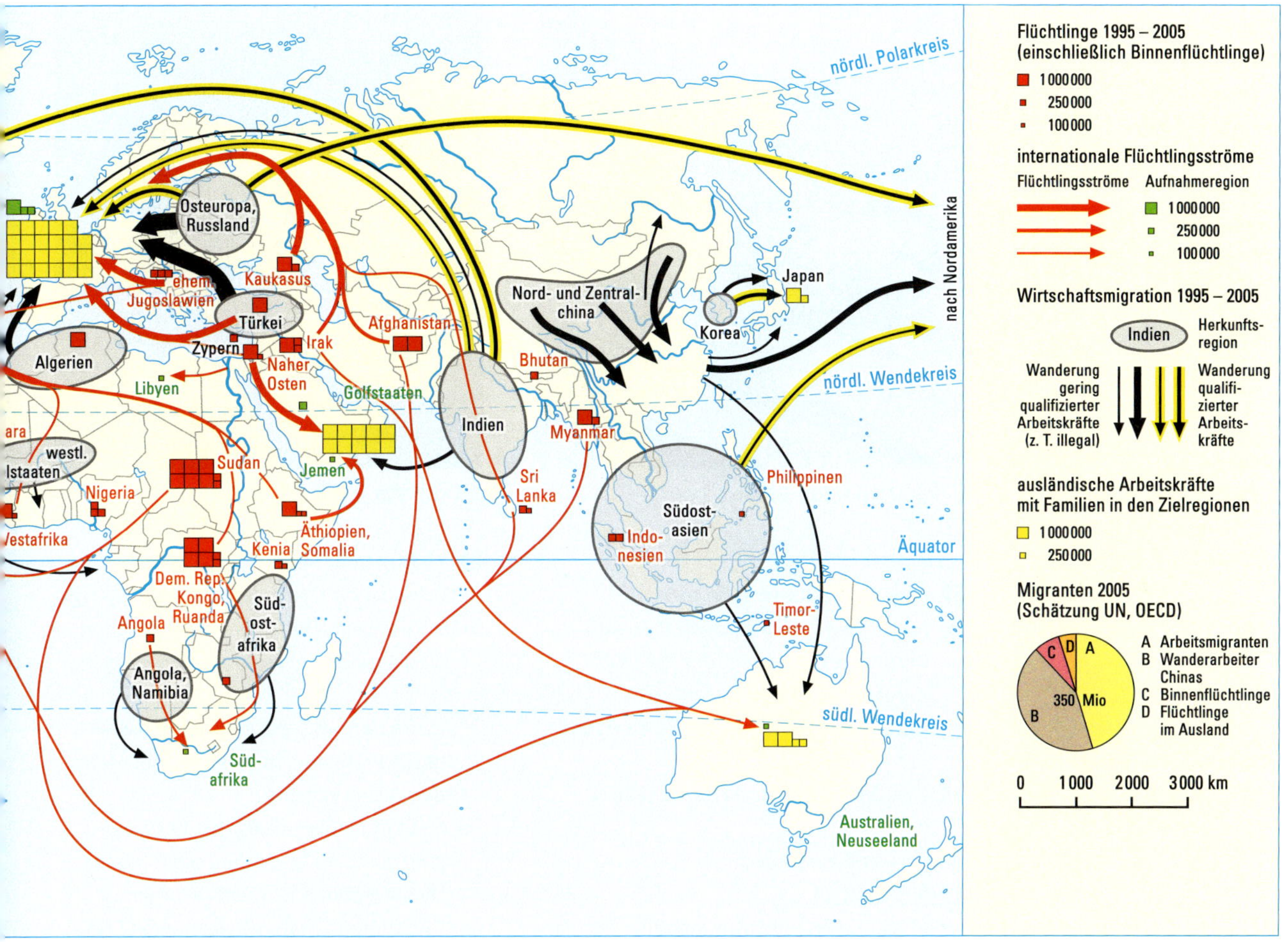

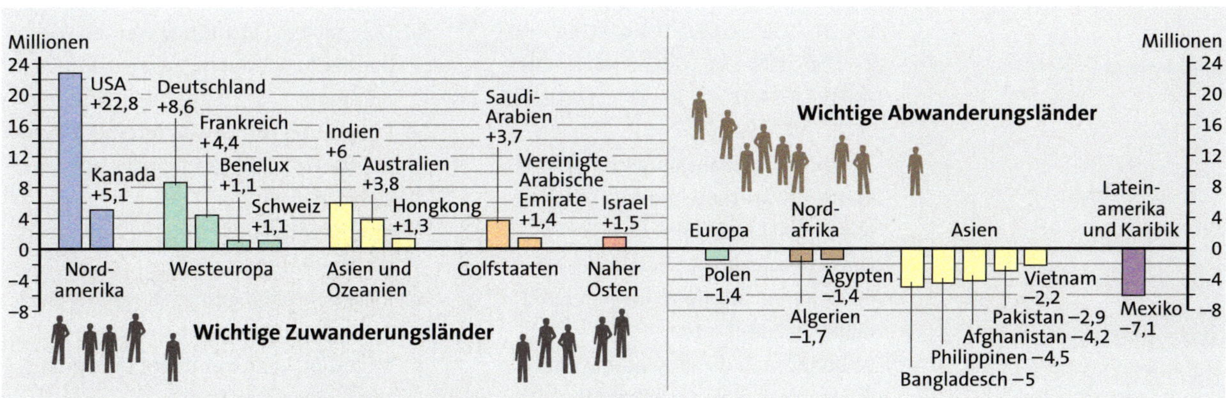

3 **Wichtige Zuwanderungs-/Abwanderungsländer 1950–2000**

b) Beschreibe die räumliche Verteilung der globalen Migrationsströme. Nutze dazu auch das Diagramm 3.

3 Nenne Maßnahmen, um die Zuwanderung gering Qualifizierter zu begrenzen.

4 Diskutiert Vor- und Nachteile der Migration für Herkunfts- und Aufnahmeländer.

TERRA TRAINING

Wichtige Begriffe
Außenmigration
Binnenflüchtling
Binnenmigration
Emigrant
Flüchtling
Immigrant
Migration
Transmigrasi
Wanderung

1 **In Norddafur, Sudan**

2 **Auf Kalimatan**

Orientieren

1 Arbeite mit Karte 1, Seite 66:
a) Nenne die fünf wichtigsten Zuwanderungsregionen mit der Zahl der aufgenommenen Migranten.
b) Nenne die fünf wichtigsten Abwanderungsregionen.
c) Begründe die räumliche Verteilung.

Wissen und verstehen

2 Silbenrätsel
Schreibe die Begriffe auf und bilde aus den verbleibenden Silben das Lösungswort:
AR – AUS – BEI – BIN – DER – ERN – FER – FLÜCHT – GE – GAST – GRA – GRA – HEL – IN – LER – LIN – MI – MO – NEN – ON – SI – SIED – TE – TE – TER – TI – TI – TRANS – UNGS – VE – WAN
a) So nannte man ausländische Arbeitskräfte, die ab 1960 in die Bundesrepublik Deutschland kamen.
b) Umsiedlungsprojekt in Indonesien.
c) Sie kommen aus dem Ausland und helfen bei der Ernte.
d) So nennt man die Einbindung von Ausländern in die Gesellschaft.
e) Menschen, die innerhalb ihres Heimatlandes vertrieben werden.
f) Menschen deutscher Abstammung, die von Osteuropa nach Deutschland migriert sind.

3 Richtig oder falsch?
Entscheide, ob folgende Aussagen richtig oder falsch sind. Verbessere die falschen Aussagen und begründe die Verbesserung:
a) Dürre und Trockenheit bringen zwar große Probleme, haben aber mit Migration nichts zu tun.
b) Nach der Umsiedlung in Indonesien ging es vielen Menschen nicht besser. Die Integration ist nicht gelungen.
c) Die Migration von Mexiko in die USA ist für jeden Interessierten problemlos möglich.
d) Die meisten Flüchtlinge werden von den reichen Industrieländern aufgenommen.
e) Integration von Zuwanderern ist nicht erwünscht, weil dadurch die Gesellschaft leidet.
f) Immigranten bilden in den Zielländern oft Migrantennetzwerke.
g) In Deutschland gibt es Zuwanderung erst seit 20 Jahren.
h) Migration kann nur über Staatsgrenzen hinweg stattfinden.

4 Die Zukunft im Blick
a) Beschreibe die Fotos 1 und 2.
b) Erläutere jeweils , welcher Zusammenhang zwischen dem Fotoinhalt und dem Thema „Migration“ besteht.

Material
Selbsteinschätzungsbogen
104028-0402

Teste dich selbst
mit den Aufgaben 2 e und 7 b.

3 Ankunft in Europa

Methoden anwenden

5 Europa ist zum Hauptziel afrikanischer Migranten geworden.

a) Beschreibe das Foto 3.
b) Recherchiere Zahlen und Fakten zur „Migrationsinsel“ Lampedusa.

6 Integriert?
Werte die Karikatur 4 aus.

4 Integriert?

Beurteilen und bewerten

7 Wie würdest du entscheiden?
Der Hochkommissar für Flüchtlinge der UN versucht, die Rechte der Flüchtlinge weltweit zu schützen. Nach UN-Regeln gilt als Flüchtling eine Person, die ihr Heimatland aus begründeter Furcht vor Verfolgung wegen ihrer Rasse, Religion, Nationalität, Zugehörigkeit zu einer sozialen Gruppe oder wegen ihrer politischen Überzeugung verlassen hat.
Würdest du den folgenden Personen den Status eines Flüchtlings zuerkennen? Begründe deine Entscheidung.

a) Eine Frau aus Togo bittet um Asyl, weil ihr Strafen drohen, wenn sie sich der in ihrem Land üblichen Verstümmelung der Geschlechtsorgane verweigert.
b) Ein 19-Jähriger flieht aus seinem Land, weil er seinen Wehrdienst ableisten soll. Er will aus Gewissensgründen den Wehrdienst verweigern, dies ist aber in seinem Land nicht möglich.
c) Nach Jahren erfolgloser Arbeitssuche sieht ein Familienvater nur die Möglichkeit der illegalen Einwanderung in eines der reichen Länder Europas.
d) Eine Familie bittet um Aufnahme in einem EU-Land. Als Folge eines langjährigen Bürgerkrieges ist die Nahrungsmittelversorgung in ihrem Heimatland zusammengebrochen. Es bestand die Gefahr zu verhungern.

Handeln

8 Hilfe vor Ort
Überlege dir Hilfsmaßnahmen für die Menschen aus Aufgabe 7, denen du den Flüchtlingsstatus nicht zuerkannt hast.

9 Integration bei uns
Recherchiere im Internet: Welche Integrationsmaßnahmen werden in deinem Heimatort angeboten?

5

Weltwirtschaft – vernetzt oder verknotet?

Globalisierung – heute gibt es kaum eine Nachrichtensendung, in der dieser Begriff nicht vorkommt. Gemeint ist die Entwicklung eines weltweiten komplexen Netzwerkes aus politischen, finanziellen, kulturellen und ökologischen Verflechtungen. Über Jahrzehnte trieben besonders immer schnellere Informations- und Kommunikationstechnologien die Globalisierung voran. Unumkehrbar ist dieser Prozess allerdings nicht: Die 2008 einsetzende Weltwirtschaftskrise stellt vieles infrage, der Protektionismus hält in Ländern Einkehr, von De-Globalisierung ist die Rede.
Gerade heute: Wo liegen Chancen und Risiken der Globalisierung?

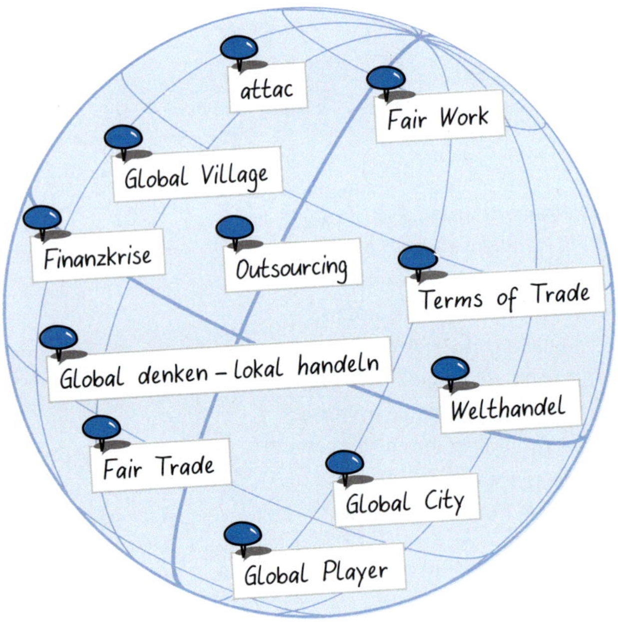

1

2

1 **Mali, „Telekommunikation"**
2 **Ruanda, Textilfertigung**
3 **Heiligendamm, „Globalisierungsgegner"**
4 **Mumbai, McDonald's**

3

4

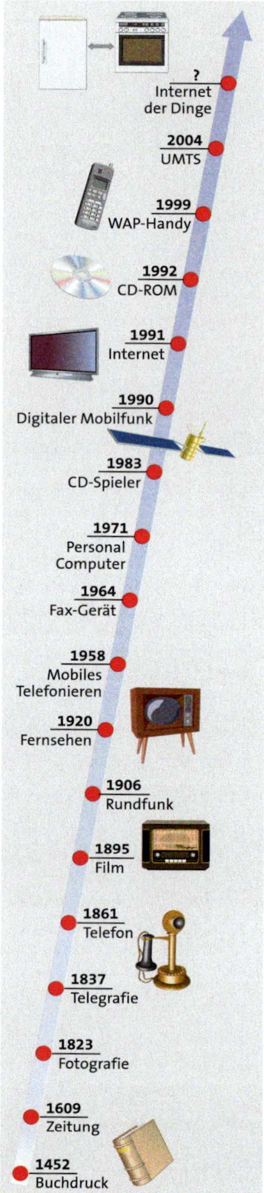

1 Entwicklung der Kommunikationsmedien

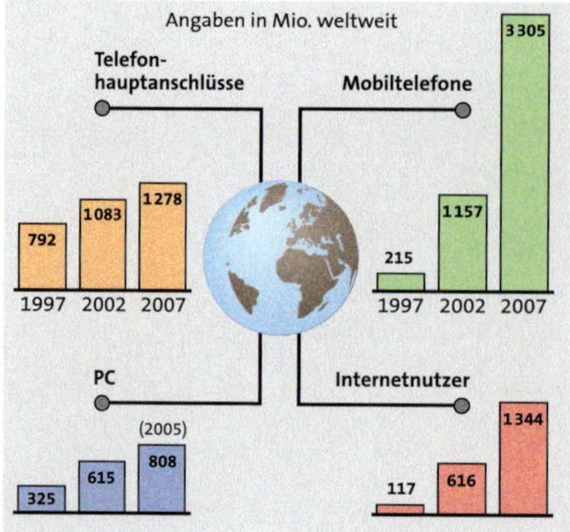

2 Vernetzte Welt

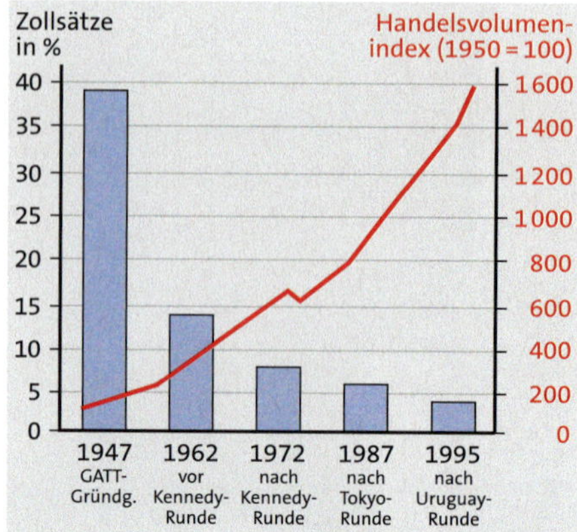

3 Zollabbau durch GATT-Verhandlungen

Was ist Globalisierung?

Bis zu Beginn des 16. Jahrhunderts war Venedig die wichtigste Handelsstadt des Abendlandes. Handelsgüter waren Seide, Pfeffer und andere Gewürze aus Asien, die auf dem Landweg an die Küste des östlichen Mittelmeers und von dort mit dem Schiff nach Venedig gebracht wurden. Nachdem Vasco da Gama den Seeweg nach Indien entdeckt hatte, verlagerte sich der Transport der Waren vom Landweg auf den Seeweg und die Handelsplätze im östlichen Mittelmeer verloren an Bedeutung.

Zu Beginn des 19. Jahrhunderts, noch vor dem Ausbau des Eisenbahn- und Straßennetzes, wurde in Weberdörfern des Frankenwaldes Baumwolle aus Kleinasien und Ägypten verarbeitet. Haupterzeugnisse der Weber waren Schals, Turbanstoffe und Ponchos, die dann in Indien, Afrika und Mittelamerika verkauft wurden.

Antriebskräfte der Globalisierung

Die **Globalisierung** ist nicht erst ein Phänomen unserer Zeit, sondern deren Entwicklung reicht weit in die Geschichte zurück, wie die zwei Beispiele oben zeigen. Für das Tempo, mit der sie vorangeschritten ist, sind folgende Faktoren verantwortlich:

- Neue Techniken: Die in den letzten Jahrzehnten sich rasant entwickelnde Informationstechnik gilt als Motor der Globalisierung. Entwicklungen in den Bereichen Telekommunikation und Mikroelektronik ermöglichen, die Welt mit einem dichten, sekundenschnellen Kommunikationsnetz zu umspannen.
- Sinkende Transportkosten: Der immer preiswertere Transport von Personen, Waren und Dienstleistungen machte es möglich, Güter an weit entfernten Standorten zu produzieren. Marktnähe spielt für den Produktionsstandort somit eine untergeordnete Rolle.
- Außenwirtschaftliche **Liberalisierung**: Zölle und Importbeschränkungen haben aufgrund internationaler Abkommen ihre Schutzfunktion für heimische Produkte eingebüßt. Heute ist die Konkurrenz weltweit positioniert.
- Liberalisierung des Geldmarktes: Der Transfer von Kapital ist nahezu keinen Schranken mehr unterworfen. Geld ist zu einer Ware geworden, die überall dort eingesetzt wird, wo sie durch Investitionen oder auf Finanzmärkten eine gute Rendite verspricht.

GATT
General Agreement on Tariffs and Trade; Internationales Abkommen mit dem Ziel einer Verbesserung der wirtschaftlichen Lage in den Partnerländern durch den Abbau von Handelshemmnissen

Material
Animation Globalisierung
104028-0501

Material
Total global zu Hause
104028-0502

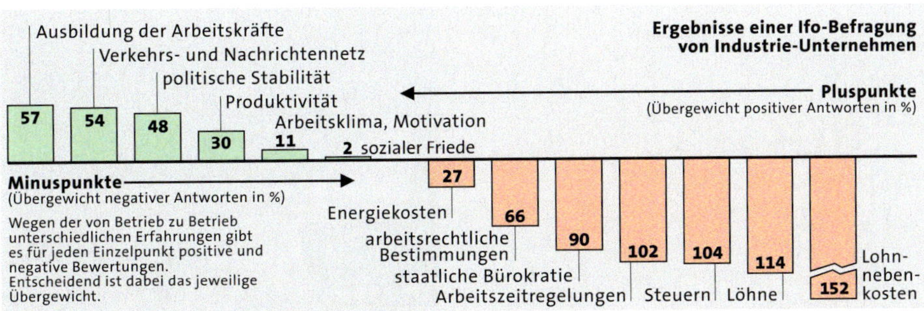

4 **Aspekte zum Standort Bundesrepublik**

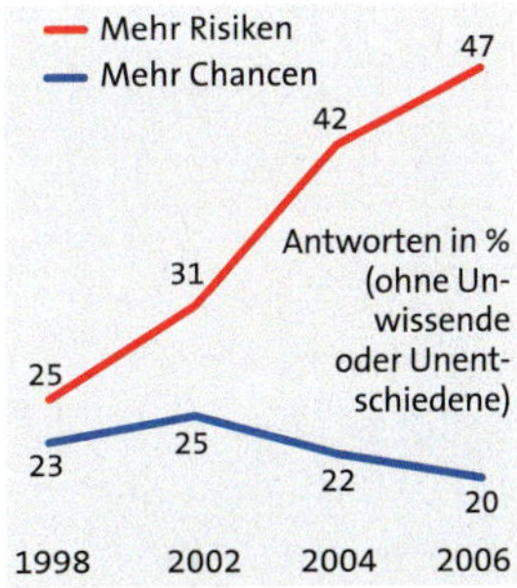

6 **Globalisierung: mehr Chancen oder Risiken?**

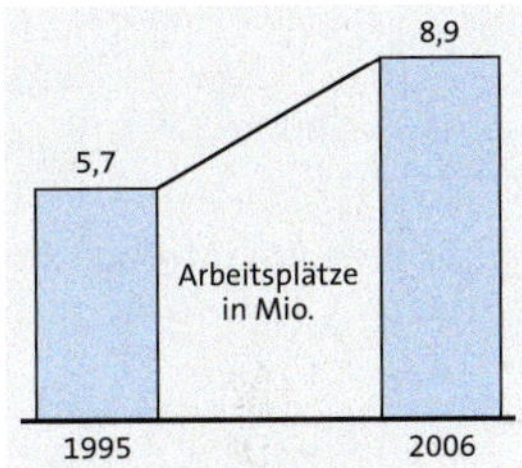

7 **Exportabhängige Arbeitsplätze in Deutschland**

Auswirkungen auf Deutschland

Die Auswirkungen der Globalisierung waren und sind umstritten. In Zeiten einer weltweiten Krise merken die Global Player, aber auch kleine Betriebe überall auf der Welt, dass Vernetzung nicht nur positive Folgen hat, und auch die Privathaushalte fühlen die Folgen der Krise deutlich. Doch schon bevor die Wirtschaftskrise Ende 2008 massiv spürbar wurde, zeigte sich, dass die Globalisierung durchaus mit Risiken für den Standort Deutschland verbunden ist. Vor allem folgende Fragen wurden diskutiert:

- Ist der Standort Deutschland durch die Globalisierung infrage gestellt?
- Sind deutsche Arbeitsplätze durch ihre starke Exportabhängigkeit besonders in Gefahr?
- Hat die „Dienstleistungswüste“ Deutschland eine Chance im internationalen Wettbewerb, der zunehmend von modernen technikbetriebenen Dienstleistungen geprägt ist?

Trotz hoher Arbeitslosigkeit und allenfalls geringem Wirtschaftswachstum gehört Deutschland immer noch zu den stärksten Volkswirtschaften. Deutschland war dank der Globalisierung über viele Jahre Exportweltmeister. Allein 9 Millionen Arbeitsplätze hängen bei uns vom Export ab! Zwar brachen 2009 die Exporte um knapp 40 % ein und der Titel des Exportweltmeisters ging an China. Dennoch sind wir im Maschinenbau immer noch führend und die Umwelttechnologien boomen. Die Qualifikation der Arbeitskräfte wird als positiv gesehen und die rechtlichen Rahmenbedingungen sind für ausländische Investitionen attraktiv.

5

„Die Globalisierung der Wirtschaft ist eine Tatsache. Aber ich fürchte, dass wir ihre Anfälligkeit unterschätzt haben. Die Erweiterung der Märkte übersteigt bei Weitem die Fähigkeit der Gesellschaften und ihrer politischen Systeme, sich daran anzupassen, geschweige denn, ihren Kurs zu bestimmen.“

Kofi Anan, ehemaliger UN-Generalsekretär

8

1 Motoren der Globalisierung
a) Erläutere die Entwicklung der Kommunikationsmedien. Beachte dabei die Zeitabstände und die Bedeutung der Erfindungen für die Kommunikation.
b) Erkläre Zusammenhänge zwischen den Antriebskräften der Globalisierung.
c) Werte Diagramm 3 aus.
d) Arbeite aus dem Text heraus, welche weiteren Faktoren die Entwicklung des Handelsvolumens beeinflussen.

2 Charakterisiere Vor- und Nachteile des Standorts Deutschland im Globalisierungsprozess (Materialien 4–7 und Text).

3 Beurteile die Aussage von Kofi Anan (Text 8).

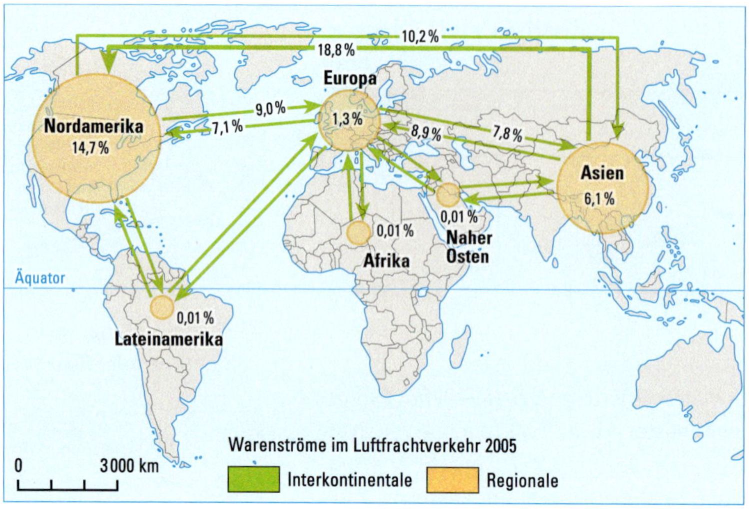

1 Anteile am interkontinentalen und regionalen Luftfrachtverkehr 2005

3 Cargo-Flugzeug

Immer schneller, immer besser?

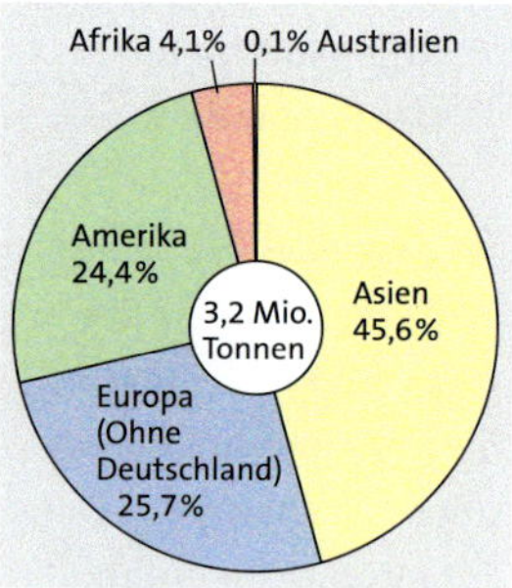

2 Luftfrachtverkehr zwischen Deutschland und den Kontinenten 2007

Beispiel Luftfrachtverkehr
Das Gewicht der grenzüberschreitenden Luftfracht macht weniger als 1 % der Waren aus, aber vom Wert der transportierten Waren sind es 40 %, denn es handelt sich vielfach um kapitalintensive, kurzlebige und/oder verderbliche Waren. Beispielsweise die Kommunikationsbranche ist auf schnellen Transport angewiesen, denn neue Produkte bringen nur in den ersten Monaten nach Erscheinen guten Gewinn und veralten schnell. Es kommt darauf an, den Markt schnell zu erreichen, um der Konkurrenz zuvorzukommen. Ähnliches gilt für die Modebranche. Aber auch der Transport von leicht verderblichen Lebensmitteln erfordert, ebenso wie die Brief- und Paketpost, einen schnellen Transport zum Verbraucher.

Beispiel globale Finanzmärkte
Waren früher die **Finanzmärkte** auf die nationale Ebene beschränkt, führten weltweite Handelsbeziehungen auch zu einer Ausweitung und Internationalisierung. Neue Kommunikationstechnologien ermöglichten einen immer schnelleren Austausch rund um die Uhr, kaum vorstellbare Datenmengen sind nun gleichzeitig verfügbar. Damit wird es äußerst schwer, die weltweit vernetzten Finanzmärkte mit ihren eigenen Regeln zu verstehen. Oft sind rationale und irrationale Reaktionen nicht mehr auseinanderzuhalten, als unwesentlich eingeschätzte Ursachen haben unkalkulierbare Folgen. Deshalb kann auch der folgende Quellentext nur einen ersten, unvollständigen Einblick in das Geschehen geben.

1 Luftfracht: Nutze die Materialien 1–3.
a) Charakterisiere den interkontinentalen und regionalen Luftfrachtverkehr.
b) Analysiere die wichtigsten internationalen Luftfrachtverbindungen, die von deutschen Flughäfen ausgehen, nach Zielflughäfen und Zielkontinenten.
c) Vergleiche den Luftfrachtverkehr zwischen den Kontinenten.

2 Beschreibe mithilfe von Diagramm 4 die Veränderungen der größten Aktienbörsen zwischen 1990 und 2005.

3 Globale Finanzkrise:
a) Erarbeite wesentliche Ursachen für die Krisen des Finanzsystems mit Text 5 und Schaubild 6.
b) Für Experten: Ergänze das Schaubild 6 auf den aktuellen Stand.

Material

Informationen zur Finanzkrise 2008/2009

104028-0503

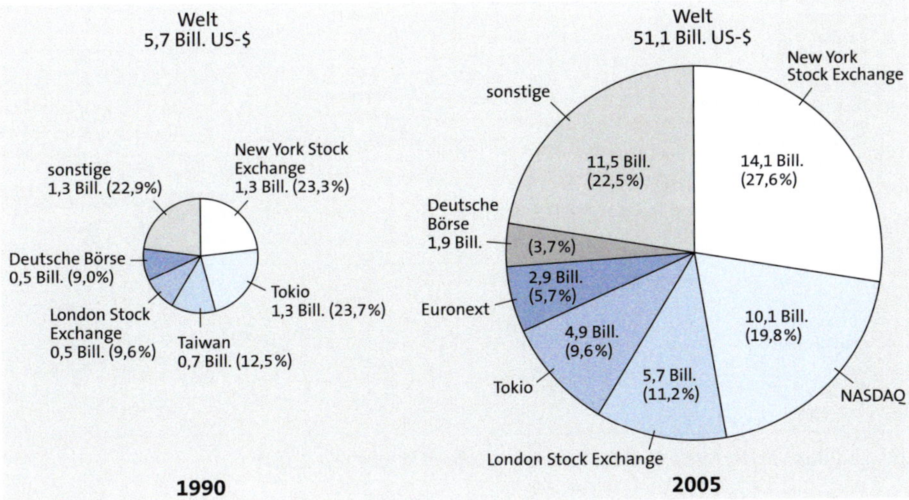

4 Entwicklung der Finanzmärkte (Börsenumsätze) zwischen 1990 und 2005

Bis in die 1970er-Jahre hinein regulierten nationale und internationale Bestimmungen den internationalen Kapitalverkehr. Das Abkommen von Bretton Woods (1948) koppelte die Währungen an einen festen Wechselkurs mit dem Dollar. Dadurch war der Wert einer Währung politisch festgelegt und hing nicht von Marktentwicklungen ab. Außerdem verpflichteten sich die USA, ausländische Dollarreserven jederzeit in Gold umzutauschen. Seit Anfang der 70er-Jahre konnten Währungen frei getauscht werden und ihr Wert richtete sich nach Angebot und Nachfrage. Die Devisenmärkte wurden angekurbelt, viel Kapital floss in den freien Markt und wurde häufig in Entwicklungs- und Schwellenländern investiert. Das führte zu einem Erstarken der dortigen Wirtschaft, aber auch zu einer starken Verschuldung dieser Länder.

Zunehmend wurde auch mit Wertpapieren gehandelt, weniger um Unternehmen weiter zu entwickeln, sondern um die Kurse hochzutreiben. Neue spekulative Finanzmarktprodukte wurden entwickelt, die, in Kombination mit der Telekommunikation, den Finanzmarkt immer weiter beschleunigten. Oft wurden die Kurse höher getrieben, als die reale Absicherung (Wert der Produkte) ausmachte. Solch hochgepuschten Kurse führen über kurz oder lang zum Platzen der „Seifenblase".

Finanzkrisen gab es seit Jahrhunderten und in vielen Ländern. Neu ist, dass die Finanzkrisen seit der Liberalisierung der Finanzmärkte häufiger sind, vor allem aber viel schneller global wirken; so kann Euphorie, aber auch Panik hervorgerufen werden, was wieder zu unüberlegten Reaktionen führt. Der Mechanismus: Jemand hat eine Geschäftsidee, ein anderer leiht ihm Geld, um am Gewinn der Idee beteiligt zu sein. Alles kommt ins Rollen: Andere investieren in der Hoffnung auf schnellen Gewinn, die Banken verdienen an den Prämien, der Staat an den Steuern. Aber wenn ein Mitspieler Angst bekommt und die Zahlung verweigert, bricht das Kartenhaus zusammen. Auch wenn die weltweite Finanzkrise vielleicht schon überstanden ist, drohen weitere Gefahren: Die Banken werden vorsichtig, verleihen weniger Geld, Investitionen stagnieren, Firmen droht die Insolvenz.

Verändert nach: Zingel, H., Globalisierung, o. J., In: Katholische Erwachsenenbildung Diözesenbildungswerk, Limburg

5

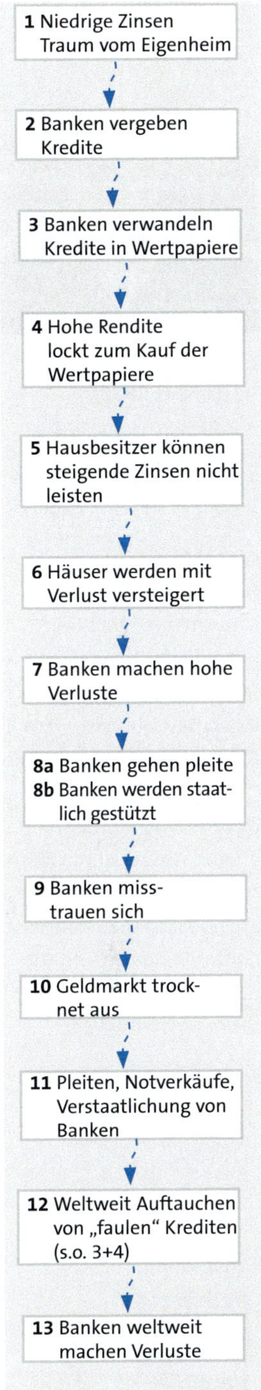

6 Ablauf der Finanzkrise 2008

nach: Frankfurter Allgemeine Sonntagszeitung, 28.09.08, S. 36

1 **Adi Dassler (1900–1978)**

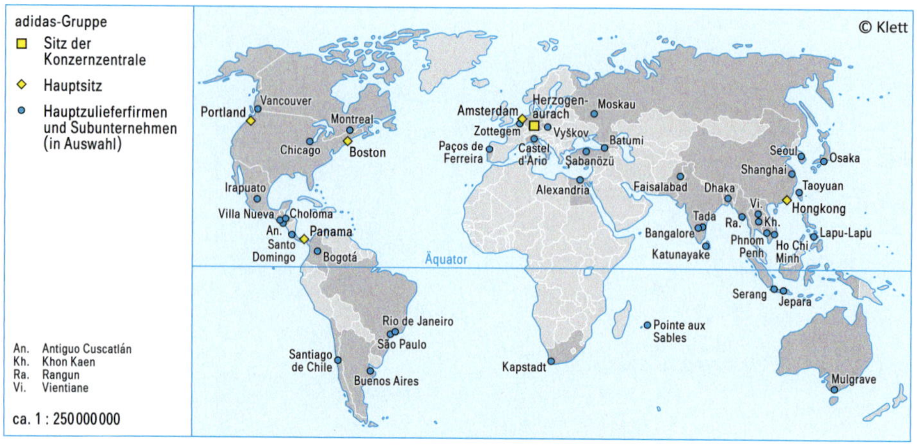

3 **„adidas" in der Welt (Adidas Group – Global Factory List 2017)**

Global Player
Multinationales Unternehmen, das auf fast allen nationalen Märkten mit eigenständigen Betriebsteilen bzw. Tochterfirmen agiert. Ein Global Player optimiert Zulieferung, Produktion und Absatz durch Nutzung von Kostenvorteilen im globalen Maßstab. Eine Kontrolle durch die nationalen Behörden ist dabei kaum noch möglich.

Global Player „adidas"

1920 entwickelt der erst 20-jährige Adi Dassler in einer kleinen Werkstatt ohne Elektrizität in Herzogenaurach seinen ersten Schuh. Es ist ein aus Leinen gefertigter Trainingsschuh für Läufer, er kostet zwei Reichsmark und bildet den Grundstein eines Weltkonzerns. Bis heute ist das Unternehmen geprägt vom Streben nach dem Ziel, das sich Adi Dassler von Anfang an setzt: Jeder Sportler sollte mit dem für ihn optimalen Equipment ausgerüstet werden. 1937 führt Adi Dassler schon 30 verschiedene Schuhmodelle für elf verschiedene Sportarten und beschäftigt fast 100 Mitarbeiter. Damit entwickelt sich das Unternehmen zum führenden Schuhhersteller weltweit.

Nach dem Zweiten Weltkrieg fertigt Adi Dassler 1948 mit 47 Mitarbeitern aus Segeltuch und dem Gummi amerikanischer Treibstofftanks die ersten Nachkriegsturnschuhe. Als Produktname wählt er die ersten Silben seines Vor- und Nachnamens und gibt mit den drei Streifen seinen Schuhen das unverwechselbare Markenzeichen, das heute auf der ganzen Welt erkannt wird. „adidas" ist auf dem Weg zum Global Player. Der offizielle Unternehmensnamen lautet momentan „adidas Group".

Neue Produkte – neue Kunden
Parallel zur Schuhproduktion ergänzt „adidas" sein Programm. Seit 1963 produziert das Unternehmen auch Bälle, 1967

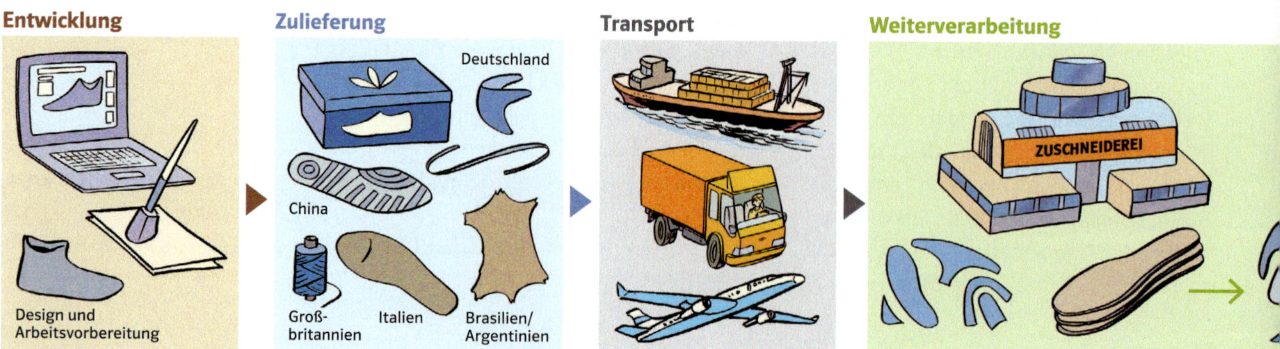

2 **Produktionsschema für einen Sportschuh am Standort Scheinfeld**

4 „adidas“ in Südafrika

5 „adidas“ wirbt mit Popstars

kommen Sporttextilien, 1974 Tennisschläger und 1976 Ski-Langlaufbindungen hinzu. Durch Neuheiten spricht „adidas“ immer neue Kundengruppen an. Das Unternehmen betreibt mit Werbeverträgen für Einzelpersonen, z. B. Franz Beckenbauer, oder auch für Mannschaften einen breiten verstärkten Werbefeldzug.

1989 wird das Familienunternehmen in eine Aktiengesellschaft (AG) umgewandelt. 1995 geht sie an die Börse, um Kapital zu beschaffen. In einer AG ist das Grundkapital in Aktien zerlegt, die an der Börse gehandelt werden. Käufer werden Miteigentümer des Unternehmens. Falls die Aktiengesellschaft Pleite geht, verlieren die Aktionäre nur den Geldbetrag, den sie für die Aktien ausgegeben haben. Die Eigentümer von Familienunternehmen haften im Gegensatz dazu auch mit dem Privatvermögen.

Mit der Übernahme der Salomongruppe 1997 wird „adidas-Salomon“ zur zweitgrößten Sportartikelfirma der Welt. Die beiden Firmen ergänzen sich bei den Produkten. Damit hat das Unternehmen neue Absatzgebiete erschlossen. Die Integration der Wintersport-Outdoor-Marke „Salomon“ gelingt jedoch nicht und „adidas“ verkauft „Salomon“ im Frühjahr 2005. 2006 übernehmen die Herzogenauracher das amerikanische Unternehmen „Reebok“, das den American Football beherrscht, wo „adidas“ überhaupt nicht vertreten ist. Anfang 2021 stellt „adidas“ die schwächelnde US-Marke „Reebok“ wieder zum Verkauf und will sich zukünftig auf die führende Position seiner eigenen Marke am weltweiten Sportartikelmarkt konzentrieren.

Mitarbeiter in Zahlen	
2010	42 541
2012	46 306
2014	53 731
2016	58 902
2018	57 016
2019	59 533

6

Umsatz in Mio. Euro	
2010	11 990
2012	14 883
2014	14 534
2016	19 291
2018	21 915
2019	23 640

7

Gewinn vor Steuern in Mio. Euro	
2010	806
2012	1 116
2014	913
2016	1 444
2018	1 702
2019	1 976

8

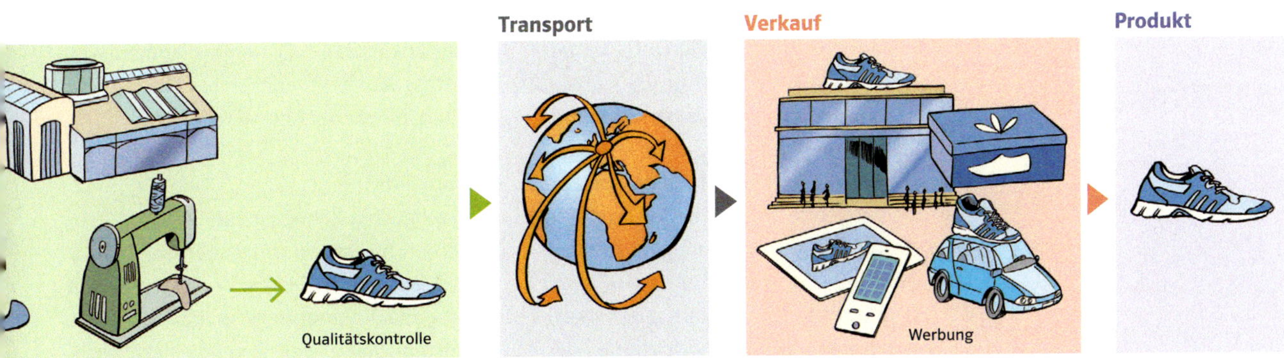

Umsatz 2019 nach Regionen in %	
Nordamerika	22
Südamerika	7
Europa	26
Asien-Pazifik	34
Russland/GUS	3
Sonstige	8

9

Zulieferer-Regionen 2019 in %	
Asien	73
Nord-/Süd-amerika	17
Europa	9
Afrika	1

10

Mitarbeiter 2019 nach Unternehmensbereichen in %	
Einzelhandel	55
Vertrieb	14
Logistik	9
Marketing	6
Verwaltung	10
Produktion	1
F & E	3
IT	2

11

12 **Produktion in China**

Ein Global Player wie die „adidas Group“ nutzt die Vorteile betrieblicher und internationaler Arbeitsteilung und treibt sie voran. Der Konzern ist inzwischen auf fünf Kontinenten vertreten. 2016 gehören zur „adidas Group“ über 170 Tochtergesellschaften, die allesamt der Leitung von „adidas“ unterstellt sind. Die Firmenleitung sitzt nach wie vor in Herzogenaurach.

Von der Forschung zum Absatz

Neue Produkte entstehen in den Forschungs- und Entwicklungsabteilungen, die in den sechs Standorten Herzogenaurach, Portland, Canton, Carlsbad, Tokyo und Shanghai angesiedelt sind. Dort arbeiten Teams aus Experten für Biomechanik, Materialtechnologie, Produkt- und Prozesswesen sowie Designer und Produktentwickler. Global Operations, das internationale Beschaffungsteam der „adidas Group“, koordiniert die Entwicklung, Herstellung und Logistik für einen Großteil der Produkte und ist zudem verantwortlich für die Optimierung der Beschaffungskette.

Mit der reinen Produktion lässt sich heute kein Gewinn mehr erzielen. Darin stimmen alle großen Sportartikelhersteller überein. Die überwiegende Mehrheit der Produkte wird deshalb von unabhängigen Herstellern gefertigt. Die Zulieferer sind entweder Hauptauftragnehmer mit einer direkten vertraglichen Geschäftsbeziehung oder Subunternehmer ohne Vertrag mit „adidas“.

Darüber hinaus bestehen Lizenzvereinbarungen mit Herstellern, die spezielle Produkte entwickeln, herstellen und vertreiben. Dieses Outsourcing übernehmen jetzt andere Firmen, die diese Leistungen schneller, billiger oder besser erledigen können. Insgesamt wird in über 1200 Fabriken in 65 Ländern gefertigt.

Impossible is nothing

Das Unternehmen wird offizieller Ausrüster für wichtige Weltsportereignisse und bringt jedes Mal eine Produktneuheit oder Kollektion mit einer Werbekampagne auf den Markt: So gehörte „adidas“ z.B. 2018 zu den acht Konzernen, die offiziell von der FIFA das exklusive Vermarktungsrecht der Fußball-Weltmeisterschaft in Russland übertragen bekamen. Diese Werbestrategien sind oft sehr erfolgreich und für die weitere Wirtschaftsentwicklung enorm effizient, denn sie sprechen die wichtigste Zielgruppe an – Kinder, Jugendliche und junge Erwachsene. Die Unternehmen wissen, dass viele Verbraucher den Marken treu bleiben, die sie als Jugendliche kaufen.

Trendscouts

Um möglichst schnell neue Trends aufzuspüren, schicken die Unternehmen „Trendscouts“ aus, die in Discos, an Skaterbahnen oder einfach unterwegs in der Stadt die neuesten Ideen der Jugendlichen beobachten und an die Abteilungen Forschung

Material
Workplace Standards
104028-0504

13 **Kinder nähen Fußbälle in Heimarbeit**

Auszeichnungen für adidas 2019
Dow Jones Sustainability, FTSE4Good, MSCI, STOXX, Ethibel, ECPI, Global 100, CDP, CITI, FLA, CHRB, Know the Chain Benchmark, Stop Slavery Award

15

& Entwicklung (F & E) sowie Marketing weiterleiten.

Nachhaltigkeit
Seit 1989 engagiert sich „adidas“ für Nachhaltigkeit in der Produktion und im sozialen Bereich. Ein Beispiel ist das Nachhaltigkeitsmanagement des Unternehmens (siehe Material 14).
Aber es gibt auch Fragen z. B. zur Beschäftigung von Minderjährigen bei den Zulieferern der „adidas Group“: Welche Arbeit machen sie? Wie sind die Arbeitsbedingungen? Wie wird die Einhaltung der Arbeitsbedingungen kontrolliert? Wie sieht die Schulausbildung aus?
Antworten können wir gemeinsam recherchieren und finden.

Produkte
1. Wir schätzen Wasser.
2. Wir entwickeln innovative Materialien und Prozesse.
3. Wir sparen Energie ein.

Menschen (Mitarbeiter des Unternehmens und der Zulieferer)
4. Wir befähigen Menschen.
5. Wir fördern die Gesundheit.
6. Wir ermutigen zum Handeln.

Worum geht es bei diesen Zielen?
1. Wassereffizienz bei der Produktion, Wasserqualität und Wasserzugang;
2. Verwendung nachhaltiger Materialien und das Erreichen eines geschlossenen Recyclingkreislaufs;
3. Reduzierung des Energieverbrauchs, saubere Energie und Erforschung von Energiegewinnungsmöglichkeiten;
4. Ausübung der Rechte und Entfaltung des eigenen Potenzials;
5. gesünderes und erfüllteres Leben;
6. Profitieren vom Sport; adidas als Vorbild in der Branche.

(adidas Group, Allgemeiner Ansatz, 2020)

14 **Nachhaltigkeitsmanagement – Ziele für 2020**

1 Erläutert am Beispiel der „adidas Group“ den Begriff des „Global Player“.

2 Stellt in einem Flussdiagramm die Arbeitsabläufe innerhalb der „adidas Group“ dar.

3 Erläutert die Strategien der „adidas Group“. Bezieht die Auszeichnungen des Unternehmens mit in die Betrachtung ein.

4 Recherchiert auf der Homepage von adidas zum Thema „Nachhaltigkeit“:
a) Details zu den Zielen von adidas für 2020 und ob sie erreicht wurden;
b) die FAQs und den Link zu den Schülerreferaten;
c) die Kontaktadresse von adidas für weitere Nachhaltigkeitsfragen.

5 Recherchiert im Internet zwei kritische Kommentare zu adidas. Erörtert, ob die Kritik berechtigt ist.

5 TERRA **METHODE**

Unsere Informationsgesellschaft ist auf eine schnelle und zuverlässige Verfügbarkeit statistischer Daten angewiesen. Zu deren Veranschaulichung verwendet man häufig Diagramme (griechisch: diagramma = geometrische Figur, Umriss). Sie können ein bisweilen recht umfangreiches, unübersichtliches Zahlenmaterial in einfacher, übersichtlicher und einprägsamer Form darstellen.

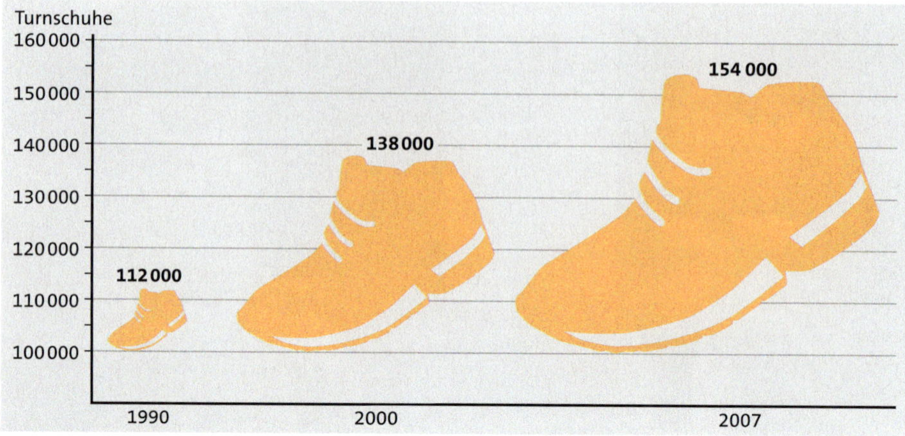

1 **Absatz eines fiktiven Unternehmens**

Diagramme kritisch auswerten

Als „gezeichnete Statistiken" weisen Diagramme große Vorzüge auf:

- hohe Anschaulichkeit und Einprägsamkeit,
- Vereinfachung komplexer Zusammenhänge und Akzentuierung zentraler Aussagen durch geeignete Darstellungsart und Maßstab,
- Vergleichbarkeit mehrerer Sachverhalte und Veranschaulichung von Entwicklungen.

Trotz der Vorzüge haben Diagramme aber auch entscheidende Schwächen:

- geringere Aussagegenauigkeit als eine Statistik,
- Gefahr der Manipulation durch eine gezielte Wahl bestimmter Darstellungsarten.

Je nach der Zielsetzung werden unterschiedliche Diagrammtypen verwendet:

- Kurven- und Liniendiagramme zur Darstellung von Zeitreihen, vor allem bei einer größeren Zahl zeitabhängiger Daten oder beim Vergleich verschiedener Beobachtungsreihen.
- Flächendiagramme (erweiterte Liniendiagramme mit übereinander angeordneten Kurven und schraffierten oder farbigen Flächen) zur Verdeutlichung, wie sich Gesamtgröße und Teilgrößen in einem bestimmten Zeitraum entwickeln.
- Säulen- und Balkendiagramme zur Veranschaulichung statistischer Größen in einer zeitlichen oder räumlichen Folge. Der Unterschied liegt in der vertikalen beziehungsweise horizontalen Anordnung. Bei Zeitreihen wird das Balkendiagramm kaum genutzt.
- Kreisdiagramme zur Verdeutlichung der prozentualen Zusammensetzung einer Gesamtmenge. Der Kreis ist in mehrere Segmente eingeteilt, deren proportionaler Anteil den Teilkomponenten der Gesamtmenge entspricht. Um die Gesamtmengen in verschiedenen Jahren nicht nur relativ, sondern auch absolut wiederzugeben, werden Kreise mit unterschiedlichen Maßstäben gewählt.
- Dreiecksdiagramme zur Darstellung dreier Komponenten einer Gesamtmenge, die 100 % ergeben. Es lassen sich Gruppenbildungen darstellen oder Entwicklungen aufzeigen.
- Kartogramme zur Abbildung eines nach räumlichen Einheiten gegliederten Zahlenmaterials.
- Netzdiagramme zur Visualisierung quantitativer Bewertungen und Einschätzungen. Mit ihnen können die Evaluationen festgelegter Kriterien zweier oder mehrerer Gruppen dargestellt und verglichen werden.

Analysieren von Diagrammen

1. Schritt: Feststellen von Formalem

- die Diagrammform bestimmen
- das Thema erfassen
- räumliche oder zeitliche Abgrenzungen festlegen
- die Art der Zahlen bestimmen (absolute Zahlen, relative Zahlen, Indexzahlen)
- sich über die Quelle der Daten und das Alter der Quelle informieren

Beispiel 2: In Grafik 2 sind die Umsätze eines Unternehmens für den Zeitraum von 1992 bis 2008 in einem Liniendiagramm dargestellt. Die Umsätze sind absolute Angaben (Millionen Euro) ...

2. Schritt: Auswerten

- die wichtigsten Aussagen erfassen
- Entwicklungen ablesen
- Zusammenhänge feststellen
- bedeutsame Details erkennen

Beispiel 2: Es lässt sich ein deutlicher Anstieg der Umsätze erst ab dem Jahr 2005 erkennen. 2001 bis 2005 gab es Umsatzrückgänge.

3. Schritt: Erklären

- die dargestellten Sachverhalte deuten
- zusätzliche Informationen zur Erklärung heranziehen

Beispiel 2: Um genauere Aussagen treffen zu können, benötigt man zusätzliche Informationen zum Unternehmen. ...

4. Schritt: Kritisch bewerten

Überprüfen, ob

- die Darstellung dem Thema entspricht,
- die Aussagegenauigkeit ausreicht,
- Sachverhalte verzerrt oder verfälscht dargestellt sind.

Beispiel 2: Durch den ungünstig gewählten Maßstab für die Auftragung der Umsätze an der Y-Achse sind die Veränderungen nur schwer zu erkennen.

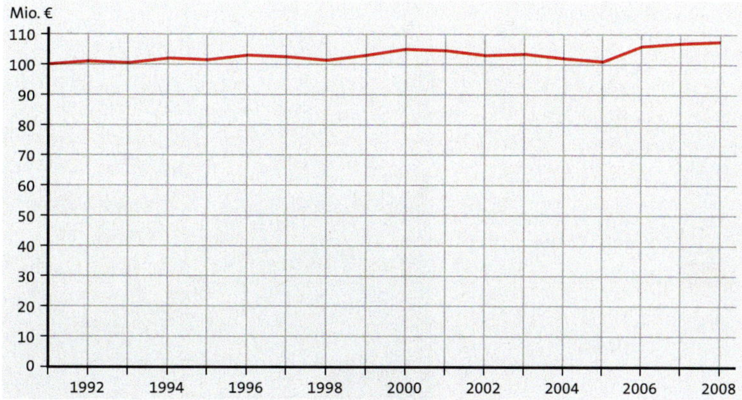

2 Umsatzentwicklung eines fiktiven Unternehmens in Mio. €

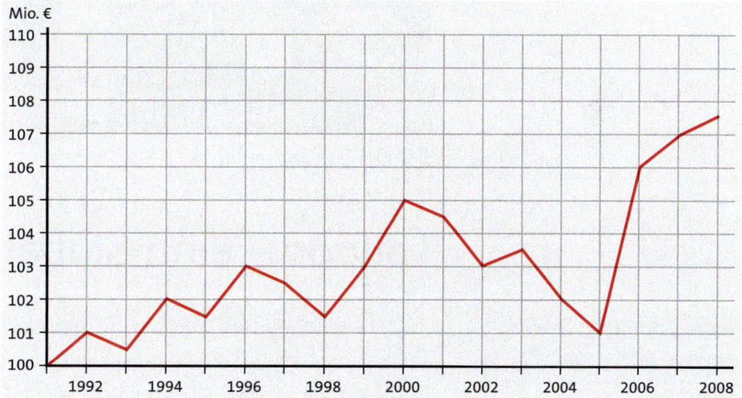

3 Umsatzentwicklung eines fiktiven Unternehmens in Mio. €

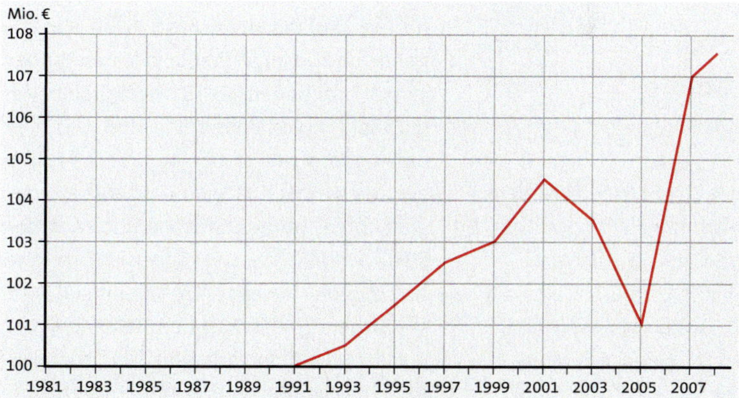

4 Umsatzentwicklung eines fiktiven Unternehmens in Mio. €

1 Werte das Diagramm 1 aus. Was muss bei der Auswertung beachtet werden?

2 Ein Inhalt – drei Darstellungen:

a) Werte die Diagramme 2–4 aus.

b) Vergleiche die Diagramme und bewerte die Darstellungsformen.

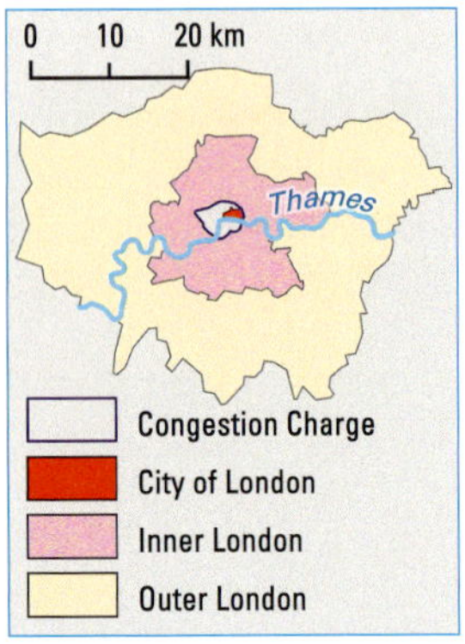

1 London

3 City of London

London – eine Global City

Entwicklung der Einwohnerzahl in der City of London	
1700	200 000
1800	130 000
1900	27 000
2007	7 815

2

Die City of London ist der historische Kern der Stadt und das aktuelle Wirtschaftszentrum. Sie ist mit 2,6 km² der flächenmäßig kleinste und am wenigsten bevölkerte Stadtteil.

Wenn die Bedeutung Londons für die Welt thematisiert wird, sprechen Fachleute oftmals von der „global city London". Was ist damit gemeint?
Die meisten Städte besitzen eine Bedeutung für ihr Umland, manchmal auch für das ganze Land. Einige Städte der Erde haben jedoch Funktionen, die für Menschen in vielen Ländern von Bedeutung sind. Das liegt daran, dass sich hier die Hauptniederlassungen der weltweit tätigen Konzerne, der sogenannten **Transnationalen Unternehmen (TNC)** befinden. Darum haben sich hier auch die großen Banken, Versicherungen und Investmentgesellschaften niedergelassen, die überall auf der Erde tätig sind. Hier werden Entscheidungen getroffen, die für die ganze Erde bedeutsam sind. Solch ein Knotenpunkt der Globalisierung bezeichnet man als **Global City**. London ist eine davon und gehört neben New York und Tokyo zu den wichtigsten wirtschaftlichen Zentren der Welt. Von den jeweils 500 größten Unternehmen haben 220 der britischen, 120 der europäischen und 60 der weltweiten Unternehmen hier ihren Sitz.

Der globale Finanzmarkt
Es gibt in London mehr ausländische Banken als irgendwo sonst auf der Welt. 2006 wurden in London fast 40 % des internationalen Währungshandels durchgeführt. Die City of London hat damit die Wallstreet in New York als bedeutendstes Finanzzentrum der Welt abgelöst. Moderne Bankhochhäuser überragen die City of London. In ihnen arbeiten 400 000 Bankkaufleute. Sie bilden die Hauptgruppe der Londoner Beschäftigten des Dienstleistungssektors. Die Bürocity Canary Warf auf dem Gelände der ehemaligen Docklands hat sich zu einem weiteren Finanzhandelszentrum entwickelt.
An der Londoner Börse werden die meisten Aktien gehandelt und London ist auch Sitz der Rohstoffbörse für Industriemetalle wie Kupfer, Blei, Aluminium, Zink und Nickel.
Doch der Finanzsektor ist zunehmend krisenanfällig. Fehlspekulationen machen sich im Zeitalter der Globalisierung an allen Standorten der großen Banken bemerkbar. Die Finanzkrise von 2008 hat auch in London zu Pleiten und mehr als 4 000 Entlassungen geführt.

4 **Bankenviertel in London**

TNCs in London

Name (Platz in Fortune Global 500) *	Tätigkeitsbereich	Umsatz in Mrd. US-Dollar
BP (4.)	Öl- Energiewirtschaft	291,44
HSBC (20.)	Finanzsektor	146,50
Aviva (69.)	Versicherung	81,32
Barclays (70.)	Finanzsektor	80,35
Lloyds TSB (54.)	Finanzsektor	58,74
GlaxoSmithKline (79.)	Pharma	45,07
Anglo American (147.)	Bergbau	25,47
Astra Zeneca (148.)	Pharma	29,21
Prudential plc (94.)	Finanzsektor	66,36
Standard Chartered Bank (135.)	Finanzsektor	21,25

* Der Rang ergibt sich aus einer Kombination von Umsatz, Nettogewinn, Aktiva und Marktwert

5

London als Dienstleistungs-, Handels- und Verkehrszentrum

London war schon in der Vergangenheit ein Welthandelszentrum. Das war auf die zahlreichen britischen Kolonien zurückzuführen, deren Waren in London gehandelt wurden. Der Londoner Hafen stellte hierbei den bedeutendsten Umschlagplatz dar. Mit dem Zerfall des britischen Kolonialreiches ließ diese Bedeutung nach. Die Einrichtungen im Hafenbereich verfielen. Heute nutzt man die Flächen der ehemaligen Docklands für die Anlage moderner Finanz- und Handelszentren. Trotz der hohen Kosten bleibt London ein attraktiver Standort für wertschöpfungsintensive, international gehandelte Dienstleistungen, so Finanzen, Versicherungen, Wirtschaftsprüfung, Werbung und Medien. Die Stadt zieht daher magisch Talente aus aller Welt an.

Um schnell auch persönliche Kontakte aufnehmen zu können, benötigen die Transnationalen Konzerne leistungsfähige Flughäfen in der Nähe ihrer Niederlassungen. Mehr als 100 Millionen Passagiere benutzen Jahr für Jahr die fünf Londoner Flughäfen Heathrow, Gatwick, Stansted sowie Luton und City.

Londons multiethnischer Charakter

Londons Verbindung mit der Welt hat auch dazu beigetragen, dass viele Menschen aus anderen Ländern sich in der britischen Hauptstadt niedergelassen haben. Von den 7,5 Millionen Londonern wurde knapp ein Drittel im Ausland geboren, sodass hier über 300 Sprachen gesprochen werden. Von den Zugewanderten stammen 27 Prozent aus Indien und Pakistan, ehemaligen britischen Kolonien. Im nördlichen Londoner Vorort Brent befindet sich der größte hinduistische Tempel der Welt – der Neadsen-Tempel. 25 Prozent der Zuwanderer sind dunkelhäutige Menschen aus Afrika und der Karibik. Viele von ihnen leben im südlichen Vorort Brixton. Das exotische Angebot auf den dortigen Märkten entspricht dem karibischer Märkte. Global Cities haben also einen multiethnischen Charakter.

Soziale Differenzierung

Jede Großstadt weist ein gewaltiges soziales Gefälle auf, so auch London. In einigen Vororten herrscht Armut. Sie ist manchmal auch die Ursache für Gewalt und Kriminalität. Daneben ist London aber auch die Stadt der Superreichen.

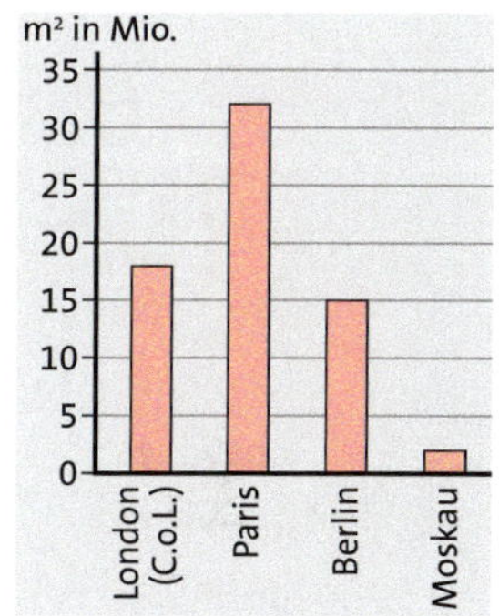

6 **Anteil der Büroflächen in europäischen Städten**

Kaum zu glauben

40 der 75 Milliardäre in Großbritannien kommen aus dem Ausland und leben in London. Sie nehmen am städtischen Leben nicht teil, aber wissen sich und ihren Reichtum in London gut aufgehoben.

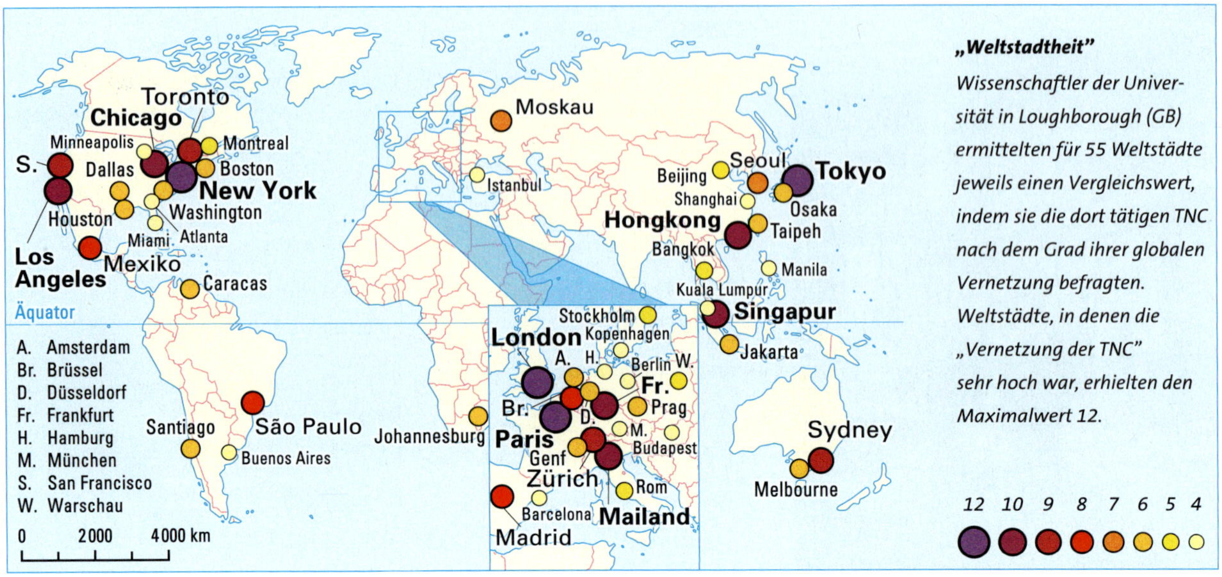

7 Global Cities

Die teuersten Städte	
1.	Moskau
2.	Tokyo
3.	London
4.	Oslo
5.	Seoul
6.	Hongkong
7.	Kopenhagen
8.	Genf
9.	Zürich
10.	Mailand
11.	Osaka
12.	Paris
...	
22.	New York

8

Global Cities

	London	New York	Paris	Sydney	Berlin	Düsseldorf
Bevölkerung (Stadt in Mio)	7,5	8,2	2,2	3,6	3,42	0,58
Bevölkerung (Agglomeration)	8,5	18,7	9,8	4,7	3,4	o.A.
Ausländeranteil (in %)	27,1	33,7	17,6	o.A.	18.1	19,0
TNC-Anzahl	22	20	24	3	1	4
Anteil am Weltfinanzmarkt (in %)	31,3	19,2	2,6	o.A.	o.A.	o.A.

9

Merkmale einer Global City

- Sitz vieler Haupt- und Tochterunternehmen von TNCs
- internationales Finanzzentrum (Banken, Börsen, Versicherungen)
- Sitz bedeutender Institutionen, z. B. Zentralbank, Regierungssitz, Messestadt
- internationaler Verkehrsknotenpunkt
- hohe Einwohnerzahl und hohe Wirtschaftskraft

10

1 Vergleiche mithilfe der Tabelle 9 die Bedeutung Londons mit der von Paris und Düsseldorf.

2 Suche im Internet weitere TNCs, die in London ihren Hauptsitz haben.

3 Erläutere, warum die internationale Finanzkrise 2008 London stärker getroffen hat als andere Städte.

4 Arbeite mit Karte 7:
a) Beschreibe die globale Verteilung der TNCs nach Kontinenten.
b) Erstelle eine Liste der zehn bedeutendsten Global Cities: Stadt/Staat/Wert.

5 Erkläre die Attraktivität Londons für ausländische Touristen.

6 Überprüfe mithilfe des Materials 11, ob Sydney eine Global City ist.

Ist Sydney eine Global City?

Sydney ist mit 3,61 Millionen Einwohnern die größte Stadt Australiens und zugleich das Wirtschaftszentrum des Kontinents.

Sydney wurde 1788 im Auftrag des Britischen Königs gegründet. Im Zentrum der Entwicklung lag die Bucht Port Jackson, um die sich die Stadt beiderseits ausbreitete. Die geschützte Lage förderte die Entwicklung des Hafens. Lange Zeit war er das wirtschaftliche Herz der Stadt. Von hier aus wurden vor allem Australiens Agrarprodukte exportiert.

Sydney als Handelszentrum

Bis ins frühe 20. Jahrhundert hinein war Melbourne der große Konkurrent Sydneys. Doch dann zog Sydney die großen Firmen aus dem Dienstleistungsbereich an. Heute werden hier mehr als 25 % des australischen Bruttoinlandsprodukts erwirtschaftet. Mehr als die Hälfte der größten Unternehmen Australiens hat seinen Sitz in Sydney, darunter 12 Unternehmen, die zu den weltgrößten Transnationalen Konzernen gehören. Mehr als 500 internationale Unternehmen haben in Sydney Zweigniederlassungen. Der Flughafen Kingsford Smith hat ein höheres Passagieraufkommen als die Flughäfen Düsseldorf und Köln-Bonn zusammen.

TNCs in Sydney

Name – Platz in Fortune Global 500	Tätigkeitsbereich	Umsatz in Mrd. US-Dollar
Commonwealth Bank (99)	Finanzsektor	26,48
Westpac (130)	Finanzsektor	22,99
QEB Insurance (365)	Versicherung	10,06
Westfield Group (390)	Finanzsektor	5,18
Woolworth Limited (395)	Einzelhandel	36,09

Sydney als Finanzzentrum

Im 20. Jahrhundert entwickelte sich Sydney auch immer mehr zum Finanzzentrum, das eine Schlüsselstellung im asiatisch-pazifischen Raum einnimmt. Hier haben die größten australischen Banken ihren Sitz. Die Börse Sydneys gehört neben der Tokyos zu den bedeutendsten Finanzzentren rund um den Pazifik. Viele große Anleger investieren über ihre Niederlassungen in Sydney nicht nur in Australien, sondern vor allem auch in China und Japan.

Seit 1977 hat auch die Deutsche Bank eine Geschäftsstelle in Sydney. Von hier aus pflegen die 1 200 Mitarbeiter Kontakte zu Kunden im asiatisch-pazifischen Raum.

Nach Olympischen Spielen in Sydney hat sich der Olympia Park zu einem beliebten Standort für Finanzeinrichtungen und Handelsgesellschaften entwickelt.

Olympiapark

1 Griechischer Erdöltanker Stemnitsa im russischen Eismeer

Pol-Kolonialismus
In beiden Polregionen versuchen Staaten, ihre Hoheitsgebiete in Richtung Tiefsee auszudehnen. Bodenschätze in internationalen Gewässern sind bislang nach dem Seerecht der Vereinten Nationen gemeinsames Erbe der Menschheit. Will ein Staat die übliche Ausschließliche Wirtschaftszone (AWZ) von 200 Seemeilen (entspricht ca. 370 km) vor seiner Küste erweitern, muss er geologisch nachweisen, dass sich seine Landmasse als Festlandssockel über die AWZ hinaus erstreckt.

Welthandel 2030: Die Nordpolarroute

Premiere am Pol
August 2008: Der deutsche Forschungseisbrecher „Polarstern" durchfährt erstmals die Nordwest-Passage und steuert auf die Nordost-Passage zu. Wie kann das gehen im ewigen Eis des Nordpols? Und welche Folgen ergeben sich daraus?

Klimawandel in der Arktis
In diesem Jahrhundert wird sich die globale Durchschnittstemperatur wahrscheinlich um einige Grad Celsius erhöhen. Gletscherschmelzen und Meeresspiegelanstieg sind die Folgen. Das Abschmelzen des Eises bewirkt eine sich selbst verstärkende Rückkopplung: Wenn die Sonne auf die weiße Eisfläche scheint, wird die meiste Strahlung reflektiert. Geht aber das Meereis zurück, kommt darunter ein dunkler Ozean zum Vorschein. Der absorbiert mehr Sonnenenergie, erwärmt sich und verstärkt so die Schmelzeffekte. Das ist die Temperatur-Albedo-Rückkopplung.

Seewege werden frei
Seit dem Beginn der Satellitenbeobachtung vor 30 Jahren konnten die Forscher im Jahr 2007 den größten Rückgang des arktischen Eises feststellen: Das Eis schmolz um 1 Million km^2, eine Fläche so groß wie Frankreich und Deutschland zusammen.
Nach allen Szenarien verschwindet das arktische Meereis in der zweiten Hälfte dieses Jahrhunderts im Sommer fast vollständig. Damit werden neue Schiffsrouten freigegeben: Die berühmte Nordwest-Passage, die den Atlantischen Ozean mit dem Pazifischen Ozean verbindet, war im Sommer 2007 erstmals von normalen Schiffen befahrbar. Die Nordost-Passage, die, an der Küste des russischen Sibiriens entlang, den Seeweg zwischen den beiden Ozeanen in Richtung Osten aufzeigt, wird nur noch teilweise von Packeis versperrt.

Zukunftsprognosen
Dem Welthandel könnte diese Eisschmelze neue Wirtschaftswege öffnen: Die Passierbarkeit der Nordwest-Passage würde den Weg vom Atlantischen Ozean zum Pazifischen Ozean, der bisher durch den Panama-Kanal zwischen Nord-und Südamerika verläuft, um 6000 km verkürzen. Eine freie Nordost-Passage lässt Tokyo etwa von Hamburg aus schneller erreichen.

Rohstoffe werden nutzbar
Der Wettlauf der Wissenschaftler läuft bereits: Der geologische Untergrund wird vermessen, denn in ihm liegen wahrscheinlich viele wichtige Bodenschätze. Russland erhofft sich Öl- und Gasfunde, die etwa 20 % der derzeitigen russischen Reserven entsprechen. Aber auch Erze werden vermutet.

Material
Infoblatt Nordostpassage
104028-0505

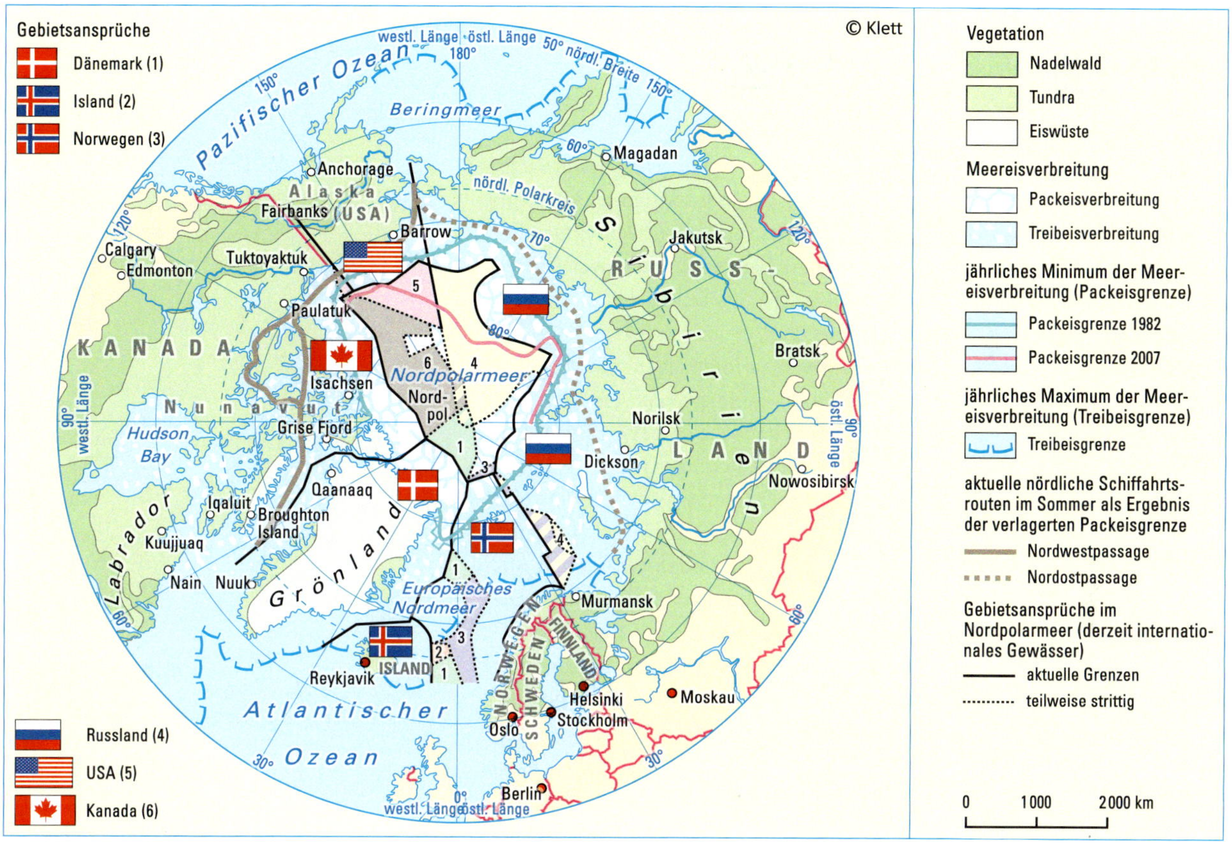

2 **Arktis im Wandel**

Streit um die Arktis

Die Staaten Kanada, Dänemark, Norwegen, Russland und die USA streiten sich um Besitzansprüche an Rohstoffvorkommen in der Arktis. Sie versuchen nachzuweisen, dass wichtige Gebiete dem jeweils eigenen Festlandssockel zuzuschreiben sind. Zur Bekräftigung seiner Ansprüche hat Russland unter dem Nordpol eine Fahne verankert, das zentrale unterseeische Gebirge, der Lomonossow-Rücken, könnte in seinen Besitz übergehen. Bereits seit 2001 fordert die russische Regierung die Anerkennung von zwei Dritteln der Arktis, einschließlich des Nordpols, als russisches Staatsgebiet bei der UN.

„Der Kampf um die Rohstoffe beginnt und es ist nicht auszuschließen, dass er notfalls auch mit militärischen Mitteln geführt wird" – so ist zu hören.

Und die Umwelt?

Es ist nicht nur der stärkere Verkehr, der dieses sensible Ökosystem stark belasten wird. Der Meeresspiegelanstieg gefährdet auch die hauptsächlich an den Küsten der Arktis lebenden Menschen. Zudem würden viele Tiere, darunter Eisbären, die ausschließlich im Packeis jagen, und mehrere Robbenarten ihren Lebensraum verlieren und könnten aussterben.

Kaum zu glauben

Die Nordostpassage war 2009 an 20–30 Tagen eisfrei. Im Jahr 2080 werden es nach jetzigen Prognosen 90–100 Tage sein.

Für die Strecke Rotterdam-Shanghai benötigt ein Handelsschiff über den Suezkanal ca. 30 Tage, über die Nordostpassage braucht es nur etwa 15 Tage.

1 Beschreibe mithilfe der Karte 2 die neuen Schiffsrouten.

2 Das Konfliktpotenzial im Nordpolarmeer steigt an. Erkläre dies aus der Sicht von Russland, Dänemark und den USA.

3 Diskutiert die zukünftige Entwicklung der Arktis aus ökologischer und ökonomischer Sicht.

4 Erörtere die Bedeutung der Nordpolarroute für den Hafenstandort Hamburg.

TERRA ORIENTIERUNG

Der Welthandel weitete sich in den letzten Jahren stark aus, wobei der technische Fortschritt im Bereich Transport und Logistik eine wichtige Rolle spielte. Vor allem zwischen den drei führenden Wirtschaftsregionen entwickelten sich bedeutende Handelsströme.

Welthandelsströme

Die heutigen Welthandelsströme kennzeichnen folgende Merkmale:
Trotz eines gebremsten Wirtschaftswachstums bleiben die Industrieländer weiterhin die mit Abstand führenden Weltwirtschafts- und Welthandelsmächte mit zwei Dritteln aller weltweiten Ausfuhren.
Die in den 1980er- und frühen 1990er-Jahren besonders erfolgreichen Schwellenländer Ost- und Südostasiens konnten nach einer Schwächephase wieder zulegen auf etwa 20 % der Weltexporte.
In den letzten Jahren verzeichnete die Volksrepublik China die höchsten Wachstumsraten und lag seit 2007 bei den weltweiten Ausfuhren und Einfuhren auf dem zweiten Platz. 2009 ist China erstmals Exportweltmeister.
In den Transformationsländern Osteuropas zeichnet sich eine zunehmende Einbindung in die Weltwirtschaft ab.
Die ärmsten Länder der Welt haben einen Anteil am **Welthandel** von unter einem Prozent. Ihre Chancen auf einen wachsenden Anteil am Welthandel sind äußerst gering.
Die Zunahme des Welthandels geht hauptsächlich auf den Handel mit Produkten, von dem vor allem die Industrieländer profitieren, zurück. Gerade deswegen wirkt sich die Finanzkrise auf die Welthandelsströme aus.

Führende Welthandelsländer 2009	
	Export in Mrd. US-$
VR China[1]	1431
Deutschland	1128
USA	1057
Japan	581
Frankreich	466
	Import in Mrd. US-$
USA	1604
VR China[1]	1133
Deutschland	939
Japan	551
Frankreich	543

[1]ohne Hongkong und Macao; Daten von 2008

Statistisches Bundesamt, Wiesbaden, 2011

1

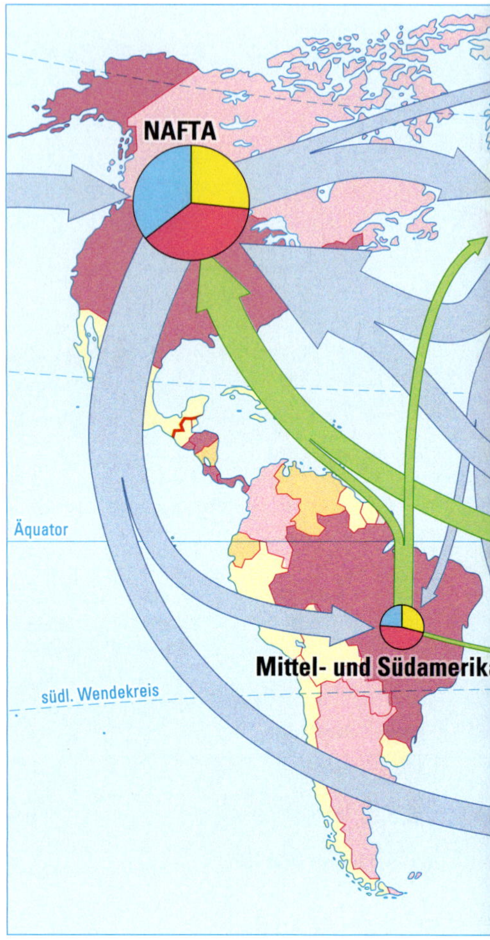

2 **Welthandelsströme**

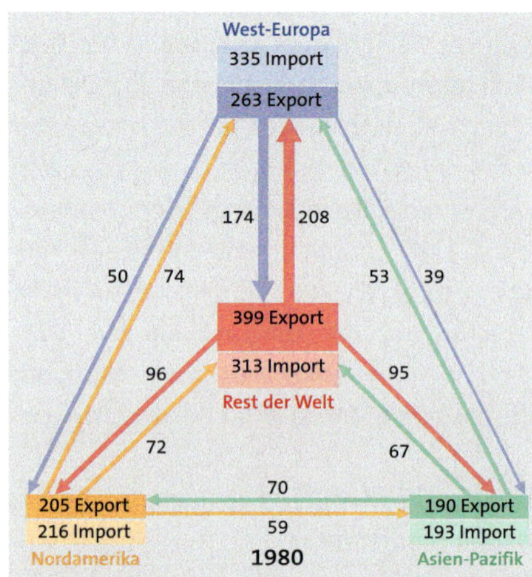

3 **Triadisierung, Handelsverflechtung, Weltwarenexport absolut (Mrd. US-$)**

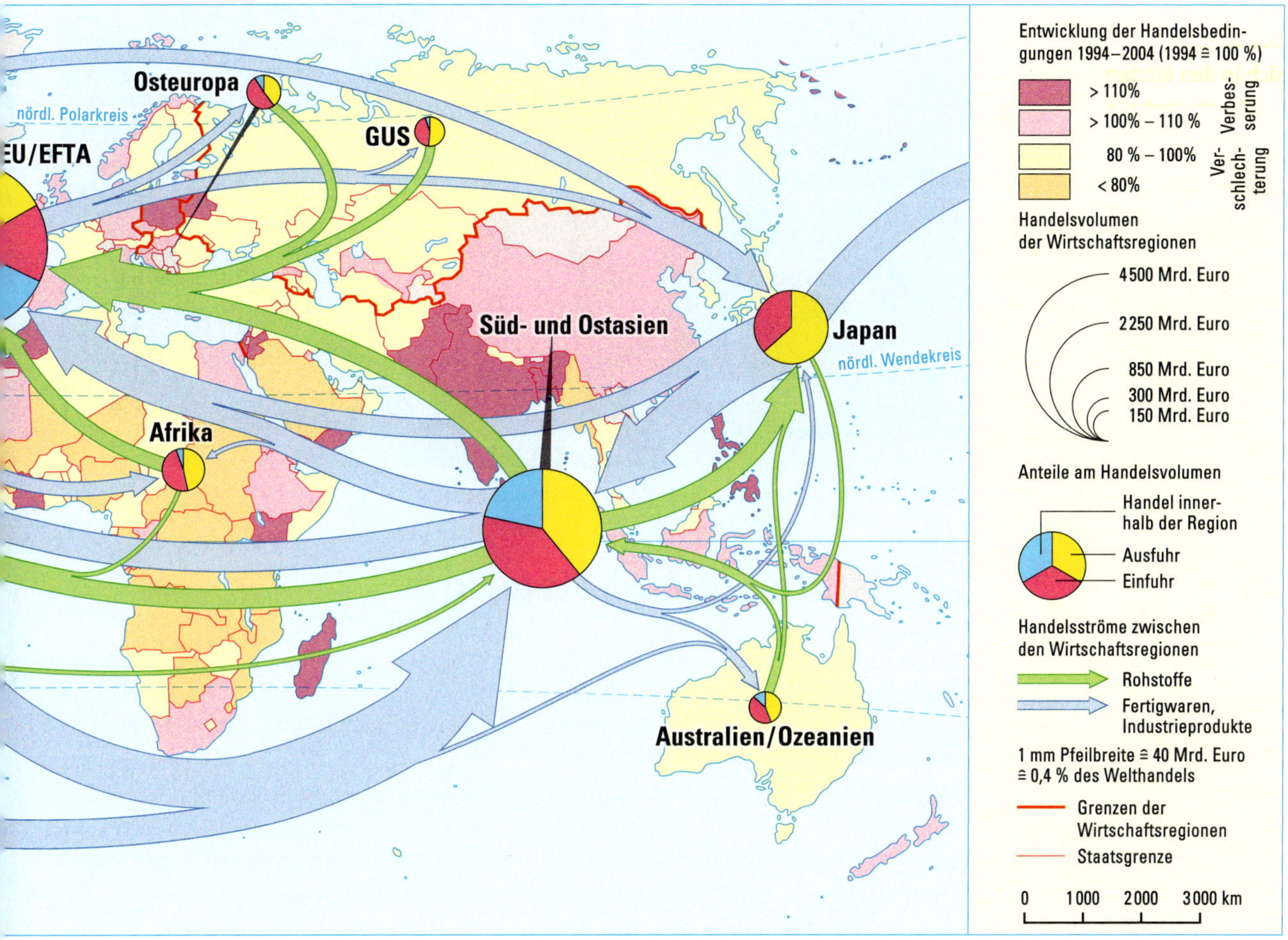

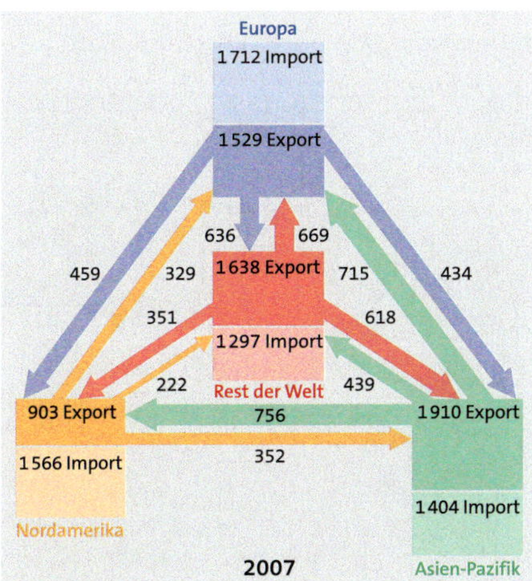

4 **Triadisierung, Handelsverflechtung, Weltwarenexport absolut (Mrd. US-$)**

1 Arbeite mit der Weltkarte 2:

a) Beschreibe die Handelswege von Rohstoffen und Fertigwaren.

b) Afrika steht im Schatten der globalisierten Märkte. Belege diese Aussage.

2 Welthandel in Zahlen:

a) Beschreibe die Veränderungen der Handelsbeziehungen der Triade zwischen 1980 und 2007.

b) Erläutere mithilfe von Tabelle 1 die Export- und Importzahlen der führenden Welthandelsländer 2008.

c) Die Globalisierung hilft dem „Rest der Welt". Beurteile dies jeweils aus der Sicht Europas und Afrikas.

- - →
Seite 44/45
Handelsbedingungen
(Terms of Trade)

1

4 **Traditioneller Tanz als Touristenattraktion auf Bali**

Tourismus im globalen Dorf

Ausländische Besucher Balis und deren Herkunft

	1990	2005
Europa	177449	273253
Amerika	48543	51729
Australien	154454	266183
Asien	107383	635384
Andere	2454	159890
Gesamt	490333	1386449

BPS – Statistics of Bali Province

2

Der Tourismus gehört zu den größten Wirtschaftszweigen der Welt. Waren früher Reisen in ferne Länder etwas für Wohlhabende, Abenteurer und Geographen, so ist heute der Massentourismus, oft in ferne Länder, Normalität.

Es ist mittlerweile in Zeiten des Pauschaltourismus möglich, ferne Länder und Kulturen zu niedrigen Preisen zu besuchen, Fernurlaub ist für viele erschwinglich geworden. Auch in dieser Hinsicht ist die Welt zum globalen Dorf zusammengerückt.

Für viele Länder ist der Tourismus inzwischen Haupteinnahmequelle, allerdings gibt es auch Probleme: Der Flächenverbrauch von Hotelanlagen ist immens, Umweltauflagen gibt es nicht überall. Aber auch auf regionale Besonderheiten, Bräuche und Kulturen wird oft wenig Rücksicht genommen. Für wen ist der Ferntourismus gut, wem schadet er? Zwei Beispiele sollen dieser Frage nachgehen: Bali und Namibia.

Bali: „Paradise lost?“

Neben der beeindruckenden Landschaft sind die religiösen Sitten und Bräuche und das traditionelle Kunsthandwerk wichtige touristische Standortfaktoren für Bali.

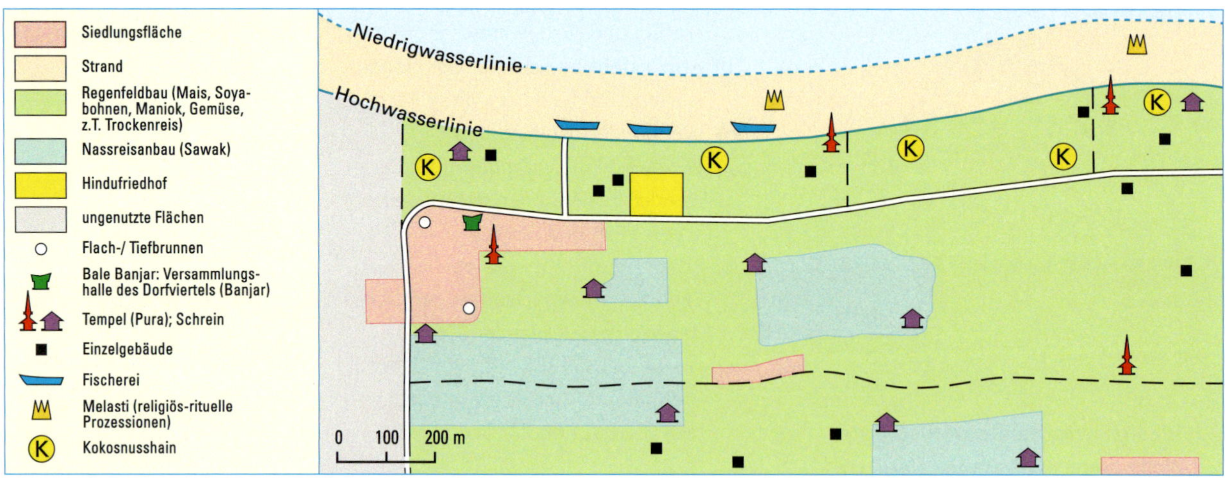

3 **Modellhafte Entwicklung einer Küstensiedlung auf Bali** (Stand: Mitte des 20. Jahrhunderts)

5 Touristen am Strand von Bali

Ausdruck der Religion sind die über 20 000 Tempel und Heiligtümer, die täglichen Speiseopfer zur Besänftigung der Dämonen, die rituellen Tänze und die farbenfrohen Tempelfeste mit ihren Prozessionen, den Melasti.

Während die Insel bis 1960 noch zu den armen Provinzen Indonesiens gehörte, hat sich das bis heute grundlegend geändert. Ohne den Tourismus wären viele Bewohner gezwungen, Bali zu verlassen, um woanders Arbeit zu finden. Es entstehen jedoch vor allem einfache Jobs in Hotels oder Gastronomiebetrieben. Die Positionen im Management der großen Hotels werden in der Regel aber durch Ausländer, vorrangig aus den Industriestaaten, besetzt.

Ein Teil der Deviseneinnahmen wird dafür verwendet, Tempel und Heiligtümer zu erhalten. Auch beim Neubau von Hotels werden bestehende Tempel oft nicht abgerissen, sondern in die Anlagen integriert. Fraglich ist jedoch, ob diese Tempel dann noch den Balinesen zur Verfügung stehen, oder eher für die Touristen reserviert sind. Ein weiterer negativer Punkt ist, dass nicht der gesamte Reisepreis ausschließlich Bali zugute kommt: Ein Großteil des Preises einer Pauschalreise geht an das vermittelnde Reisebüro, den Reiseveranstalter und die Fluggesellschaft.

Kritiker werden angesichts des extremen Anstiegs der Touristenzahlen in den letzten Jahren immer lauter. Ein wichtiger Punkt ist neben dem Flächenbedarf auch der hohe Wasserverbrauch, der die traditionelle landwirtschaftliche Existenzgrundlage der Balinesen, den Reisanbau, beeinträchtigt. Der Wasserbedarf der Hotels hat sich in den letzten 20 Jahren vervierfacht.

Außerdem hat der Tourismusboom zu einem steigenden Müllaufkommen geführt. Sämtlicher Abfall, auch Batterien und sonstiger Problemmüll, werden ungeregelt auf Halden entsorgt. So kann das Grundwasser verunreinigt werden. Dazu trägt auch die zunehmende Leder- und Textilproduktion für die „Souvenirjäger" bei.

Bali und Indonesien im Vergleich 2007

	Bali	I
Bev. in Mio	3,5	228,5
Bev.-Dichte (EW/km²)	609	118
Arbeitslosigkeit (%)	3,8	9,1
BIP/Kopf (Mio. Rupien)	10 895	14 841
Bev. unter der Armutsgrenze (%)	6,6	16,6
HDI	0,701	0,701
Einkommen/Kopf (Mio Rup.)	12,0	11,2
Lebenserwartung (Jahre)	74,1	70,4

Badan Pusat Statistik Republik Indonesia (Statistics Indonesia)

7

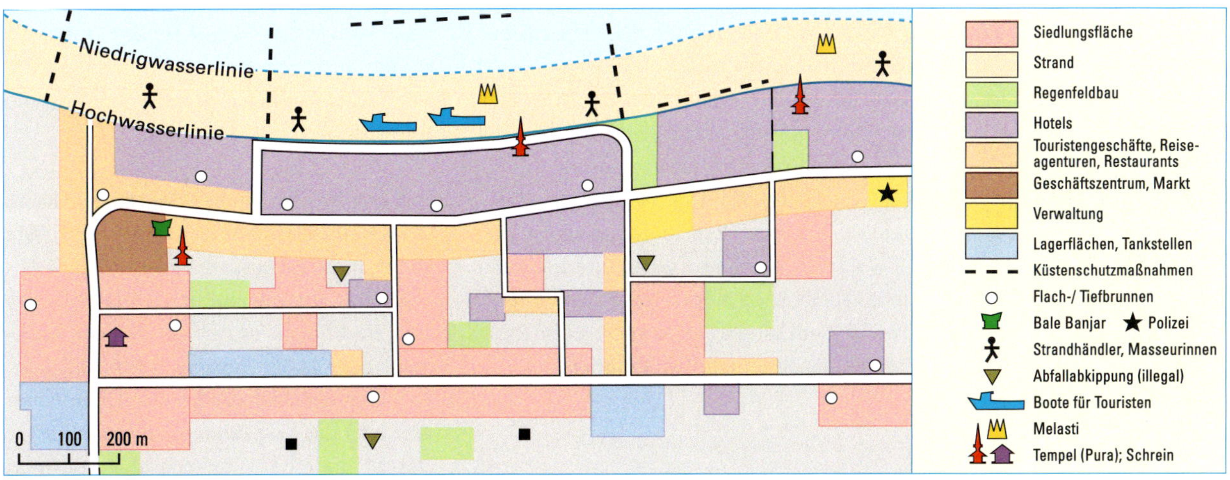

6 Modellhafte Entwicklung einer Küstensiedlung auf Bali (Stand: Anfang des 21. Jahrhunderts)

8

10 **Touristengruppe in einem Himbadorf**

Epupa bedeutet in der Hererosprache „fallendes Wasser"

Daten zu Namibia (2007)	
Bevölkerung	2,1 Mio.
Bev.-Dichte (EW/km²):	2,4
HDI:	0,650
Weltrang:	125
Touristenzahl:	928 912

Namibia Tourism Board

9

Eine andere Welt – die Himba

Die Epupa-Wasserfälle am Kunene, dem Grenzfluss zwischen Namibia und Angola, sind das Highlight für viele Touristen, die den Nordwesten des Landes besuchen. Nicht nur diese spektakuläre Landschaft lockt, vielmehr sind es auch die letzten im Kaokoland noch lebenden Himba-Halbnomaden.

Leben in der Trockenheit

Die Himba leben in der Dornstrauchsavanne mit Niederschlägen zwischen 100 und 350 mm pro Jahr. Aus diesem Grund sind die Himba Halbnomaden. Sie betreiben nur wenig Ackerbau, um Mais für den Eigenbedarf zu produzieren. Daneben halten sie Ziegen sowie Schafe und arbeiten als Viehzüchter. Wenn im Juni die Trockenzeit beginnt, suchen die männlichen Himba die Viehposten (Ohambo) auf, um die Tiere zu den noch vorhandenen Weideplätzen zu bringen.
Die weiblichen Haushaltsmitglieder bleiben im Onganda, dem zentralen Haushalt. Obwohl sich die Himba durch ihre traditionelle Lebensweise an den Naturraum angepasst haben, kann es in Dürrejahren zu Problemen bei der Ernährung kommen.

Der Omuhandja-Haushalt

Ganz in der Nähe der Epupa-Fälle befindet sich der Omuhandja-Haushalt. In ihm leben drei Erwachsene (ein Ehepaar und die Schwester des Mannes) und sechs Kinder. Dieser Haushalt wird in der Woche von ungefähr zehn Touristengruppen besucht. Die Touristen kommen entweder mit dem Geländewagen über die Straße nach Epupa oder fliegen mit kleinen Flugzeugen ein. Sie werden von einheimischen Guides zum Omuhandja-Haushalt geführt. Die Guides helfen auch bei der Kommunikation zwischen Touristen und Himba, weil die Himba ausschließlich Herero sprechen. Als Dank für den Besuch erhalten die Himba von den Besuchern Maismehl. Die Himbafrauen verkaufen auch von ihnen selbst hergestellte Schmuckstücke oder kleine Figuren an die Touristen.

Touristen bei den Himba – Segen oder Fluch?

Der Haushaltsvorstand berichtet: „Wie könnten wir die Besucher nicht mögen? Wir sind stolz, unsere Kultur zu präsentieren. Und sie bringen uns etwas mit wie Maismehl oder kaufen unsere Schmuckstücke. So haben wir Geld, um bei Krankheiten den Arzt oder das Krankenhaus zu bezahlen."
Das ist die eine Seite. Wie aber soll man die Tatsache bewerten, dass die Himba wie

Material
Hintergrundmaterial zu den Himbas
104028-0506

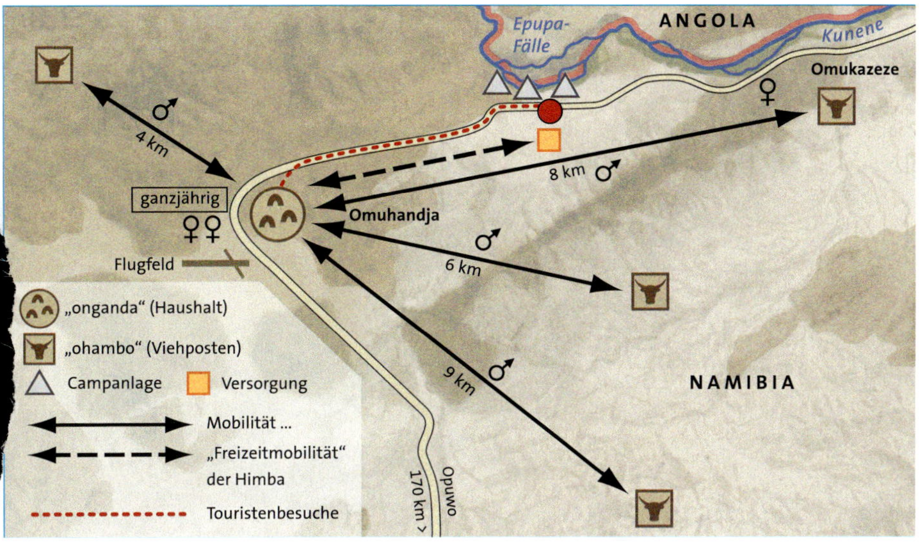

11 **Räumliche Mobilität des Omuhandja-Haushaltes im Jahresverlauf**

13 **Clan-Chef**

Ausstellungsobjekte vorgestellt werden? Was geht in ihnen vor, wenn fremde Menschengruppen sie für kurze Zeit beobachten, anstarren, in die Hütten sehen und, vor allem, sie mit großen Objektiven fotografieren? Was ist davon zu halten, dass die Fremden auch Geschenke mitbringen, die nicht in ihre Welt passen, die sie nicht kennen? Vielen „Eindringlingen" fehlt es an Respekt und Distanz, wenn sie diese Menschen quasi als Zeugen einer aussterbenden Art behandeln.

Eberhard Rothfuss, Geograph an der Universität Passau: „Es kann nicht darum gehen, einfach nur die Kultur der Himba zu erhalten und sie vor Überfremdung zu schützen. Es müssen Bedingungen geschaffen werden, unter denen die Himba wie bisher ihre eigene Entwicklung steuern können. Und hier kann der Tourismus durchaus eine Möglichkeit bieten. Die Benachteiligung der Himba durch die ungünstigen natürlichen Bedingungen in ihrem Lebensraum kann durch die Einnahmen des Tourismus verringert werden. Er bietet den Himba eine Nebenerwerbsnische und dient der Überlebenssicherung. Dieser positive Effekt des Tourismus währt aber nur so lange, wie relativ wenige Touristen zu den Himba reisen."

12

14 **Himba-Kinder**

1 Beschreibe mithilfe der Karten auf Seite 90/91 die Veränderungen durch den Tourismus in den Küstenorten von Bali.

2 Die Zahl der Namibia-Besucher, welche die Himba besuchen, ist bisher eher gering. Nenne mögliche Gründe.

3 Tourismus auf Bali und bei den Himba:
a) Stelle die aktuellen Auswirkungen des Tourismus auf Bali und bei den Himba in einer Tabelle dar und vergleiche sie.
b) Was könnte getan werden, um Bali und das Kaokoland auch zukünftig für den Tourismus zu erhalten? Berücksichtige dabei ökonomische, ökologische und soziale Aspekte.

4 Beschreibe und bewerte den Besuch einer Touristengruppe im Himbadorf
a) aus Sicht eines Touristen,
b) aus Sicht eines Himbakindes,
c) aus Sicht einer Himbafrau.

TERRA TRAINING

Wichtige Begriffe
Aktiengesellschaft
Finanzmarkt
Global City
Globalisierung
Global Player
internationale Arbeitsteilung
Liberalisierung
Transnationales Unternehmen (TNC)
Welthandel

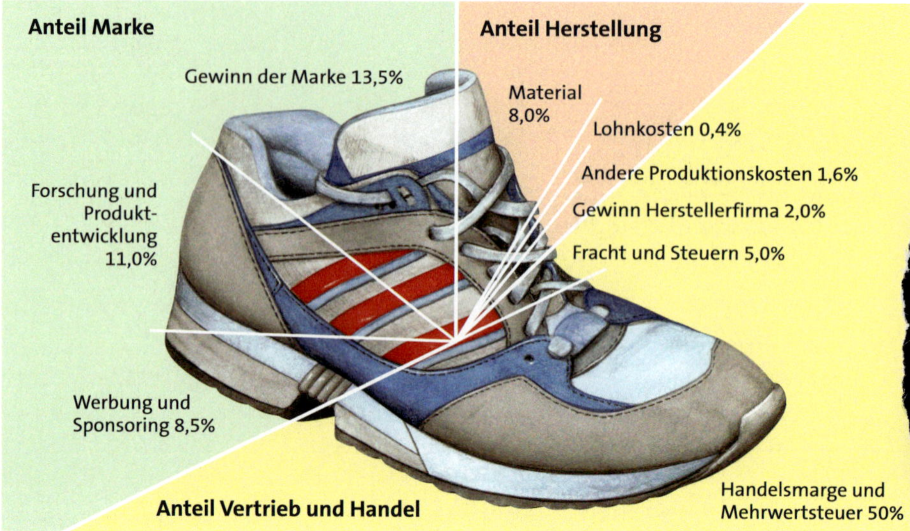

1 **Zusammensetzung des Preises eines Turnschuhs von adidas (nach Schätzungen)**

Orientieren

1 Arbeite mit der Karte der Welthandelsströme (S. 88/89):
a) Schreibe Regionen auf, die besonders von der internationalen Arbeitsteilung profitieren.
b) Schreibe Regionen auf, die weniger in die internationale Arbeitsteilung eingebunden sind.

2 Global Cities (Karte 7, Seite 84)
a) Welcher Kontinent weist die meisten Global Cities mit mehr als 10 Punkten auf?
b) Liste diese Global Cities auf.

Wissen und Verstehen

3 Mechanismen der Globalisierung
Erläutere die Antriebskräfte der Globalisierung.

4 Blumen und Modeschmuck
Erläutere im Hinblick auf die verschiedenen Facetten der Globalisierung, was Modeschmuck, Handys und Blumen gemeinsam haben.

5 Global Player adidas
a) Vergleiche die Kostenverteilung in Schaubild 1.
b) Erörtere die Einkommensverteilung, die sich dadurch weltweit ergibt.

Methoden anwenden

6 Globalisierung im Alltag
Erstelle zu dem Thema eine Mindmap.

7 Entwicklung der Globalisierung
Werte Diagramm 2 aus und nimm Stellung zu der Aussage „Der Handel ist der Motor der Globalisierung".

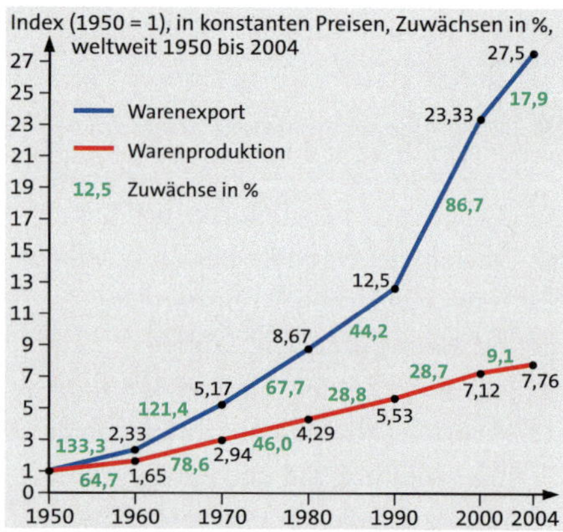

2 **Entwicklung des Welt-Warenhandels**

Material
Selbsteinschätzungsbogen
104028-0507

Lernen im Netz
Quiz Globalisierung
104028-0508

Teste dich selbst
mit den Aufgaben 1b und 3

3 **Weltwirtschaft und Globalisierung**

Beurteilen und Bewerten

8 Geiz ist geil?
„Wer im Supermarkt ein T-Shirt für 5 Euro kauft, hat keinen Grund, über Globalisierung zu jammern."
a) Nimm Stellung zu dieser Aussage.
b) Wie verhältst du dich?

9 Weltwirtschaft und Globalisierung
a) Beschreibe die Zeichnung 3.
b) Beurteile, ob die Zeichnung gelungen ist.

10 Fürsorge in der Globalisierung
a) Erläutere, was die globalisierte Fürsorgekette in Text 4 für die betroffenen Familien bedeutet.
b) Interpretiere diese Entwicklung auf der Basis der Aussage des ehemaligen Bundespräsidenten Johannes Rau: „Die Globalisierung gestalten kann nur, wer klare Wertvorstellungen jenseits des Wirtschaftlichen hat."

11 Globalisierung konkret
Nimm Stellung zu drei möglichen Titeln zu Foto 5:
a) Ein Tourist auf den Spuren fremder Kulturen.
b) Nur ein Blick durch die Linse: So wird er uns nie verstehen.
c) Kulturen begegnen und verstehen sich.

„Die US-Soziologin Russell Hochschild bezeichnet es als die ‚weltweite Fürsorgekette': Eine Frau und ein Mann in Deutschland möchten des Kindes wegen nicht auf ihre Arbeit verzichten. Deshalb heuern sie eine Kinderfrau aus den Philippinen an, die daraufhin ihre Kinder nicht mehr sieht. Also engagiert sie ihrerseits Tausende Kilometer entfernt eine Kinderfrau. Eine, die noch ärmer ist als sie."
Uchatius, Wolfgang: Das globalisierte Dienstmädchen, in: DIE ZEIT, 19.08.2004

4

5 **Kaokoland, Namibia**

6

Tansania – eine Raumanalyse

Tansania – seit Jahrhunderten fasziniert das Land: Da ist von aufregenden Geschichten um uralte Königreiche und geheimnisumwobenen Kulturen die Rede, hinzu kommen die eindrucksvollen Naturlandschaften. Gleichzeitig gehört Tansania zu den ärmsten Ländern der Welt.
Eine Raumanalyse ist geeignet, wichtige Ursachen und Auswirkungen dieser Entwicklung zu untersuchen und zu verstehen. Zu den schwierigsten Aufgaben gehört dabei das Formulieren geeigneter Leitfragen. Bei der Beantwortung der Fragen kommt es dann auf die Auswahl der jeweils geeigneten Natur- und Kulturraumfaktoren an. Zum Abschluss der Raumanalyse gehört die Bewertung der Ergebnisse.

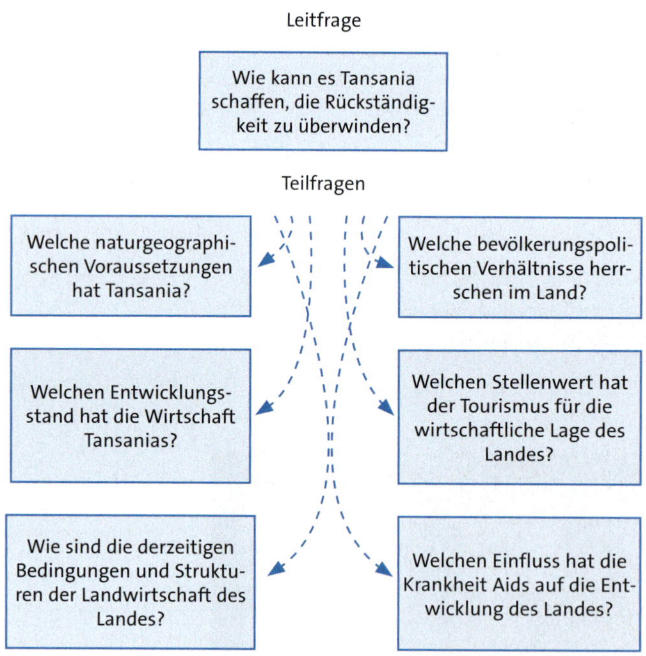

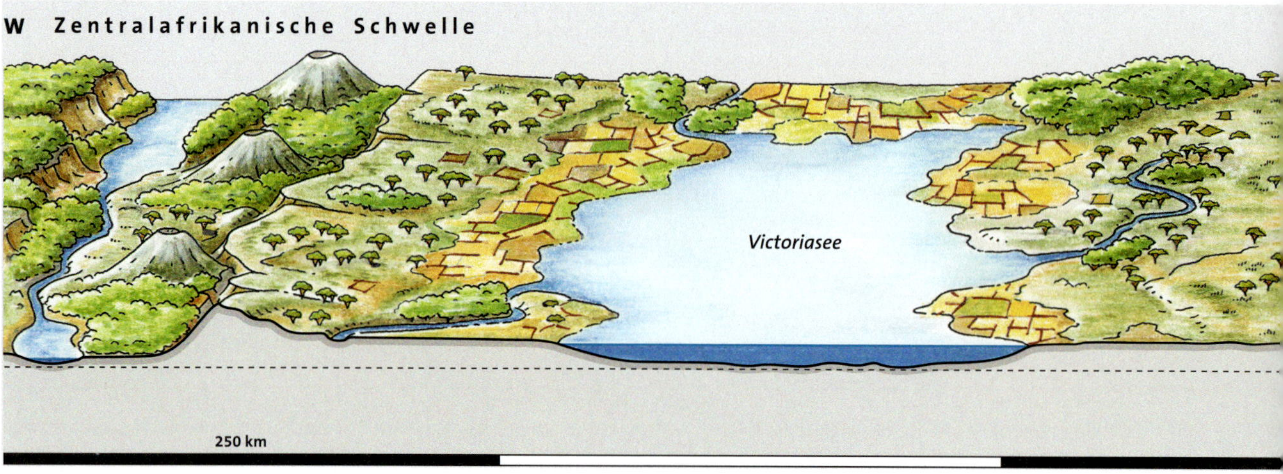

1

2

„Vielfalt garantiert!“

So oder ähnlich sind viele Reiseprospekte zu Tansania überschrieben. Tatsächlich gilt das Land im Hinblick auf seine landschaftliche Vielfalt und seinen Tierreichtum als ein Land der Superlative.

Das Staatsgebiet grenzt an drei der größten Seen Afrikas: im Norden an den Victoriasee, im Westen an den Tanganyikasee und im Süden an den Malawisee. Im Norden Tansanias liegt die Serengeti (Maasai-Sprache = „weites Areal“, „große Ebene“), einer der berühmtesten Nationalparks Afrikas.

3 **Feuchtsavanne mit Zebras und Gnus im Ngorongoro-Krater**

Oberflächenformen

Das Oberflächenbild wurde durch tektonische Bewegungen vor 60 Millionen Jahren geprägt. Sie bildeten im Westen den Zentralafrikanischen **Graben** und in der Mitte des Landes den Ostafrikanischen Graben, der im Norden als mächtige **Bruchstufe** auftritt und im Süden als Nyasagraben mit dem Malawisee ausgeformt ist. Östlich der Bruchstufe erheben sich die Vulkangipfel Kilimandscharo (mit 5 895 m der höchste Berg Afrikas) und Meru (4 567 m). Zwischen beiden Gräben liegt das durchschnittlich 1 200 m hoch gelegene, flachwellige **Becken** von Unyamwezi mit dem Victoriasee.

Klima und Vegetation

Das Klima im Küstentiefland ist tropisch-heiß, der größte Teil des Landes hat tropisches Hochlandklima. Einzelne Erhebungen über 1 800 m reichen in das kühle tropische Höhenklima mit Nachtfrösten hinein. Die größeren Erhebungen erhalten starke Steigungsregen, im Küstenland bringt der Monsun mäßige Niederschläge. Dagegen sind das innere Hochland und besonders die Gräben relativ trocken.

Tropischer Regenwald befindet sich meist am Fuß von Bergen und in Küstennähe. Sonst herrschen Feuchtsavanne und baumlose Trockensavannen vor.

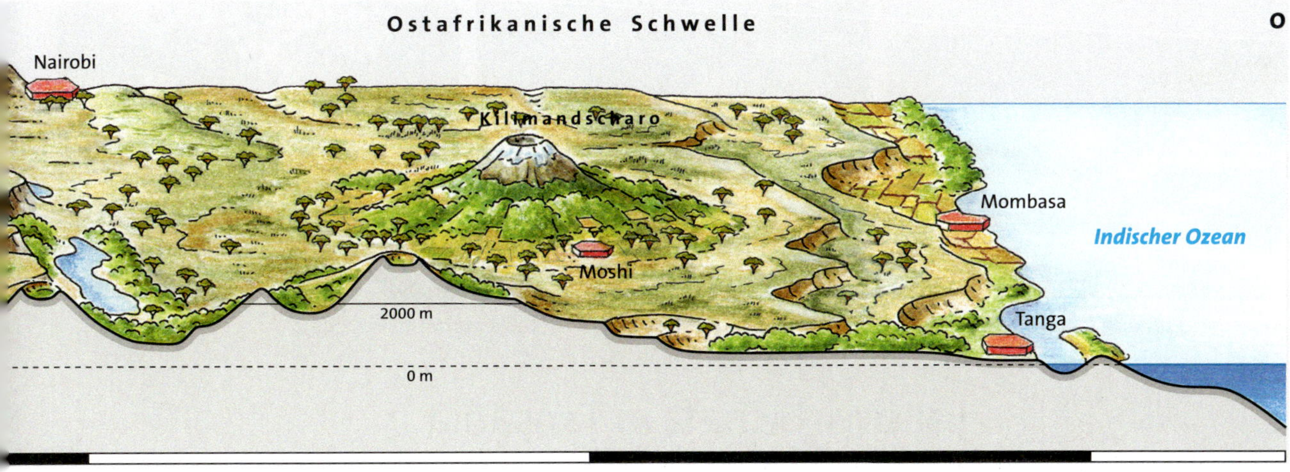

Niederschlagsvariabilität als Problem

2003 wiederholte sich, was bereits 1997 zu einer kritischen Versorgungssitution geführt hatte. Laut meteorologischem Amt waren die Niederschläge der Regenzeit in den meisten Landesteilen zu gering, vor allem im Zentrum und an der Küste. In Daressalam regnete es im April so wenig wie seit 50 Jahren nicht mehr, die Wasser- und Abwasserbehörde gab bekannt, die Wasserversorgung könne gefährdet sein. Am Kilimanjaro International Airport, in Arusha und Sansibar maß man weniger als 10 % des normalen Niederschlages, fast alle Quellen trockneten aus. Den Landwirten, Hirten und Wasserbehörden wurde geraten, Regenwasser aufzufangen und sparsam mit Wasser umzugehen. In den südlichen Küstenregionen Lindi und Mtwara half das bisschen Regen nur den dürrebeständigen Sorten wie Maniok. In anderen Regionen kam nur das, was früh ausgebracht wurde, zur Reife; spät ausgebrachtes Saatgut litt unter Trockenheit.

Schon Ende April wurden die Grundnahrungsmittel auf vielen Märkten teurer. Nur die Regionen in den Becken des Victoriasees und des Tanganyikasees (Mwanza, Mara, Kagera, Shinyanga, Kigoma, Tabora) hatten normale bis leicht überdurchschnittliche Niederschläge.

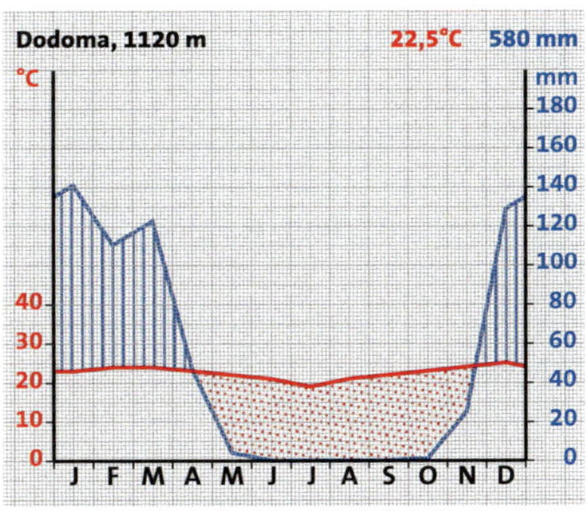

4 **Klimadiagramm Dodoma**

5 **Im Tarangire-Nationalpark**

1 **A – Sisalpflanze (Agave); B – Gewürznelkenbaum; C – Pyrethrumpflanze (Rohstoff für Insektizide)**

Landwirtschaft in Tansania

Top 7 der landwirtschaftlichen Exportprodukte 2008 (in Tonnen)	
Erbsen	72 000
Weizenkleie	62 000
Weizenmehl	58 000
Baumwolle	54 000
Cashewnüsse	53 000
Tabak	46 000
Kaffee	45 000

2

Ein heißer Vormittag, der Wind weht über die staubige Maasai-Steppe. Auf dem Marktplatz in einem kleinen Ort mitten in der Steppe werden ein paar Kartoffeln, Tomaten und Zitronen feilgeboten. Die Marktfrau Damarene frage ich: „When was the last harvest?" „Last year." „What is growing on your shamba this year?" „There is nothing, nothing. There is just soil, even there is no grass." „Are you starving?" „It is just little to save my life."
Damarene hat acht Kinder zu versorgen. Ihre Tomaten und Kartoffeln muss sie von weit her anfahren lassen. Sie sind für die meisten ihrer Nachbarn unerschwinglich. Die Menschen leben von dem, was sie anbauen. Aber dieses Jahr wächst noch nicht einmal das Gras, sodass auch das Vieh kein Futter findet.

3

Eine hohe Niederschlagsvariabilität, unfruchtbare Böden, die Verbreitung der Tsetse-Fliege sowie Malaria verhindern in vielen Gebieten Tansanias die landwirtschaftliche Nutzung. Zudem stellen häufig Landnutzungsformen, die den veränderten Bedingungen nicht angepasst sind, Gründe für die oft schlechte Ernährungslage dar.
Der größte Teil der landwirtschaftlichen Produkte entfällt auf die Subsistenzwirtschaft. Diese Kleinbauernwirtschaft wird nach wie vor überwiegend in der traditionellen Form des Hackfeldbaus betrieben.

In der Viehwirtschaft überwiegt die Rinder-, Ziegen- und Schafhaltung. Es wird jedoch nur ein kleiner Teil der meist aus Prestigegründen gehaltenen Tiere der Fleischversorgung zugeführt.
2010 beträgt der Anteil der Landwirtschaft am Bruttosozialprodukt 42 %, die Agrarprodukte machen fast ein Drittel der gesamten Exporterlöse aus. Für Nischenprodukte wie Pyrethrum und Gewürznelken gehört Tansania zu den größten Erzeugern weltweit. Ein weiteres bekanntes Exportprodukt ist der im Victoriasee gefischte und als Victoriabarsch vermarktete Nilbarsch.
Der Anbau dieser cash crops für die meist europäischen Märkte schafft jedoch nicht nur eine Monokultur, von der das Land abhängig ist, sondern vergrößert auch den Nahrungsmittelmangel in Dürrezeiten und führt so zu regelmäßigen Hungersnöten.

Zwischen Tradition und Moderne

Die Maasai sind ein Nomadenvolk im Norden Tansanias. Traditionell betreiben sie keine Landwirtschaft. Ihre wirtschaftliche Basis sind ihre Rinderherden. Geschlachtet werden die Tiere nur zu rituellen Anlässen, sonst ernähren sich die Maasai von „saroi", einem Gemisch aus dem Blut und der Milch ihrer Tiere. Während der Kopf des Rindes festgehalten wird, öffnet man die Halsvene mit einer Pfeilspitze. Wenn das Blut aufgefangen ist, wird die Vene wieder mit einem Pfropfen aus Dung und Lehm verschlossen. Das Blut wird mit der Milch vermischt und sofort getrunken.

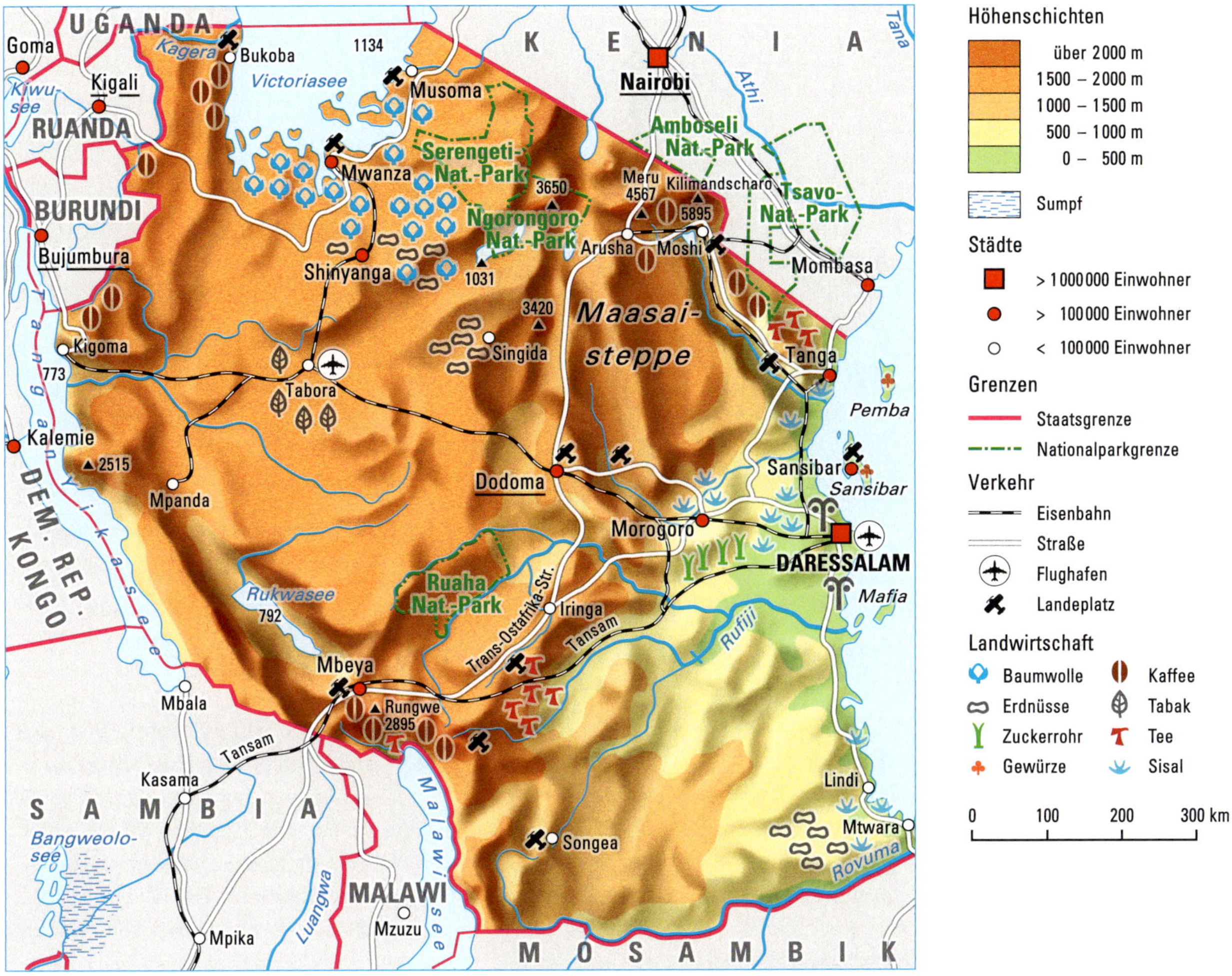

4

In den Dörfern am Rande der Serengeti sind die Maasai als Viehdiebe berüchtigt. Sie glauben, dass der Regengott Ngai ihnen alle Rinder der Erde überlassen hat. Das bedeutet für sie, dass alle anderen Rinderzüchter Viehdiebe sind und die Maasai ein Recht haben, ihnen die Rinder auch gewaltsam abnehmen zu können.

Bereits die Kolonialmächte versuchten die Maasai sesshaft zu machen. Heute gehen die meisten Maasai-Kinder zur Schule, die Frauen arbeiten in der Landwirtschaft und die stolzen Hirten und Krieger als „Askaris", als Wachmänner, in den Städten. Zum Teil wurden sie zur Aufgabe ihres traditionellen Lebensstils gezwungen, da sie einen großen Teil ihrer Weidegründe verloren. Dort, wo früher ihre Rinder weideten, sind heute Felder oder

5 **Frauen bei der Feldarbeit in Tansania**

Nationalparks. Die Weidegründe, die ihnen geblieben sind, macht ihnen niemand streitig, da das Land zu unfruchtbar ist. Nomaden, die vorher mit ihren Herden umher gezogen sind, müssen nun an einem Ort bleiben, ganz andere Arbeit verrichten, Verantwortung für die Verwaltung der Einnahmen übernehmen und Vorräte für die Trockenzeit anlegen.

1 **Papierfabrik in Tansania**

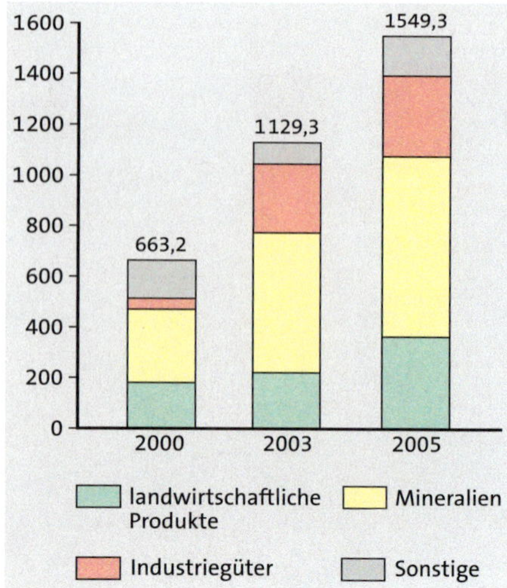

5 **Export Tansanias (Warenwert in Mio. US-$)**

„Karibu sana! – Herzlich willkommen!“

Korruption in ausgewählten Ländern (2010)

Rang	Land	CPI-Zahl
1	Dänemark	
	Neuseeland	
	Singapur	9,3
8	Australien	8,7
15	Deutschland	7,9
22	USA	7,1
78	China	3,5
116	Tansania	2,7
178	Somalia	1,1

* CPI bezieht sich auf das von erfahrenen Geschäftspersonen und Länderanalysten wahrgenommene Ausmaß der Korruption zwischen 10 (frei von Korruption) und 0 (extrem von Korruption befallen).

2

Der Reformkurs – Entwicklung durch politischen Wandel

Tansania ist nach wie vor eines der ärmsten Länder der Welt. Fast 90 Prozent der Bevölkerung leben in Armut. Das jährliche Bevölkerungswachstum von knapp 3 Prozent, Korruption und die Leistungsschwäche der öffentlichen Verwaltung reduzieren die Aussichten auf eine schnelle flächendeckende Armutsbekämpfung. Angesichts der enormen natürlichen Ressourcen Tansanias (Edelsteine, Edelmetalle, Öl, Gas, Kohle, Eisenerz, Industriemineralien) ist es verwunderlich, dass die Armutsminderung nicht schneller voranschreitet, und sich nicht mehr Investoren für dieses Land interessieren.

Tansania hat seit 1986 den Übergang zu marktwirtschaftlichen Verhältnissen weitestgehend vollzogen. Die Jahre von 1995 bis 2005 waren von makroökonomischer Stabilität und haushaltspolitischer Konsolidierung geprägt, wovon das Land bis heute profitiert. Rückschläge und Verzögerungen gibt es bei Privatisierungen und Reformen.

Auswärtiges Amt, Länderinfo Tansania. Wirtschaft; unter: www.auswaertiges-amt.de/DE/Aussenpolitik/Laender/Laenderinfos/Tansania/Wirtschaft_node.html; Stand: Oktober 2010 (Zugriff: 02/2011)

3

Unterstützung im Rahmen der Entwicklungszusammenarbeit

Tansania erhält von zahlreichen bi- und multinationalen Gebern und Nicht-Regierungsorganisationen Unterstützung im Rahmen der Entwicklungszusammenarbeit. Circa 35 Prozent des tansanischen Staatshaushalts sind geberfinanziert. Ein beträchtlicher Teil der Entwicklungszusammenarbeit (rund 560 Millionen Euro, 12 Prozent des Staatshaushalts) wird als direkte Budgethilfe zur Verfügung gestellt. Tansania ist mit über zwei Milliarden US-Dollar (Prognose 2009) der drittgrößte Empfänger von internationaler Entwicklungshilfe weltweit.

Auswärtiges Amt, Länderinfo Tansania. Wirtschaft; a.a.O.

4

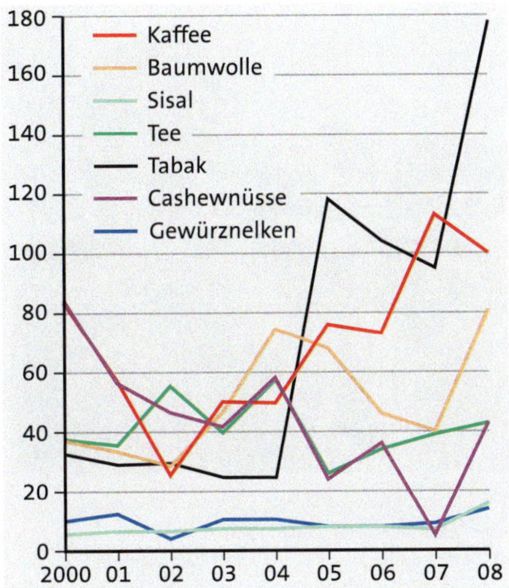

6 **Exportprodukte Tansanias (Warenwert in Mio. US-$)**

8 **Bier wird für den Verkauf selbst gebraut**

Unterversorgung und Korruption

Trotz aller Fortschritte bleibt Tansania immer noch eines der ärmsten Länder der Welt. Die Gesamtwirtschaft hängt – mit abnehmender Tendenz – zum größten Teil von der Leistung des Agrarsektors ab, der die Lebensgrundlage für über 80 % der Bevölkerung bildet. Die landwirtschaftliche Produktion (überwiegend Subsistenzlandwirtschaft) reicht bei normalen Niederschlägen zur Selbstversorgung des Landes aus.

Trotz unbestreitbarer Verbesserungen kann das Investitionsklima in Tansania jedoch noch nicht als befriedigend bezeichnet werden. Als zentrales Problem wird in Unternehmerkreisen übereinstimmend die Korruption genannt. An weiteren Investitionshemmnissen wären unter anderem die ausufernde Bürokratie, die mangelnde Rechtssicherheit, die unzureichende Transportinfrastruktur, die unzuverlässige Strom- und Wasserversorgung, die restriktiven Landerwerbsmöglichkeiten sowie der Mangel an ausgebildeten Fachkräften zu nennen.

Zusammenstellung nach verschiedenen Länderbeiträgen und Länderberichten

7

	1980	2000	2010	Zum Vergleich Deutschland 2010
Export in Mrd. US-$	0,5	0,7	3,8	1337
Import in Mrd. US-$	1,2	1,6	6,3	112
BIP/Kopf in US-$	276	522	1500	35900
Inflationsrate (%)	35,7	5,0	7,2	1,0
Anteil am BIP (in %)				
Landwirtschaft	54,0	48,4	41,6	0,8
Industrie	13,0	16,7	18,1	27,9
Dienstleistungen	33,0	34,9	38,4	71,3
Analphabetenquote (%)	51,0	25,0	30,6	1,0

9 **Ausgewählte Strukturdaten von Tansania**

Projekt	Wert in Mio. US-$	Stand	Anmerkungen
Straßenbauprogramm	885	Mittelbewilligung	US Millenium Challenge Corp. (MCC)
Diamantenbergbau	150	Erweiterungsinvestition	De Beers, M. Williamson Diamantenmine
Nickelbergbau	95	Exploration	Barrick Gold (Kanada) & Partner
Landwirtschaftl. Entwicklungsprogramm	90 Mio.	Beginn 2006	Weltbankfinanzierung

Wachstumsmärkte:
Bergbau, Tourismus, Telekommunikation, Informationstechnik, Industrieanlagen

Quelle: bfai

10 **Großprojekte (Auswahl)**

Rundreise

7 Tage / 6 Nächte
bzw. 8 Tage / 7 Nächte
ab/bis Mombasa oder Arusha

pro Person ab € **1.095**

Unsere Empfehlung für ...
- Naturliebhaber
- Entdecker

Entdecken Sie die Tierwelt Tansanias in den unterschiedlichen Landschaften der Nationalparks im Norden des Landes. In den weiten Savannenlandschaften der Serengeti können Sie jahreszeitenbedingt mit Millionen von Tieren auf Wanderung gehen, der Ngorongoro Krater als UNESCO-Weltnaturerbe führt Ihnen fast die gesamte Tierwelt Ostafrikas in einer einmalig hohen Konzentration vor und in den grünen Landschaften des Lake Manyara National Park können Sie die nur hier lebenden Baumlöwen beobachten.

1.Tag: Mombasa – Arusha
Für die Teilnehmer der Reise ab/bis Mombasa
Flug gegen Mittag von Mombasa nach Kilimanjaro Airport. Transfer zum Arusha Hotel. Der Rest des Tages steht zur freien Verfügung.

2.Tag: Arusha – Tarangire National Park
Individuelle Anreise der Teilnehmer, die die Reise ab/bis Arusha gebucht haben, zum oben genannten Hotel. Begrüßung durch den Reiseleiter mit anschließendem Mittagessen.

1 **Abenteuer Tansania** (Auszug aus einem Reisekatalog)

(K)Ein Land für wilde Tiere?

Die Tierwelt der Savannen Ostafrikas ist in ihrer Reichhaltigkeit und Vielzahl einmalig auf der Erde. Solange die einheimische Bevölkerung diese mit Speer, Pfeil und Bogen für ihren Eigenbedarf oder zu rituellen Zwecken bejagte, war der Wildtierbestand nicht in Gefahr. Erst die Europäer dezimierten ihn erheblich mit Jagdlust und Feuerwaffen. Auch die Einheimischen erlegten nun mehr Wild, nicht der Nahrung, sondern der begehrten Trophäen wegen. An der Dezimierung des Tierbestandes beteiligten sich zunehmend die Bauern, deren Felder von den Wildtieren verwüstet wurden. So nahm zum Beispiel in der Serengeti der Bestand an Elefanten von 2 800 im Jahre 1977 auf 470 im Jahre 1986 ab.

Umdenken setzt ein

Zum Schutz der Tierwelt wurden mittlerweile 14 **Nationalparks** in Tansania angelegt, in denen Landnutzung streng untersagt ist, und zahlreiche Reservate, in denen der Bevölkerung eine eingeschränkte Weide-, Forst- und Wassernutzung erlaubt ist. Außerdem richtete man privat betriebene Schutzgebiete ein. 14 763 km² groß, das entspricht nahezu der Fläche Schleswig-Holsteins, ist die Serengeti, Tansanias ältester und bekanntester Nationalpark. Dort ist das Naturschauspiel der über 1 000 km langen Wanderung hunderttausender Gnus, Zebras und Gazellen zu beobachten. Im Vorbereitungsstadium befindet sich das länderübergreifende Peace Park-Projekt Lake Malawi/Nyasa (Malawi, Mosambik, Tansania), bei dem man sich auch an den natürlichen Grenzen des Ökosystems orientieren will. Der Ökotourismus soll eine Alternative gegenüber der kleinbäuerlichen Landnutzung mit Brandrodung und dem nicht zu kontrollierenden Holzeinschlag bieten

Der Safari-Tourismus lockt heute viele Menschen nach Afrika, wobei in Tansania zusätzlich der einträgliche Jagd-Tourismus möglich ist. An der Entwicklung des Tourismus sind nicht nur Staaten, sondern auch internationale Reiseunternehmen interessiert. Doch überall, wo Ansprüche von Wildtieren, Einheimischen und Touristen aufeinanderprallen, bleiben Interessenkonflikte nicht aus.

A Es gilt, unsere bedrohte Tierwelt zum Vorteil der Volkswirtschaft sowie der lokalen Bevölkerung zu nutzen und sie für künftige Generationen zu bewahren. Doch ohne internationale Solidarität ist dies nicht zu schaffen. Das unter Landmangel leidende Kenia muss finanzielle Unterstützung dafür bekommen, dass die letzten großen Wildherden der Erde jedes Jahr zur Trockenzeit aus der Serengeti in die feuchteren Gebiete Maasai Maras ziehen können. Sonst werden diese Flächen eines Tages in Ackerland umgewandelt, und die Herden haben keine Weide mehr.

E Unsere Lebensräume waren schon immer sehr tierreich, denn außer Löwen jagen wir keine Wildtiere. Da diese weniger Wasser und andere Futterpflanzen als unsere Rinder benötigen, gab es früher kaum Probleme. Doch seitdem wir durch die Einrichtung der Nationalparks einen Großteil unserer ehemaligen Weidegebiete verloren haben, kommt es in Trockenzeiten zur Konkurrenz zwischen Wildtieren und Nutzvieh. Unsere traditionelle Viehhaltung und unsere Lebensweise sind dadurch gefährdet.

D Der Tourismus schützt die Wildtiere. Ohne ihn wären viele längst ausgestorben. Natürlich wollen viele Landbesitzer lieber Getreide anbauen, als ihr Land willden Tieren zu überlassen. Doch wenn sie am Tourismus verdienen, können sie auf zusätzliche Nutzflächen verzichten. Seit 1992 geben wir 25 % der Parkeinnahmen direkt an die Gemeinden. Der Wildschutz funktioniert dort, wo er Geld bringt.

F Immer wieder dezimieren Wilderer die Tierbestände. In den 1980er-Jahren wurden 85 % aller Elefanten abgeschlachtet. Erst als der Elfenbeinhandel weltweit verboten wurde, stieg der Bestand wieder. Einerseits sind die Elefanten wichtig für das Ökosystem. Sie riechen Grundwasser und graben Wasserlöcher, die viele andere Tiere in Trockenzeiten überleben lassen. Andererseits fressen sie Blätter, Äste und Wurzeln von Bäumen, die sie zuvor entwurzeln. Gibt es zu viele Elefanten, dann leidet die Natur.

C Früher lebte ich am Stadtrand von Nairobi in einer Holzhütte von Gelegenheitsarbeiten. Seitdem ich im Nationalpark als Fahrer des Safaribusses beschäftigt bin, habe ich ein regelmäßiges Einkommen. Von den Touristen erhalte ich Trinkgeld, manchmal mehr als ich verdiene. Auch der Besitzer des Souvenirladens oder der Bar, die ich regelmäßig anfahre, geben mir etwas. Jetzt wohne ich in einem festen Haus mit Strom und Wasser. Meine Kinder lernen in der Schule. So haben sie eine Chance, von der Verwaltung des Nationalparks eingestellt zu werden.

B Wir handeln mit der intakten Umwelt. Unsere Ziele sind ein kontrollierter Ökotourismus und eine umweltverträgliche Ver- und Entsorgung der Parks, Reservate und Lodges. Sie sollen behutsam weiter entwickelt und vor einer Überlastung durch zu viele Touristen und Verkehr bewahrt werden. Wir wollen ferner neue Parks zugänglich machen und die Besucher besser verteilen. Geplant ist, neue touristische Einrichtungen außerhalb der Parks anzulegen. Davon kann außer den Touristen auch die dort ansässige Bevölkerung profitieren.

2 **Im Interessenkonflikt: Kenya Wildlife Service, Maasai, Naturschützer, Regierung, Reisebegleiter und Reiseveranstalter**

Entwicklung des Tourismus in Tansania

Jahr	Touristen in 1.000	Einnahmen in Mio. US-$
1983	50	k. A.
1995	285	502
2000	459	381
2005	590	835
2006	622	986
2007	692	1215
2008	750	1293
2009	714	1192

3

Bevölkerungsentwicklung Tansanias (in Mio.)

1981	17,1
2001	34,5
2005	36,8
2010	41,9
2025 (Schätzung)	53,4

4

1

3

„Uhuru na Umoja"

... bedeutet auf Kisuaheli „Freiheit und Einheit". Am 9. Dezember 1961 erlangte Tanganjika, der auf dem afrikanischen Festland gelegene Teil des heutigen Tansanias, die Unabhängigkeit von Großbritannien. Am 19. Dezember 1963 wurden auch die Inseln Sansibar und Pemba von Großbritannien unabhängig und am 26. April 1964 verbanden sich die beiden Staaten Tanganjika und Sansibar und gründeten die Vereinigte Republik Tansania.

2

Vielvölkerstaat Tansania

Nach dem Wegfall der kolonialen Herrschaft erfolgte vor allem im ländlichen Raum eine Rückbesinnung auf die ursprünglichen Stammeskulturen. Tansania ist ein Vielvölkerstaat mit über 100 Ethnien. Die kulturelle Vielfalt zeugt von weiträumigen Wanderbewegungen und Kulturkontakten. Im Norden des Landes finden sich Ethnien wie die Maasai, deren Leben traditionell eng mit Viehzucht und Nomadentum verbunden ist. Die Chagga besiedeln die fruchtbaren Hänge des Kilimandscharo, wo sie dank eines ausgeklügelten Bewässerungssystems intensiven Feldbau betreiben. An der Küste und auf den Inseln Sansibar und Pemba entstand aus dem Kontakt von afrikanischen Bantu-Völkern mit arabischen Handelsenklaven die nach außen orientierte und vom Islam geprägte Suaheli-Kultur. Im Süden des Landes leben Volksgruppen wie die Makonde und Makua, bei denen die soziale Stellung der Frau besonders herausgehoben ist.

Die Bevölkerung Tansanias führte bis in die jüngste Vergangenheit ein erstaunlich friedliches – fast schon mustergültiges – Zusammenleben. Zwei Faktoren leisteten dazu einen entscheidenden Beitrag: Da keine der in Tansania lebenden Ethnien eine eindeutige

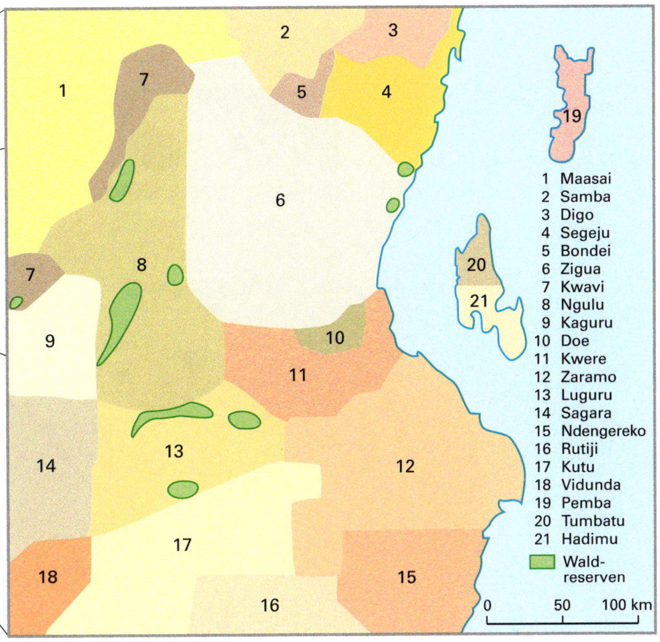

4 **Stammesvielfalt im Nordosten Tansanias**

Staatswappen Tansanias (Nembo)

Das Wappen vereinigt die wichtigsten nationalen Symbole. Die Flagge besteht aus fünf diagonalen Streifen, die das Land (grün), das Wasser (blau), die Menschen (schwarz) und den Reichtum an Rohstoffen (gold) symbolisieren. Mit Speer, Sichel und Axt wird die Nation aufgebaut und verteidigt. Die Stoßzähne sind Sinnbild für die reichhaltige Natur des Landes. Ein Baumwoll- und ein Kaffeezweig stehen stellvertretend für die Landwirtschaft. Der Gipfel des Kilimandscharo ist der höchste Punkt Afrikas und Wahrzeichen Tansanias. Ein Mann und eine Frau stehen für Freiheit, Einheit und Gleichheit. Die Fackel (Uhuru Tourch) soll „den Verzweifelten Hoffnung, den Verletzten Würde, und jenen, die voller Hass sind, Frieden geben".

5

zahlenmäßige Mehrheit bildet, gibt es keinen Dominanzanspruch einzelner Bevölkerungsgruppen. Zudem trägt die gemeinsame Landessprache Kisuaheli dazu bei, ein Zusammengehörigkeitsgefühl zu schaffen. In den letzten Jahren nahmen allerdings vor allem auf Sansibar Auseinandersetzungen zwischen schwarzer und asiatischer Bevölkerung sowie zwischen Christen und Muslimen zu. Während auf dem Festland etwa 35 Prozent der Bevölkerung den muslimischen Glaubensgemeinschaften angehören, dominieren sie auf Sansibar mit 99 Prozent.

Sansibar

Jahrhundertelang war die flache Insel Sansibar – neben Madagaskar die größte Insel vor Ostafrika – eine der wichtigsten Handelsmetropolen im Indischen Ozean. Gewürze (Nelken) und Sklavenhandel machten die Insel reich, berühmt, berüchtigt und begehrenswert.

1 **AIDS-Waisen in Tansania**

Zurück bleiben die Waisen

AIDS
Durch Infektion erworbene Immunschwäche, die durch Übertragung des menschlichen Immunschwächevirus (HIV) ausgelöst wird. Hauptübertragungsweg sind Sexualkontakte. AIDS kann bislang noch nicht geheilt werden, man kann sich aber davor schützen.
Der sicherste Schutz sind Kondome und die Treue zu einem Partner.

Pandemie
Länderübergreifender oder sogar weltweiter Ausbruch einer Krankheit

Seit mehr als 30 Jahren verbreitet sich auf der Welt eine Krankheit, deren Name zu einem Synonym für unendliches menschliches Leid wurde: **AIDS**. Inzwischen tragen mehr als 33 Millionen Menschen den HI-Virus in sich, der die Immunschwächekrankheit AIDS auslöst. Fast 95 % der Betroffenen leben in Entwicklungsländern, davon fast drei Viertel allein in Afrika südlich der Sahara. In einigen Ländern ist etwa ein Drittel der Erwachsenen infiziert. Die durchschnittliche Lebenserwartung der Bevölkerung dieser Länder liegt unter 33 Jahren.

Wirtschaftliche Folgen von AIDS

Die Pandemie bedroht mittlerweile die Existenz ganzer Gesellschaften. Sie ist aber nicht nur eine menschliche, sondern auch eine wirtschaftliche Katastrophe. In den Familien fallen die Ernährer aus, sodass sie mit weniger Einnahmen auskommen müssen. Gleichzeitig kommen jedoch durch Medikamente, Pflege und Begräbniskosten höhere Ausgaben auf die betroffenen Familien zu. Viele Bauern sind gezwungen, von cash crops auf food crops umzustellen. Das bedeutet, dass sie nicht mehr für den Verkauf produzieren, sondern für den eigenen Konsum. Auch in den Unternehmen hinterlässt AIDS Spuren: Es mangelt an qualifizierten Arbeitskräften und die Erkrankten sind häufig und länger abwesend.
Der Kampf gegen AIDS ist somit eine wichtige Aufgabe und eine der größten Herausforderungen für die Entwicklungspolitik.

AIDS in Tansania

Tansania ist eines der Länder Afrikas, die stark von AIDS betroffen sind. Zwischen fünf und sieben Prozent der Erwachsenen sind erkrankt, die Dunkelziffer ist vermutlich höher. Zudem haben immer mehr Kinder AIDS, oft infizieren sie sich schon im Mutterleib oder beim Stillen bei ihren Müttern.
Kulturelle Gegebenheiten wie die Polygamie oder die sofortige Wiederverheiratung der Witwen durch Familienangehörige des Verstorbenen unterstützen die Verbreitung des Virus. Trotzdem ist die Krankheit immer noch ein Tabu-Thema, da AIDS als Fluch angesehen wird. Deshalb sind der Kampf gegen die Diskriminierung infizierter Menschen ebenso wie die Aufklärung über Ernährung, Hygiene, Vorsorge und Gesundheit wichtige Maßnahmen zur Bekämpfung der Pandemie in Tansania.

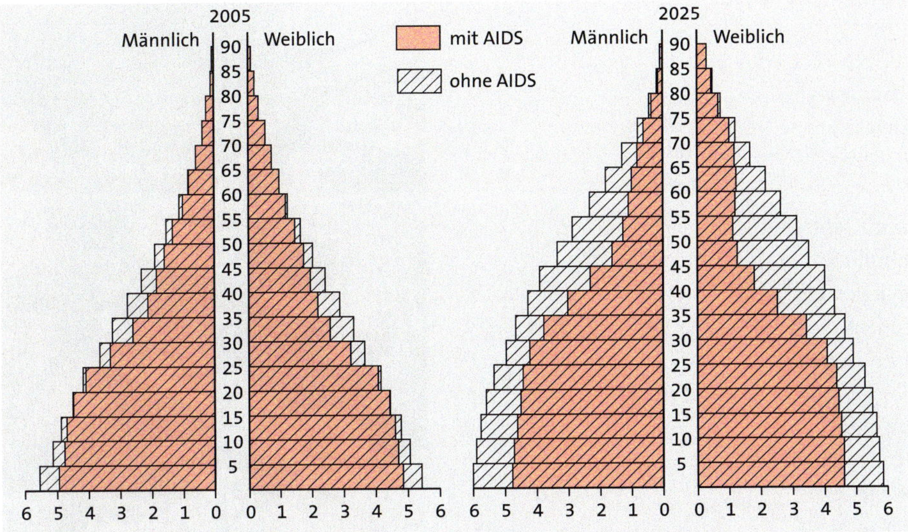

2 Bevölkerungspyramiden der sieben am meisten von AIDS betroffenen Staaten für 2005 und 2025 (Projektion) mit und ohne AIDS (Bevölkerung in Millionen)

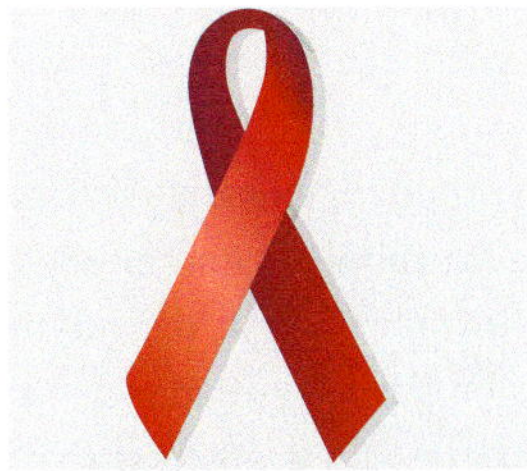

4 Die AIDS-Schleife ist ein internationales Symbol für die Solidarität mit den AIDS-Kranken.
Am 1. Dezember ist Welt-AIDS-Tag. An diesem Tag gedenken Familien, Regierungen und Hilfsorganisationen rund um die Welt der AIDS-Toten.

Zawadi, 14 Jahre, aus der Nähe von Iringa berichtet:
„Bevor es meinen Eltern schlecht ging, waren wir eine glückliche Familie. Ich lebte mit meinem Vater, meiner Mutter, meiner drei Jahre älteren Schwester und ihrem Sohn Toko auf dem Land. Wir bauten Mais, Tomaten und etwas Gemüse an. Meine Mutter arbeitete auf einer Plantage und mein Vater in der Stadt als Lehrer.
Doch dann erkrankte meine Mutter und starb wenig später. Seitdem gehe ich nicht mehr zur Schule. Wir konnten das Schulgeld nicht bezahlen und außerdem musste ich Geld verdienen gehen, um die Behandlung zu bezahlen. Für meine Arbeit bekomme ich nicht mehr als umgerechnet 40 Cent am Tag. Das reicht kaum für ein Kilo Maismehl. Meine ehemaligen Schulkameraden sehen auf mich herab und wollen nichts mehr mit mir zu tun haben. Ohne Schulabschluss werde ich wohl keine richtige Arbeit bekommen. In letzter Zeit geht es auch meinem Vater oft schlecht und er kann kaum noch arbeiten. Meine Schwester war 17 und ist vor zwei Monaten gestorben. Sie hat ein Kind hinterlassen. Der Mann, mit dem sie zuletzt ging, war alt und kam aus der Stadt. Es ist alles so schwer, mein Leben ist nicht gut."

Was Zawadi nicht erzählt ist, dass ihre Mutter und Schwester an AIDS gestorben sind und auch ihr Vater infiziert ist. „Ukimwie", die „Krankheit, die den Körper auszehrt", wird AIDS hier genannt. Um Nahrung für die Familie kaufen zu können, hat Zawadis Schwester das Geld eines „sugar daddies" angenommen, infizierte sich und bekam ein Baby, bevor sie an AIDS starb. „Sugar daddies" sind Männer, die es auf junge Mädchen abgesehen haben, da sie wissen, dass diese noch nicht infiziert und auf das Geld angewiesen sind. Da Kondome Geld kosten und auch aus kulturellen Gründen Tabu sind, verlangen sie ungeschützten Sex. Ohne Schulabschluss und Aussicht auf einen Arbeitsplatz läuft auch Zawadi Gefahr, ihren Lebensunterhalt durch Prostitution verdienen zu müssen.

3

AIDS in Tansania (2009)

Bevölkerung	41 Mio.
Infizierte Erwachsene	1,2 Mio.
Infizierte Kinder	160 000
AIDS-Waisen	1,3 Mio.
AIDS-Tote	86 000
Bevölkerungsprognose 2050	
ohne AIDS	110,3 Mio.
mit AIDS	86,0 Mio.

5

7

Erdinnere Kräfte verändern die Erde

Erdbeben, Vulkanausbrüche und Tsunamis sind zunächst immer wieder faszinierende Naturereignisse, die von den gewaltigen, sich schnell entladenden Kräften der Natur hervorgerufen werden. Aber auch sehr langsam wirkende, kaum wahrnehmbare Kräfte, die zur Entstehung der Gebirge oder zur Verlagerung der Kontinente führen, prägen und verändern das Gesicht unserer Erde beständig.
Uns Menschen stellen diese aus dem Erdinneren kommenden Kräfte, auch als endogene Kräfte bezeichnet, immer wieder vor große Probleme. Sie führen mitunter zu schweren Katastrophen. Doch welche Ursachen sind für diese Prozesse verantwortlich und wie geht der Mensch in den betroffenen Räumen mit diesen Gefahren um? Wie schützt er sich oder kann er diese Kräfte sogar zu seinem Vorteil nutzen?"

1 Iran: Rettungseinsatz nach einem Erdbeben
2 Italien: Zitronenplantage am Ätna
3 Island: Geysir
4 Indonesien: Warnung vor Tsunamis

3

พื้นที่เสี่ยงภัยคลื่นยักษ์
TSUNAMI HAZARD ZONE
IN CASE OF EARTHQUAKE, GO TO HIGH GROUND OR INLAND
เมื่อเกิดแผ่นดินไหว ให้หนีห่าง
จากชายหาดและขึ้นที่สูงโดยเร็ว

4

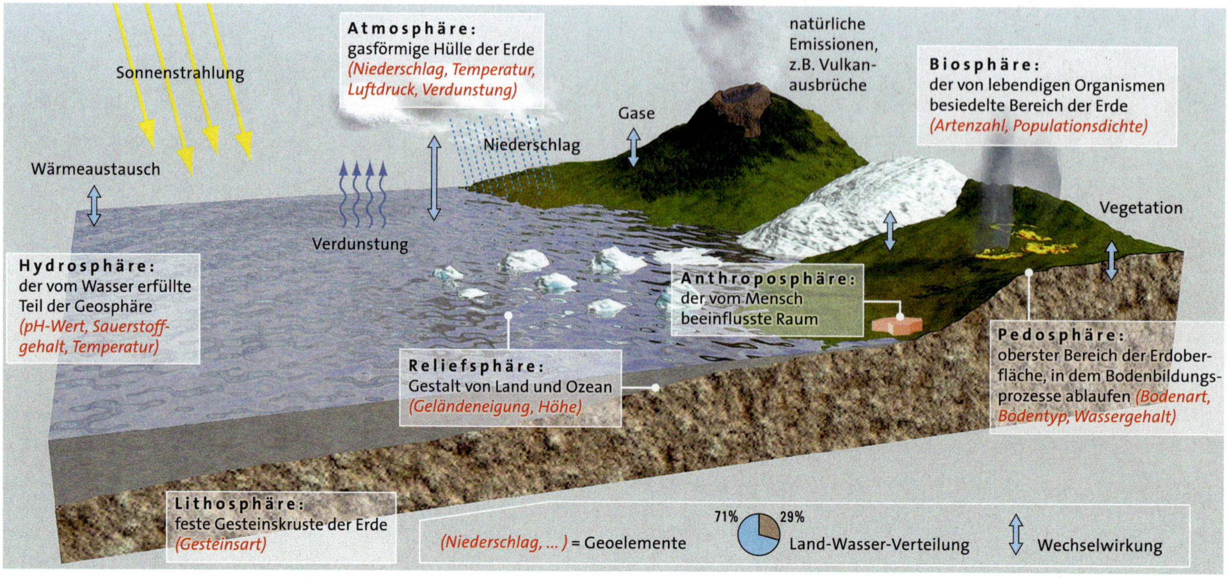

1 **Modell der Landschaft**

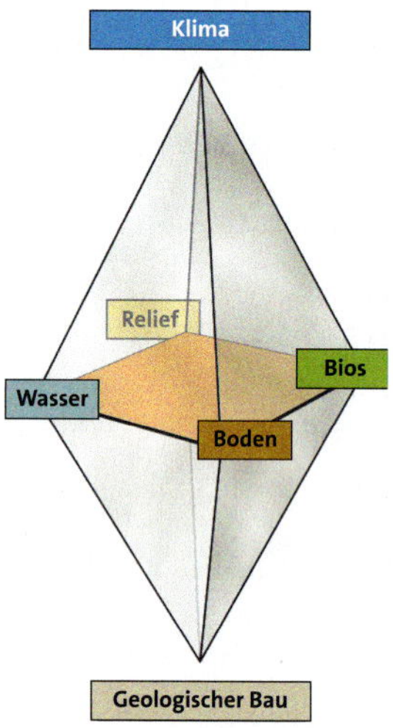

2 **Geofaktoren und ihre Wechselbeziehungen**

Die Landschaft als System

Wenn wir im Alltag von „Landschaft“ sprechen, entstehen in aller Regel positive Assoziationen, etwa von der „grandiosen Landschaft“, die wir im Urlaub in den Alpen oder Rocky Mountains oder an einer Mittelmeerküste gesehen haben. Dabei ist oft eine Verknüpfung mit dem Begriff Natur selbstverständlich, z.B. bei Wiesen, durch die sich ein Bach schlängelt, oder bei Wäldern, die Bergrücken oder Hänge bedecken. Der Begriff Landschaft kann aber auch komplexer für einen Natur- und Kulturraum verwendet werden, beispielsweise für das Sauerland oder die Lüneburger Heide.

Geographisch verwendet man den Begriff Landschaft für einen Teil der Erdoberfläche. Ein solcher Ausschnitt wird durch das Zusammenwirken verschiedener **Geofaktoren** wie Relief, Wasser, Boden, Klima geprägt. Hierdurch entsteht die Wahrnehmung eines einheitlichen Erscheinungsbilds, das wir als **Naturlandschaft** bezeichnen. Da der Mensch durch seine Aktivitäten – Wirtschaften, Siedeln, Verkehrswege errichten etc. – auf die Naturlandschaft einwirkt, hat er sie bis heute weitgehend zur **Kulturlandschaft** umgewandelt.

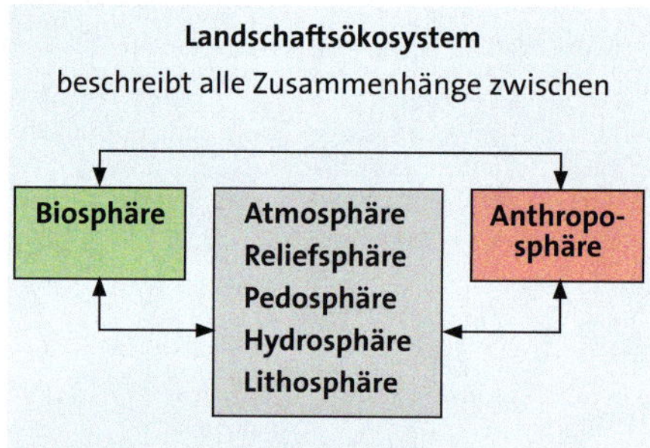

3 **Die Sphären des Systems Erde und ihr Zusammenwirken**

Ökosysteme

Landschaften als System begreifen – was heißt das? Die Betrachtung von Landschaften als System hilft uns, Wechselwirkungen und Vernetzungen zu verstehen. Die wichtigste Eigenschaft eines Systems besteht darin, dass seine Bestandteile (Geofaktoren) nicht wahllos nebeneinander liegen, sondern durch Wechselbeziehungen miteinander vernetzt sind. Landschaften haben sich als **Ökosysteme** mit dem Zweck der Lebenssicherung organisiert. Man muss die Struktur der Ökosysteme kennen, um Schäden durch Eingriffe möglichst gering zu halten.

4 **Realer Landschaftsausschnitt: Küstenlandschaft auf den norwegischen Lofoten**

Die Geographie als raumorientierte Wissenschaft untersucht den Haushalt von Geoökosystemen in seiner räumlichen Ausprägung. Dabei sind die zu betrachtenden natürlichen Systeme immer dynamisch. Große Systeme, wie beispielsweise die gesamte Erde, wären allerdings selbst in vereinfachenden Modelldarstellungen in ihrer Komplexität nicht annähernd erfassbar, weder in ihren einzelnen Faktoren noch in deren Wechselwirkungen. So ist es sinnvoll, lokale oder regionale Ökosysteme zu betrachten, ohne dabei ihre Vernetzung mit anderen benachbarten Systemen außer Acht zu lassen.
Betrachtet man die Erde als ein in sich geschlossenes System, das bis auf die Sonneneinstrahlung mit dem auskommen muss, was auf ihr ist, wird die Notwendigkeit eines dauerhaften ökologischen Fließgleichgewichts deutlich.

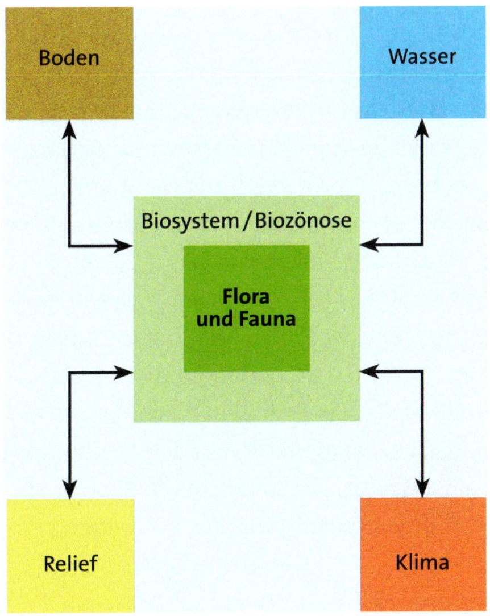

5 **Bioökosystem**

Geofaktoren
Klima, geologischer Bau, Boden, Oberflächenformen, Wasser, Tier- und Pflanzenwelt

Geoelemente
Zum Beispiel: Niederschlag, Temperatur, Luftdruck, Verdunstung, Gesteinsart, Bodenart, Bodentyp, Geländeneigung, Höhe, pH-Wert, Artenzahl, Populationsdichte

1 Beschreibe an einem ausgewählten Beispiel Zusammenhänge zwischen einzelnen Sphären im Modell der Landschaft (Grafik 1).

2 Erstelle eine Übersicht, in der du die unterschiedlichen Geoelemente den Geofaktoren und diese den Geosphären zuordnest.

3 Vergleiche das Modell 1 mit der realen Landschaft (Foto 4), indem du Aussagen des Modells auf die norwegische Küstenlandschaft anwendest.

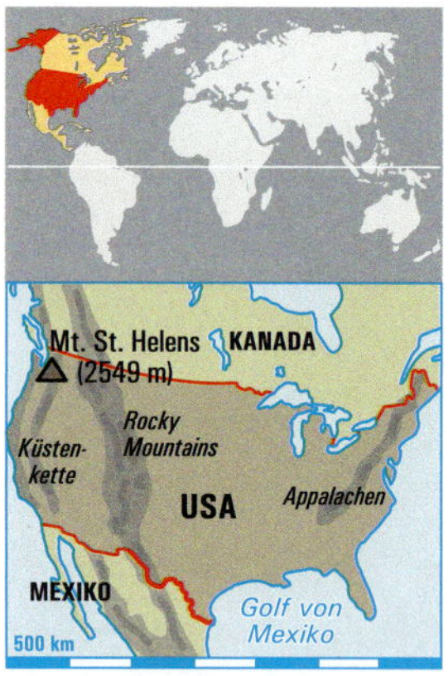

1 **Mount St. Helens**

3 **Ausbruch des Mount St. Helens**

Wenn sich die Erde rührt

Magma (griechisch) geknetete Masse, Salbe

Asche
Gesteinsteilchen von weniger als 2 mm Durchmesser, oft sogar kleiner als 0,025 mm; hart und wasserunlöslich

2 **Lapilli**

Vulkanausbrüche zählen zu den faszinierendsten Naturereignissen. Von ihnen gehen aber auch große Gefahren für die Menschen und die Umwelt aus. Trotzdem zieht es Menschen immer wieder dauerhaft in die Nähe von Vulkanen.
Mit dem Begriff **Vulkanismus** werden alle geologischen Erscheinungen bezeichnet, die mit dem Aufdringen von Magma in die Erdkruste und dem Austritt von Lava und Gasen an der Erdoberfläche verbunden sind. Dazu gehört vor allem die Bildung von Vulkanen und vulkanischen Gesteinen.

Feuerwerk aus der Tiefe

Vulkane sind Fenster in das Innere der Erde. Sie zeigen uns, dass wir auf einem dynamischen Planeten leben. In einem Vulkan steigt Gesteinsschmelze, das **Magma**, aus dem Erdinneren nach oben. Es ist über 1 000 °C heiß und sammelt sich zunächst unterirdisch in Magmakammern. Der Druck nimmt ständig zu, bis er so hoch ist, dass das Magma explosionsartig durch den Schlot nach oben und aus dem Krater herausgeschleudert wird, gemischt mit Asche, Lapilli (Steinchen) und Bomben (Gesteinsbrocken). Wenn Magma austritt, kommt es mit der kälteren Luft in Berührung und kühlt sich ab: Es wird nun als **Lava** bezeichnet.
Dickflüssige Lava, die im Wechsel mit Asche austritt, setzt sich in Schichten am Vulkanhang ab. Solche Vulkane heißen **Schichtvulkane**. Sie haben häufig eine Kegelform.
Sehr dünnflüssige Lava verteilt sich dagegen weiträumig fließend mit Geschwindigkeiten bis zu 50 km/h. Es kommt nicht zu einem explosiven Ausbruch wie beim Schichtvulkan, da die Lava ruhig aus dem Krater fließt, wobei sie große Entfernungen zurücklegen kann. So entstehen flache, leicht gewölbte **Schildvulkane**.

Gute Böden

Obwohl Vulkane so gefährlich sind, haben sich häufig Menschen an ihren Hängen angesiedelt. Denn auf Asche und Lava bilden sich nährstoffreiche, fruchtbare und lockere Böden, die gut zu bearbeiten sind. Erstarrte Lavaströme werden schon nach wenigen Jahren wieder von der Vegetation in Besitz genommen. Wenn auch die klimatischen Bedingungen stimmen, finden sich hier beste Voraussetzungen für eine landwirtschaftliche Nutzung.

Material
Kleine Gesteinskunde
104028-0701

4

6

7

Auswürfe von Asche, Lapilli und Bomben
Beim Aufprall auf den Boden können Bomben und Steinblöcke Menschen verletzen oder töten und Gebäude zerstören. Wenn viel Asche in der Luft schwebt, kommt es bei Mensch und Tier zu Atemproblemen. Wenn die Asche den Boden dick bedeckt, erstickt die Pflanzenwelt darunter. Bei heftigen Ausbrüchen wird die Asche hoch in die Atmosphäre geschleudert. Die Aschewolken sind in diesem Fall eine Gefahr für den Flugverkehr und können klimatische Veränderungen auf der ganzen Welt bewirken.

Glutwolken
Die Glutwolken oder Ascheströme stellen die größte Gefahr dar, denn sie schießen mit großer Geschwindigkeit die Hänge eines Vulkans hinunter. Die Luft ist so heiß, dass alle Lebewesen in der Nähe augenblicklich ersticken und verbrennen.

Gas
Giftige Gase sind eine heimtückische Gefahr, da man sie nicht sieht. Vor allem das Kohlendioxid ist gefährlich, weil man es auch nicht riecht.

Erdrutsch
Die Vulkankegel bestehen häufig aus lockerem und brüchigem Gestein, das dem Druck aus dem Innern unterworfen ist, wenn Magma in den Vulkanbau aufsteigt. Der Kegel kann sich daher verformen und es kann ein Teil wegbrechen und als Lawine abrutschen.

Lahars oder Schlammströme
Lahars bestehen aus einer Mischung aus Vulkanasche und Wasser. Sie sind nicht heiß wie die Aschenströme, doch ihre Zerstörungskraft ist ebenso groß. Sie erreichen Geschwindigkeiten von 50 km/h und führen so viel Material mit sich, dass sie ganze Täler oder Städte zuschütten. Sie können auch noch Monate oder Jahre nach einem Ausbruch ausgelöst werden.

Lavaströme
Sie zerstören alles, was ihnen in den Weg kommt, doch in der Regel bleibt genug Zeit zu fliehen. Meistens fließen die Lavaströme nur die Hänge des Kegelbergs hinab und in die unmittelbare Umgebung.

5 **Sechs vulkanischen Gefahren**

8

Kaum zu glauben
Weltweit gibt es ungefähr 5 000 Vulkane, von denen etwa 800 aktiv sind.

1 Vergleiche Schicht- und Schildvulkane nach folgenden Aspekten:
Art des Ausbruchs, Lavaeigenschaft, Form, Ausdehnung.

2 Ordne die Fotos 2 – 8 den vulkanischen Gefahren zu.

3 Beschreibe, welche Auswirkungen ein Vulkanausbruch für die Menschen in der Umgebung des Vulkans hat.

4 Atlasarbeit: Suche Beispiele für Vulkane, deren Hänge intensiv landwirtschaftlich genutzt werden.

TERRA **METHODE**

Täglich entstehen Satellitenfotos in hoher Zahl. Diese stehen der Wirtschaft, der Wissenschaft, der Politik, dem Militär und den Medien zur Auswertung zur Verfügung. Wer kennt nicht die Satellitenbilder der Wettervorhersage? Einen großräumigen Überblick über Staaten oder Kontinente können nur Satelliten liefern. Auch im Geographieunterricht sind Satellitenfotos sehr hilfreich, z. B. um Landschaften zu überblicken, zu untersuchen und zu analysieren. Du lernst hier, wie du ein Satellitenbild auswertest.

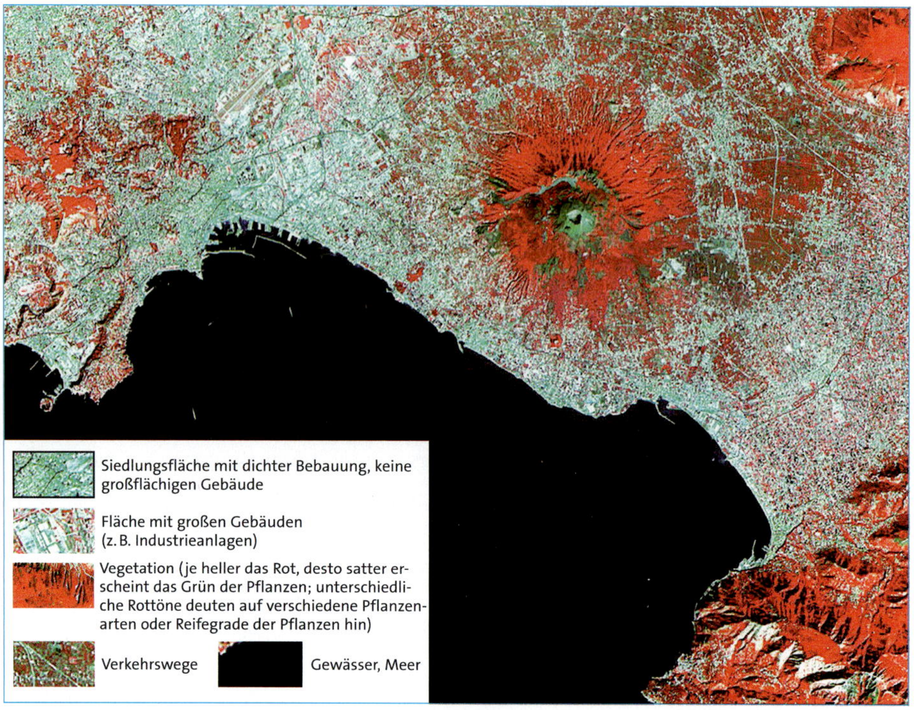

1 Thermal-Infrarotaufnahme der Region um Neapel

Satellitenbilder auswerten

Zahlreiche Satelliten umrunden die Erde und erfassen Tag und Nacht Daten zum Wettergeschehen, über den Umfang der Umweltverschmutzung, die Entwicklung von Städten, die Vegetation, die Meeresströmungen, den Verlauf von Straßen und Flüssen und vieles mehr.

Sie sind mit Abtastgeräten ausgerüstet. Diese scannen die Erde in einzelnen Streifen ab. Sensoren und Kameras können die Erdoberfläche so genau aufzeichnen, dass man Details sehr gut erkennen kann. Sie erfassen die von der Erdoberfläche reflektierte Sonnenstrahlung in bestimmten Farbbereichen wie grün oder rot. Außerdem empfangen sie Strahlen, die mit dem bloßen menschlichen Auge nicht gesehen werden können. Die so aufgenommenen Daten werden zur Bodenstation geschickt und dort von Computern zu Bildern kombiniert. Aus einer Überfliegung können verschiedene Bilder erarbeitet werden, z. B. mit Schwerpunkt auf der Vegetation oder einem regionalen Ausschnitt. Zur Darstellung verwendet man natürliche Farben oder Falschfarben, je nachdem, ob die Pflanzendecke, die Temperaturverteilung oder die Meeresströmung dargestellt werden sollen.

Unser Satellitenbild wurde am 26.09.2000 vom amerikanischen Fernerkundungssatelliten LANDSAT in rund 800 km Höhe aufgezeichnet.

Satellitenbilder auswerten

1. Schritt: Topografische Einordnung des Bildes

– Suche das auf dem Bild dargestellte Gebiet auf der Atlaskarte. Wähle dabei eine Karte mit einem möglichst vergleichbaren Maßstab.

2 **Lageskizze zum Satellitenbild 1**

2. Schritt: Auswertung des Bildinhaltes

- Gliedere die Bildinhalte, indem du wichtige Strukturen (Berge, Meere, Siedlungen, Vegetation usw.) nennst.
- Fasse Flächen gleicher Färbung zusammen und ermittle mithilfe der Legende deren Bedeutung.
- Suche und beschreibe linienhafte Bildelemente, wie z. B. Verkehrswege.
- Erstelle nun eine Lageskizze (siehe Skizze 2).

3. Schritt: Deutung des Bildinhaltes

- Stelle Beziehungen zwischen den einzelnen Bildelementen her und suche nach Zusammenhängen, z. B. Lage am Meer und Hafenanlagen.
- Stelle Besonderheiten in der Raumstruktur heraus und stelle Vermutungen zur Entstehung der Besonderheiten an. Informiere dich hierzu in der Schulbibliothek oder im Internet.

4. Schritt: Beurteilung des Informationswertes

- Vergleiche das Satellitenbild und deine daraus gezogenen Erkenntnisse mit anderen Quellen wie Atlaskarten, Stadtplänen oder Fotos.
- Beurteile, inwieweit dir das Satellitenbild mehr Informationen gibt, bzw. wo die anderen Quellen ihre Vorzüge haben.

1 Werte das Satellitenbild 1 aus.

2 Vergleiche das Satellitenbild mit denen von Seite 133.

1 **Gölcük (Türkei) am 17.08.1999**

Wenn die Erde bebt...

Die **Richterskala** ermöglicht die genaue Beurteilung der Erdbebenstärke. Als Maß dienen die stärksten Erdbebenwellen in 100 km Entfernung vom Epizentrum. Die Skala schwankt zwischen den Werten 0 und etwa 7,7–8,6 bei stärksten Erdbeben, ist aber nach oben hin unbegrenzt. Wichtig: Die Zahlen geben keine gleichmäßige, sondern eine exponentielle Steigerung an.

Tuba Yildirim aus Derbent-Izmit berichtet:
Es war der 16. August 1999. Während wir uns mit unseren Besuchern unterhielten, hörten wir ein eigenartiges, lautes Geräusch. Wir rannten alle auf den Balkon. Bis dahin hatte ich so etwas noch nie in meinem Leben gesehen: Der Himmel war voller Möwen. Es war sehr merkwürdig, doch niemand von uns dachte an ein Erdbeben (...)
Es war gegen drei Uhr in der Nacht. Durch ein heftiges Grollen wurde ich wach. Die Lampe an der Decke schaukelte schnell hin und her. Die Möbel und meine Sachen flogen auf den Boden. Mein Bruder und ich schliefen in einem Etagenbett, mein Bruder unten und ich oben.
Ich konnte mich vor Angst nicht rühren. Wir schrien beide „Mama, Papa!". Mein Bruder fragte weinend, was denn los sei. Ich konnte es ihm auch nicht sagen. Ich sprang vom Bett und hielt meinem Bruder die Hand. Wir wollten die Tür aufmachen, aber es ging nicht. Sie klemmte und meine Eltern hörten uns nicht. Danach kletterten wir durch das Fenster auf den Balkon. Obwohl wir im 2. Stock wohnten, war der Balkon nur einen halben Meter vom Boden entfernt. Das Haus war zusammengesackt! Wir zitterten und weinten und konnten kein Wort sagen. Ich begriff immer noch nicht, dass meine Eltern unter den Trümmern liegen mussten. Auf der Straße war die Hölle los. Die Häuser waren zerstört, die Menschen liefen weinend und schreiend durch die Gegend, Kinder suchten ihre Eltern (...)
Wir übernachteten mit den Menschen, die sich auch retten konnten, auf der Straße. Natürlich konnten wir nicht mehr einschlafen. Ich hoffte, dass alles nur ein Traum sein würde, aber es war keiner. Meine Eltern sah ich nicht mehr, sie waren schon tot.
Wir sind jetzt bei meiner Tante. Es ist jetzt zwei Jahre her, aber diese Bilder in meinem Gedächtnis sind so frisch, als ob es gestern passiert wäre. Man lernt, weiterzuleben, aber ich wünsche mir eine Welt ohne Erdbeben, Krieg und Katastrophen.

2

Material
Richterskala
104028-0702

Das **Erdbeben** in der Nacht des 17.08.1999 erschütterte den westlichen Teil der Türkei. Forscher maßen mit Seismografen eine Stärke von 7,4 auf der Richterskala, die auch Magnitudenskala genannt wird.

Erdbeben sind ruckartige, unterschiedlich lange Erschütterungen der Erdkruste. Neben diesen sogenannten tektonischen Erdbeben gibt es noch vulkanische Erdbeben und Einsturzbeben. Zudem können Beben auch künstlich durch Aktivitäten des Menschen ausgelöst werden, z.B. durch Explosionen, Bergbau oder Tunnelbau.

Wir sprechen von Erdbeben, wenn sie ihre Wirkung auf dem Festland entfalten, und von **Seebeben**, wenn das im Meer geschieht. Im Durchschnitt findet jede Stunde auf unserem Planeten ein Erdbeben statt.

Erdbeben zählen zu den gefährlichsten Naturereignissen, weil sie meist plötzlich und ohne Vorwarnung ungeheure Energien freisetzen und damit große Schäden verursachen können: So hatte das Beben von Kobe im Jahr 1995 die achtfache Energie der Atombombe, die 1945 auf Hiroshima abgeworfen wurde.

Die Stelle innerhalb der Erde, an der die Energie freigesetzt wird, wird als Erdbebenherd oder Hypozentrum bezeichnet. Von hier aus setzen sich wellenartige Bewegungen über den Untergrund und Gebäude fort. Die Folgen sind Risse, Verschiebungen und Einstürze. Neben diesen direkten, unmittelbar durch das Erdbeben ausgelösten Zerstörungen kommt es durch den Bruch von Versorgungsleitungen (z.B. Gas- und Stromleitungen) in Städten meist zu Bränden und Explosionen, die weitere Opfer fordern. Gebrochene Wasserleitungen können zusätzliche Folgeschäden verursachen. Nicht weniger gefährlich sind herabstürzende Gebäudeteile oder Glassplitter.

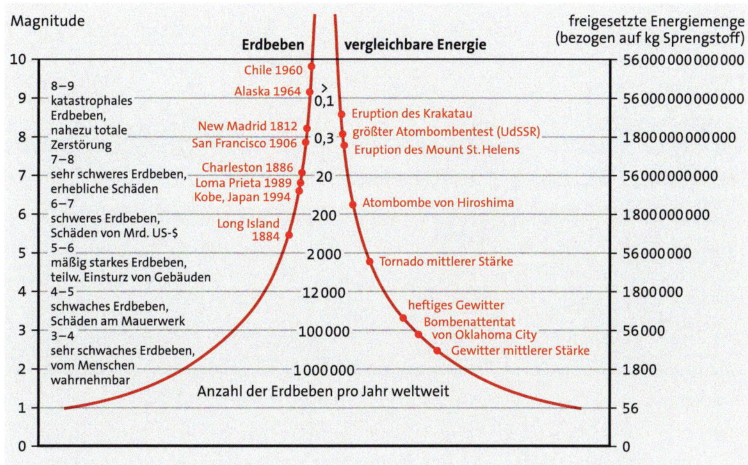

3 Vergleich von Erdbeben und vergleichbaren Energiemengen

Erdbebenvorhersage

Auf der ganzen Welt arbeiten Seismologen am Problem der Erdbebenvorhersage. Eine zeitlich und räumlich exakte Vorhersage von Erdbeben ist bis zum heutigen Tag nicht möglich. Für eine grobe Erdbebenvorhersage können dagegen bestimmte Vorläuferphänomene herangezogen werden. Sie müssen aber nicht nur nachweisbar sein, die Forscher müssen sie auch richtig deuten können.

Wissenschaftlern ist es inzwischen gelungen, eine Reihe solcher Erdbebenvorläufer zu untersuchen. Dazu gehören beispielsweise schwache Beben (Mikrobeben), Veränderungen des Gesteinsdrucks und der elektrischen Leitfähigkeit in Gesteinen, des Magnet- oder Schwerefeldes, ungewöhnliche Bewegungen des Grundwasserspiegels, das Austreten von Gasen aus dem Boden oder auch das ungewöhnliche Verhalten von Tieren. Tatsächlich konnte durch die Beachtung solcher Phänomene das Erdbeben von Haicheng im Jahr 1975 in China vorhergesagt werden.

4 **Transamerica-Pyramide in San Francisco: erdbebensicherer Wolkenkratzer, 260 m hoch**

→ Seite 122 Seismograf

1 Beschreibe die möglichen Entstehungsarten und Folgen eines Erdbebens.

2 Arbeite mit Diagramm 3.

a) Werte das Diagramm aus.

b) Ordne das Erdbeben von Gölcük (Foto 1 und Text 2) in die Skala ein.

3 Beurteile die Verlässlichkeit der Erdbebenvoraussagen.

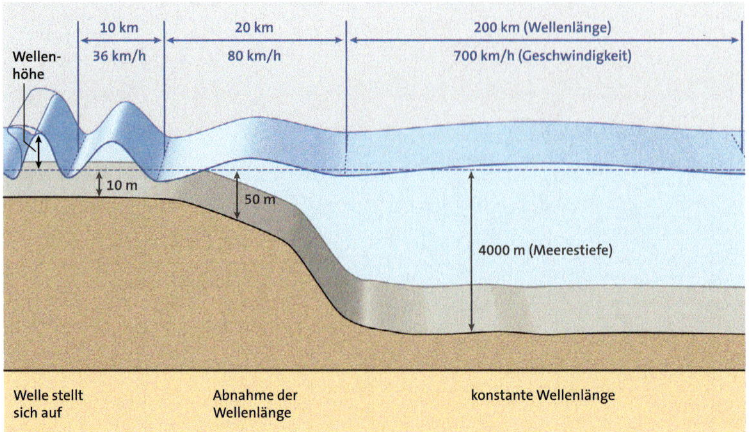

1 **Schematische Darstellung von Wellenparametern bei einem starken Tsunami**

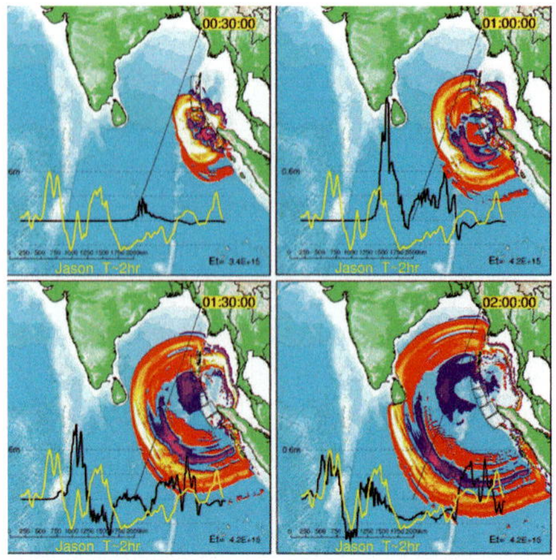

3 **Ausbreitung des Tsunami beim Seebeben von Sumatra am 26.12.2004**

2 **Japan, März 2011: Eine Tsunamiwelle, ausgelöst durch ein schweres Erdbeben, trifft auf das Land**

Tsunami – Gefahr vom Meer

Tsunamis gehören zu den Naturgefahren, die eine besonders große Reichweite aufweisen. Sie können in einer Entfernung von über 10 000 km vom Entstehungsort noch große Schäden anrichten. Diese sind besonders ausgeprägt in Buchten und Häfen. So erklärt sich auch das aus dem Japanischen stammende Wort Tsunami: Es bedeutet „Hafenwelle“ (tsu = Hafen, nami = Welle). Tsunamis unterscheiden sich deutlich von den Wellen, die durch Wind und Sturm entstehen und nur die oberste Wasserschicht betreffen. Tsunamis sind Tiefwasserwellen, die bis zum Ozeanboden hinabreichen. Sie werden hauptsächlich durch starke Seebeben, Hangrutschungen oder untermeerische Vulkanausbrüche ausgelöst. Wenn sich bei einem Seebeben Spannungen ruckartig entladen, hebt oder senkt sich der Meeresboden. Mit diesen Bewegungen werden große Mengen an Meerwasser verdrängt. Die dabei auf das Wasser übertragene Energie breitet sich nun konzentrisch im Ozean aus. An der Wasseroberfläche setzt sich dies als Tsunami fort.

Verheerende Auswirkungen

Wenn Tsunamis auf die Küste auftreffen, können die Wellen eine Höhe von über 30 Meter erreichen. Schon eine Höhe von zwei bis drei Meter reicht aus, um gewaltige Schäden anzurichten. Ohne schützende Riffe oder Küstenfelsen kann das Wasser Hunderte von Metern, bei starken Tsunamis zwei bis drei Kilometer, in das Landesinnere vordringen.

Siedlungen mit Wohnhäusern aus Holz, Blech, Lehm oder Betonblocksteinen werden meist völlig zerstört. Starke Tsunamis können sogar die Fundamente großer Brücken wegreißen. Dazu kommt die Überschwemmung landwirtschaftlicher Nutzflächen, die dann wegen Versalzung oder Versandung für eine längere Zeit unbrauchbar sind. Weitere Schäden entstehen an Straßen und Eisenbahngleisen. Gefahren ergeben sich auch aus leckgeschlagenen Fässern mit Treibstoffen oder Chemikalien, aus der Flutung von Brunnen und Kläranlagen oder durch Feuer infolge gebrochener Gasleitungen oder elektrischer Kurzschlüsse.

1 Beschreibe die Gefahren, die von einem Tsunami ausgehen.

2 Erkläre die Entstehung und Ausbreitung eines Tsunami.

Früherkennung von Tsunamis

1923 gelang es Wissenschaftlern auf Hawaii, mit den seismischen Daten eines Erdbebens die Ausbreitung eines Tsunamis im Pazifik zu berechnen. In der Folgezeit wurde eine Vielzahl an Messstationen errichtet.

Japan hat 1999 ein Tsunami-Warnsystem entwickelt, welches die Küstenbewohner bereits zum Zeitpunkt des Entstehens der Wellen im Epizentrum warnt. Das Herzstück dieses Systems sind Bojen, die im Meer schwimmen. Ihre Position wird von Satelliten mit GPS exakt festgehalten. Diese Daten werden als Radiosignale zur Empfangsstation an der Küste übermittelt. Nach der Tsunamikatastrophe vom Dezember 2004 einigte sich die Ozeanische Kommission der UNESCO auf den Aufbau eines Tsunami-Frühwarnsystems für den Indischen Ozean, das am 11. September 2008 feierlich in Betrieb genommen wurde.

Neue wissenschaftliche Verfahren und Technologien übertragen alle Signale blitzschnell. Die dabei eingesetzten Bojen können Wasserbewegungen sehr genau messen. Doch sie müssen auf offenem Meer auch erkennen, ob der Anstieg des Meeresspiegels durch normalen Seegang oder eben einen Tsunami verursacht wurde. Das System des GeoForschungszentrums Potsdam (GFZ) kann innerhalb von fünf Minuten ein Beben orten, die Gefahr abschätzen und eine Warnung auslösen. Mithilfe von Modellen wird dann die zu erwartende Ankunftszeit und Höhe der Welle berechnet. Spätestens fünf Minuten nach dem Beben entscheidet das System, ob eine Warnung notwendig ist: Krisenbüros, Bürgermeister und Hotelleitungen erhalten eine Textnachricht und verbreiten sie weiter. So haben Küstenabschnitte, die weiter als 50 Kilometer vom Herd des Bebens entfernt sind, eine reale Chance, sich vor den Flutwellen zu retten.

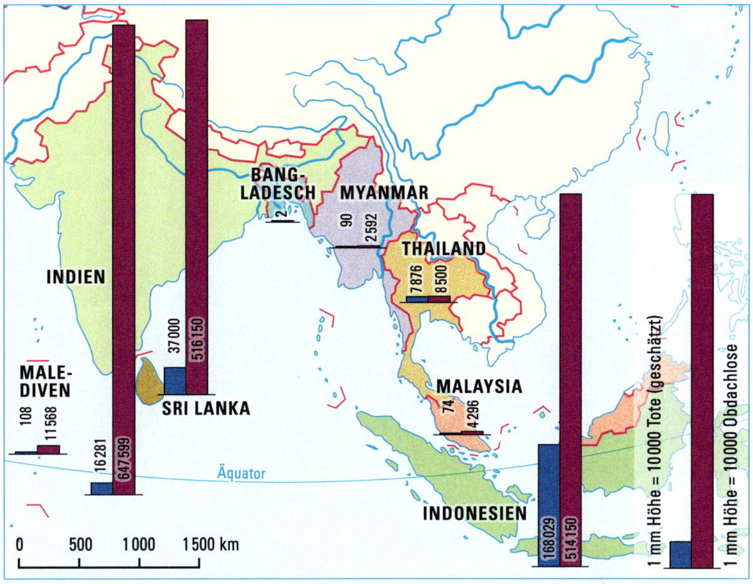

4 **Opferzahlen in der Region**

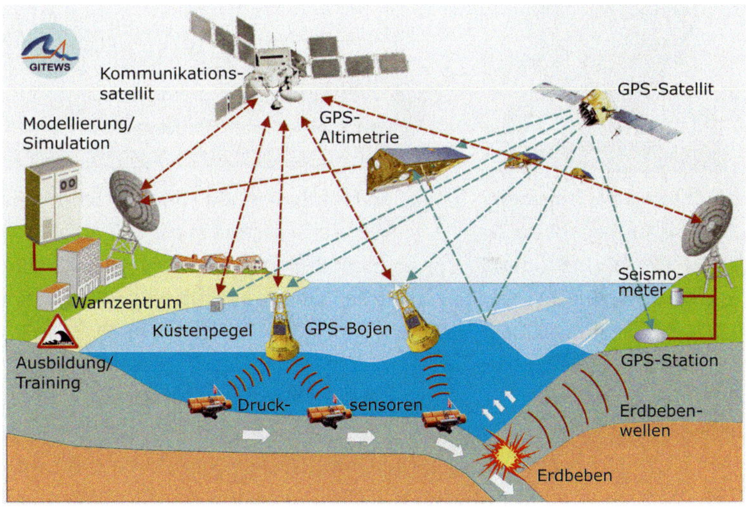

5 **Tsunami-Warnsystem im Indischen Ozean**

3 Erläutere den Aufbau und die Funktionsweise eines Tsunami-Warnsystems (Grafik 5). Diskutiert Chancen und Risiken.

4 Erstellt ein Plakat über die Ursachen und Auswirkungen des Erdbebens und Tsunamis in Japan vom März 2011.

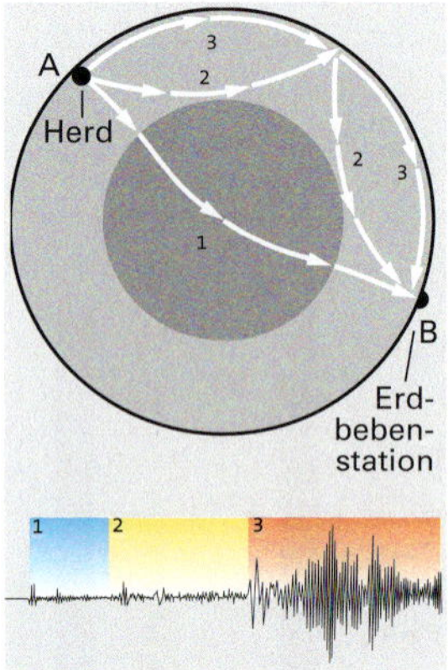

1 **Ausbreitung der Erdbebenwellen**

4 **Wissenschaftler des GeoForschungsZentrums (GFZ) Potsdam analysieren Erdbeben**

2 **Chinesische Erdbebenvase aus dem Jahr 132**
Die Vase ist ein Instrument zum Nachweis von Erdbeben. Bebt die Erde, fällt eine Kugel aus dem Maul des Drachens, der zum Erdbebenherd ausgerichtet ist.

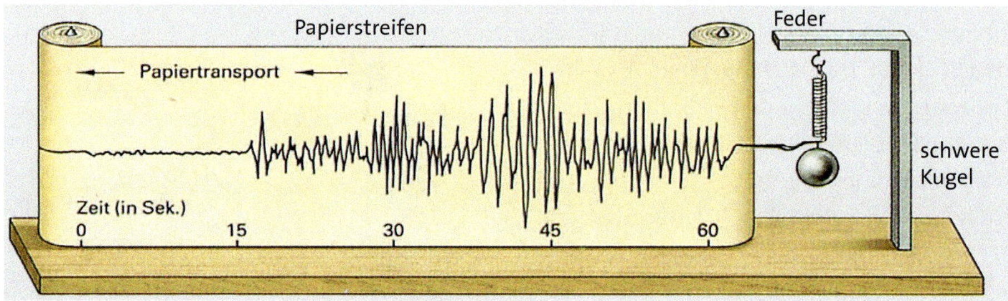

5 **So funktioniert ein einfacher Seismograf**
Wenn sich der Boden auf und ab bewegt, folgt die schwere Kugel mit dem Zeichenstift dieser Bewegung um etwa 15 Sekunden zeitverzögert. Auf einem Papierstreifen, der über Rollen am Zeichenstift vorbeigeführt wird, kann so das Beben aufgezeichnet werden.

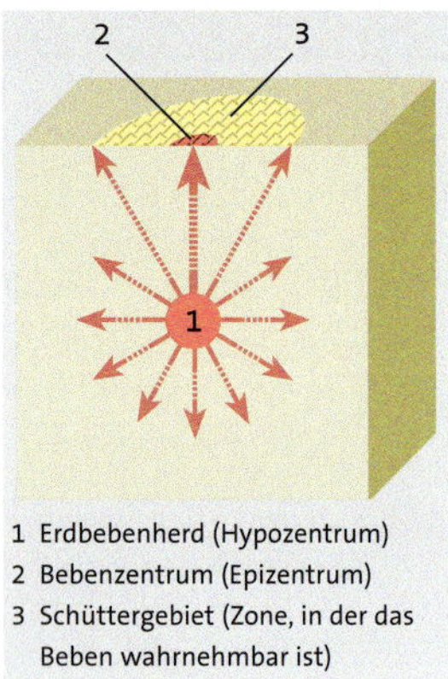

3 **Wirkbereich eines Erdbebens**

Den Ursachen auf der Spur

Schon lange suchen Forscher nach Antworten auf die Frage, wie es zu Erdbeben und Vulkanausbrüchen kommt. Erdbebenwellen sind dabei von Nutzen.

Die von einem Erdbebenherd ausgehenden Druck- und Scherwellen laufen in alle Richtungen durch den Erdkörper. Mit der Zusammensetzung und der physikalischen Dichte des durchquerten Materials ändern diese Wellen ihre Geschwindigkeit und ihre Richtung, werden abgelenkt oder vollziehen „Dichte-Sprünge". So können wir mithilfe von Aufzeichnungen der verschiedenen Wellengeschwindigkeiten, die weltweit in Messstationen erfasst werden, nicht nur bis zum **Epizentrum**, sondern weit in die Tiefe, bis zum Mittelpunkt der Erde „schauen".

Vieles über den Aufbau der Erde ist noch nicht vollständig erforscht, aber die Ursache für Vulkanausbrüche und Erdbeben können wir schon erklären.

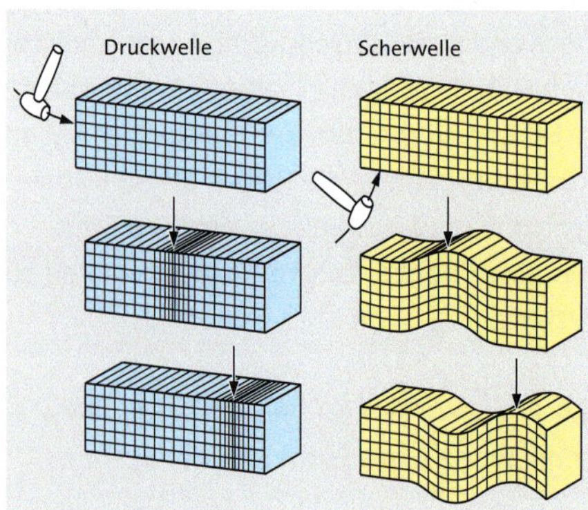

6 **Druck- und Scherwellen**

Lernen im Netz
Aufbau der Erde
104028-0703

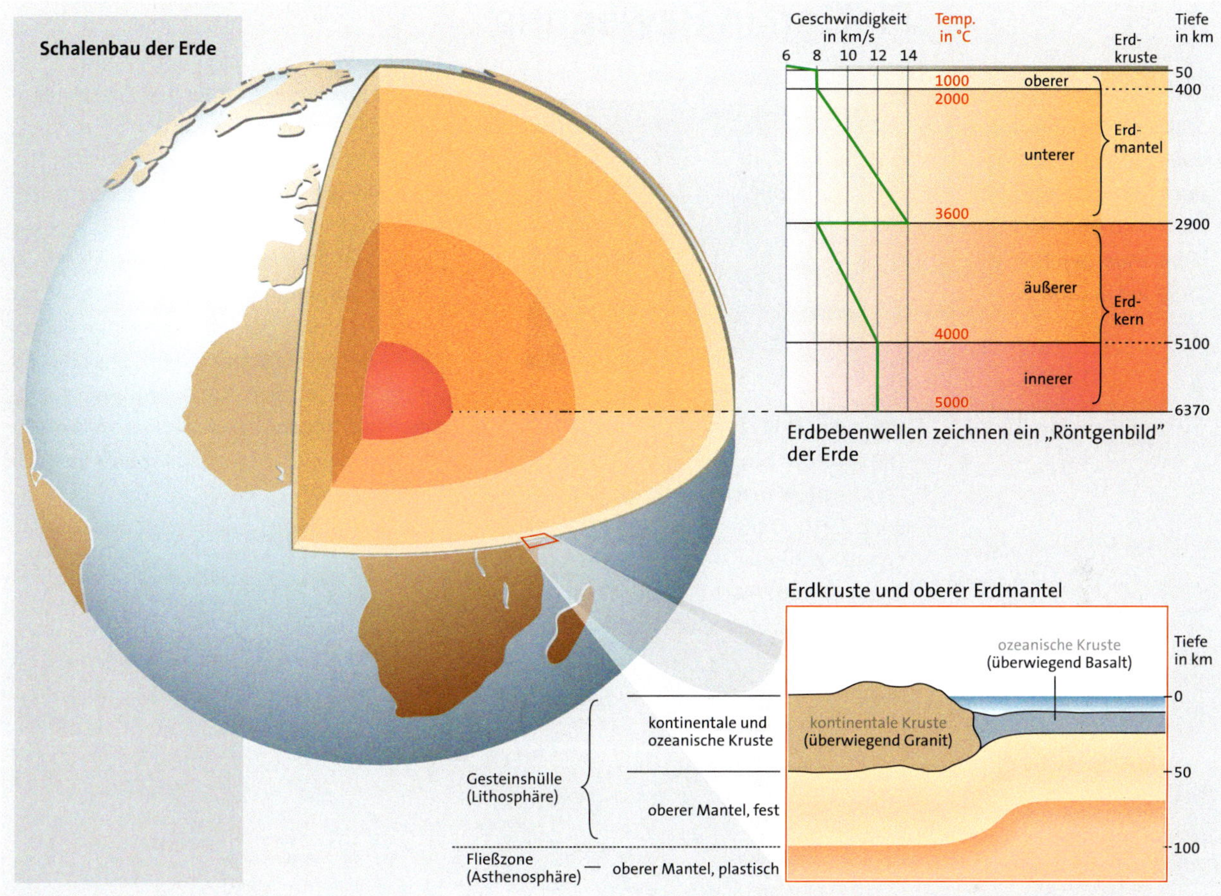

7 **Schalenbau der Erde**

Schalenbau der Erde

Die äußere, relativ dünne, aus festem Gestein bestehende „Haut der Erde" wird als **Erdkruste** bezeichnet, unterteilt in kontinentale und ozeanische Kruste.

Mit einem Alter von maximal 200 Millionen Jahren ist die **ozeanische Kruste** noch relativ jung. Die **kontinentale Kruste** weist dagegen die ältesten Gesteine auf, die bislang gefunden wurden. Unter der Erdkruste schließt sich der **Erdmantel** an. Die oberste Mantelschicht besteht aus festem Gestein und bildet zusammen mit der Erdkruste die Gesteinshülle der Erde, die **Lithosphäre**.

Unter der Gesteinshülle gibt es eine Zone im Erdmantel, in der das Gestein plastisch verformbar ist. Hier herrschen Temperaturen von 1000 °C. Diese Zone heißt **Fließzone**. Sie ist nur wenige 100 Kilometer dick, aber hier liegt der Schlüssel für Vulkanismus und Erdbeben. An die Fließzone schließt sich der untere Erdmantel an. In Richtung Erdmittelpunkt folgt der äußere **Erdkern**. Forscher gehen hier von einer Konsistenz aus, welche dünnflüssigem Honig entspricht. Der innere Erdkern ist aufgrund des enormen Druckes fest, obwohl hier Temperaturen von etwa 5000 °C herrschen.

Geothermische Tiefenstufe
Bezeichnung für die Angaben jener Tiefe (in Metern), bei der die Temperatur im Gestein um 1 °C zunimmt. Im Bereich der Kontinente beträgt sie im Mittel 33 Meter.

1 Erkläre, wie Erdbebenmessungen zur Erkundung des Erdkörpers beitragen.
2 Erläutere mithilfe des Textes und der Grafik 7 den Schalenbau der Erde.
3 Erkläre die Begriffe Epizentrum und Hypozentrum.
4 Vergleiche den Aufbau der Gesteinshülle im Bereich der Kontinente und der Ozeane.

Platten in Bewegung

Alfred Wegener
- 1880 in Berlin geboren
- 1900 bis 1904 Studium der Naturwissenschaften
- ab 1906 mehrere Grönlandexpeditionen
- 1930 Tod in Grönland

Eine geniale Idee

„Erste Gedanken über Verschiebungen von Kontinenten machte sich Wegener schon Ende 1910. Denn im Januar 1911 schrieb er an Else Köppen, seine spätere Frau: ‚Mein Zimmernachbar Dr. Take hat zu Weihnachten den großen Handatlas von Andree bekommen. Wir haben stundenlang die prachtvollen Karten bewundert. Dabei ist mir ein Gedanke gekommen. Sehen Sie sich doch bitte mal die Weltkarte an: Passt nicht die Ostküste Südamerikas genau an die Westküste Afrikas, als ob sie früher zusammengehangen hätten? Noch besser stimmt es, wenn man die Tiefenkarte des Atlantischen Ozeans ansieht und nicht die jetzigen Kontinentränder, sondern die Ränder des Absturzes in die Tiefen vergleicht. Dem Gedanken muss ich nachgehen.'"

Brief von A. Wegener an seine spätere Ehefrau E. Köppen, Januar 1911; in: Eine verrückte Idee macht Karriere (c) A. von Behaim Schwartbach, unter: www.bodensee-sternwarte.de

2 Alfred Wegener

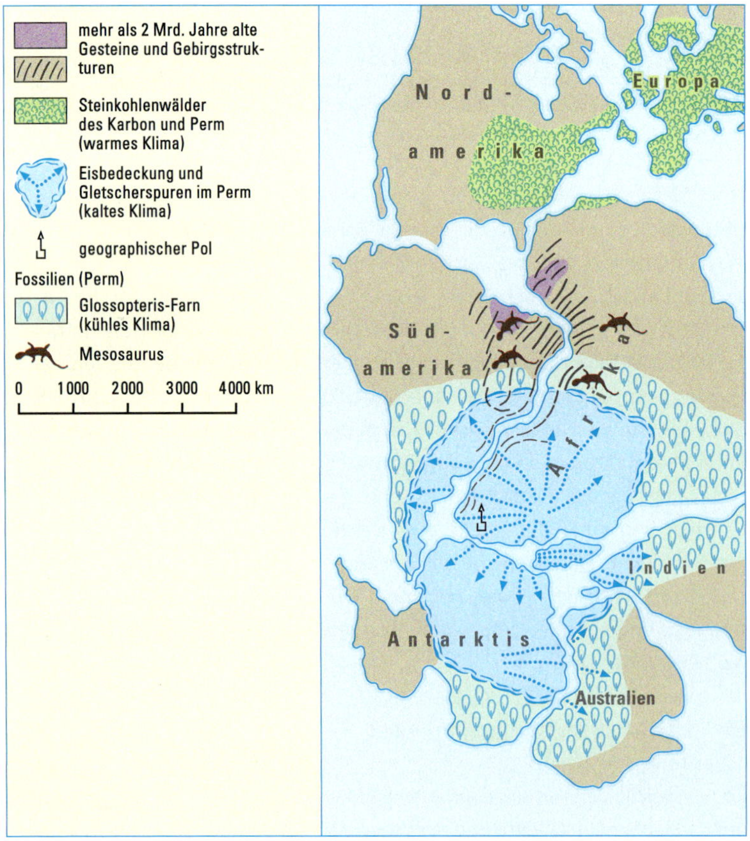

1 Wegeners Untersuchungsergebnisse

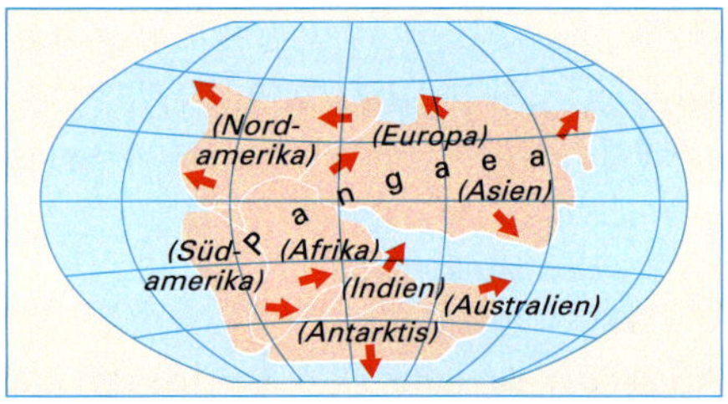

3 Die Erde vor 220 Mio. Jahren

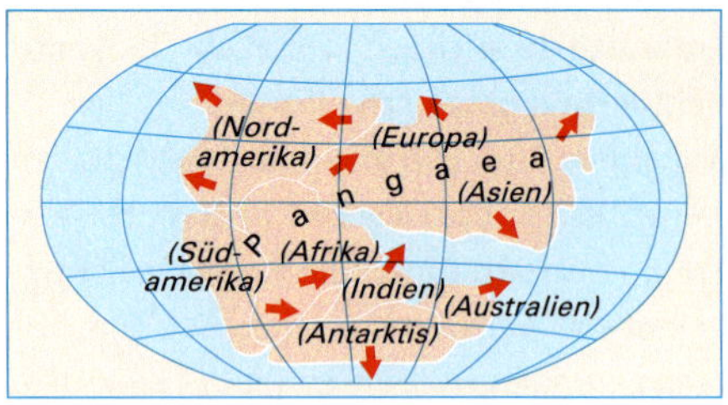

4 Die Erde vor 140 Mio. Jahren

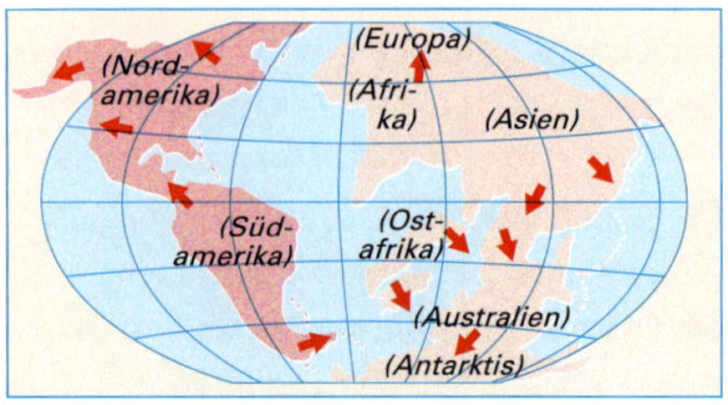

5 Die Erde in 100 Mio. Jahren

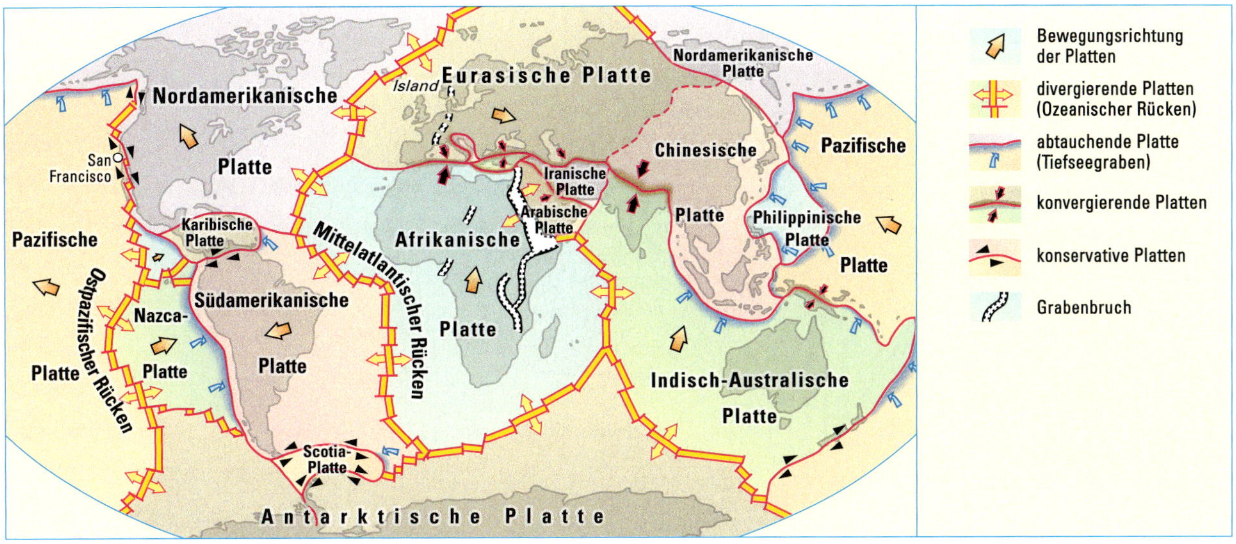

6 Die Gliederung der Erdkruste

Die Erde – ein Riesenpuzzle

Der deutsche Meteorologe Alfred Wegener schrieb in seiner Theorie der Kontinentverschiebung, dass es ursprünglich nur einen Urkontinent gegeben habe, Pangäa. Er zerbrach vor Jahrmillionen zunächst in zwei Teile, dann in kleinere Teile, die wie Eisschollen im Meer auf dem plastischen Gestein des Erdinneren „schwimmen".

Plattentektonik

Allerdings konnte Wegener die von ihm festgestellten Bewegungen der Kontinente nicht erklären. Seine Theorie wurde von anderen Wissenschaftlern angefeindet und geriet zunächst in Vergessenheit.

Ende der 1960er-Jahre entwickelten Wissenschaftler die Theorie der **Plattentektonik**. Sie besagt, dass die Gesteinshülle (Lithosphäre) aus 7 großen und 18 kleineren Teilstücken, den sogenannten Platten, wie ein Riesenpuzzle zusammengesetzt ist. Sie „treiben" mit unterschiedlicher Geschwindigkeit auf der Fließzone, der heißen Schicht des oberen Erdmantels. Die Platten tragen sowohl die Meeresböden als auch die Landmassen der Kontinente. Messungen haben gezeigt, dass sich kontinentale Platten wie die Afrikanische oder die Eurasische Platte 2–3 Zentimeter pro Jahr bewegen. Platten, die nur Meeresböden tragen wie die Pazifische Platte, können dagegen Geschwindigkeiten bis zu 10 Zentimeter im Jahr erreichen.

Anders als Wegeners Theorie der Kontinentverschiebung besagt die Theorie der Plattentektonik, dass sich nicht die Kontinente bewegen, sondern die Platten, auf denen die Kontinente liegen.

Pangäa
(griechisch gaia »Erde«) großer einheitlicher, zusammenhängender Urkontinent der Erde in der Zeit vor dem Jura.

1 Kontinentverschiebung:
a) Erläutere Wegeners Theorie der Kontinentverschiebung.
b) Einige Forscher waren von seiner Theorie nicht überzeugt. Nenne mögliche Gründe.

2 Stelle fest, welche heutigen Kontinente zu Gondwana und welche zu Laurasia gehört haben.

3 Beschreibe mithilfe von Karte 5, wie die Erde vermutlich in 100 Millionen Jahren aussehen wird.

4 Informiere dich im Internet über die aktuellen Forschungsgebiete des Alfred-Wegener-Instituts in Bremerhaven.

5 Vergleiche Karte 6 mit einer Vulkanismuskarte im Atlas und begründe die Gemeinsamkeiten.

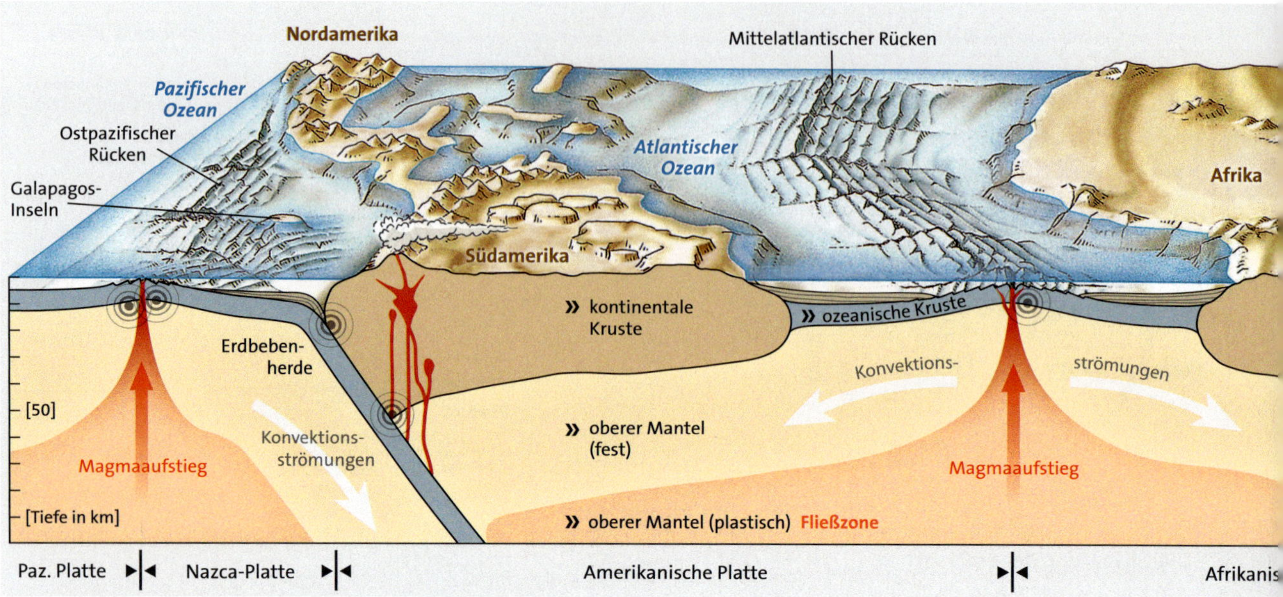

7 **Schnitt durch die Gesteinshülle (Lithosphäre) und die Fließzone**

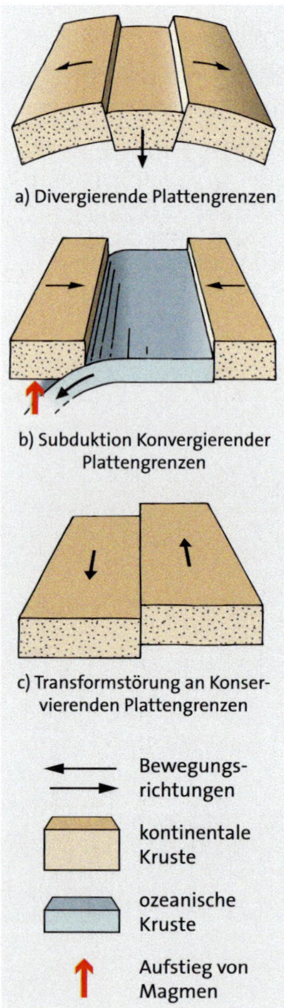

8

Kontinente in Bewegung

Worin besteht nun aber der Bewegungsmechanismus, an dem Alfred Wegener mit seiner Theorie scheiterte?

Der wichtigste Motor der Plattentektonik ist laut heute gängiger Theorie die Mantelkonvektion. Man nimmt an, dass der Erdmantel bestrebt ist, die Temperaturdifferenz zwischen Erdkern und Erdoberfläche durch Konvektion auszugleichen. Daher steigt im Bereich der Asthenosphäre an einigen Stellen (z.B. unter den Mittelozeanischen Rücken) heißes, geschmolzenes Mantelgestein auf, um im Bereich der **Subduktionszonen** wieder abzusinken. Die auf der Asthenosphäre schwimmenden Platten werden durch diese Konvektionsströme bewegt. Dabei lassen sich drei grundlegende Prozesse unterscheiden, die zu unterschiedlichen Arten von Plattengrenzen führen:

- Divergenz (Platten bewegen sich voneinander weg),
- Konvergenz (Platten driften aufeinander zu),
- Scherung (Platten schrammen aneinander vorbei).

Divergente Plattengrenzen

Überall, wo aufwärts gerichtete Konvektionsströme in der Asthenosphäre von unten her einen starken Druck auf die Erdkruste ausüben, kommt es zur Dehnung und schließlich zum Zerbrechen der Kruste und zum Auseinanderdriften der Platten. Dabei erstarrt das in der Bruchzone aufsteigende Magma und bildet ein neues Stück Erdkruste.

Diese Art Plattengrenze findet man an den Mittelozeanischen Rücken und im Bereich kontinentaler Grabenbrüche. Man nennt das Auseinanderdriften zweier Platten im Bereich der Ozeane **seafloor spreading**, innerhalb von Kontinenten heißt es **rifting**. Diese Prozesse werden von Vulkanismus und Erdbeben begleitet.

Konvergente Plattengrenzen

Da trotz der Dehnungsvorgänge und Bildung neuer Kruste die Erdoberfläche nicht größer wird, muss an anderen Stellen Lithosphärenfläche verringert werden. Dies geschieht an Subduktionszonen, wo ozeanische und kontinentale Kruste aufeinander treffen.

Material
Hotspot-Vulkanismus
104028-0704

Lernen im Netz
System Plattentektonik
104028-0705

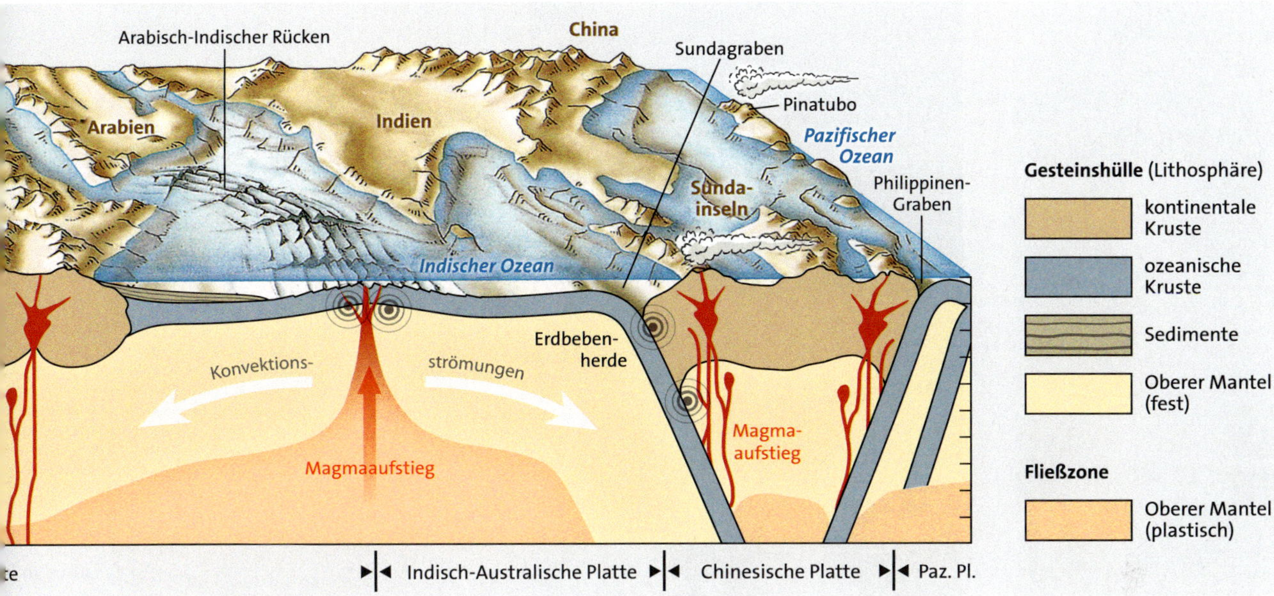

Die ozeanische Kruste hat eine größere physikalische Dichte und ein höheres spezifisches Gewicht als die kontinentale Kruste. Deshalb sinkt die ozeanische Kruste ab und schiebt sich unter die kontinentale Kruste. Einige Geologen gehen davon aus, dass das Gewicht des absinkenden Krustenteils einen Sog auf die gesamte Platte ausübt und so wesentlich zum Antriebsmechanismus der Plattentektonik beiträgt.
Die ozeanische Kruste wird in der Asthenosphäre aufgeschmolzen, wobei gleichzeitig Magma an die Oberfläche dringen kann. Dies führt zu Vulkanismus. Die Subduktionszonen sind durch Tiefseegräben gekennzeichnet, während auf der gestauchten kontinentalen Kruste ein Randgebirge entsteht. Ein besonders eindrucksvolles Beispiel hierfür ist der zirkumpazifische Faltengebirgsgürtel.

Wird dagegen ozeanische unter ozeanische Kruste subduziert, so entsteht anstelle des Randgebirges ein Inselbogen, ein so genannter Archipel.
Durch die hohen Druck- und Zugkräfte beim Abtauchen verklemmen und verhaken sich die Platten und es entstehen Erdbeben.
Treffen im Zuge der Plattenkonvergenz zwei Blöcke kontinentaler – also nicht subduzierbarer – Kruste aufeinander, so schieben sich Teile beider Platten in- und übereinander (**Kollision**), sodass hohe Gebirge entstehen.

Transformstörungen

Bewegen sich Platten aneinander vorbei (Scherung), so kommt es zu Reibung und Verhakungen. So bauen sich über lange Zeiträume große Spannungen auf, die von Zeit zu Zeit durch mitunter verheerende Erdbeben ruckartig gelöst werden.

Kaum zu glauben

Die Bewegungsgeschwindigkeit der Erdplatten pro Jahr reicht von wenigen Millimetern (zwischen der Afrikanischen und der Antarktischen Platte) bis zu ca. 20 Zentimetern (zwischen der Nazca-Platte und der Pazifischen Platte). Das bedeutet Verschiebungen von bis zu 200 Kilometern in einer Million Jahren.

6 Beschreibe mithilfe des Textes und der Abbildungen die Prozesse, die zur Entstehung der verschiedenen Plattengrenzen führen.

7 Arbeite mit dem Atlas: Nenne für die verschiedenen Arten von Plattengrenzen je ein Beispiel aus dem pazifischen Raum.

8 Erläutere die Zusammenhänge zwischen Vulkanismus, Erdbeben und Plattentektonik.

1 **Island: Geysir Strokkur**

3 **Thermalfreibad „Blaue Lagune"**

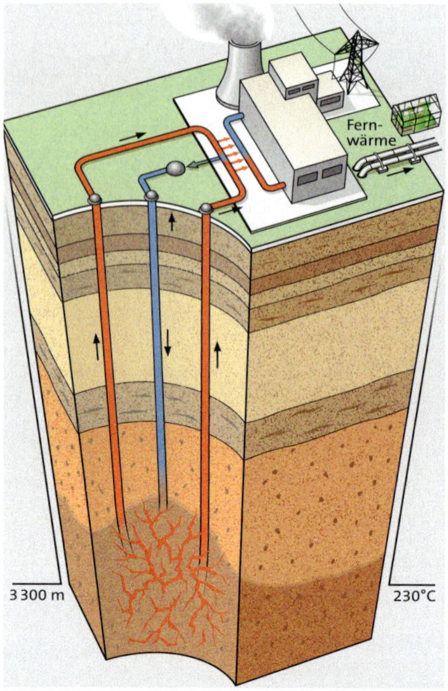

5 **Aufbau eines geothermalen Kraftwerks**

Island: Wärme aus dem Erdinneren

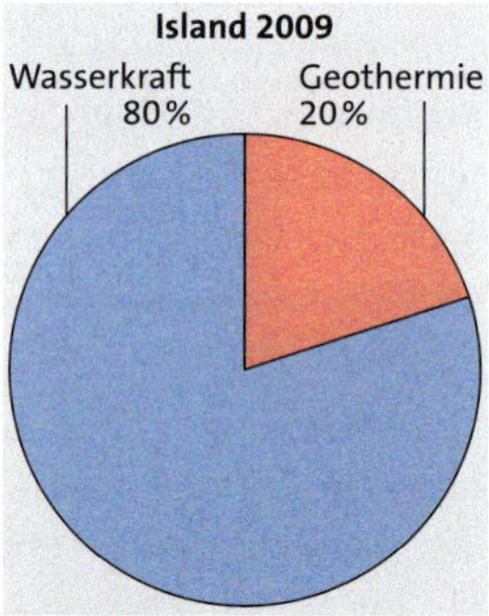

2 **Energieträger zur Stromerzeugung**

„Die Polarnacht rückt näher, der Tagesanbruch lässt immer länger auf sich warten. Die Markthändler scheint die Dunkelheit kaum zu stören. ‚Frische, einheimische Tomaten!', schreit munter ein Verkäufer, gegen die Morgenkälte in eine dicke Daunenjacke gehüllt. (...) Ein Scherz? Keineswegs. In Treibhäusern, die eine Fläche von etwa 100000 Quadratmetern bedecken, werden mediterrane Früchte rund ums Jahr angebaut. Wenn im Winter die Sonne ausbleibt, sorgen kräftige Lampen für Licht. Die Energie für Heizung und Strom kommt aus der Erdwärme. Während in Deutschland die Kommunaldienste zu ihren ersten Streueinsätzen in diesem Jahr ausrücken, sind Schneepflug und Streuwagen aus dem Stadtbild von Reykjavik weitgehend verschwunden, denn in der isländischen Hauptstadt werden mehr als 250000 Quadratmeter Straßen und Bürgersteige beheizt. Schneeschieben vor der Haustür und eisglatte Straßen? Alles Vergangenheit. Die Straßenheizung nutzt das warme Wasser, mit dem zuvor die Wohnungen beheizt wurden. ‚Island ist wie eine riesige, wiederaufladbare Batterie', freut sich Thorolfur Arnason, Reykjaviks Bürgermeister."

Financial Times Deutschland, www.ftd.de vom 12.11.2003

4

Seite 123
Geothermische Tiefenstufe

Wärme aus Wärme

Islands Bewohner haben gelernt, die unter ihrer Insel herrschende Erdwärme für Heizung und Stromerzeugung zu nutzen. Die Temperatur der Erde nimmt auf den ersten Kilometern im Durchschnitt um 3 °C je 100 m Tiefe zu. In Island, wo Magma nahe unter der Erdoberfläche liegt, steigt die Temperatur viel schneller. So wird Grundwasser erhitzt und „schießt" von Zeit zu Zeit als Dampf- oder Wasserfontäne aus der Erde. Solche Geysire gibt es in Island an unzähligen Stellen. Diesen „natürlichen Boiler" kann man aber auch z. B. für die Beheizung von Häusern nutzen.

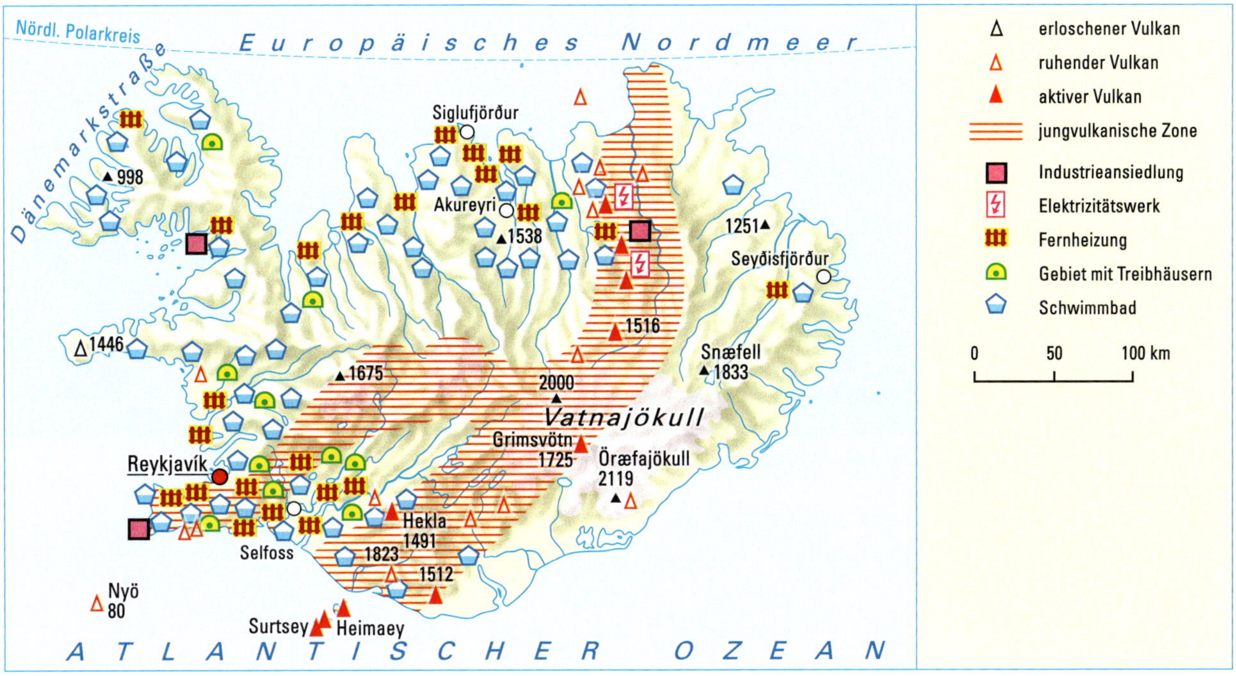

6 **Nutzung der Erdwärme auf Island**

Elektrizität aus Wärme

Wenn die Temperaturen des Grundwassers über 90 °C liegen, ist sogar Elektrizitätsgewinnung in Kraftwerken möglich. Reicht hierfür das erhitzte Grundwasser nicht aus, kann die Erdwärme genutzt werden, indem zusätzliches Wasser durch eine Bohrung in die Tiefe gepresst wird. Dieses „Hot-Dry-Rock"-Verfahren wird derzeit intensiv erforscht.

Insel aus Feuer und Eis

Islands Landschaft zieht jährlich über 350 000 Besucher in ihren Bann. 130 aktive Vulkane prägen die Insel. 11 % der Landesoberfläche sind aber auch mit Eis bedeckt. Hier findet sich Europas größter Gletscher, der Vatnajökull, dessen Eiskappe bis zu 900 m dick ist.

Islands Bewohner wissen mit den Kräften der Natur umzugehen. Vulkaneruptionen, die anderswo katastrophale Folgen hätten, verursachen hier angesichts der niedrigen Bevölkerungsdichte nur relativ geringe Schäden. So brach 1996 ein Vulkan unter dem Vatnajökull aus. Riesige Mengen an Schmelzwasser zerstörten die für Island so wichtige Ringstraße, es kamen aber keine Menschen zu Schaden.

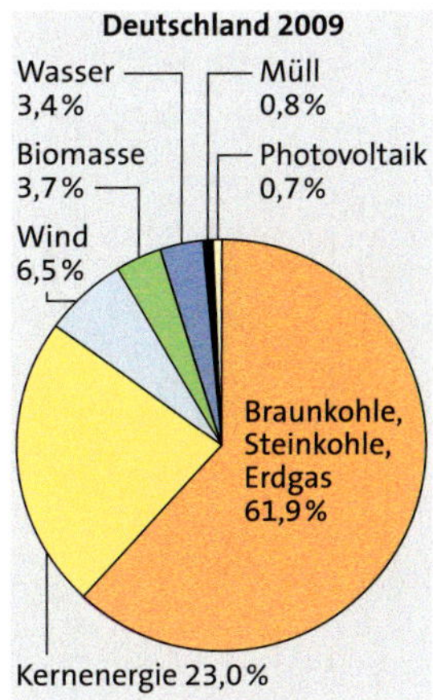

7 **Energieträger zur Stromerzeugung**

1 Arbeite mit dem Atlas: Warum ist gerade in Island die Temperaturzunahme in der Tiefe besonders groß?

2 Island wird als Batterie und als Boiler bezeichnet. Erkläre.

3 Erläutere das Hot-Dry-Rock-Verfahren mithilfe der Grafik 5.

4 Weltweit wird versucht, die Nutzung geothermischer Energie voranzutreiben. Erläutere die Vorteile dieser Technologie.

5 Vergleiche den Anteil der Energieträger an der Stromerzeugung Deutschlands mit dem Islands. Begründe die Unterschiede.

6 „Island: Insel aus Feuer und Eis." Informiere dich über das touristische Potenzial Islands und bereite einen Kurzvortrag vor.

1 **Moseltal im Rheinischen Schiefergebirge**

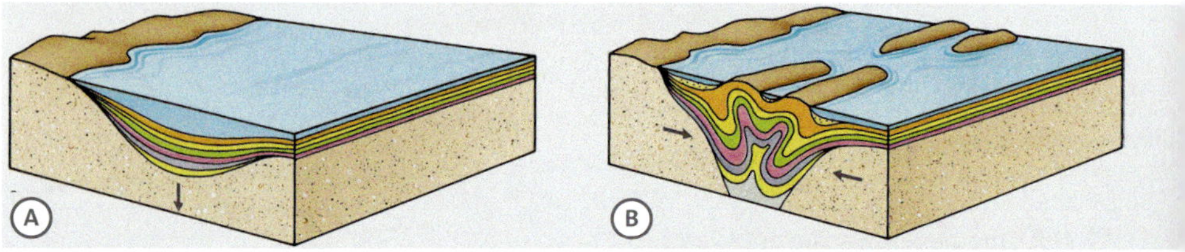

2 **Entstehung und Abtragung des Variskischen Gebirges** (A = vor 380 Mio. Jahren; B = vor 340 Mio. Jahren; C = vor 300 Mio. Jahren; D = vor 200 Mio. Jahren)

Gedrückt, gefaltet, gebrochen, geglättet

Das Rheintal zwischen Hunsrück und Taunus, zwischen Eifel und Westerwald – eine wunderschöne Landschaft. Aber wie ist sie eigentlich entstanden?

Vor langer Zeit

Im Devon, ungefähr 400 Millionen Jahre vor heute, breitete sich an dieser Stelle ein Meer aus. Es war tropisch warm, urwüchsige Pflanzen und Tiere lebten hier. Die Kalkschalen der abgestorbenen Muscheln, Schnecken und Korallen lagerten sich zusammen mit dem Sand und Ton, der von Flüssen herantransportiert wurde, auf dem Meeresgrund ab. Im Laufe der Zeit bildeten sich viele hundert Meter dicke Schichten, die immer fester zusammengedrückt wurden: die Sedimente. Jetzt wurden die Plattenbewegungen wichtig, die es auch im Erdaltertum gab. Die mächtigen Schichten blieben nicht ungestört liegen, sondern wurden auf dem Meeresgrund gepresst, in Falten gelegt und langsam gehoben. So wuchs ein Gebirge, das das Meer zurückdrängte: das Variskische Gebirge. Das Gebiet des heutigen Taunus und Hunsrück gehört dazu. Die Höhen sind aus festem Quarzit aufgebaut, während die Täler aus weichem Schiefer geformt wurden. Im Schiefer kannst du noch Fossilien, Zeugen aus dieser Meeresvergangenheit, finden.

Seite 148/149
Verwitterung und Erosion

1 Beschreibe anhand der Blockbilder 2 die Entstehung des Variskischen Gebirges.

2 Betrachte das Blockbild 3: Was hat sich seit dem Ende des Erdaltertums geändert?

3 Entwickle ein Blockbild für das Rheinische Schiefergebirge, das seinen voraussichtlichen Zustand in 100 Mio. Jahren wiedergibt.

Material
Geologische Zeittafel
104028-0706

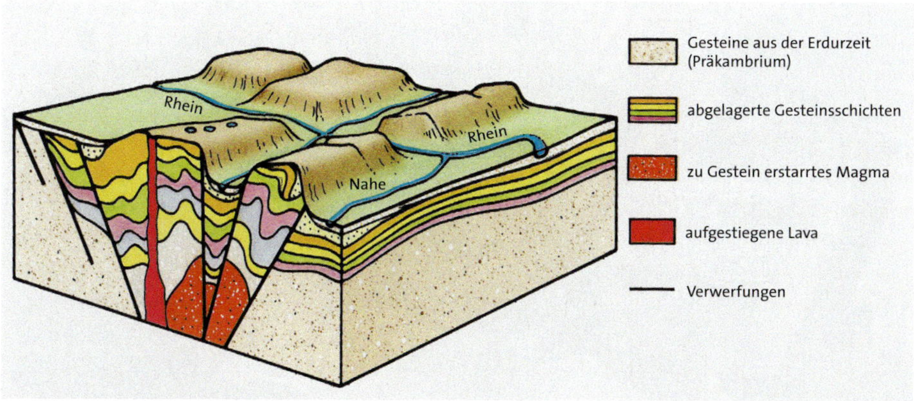

3 **Das Rheinische Schiefergebirge heute: Schematische Darstellung im Blockbild**

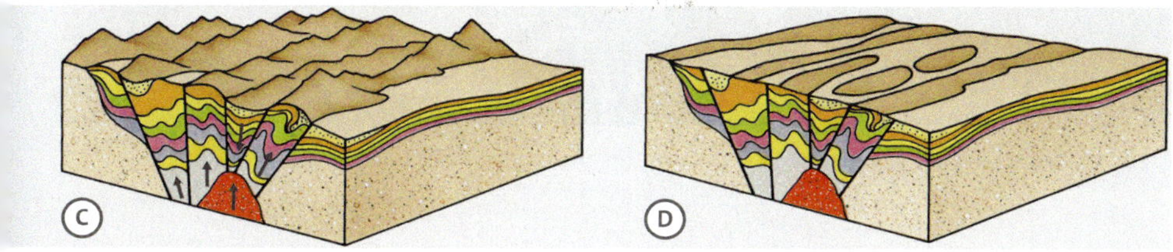

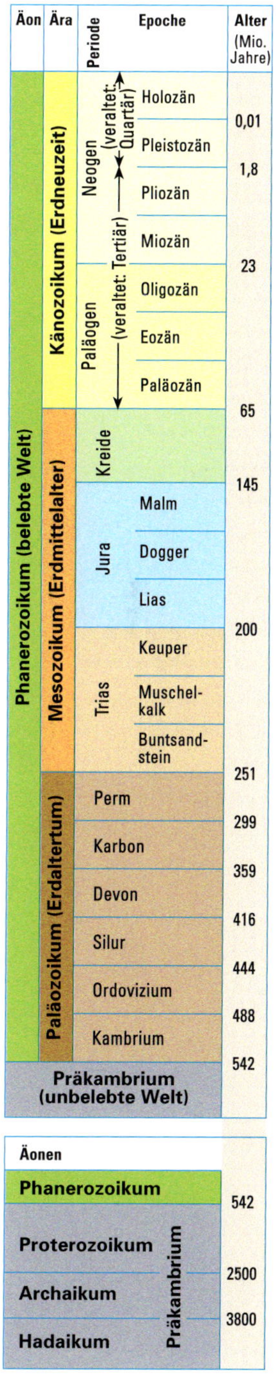

4 **Geologische Zeittafel**

Wie ging es weiter?

Mit dem Ende dieser Gebirgshebung im Zeitalter des Perm begann die Abtragung oder Erosion, die sofort nach dem Aufsteigen des jungen Gebirges über den Meeresspiegel eingesetzt hatte, erst richtig: Wasser, Eis und Wind konnten nun ihre Arbeit verrichten, nachdem die Gesteine durch Verwitterung gelockert und zerkleinert worden waren. So verschwand das Variskische Gebirge durch die Erosion allmählich, bis nur noch eine leicht gewellte Ebene übrig war. Ein großes Meer bedeckte wieder weite Teile Deutschlands. Die Sedimentgesteine Sandstein, Dolomit und Kreide entstanden, Letztere vor allem aus den Kalkskeletten unzähliger Meerestiere. Sie bildeten zusammen die mächtigen Ablagerungsschichten des Erdmittelalters. Schließlich begann in der Kreidezeit die Alpidische Gebirgsbildung, die zur Faltung und Hebung der Alpen führte. Dadurch wurde in einer Zeit, in der noch Saurier lebten, auch das Gebiet des ehemaligen Variskischen Gebirges erneut gehoben: So entstanden Taunus, Hunsrück, Westerwald, Eifel und als nördlicher Ausläufer das Sauerland: zusammen das Rheinische Schiefergebirge.

4 Stelle Gesteine nach ihrer Härte und ihrer Entstehung zusammen. Verwende dazu möglichst die Schulsammlung.

5 Arbeite mit dem Atlas (geologische Weltkarte und Europakarte):

a) Gib zu jeder hier genannten Gebirgsbildungsphase drei weltweite Beispiele.

b) Ordne folgende Gebirge nach ihrer Entstehung: Pyrenäen, Apenninen, Skanden, Harz, Schottisches Hochland.

TERRA **TRAINING**

Wichtige Begriffe
Epizentrum
Erdbeben
Erdkern
Erdkruste
Erdmantel
Fließzone
Geofaktor
Kollision
kontinentale Kruste
Kulturlandschaft
Lava
Lithosphäre
Magma
Naturlandschaft
Ökosystem
ozeanische Kruste
Plattentektonik
rifting
sea-floor-spreading
Schichtvulkan
Schildvulkan
Seebeben
Subduktionszone
Tsunami
Vulkanismus

1 **Naturkatastrophe in Florida**

Orientieren

1 Vulkanrätsel

Folgende Silben bilden fünf Vulkane: ät-bo-ca-li-na-no-rin-san-strom-suv-to-ve-vul.

a) Nenne die fünf Vulkane.

b) Zu welchen Staaten gehören sie?

Wissen und Verstehen

2 Begriffe gesucht

a) So heißt die Gesteinsschmelze, die sich in unterirdischen Kammern eines Vulkans sammelt.

b) So heißt der Punkt an der Erdoberfläche, der über dem Erdbebenherd liegt.

3 Erklärung gesucht

a) Was haben Athen, San Francisco, Tokyo und Istanbul gemeinsam?

b) Warum wird der Rand des Pazifischen Ozeans auch „Feuerring“ genannt?

4 Arbeite mit Profil 2.

a) Benenne die Ziffern.

b) Erkläre, warum es gerade in diesem Bereich besonders häufig zu Erdbeben und Vulkanismus kommt.

5 Bilderrätsel

a) Löse die Bilderrätsel.

b) Erkläre den Begriff B.

A) 

B) 

6 Naturkatastrophe gesucht

a) Foto 1: Erkläre die Ursachen für die Entstehung dieses Ereignisses.

b) Recherchiere im Internet und erstelle eine Tabelle mit Namen und Gebieten für dieses Naturereignis.

Methoden anwenden

7 Tsunamis

Beschreibe die auf den Satellitenbildern 3 und 4 erkennbaren Folgen des Tsunami vom 26.12.2004.

Material
Selbsteinschätzungsbogen
104028-0707

Lernen im Netz
Test: Unruhige Erde
104028-0708

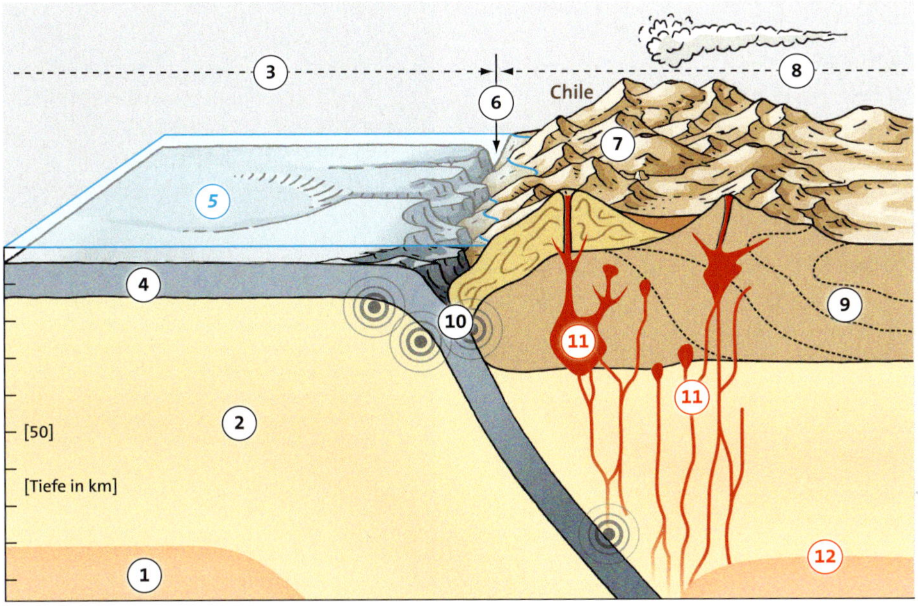

2 **Schnitt am Westrand Südamerikas**

Teste dich selbst
mit den Aufgaben 3b und 5a.

3 **Gleebruk (Indonesien) am 12.04.2004**

4 **Gleebruk (Indonesien) am 22.01.2005**

Beurteilen und bewerten

8 Zum Nachdenken

a) „Erdbeben töten am meisten, Stürme sind am teuersten", sagt die Münchener Rückversicherungs-Gesellschaft. Erkläre.
b) Viele kleine Erdbeben schützen vor der großen Katastrophe. Erkläre.
c) Jules Verne ließ 1884 in seinem Zukunftsroman „Reise zum Mittelpunkt der Erde" die Expedition in Island starten. Ist das – nach heutigen naturwissenschaftlichen Kenntnissen – gut oder schlecht gewählt? Begründe.
d) Stelle Pro- und Kontra-Argumente für den Bau von Wolkenkratzern und Staudämmen in erdbebengefährdeten Gebieten gegenüber.

9 Zum Knobeln

In der Tiefe glühend heiß und flüssig, erstarrt es an der Oberfläche zu Säulen und gibt als Untergrund Eisenbahnschienen häufig Halt. Was kann das sein?

8

Erdäußere Kräfte verändern die Erde

Ob die Ostseeküste, die sanften Hügel und Seen Schleswig-Holsteins oder die Kieler Förde – alle diese Formen verdanken ihr Aussehen dem jahrtausende langen Wirken exogener Kräfte. Zu diesen von außen auf das Relief wirkenden Kräften gehören vor allem das fließende Wasser, der Wind sowie die großen Gletscher.
Aber wie genau gelingt es ihnen, die Erdoberfläche so zu verändern, dass die von endogenen Kräften aufgebauten Reliefunterschiede wieder zerstört werden?
Und auch der Mensch greift mit vielfältigen Veränderungen, z.B. der Verlegung von Flussläufen oder Küstenschutzmaßnahmen, in den Naturraum ein – immer mit Erfolg?

1 Vom Wasser geformte Landschaft (Arthur's Point, Neuseeland)
2 Gletscherzunge in den Bergen Patagoniens (Südamerika)
3 Bergrutsch (Val Bavona, Schweiz)
4 Durch Wind geformte Landschaft

3

4

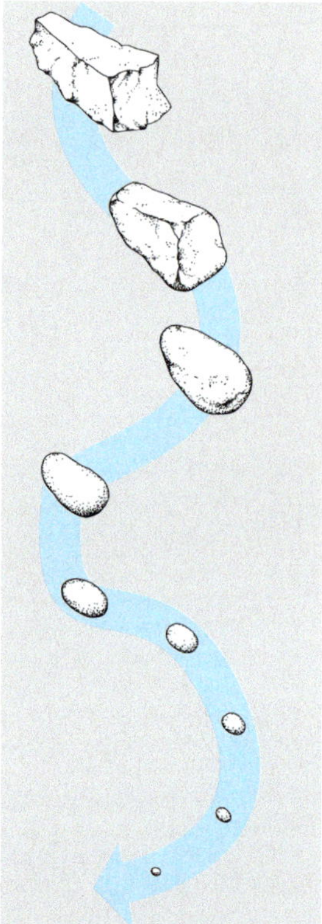

1 Veränderung der Flussgerölle durch Transport

2 Flussschlinge (Mäander)

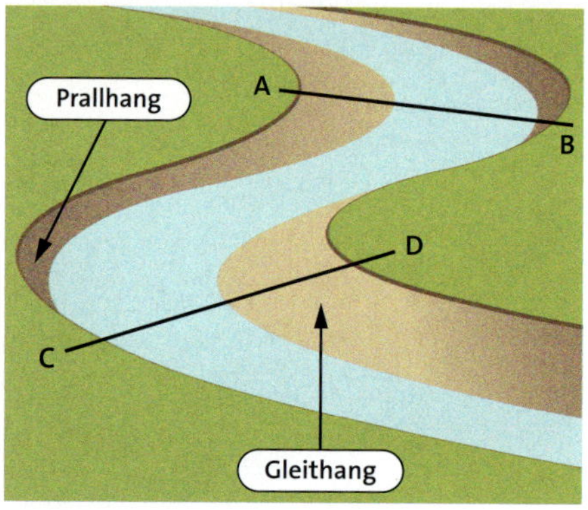

3 Abschnitte eines Mäanders

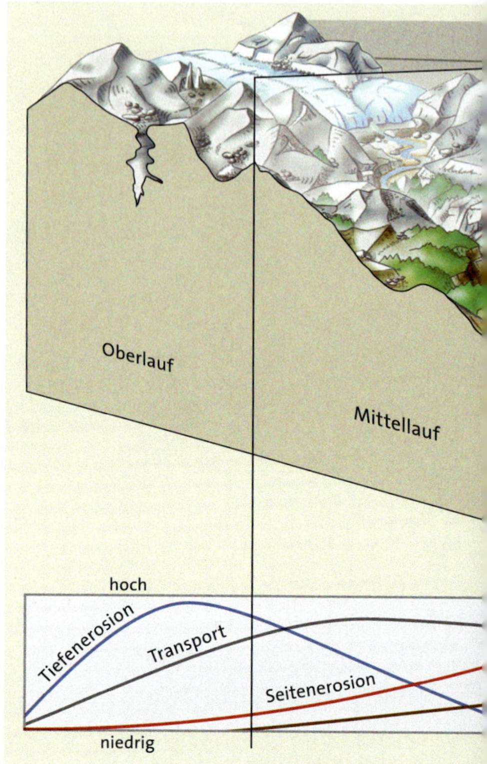

4 Blockbild eines idealen Flusses

Ein Fluss bei der Arbeit

Neben den Prozessen, die die Erde von innen formen, den **endogenen Kräften**, gibt es auch solche, die von außen auf die Erdoberfläche einwirken: die **exogenen Kräfte**. Vor allem das fließende Wasser hinterlässt in jeder Landschaft deutliche Spuren: Im Gebirge, wo die meisten Flüsse entspringen, bilden sich z. B. Erosionsrinnen, in denen das Wasser abfließt. Der Fluss frisst sich bei starkem Gefälle und mit hoher Fließgeschwindigkeit sehr tief in den Hang hinein, große Gesteinstrümmer, das Geröll, werden vom Wasser mitgerissen. Diese Fracht leistet die Hauptarbeit bei der Erosion.

Durch das ständige Reiben und Schleifen der mitgeführten Materialien entstehen im Oberlauf des Flusses aus den Erosionsrinnen enge Täler mit steilem Gefälle. Je nachdem, wie steil deren Hänge sind, spricht man von einer Klamm, einer Schlucht oder einem Kerbtal.

Lässt weiter flussabwärts das Gefälle und damit die Fließgeschwindigkeit nach, kann sich der Fluss immer weniger in die Tiefe graben (Tiefenerosion), aber er trägt nun zunehmend mehr an den Seiten Material ab (Seitenerosion). Beim Rhein zum Beispiel beginnt dieser Bereich nach dem Verlassen des Bodensees. Ein solches Verhalten kennzeichnet den Mittellauf.

1 Erkläre, wie ein Fluss mitgeführte Steine bearbeitet (Zeichnung 1).

2 Arbeite mit den Grafiken 3, 4 und 5.
a) Ordne die Talformen (Zeichnungen 5) in das Blockbild 4 ein.
b) Beschreibe das Diagramm in Blockbild 4.
c) Erläutere mithilfe des Diagramms 4 und der Zeichnungen 5 das Blockbild.
d) Ordne die einzelnen Abschnitte des Flusses Rhein dem Blockbild 4 zu.

Material
Versuch zur Mäanderbildung
104028-0801

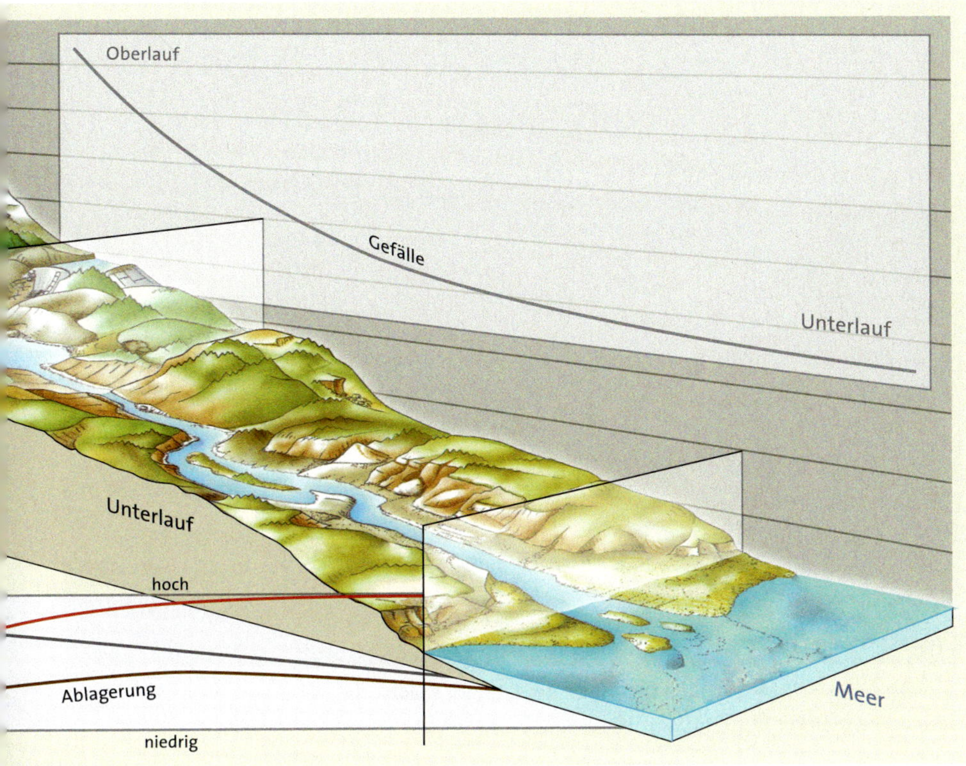

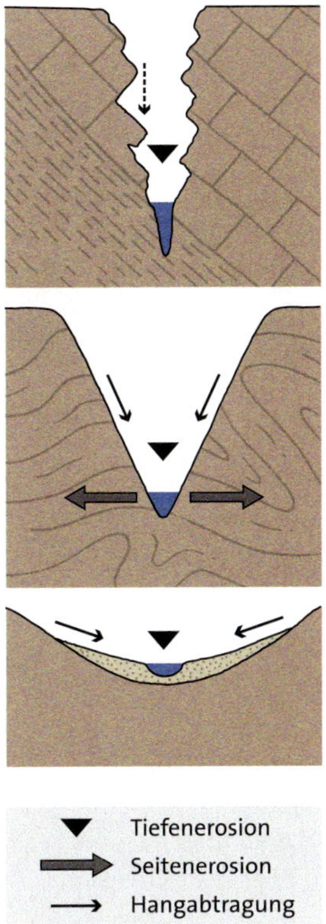

5 Beispiele für Talformen

Häufig pendeln in diesem Abschnitt die Flüsse auf den Talböden, es bilden sich Flussschlingen. Man nennt sie nach einem türkischen Fluss, an dem diese Windungen besonders deutlich ausgeprägt sind, Mäander. Vor allem im Bereich zwischen Karlsruhe und Ludwigshafen hatte auch der Rhein solche Windungen ausgebildet. Diese wurden jedoch im 19. Jh. nach den Plänen des Ingenieurs Johann Gottfried Tulla durchbrochen, um eine bessere Schiffbarmachung des Rheins zu ermöglichen.

In den Flussschlingen findet die Abtragung nur noch auf einer Seite statt, am Prallhang. Am Gleithang kommt es hingegen bei geringer Fließgeschwindigkeit zur Ablagerung der transportierten Fracht.

Im Unterlauf des Flusses wird die Fließgeschwindigkeit noch geringer und stoppt an der Flussmündung fast völlig. Das mitgeführte feine Material wird endgültig abgelagert und bildet Sandbänke oder ein **Delta**, das ins Meer hinauswachsen kann.

3 Arbeite mit der Grafik 3:
a) Zeichne jeweils ein Profil entlang der Strecken AB und CD durch das Flussbett. Verdeutliche dabei, wo die Fließgeschwindigkeit des Flusses am größten und am geringsten ist.
b) Erläutere, welche Folgen sich durch die unterschiedlichen Fließgeschwindigkeiten ergeben.

4 Recherchiere im Internet, wie ein Umlaufberg entsteht.

5 Begründe, wie es zu Siedlungsverlagerungen im Küstenbereich von Flussmündungen kommen konnte.

6 Der Begriff Delta leitet sich vom griechischen Buchstaben Δ ab. Begründe dies mithilfe des Atlas.

1 **Johann Gottfried Tulla**

Johann Gottfried Tulla:
- geboren am 20.03.1770
- 1797 markgräflich-badischer Ingenieur
- 1817 Leiter der Oberdirektion des Wasser- und Straßenbaus
- gestorben am 27.03.1828: Sein Grabstein zeigt das „Altriper Eck“, einen der technisch schwierigsten Abschnitte der Rheinbegradigung.

2 **Natürliche Flusslandschaft: Der Rhein am Isteiner Klotz**
Gemälde von Peter Birmann, um 1840

Gefährlicher Rhein

Hochwasser am Rhein
Als verheerendstes Hochwasser am Rhein gilt die Flut vom 21. Juli 1342. Nach einem zweitägigen Wolkenbruch stand das Wasser gemäß zeitgenössischer Quellen im Mainzer Dom „einem Manne bis zum Gürtel.“ Der geschätzte Wasserhochstand bei Köln betrug etwa 11,60 m. Heute wird in Köln ab einem Pegel von 10,70 m Katastrophenalarm ausgelöst.
nach Michael Erfurth-Hirtz in RheinMainPresse vom 23.08.2002

3

Bis zum Beginn des 19. Jahrhunderts war der Oberrhein ein stark mäandrierendes Naturgewässer mit starken Veränderungen des Flussbettes und großen Auswirkungen auf die Anwohner bei extremen Hochwasserereignissen.
In einer Chronik aus dem Jahr 1817 wird Folgendes geschildert: „Durch die Angriffe des wilden Stroms und die beständigen Veränderungen seines Laufes gewähren die Uferböschungen nicht den nötigen Schutz. In manchen Rheingemeinden verstummen die Sturmglocken oft wochenlang nicht. Viele Dörfer stehen bei hohem Rheinstand unter Wasser. Fieberkrankheiten sind an der Tagesordnung. Schon manches Dorf mußte landeinwärts verlegt werden. Die Landwirte sehen ihre Ernte häufig im Wasser ersäuft. Bootsleute und Fischer können ihrer Arbeit nicht nachgehen.“
Aus diesen Gründen wurde am Oberrhein zwischen 1817 und 1879 nach den Plänen von Johann Gottfried Tulla eine Korrektion durchgeführt. Tullas Gedanke: „In der Regel sollten in kultivierten Ländern die Bäche, Flüsse und Ströme Kanäle sein und die Leitung der Gewässer in der Gewalt der Bewohner stehen.“ Nach Abschluss der Rheinkorrektur war die Flussstrecke zwischen Basel und Mainz von 440 km auf 340 km verkürzt worden.
Die Errichtung von Buhnen durch den Wasserbautechniker Honsel sowie weitere **wasserbauliche Maßnahmen** in Form

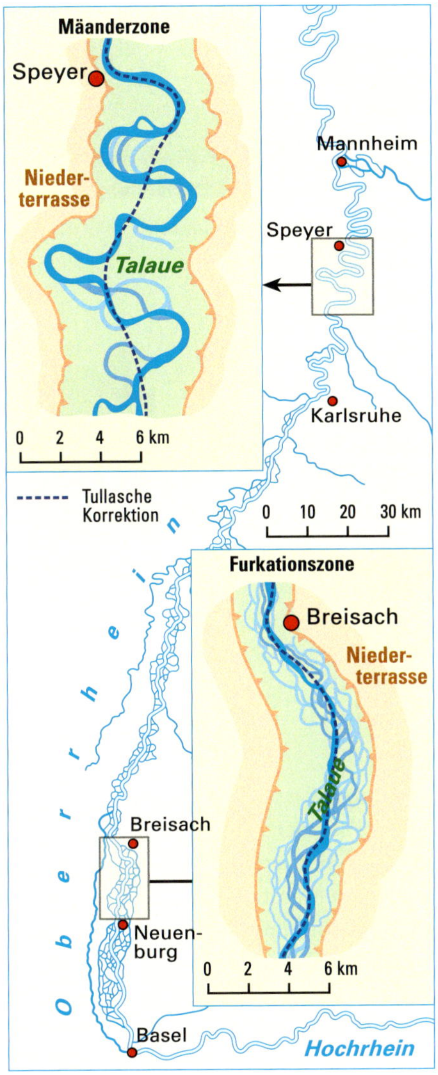

4 Naturräumliche Einheiten des Oberrheins um 1800

Wasserbauliche Maßnahmen am Oberrhein

Phase	Maßnahmen
1830–1879	Rheinkorrektion nach Tulla: – Zusammenfassung der aufgeführten Rheinarme zwischen Basel und Murgmündung; – Verkürzung des Stromlaufes durch Abtrennung von Mäanderschlingen unterhalb der Murgmündung; – Bau von flussparallelen Hochwasserdämmen
1912–1940	Rheinregulierung nach Honsell mit dem Bau von Buhnen zur Einengung des Flußbettes
1928–1959	Bau des betonierten Rheinseitenkanals von Basel bis Breisach parallel zum Rheinbett
1960–1970	Schlingenlösung zwischen Breisach und Straßburg: – Bau von Kanalschlingen und deren Rückführung ins alte Rheinbett; – Bau von festen Schwellen zur Stützung des Grundwassers im Schlingenbereich
1970–1977	Bau der Staustufen Gambsheim (1974) und Iffezheim (1977) mit Laufwasserkraftwerken
nach 1978	Bau von Retentionswehren (Rückhaltewehren) im Restrhein und Poldern in der Rheinaue

5

von Kanalbauten, Poldern und Staustufen folgten. Die Eingriffe führten zu tiefgreifenden Veränderungen der Sohlenerosion, der Höhe des Rheinwasserspiegels, des Grundwasserspiegels, des Abflusses und der zur Verfügung stehenden Auenflächen zum Hochwasserschutz.

Flusslandschaften des Oberrheins

Furkationszone (lat. Furca = die Gabel) mit einem durchschnittlichen Gefälle von 1 %, bei dem sich der Strom in mehrere Arme aufgabelt.

Mäanderzone mit einem durchschnittlichen Gefälle von 3 % und ausgebildeten, breit schwingenden Flussschlingen.

Die eigentliche **Flussaue** wird auch als Niederung bezeichnet und ist von der höheren Niederterrasse durch das Hochgestade abgegrenzt.

Polder

Diese Flächen werden bei erhöhten und in Regelungen genau festgelegten Wasserständen künstlich geflutet. Der Flutungsvorgang wird so gesteuert, dass das Rheinwasser den Polder in ständiger Bewegung durchfließt und zeitlich verzögert wieder zurück in den Rhein strömt. Da der Einsatzzeitraum und die aufzunehmende Wassermenge gesteuert werden können, sind Polder gezielt und mit hoher Wirksamkeit einsetzbar.

1 Beschreibe die Flusslandschaft vor der Rheinkorrektion (Bild 2, Karte 4).

2 Nenne Gründe für die Tullasche Rheinkorrektion.

3 Wasserbauliche Maßnahmen:

a) Beschreibe, welche Zielsetzungen mit den späteren wasserbaulichen Maßnahmen erreicht werden sollten.

b) Erläutere, welche Folgen sich für den Wasserhaushalt ergeben.

4 Beurteile die Maßnahmen hinsichtlich ihrer Auswirkungen auf die Natur- und die Kulturlandschaft.

5 Recherchiere über wasserbauliche Maßnahmen an der Elbe.

1 Hochwasser in Walluf

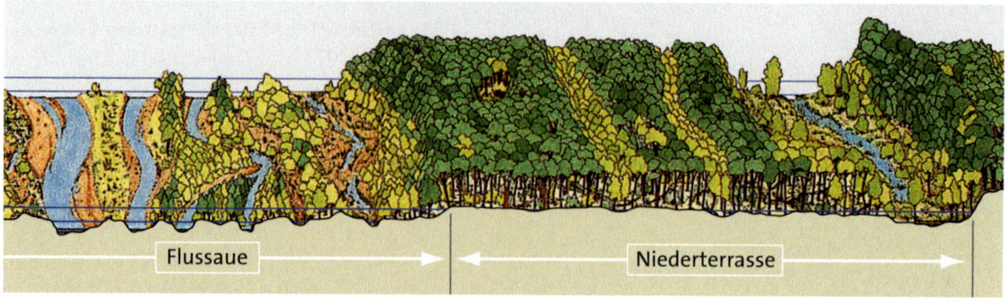

2 **Profil der Rheinaue zu Beginn des 19. Jahrhunderts**

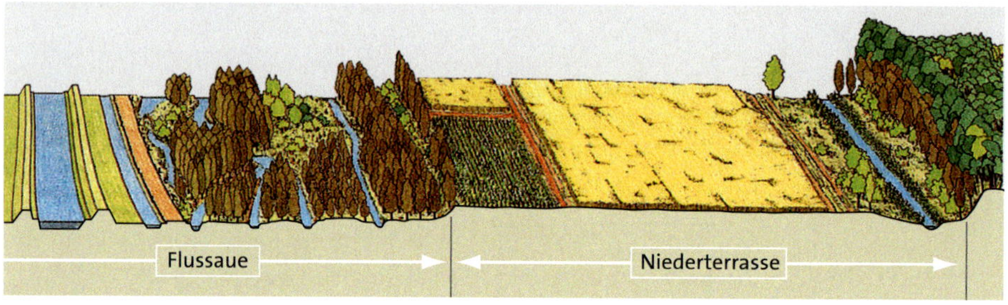

3 **Profil der Rheinaue heute**

Korrigiert und doch gefährlich

Hochwasser am Oberrhein

Im Jahr 1882 geschah, wovor die Rheinanlieger auch heute noch zittern: Die Deiche wurden überspült und brachen.

Die Jahrhundertflut hatte den Menschen am Rhein die Gefahren aufgezeigt, die von unzureichend stabilen Dämmen ausgehen. Die gesamte Oberrheinniederung wurde überflutet. Ein solches Jahrhunderthochwasser würde sich heute, allein schon aufgrund der höheren Siedlungsdichte in den vom Hochwasser gefährdeten Bereichen, noch katastrophaler als damals auswirken.

Im Zuge der Rheinregulierung verlor der Rhein einen großen Teil seiner ursprünglichen Überflutungsflächen. Der natürliche Wasserhaushalt wird durch das Wirken des Menschen, z.B. durch die Landwirtschaft, die Ausweitung der Siedlungsflächen, den Ausbau der Verkehrsinfrastruktur und die Ansiedlung von Industrie gestört. Die Hochwassergefahr steigt.

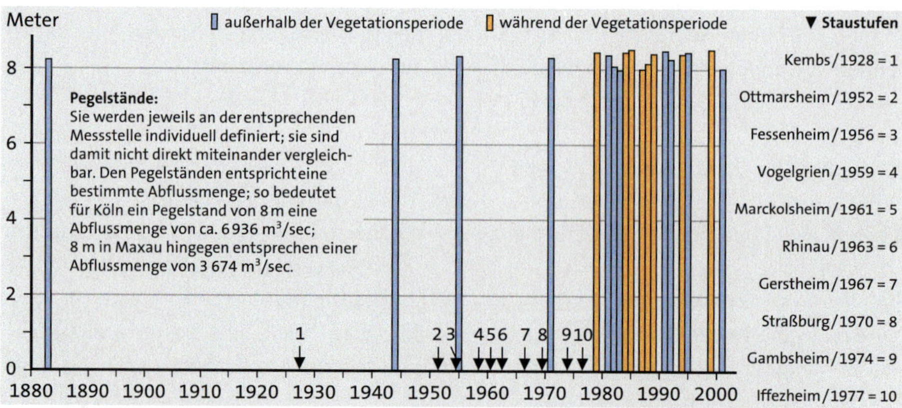

4 **Zunahme der Hochwasserereignisse über 8 m seit 1880, Pegel Maxau / Karlsruhe**

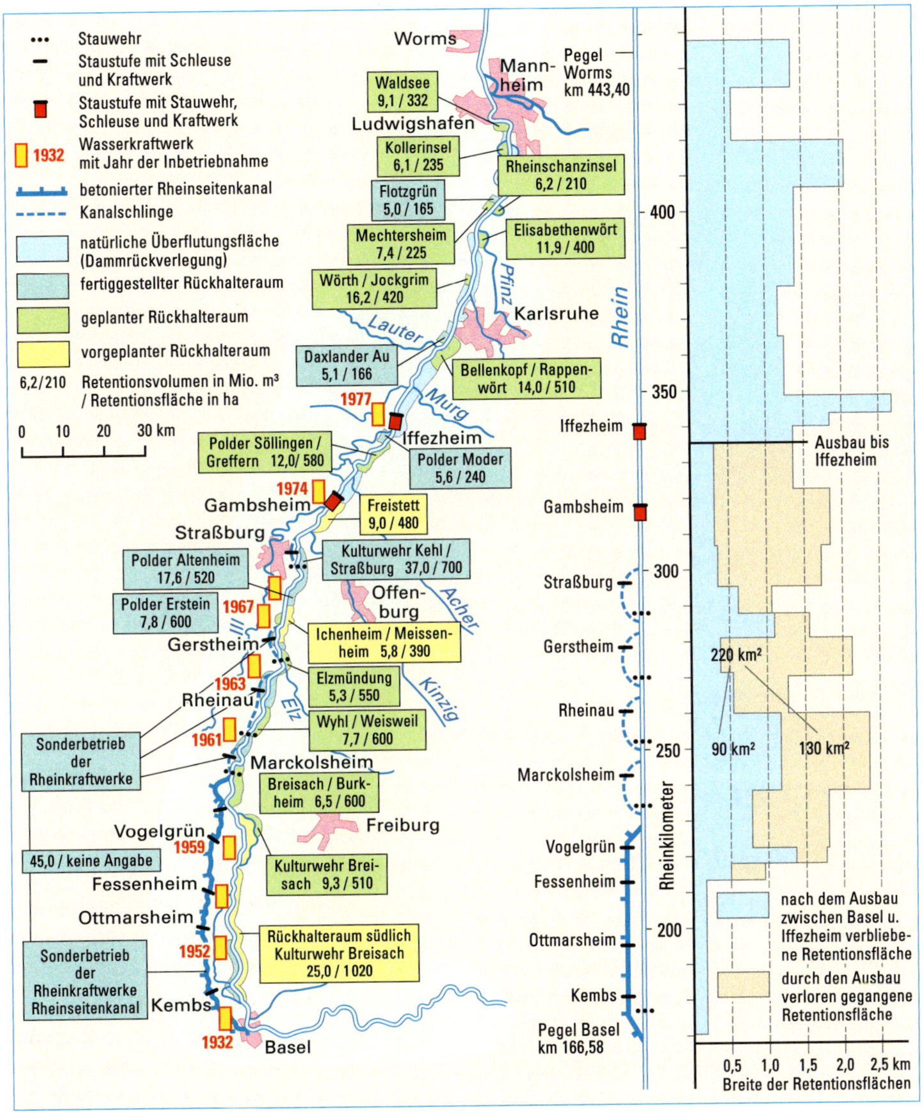

5 Verlust an Retentionsfläche beim Ausbau des Oberrheins

Eine **Retentionsfläche** wird im Falle eines Hochwassers als Überflutungsfläche genutzt. Die Schaffung zusätzlichen Hochwasserstauraums ist durch Polder oder Dammrückverlegungen möglich.

1 Beschreibe die Veränderungen der Rheinauen (Grafiken 2, 3 und Karte 5).

2 Erläutere die Auswirkungen der Rheinregulierung auf die Auenlandschaft. Verwende folgende Oberbegriffe (ungeordnet) zu den Ursachen und Folgen: starkes Gefälle, Mäander, Hochwasser, Überschwemmungen, Schneeschmelze in den Alpen, niedriger Grundwasserspiegel, sommerlicher Starkregen, periodische Wasserführung, Auenwald, Trockenlegung, Ackerbau, Malaria, Siedlung, Schifffahrt.

3 Erkläre den Zusammenhang zwischen der Zunahme der Hochwasserhäufigkeit und den wasserbaulichen Maßnahmen.

1 Wie Gletschereis entsteht

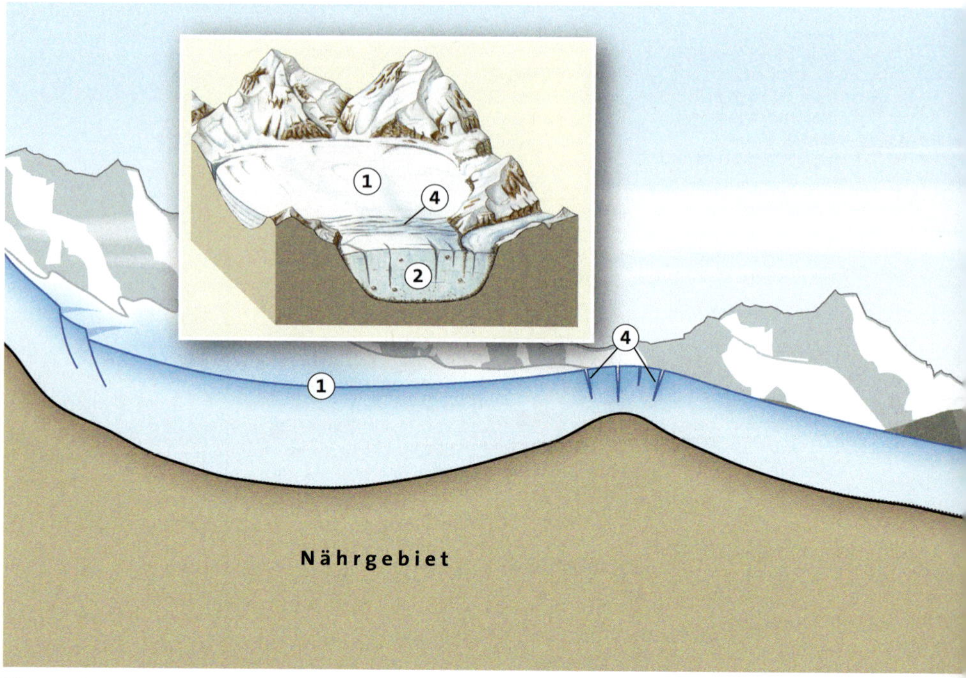

2 Modell eines Gletschers

Gletscher – Ströme aus Eis

Wie riesige Zungen wirken die großen Eisströme, die sich in den Alpen und anderen Hochgebirgen der Erde langsam von den Bergen abwärts bewegen. Ihre Entstehung ist mit der eines Schneeballs vergleichbar, der unter Druck zum Eisball wird.

Oberhalb der Schneegrenze, einer bestimmten Höhe im Gebirge, von der ab im Jahresverlauf mehr Schnee fällt als wegtaut, liegt das Nährgebiet des **Gletschers**. Hier verdichtet sich der gefallene Schnee durch ständiges Tauen und Wiedergefrieren; das Ergebnis ist Firn. Je öfter sich der Vorgang wiederholt, desto mächtiger wird das Firneispaket, es übt zunehmend Druck aus. Durch den Druck wird Firn zu Gletschereis umgewandelt.

Unter ihrem Gewicht geraten die Eismassen an Hängen in Bewegung. Als Gleitfilm dient das Schmelzwasser, das sich durch den Druck und die so verursachte Erwärmung an der Gletscherunterseite bildet. Alpengletscher fließen bis zu 150 m im Jahr! Dabei entstehen tiefe Gletscherspalten: Muss der Gletscher an einer Geländestufe starkes Gefälle überwinden, bilden sich Querspalten. Längsspalten öffnen sich, wenn sich das Tal weitet.

Riesige Landschaftshobel

Der Gletscher hobelt mit seinem großen Gewicht Gestein vom Untergrund und von den Talflanken ab. Erst nach dem Abtauen des Gletschers werden die Formen der Gletschererosion vollständig sichtbar, z. B. die Trogtäler mit ihrem U-förmigen Querschnitt. Im Eis mitgeführter Schutt lagert sich an den Seiten des Gletschers als Seitenmoräne und vor der Gletscherzunge als Endmoräne ab.

Unterhalb der Schneegrenze schmilzt in jedem Sommer mehr Eis ab, als im Winter neu entsteht. Hier liegt das Zehrgebiet. Aus dem Gletschertor, der höhlenartigen Öffnung ganz vorn an der Gletscherzunge, tritt der milchig-trübe Gletscherbach aus. Meist liegt vor der Gletscherzunge noch einen kleiner Gletschersee.

?!
Kaum zu glauben
Der größte Gletscher Grönlands, der Jakobshavn Isbrae, scheint derzeit auch der schnellste Gletscher der Welt zu sein. Satellitenmessungen zeigen, dass er sich um bis zu 12 km pro Jahr bewegt. Doch am pakistanischen Kutiah Gletscher wurde 1953 angeblich eine Fließgeschwindigkeit von 12 km in drei Monaten gemessen, das entspricht 112 m pro Tag.

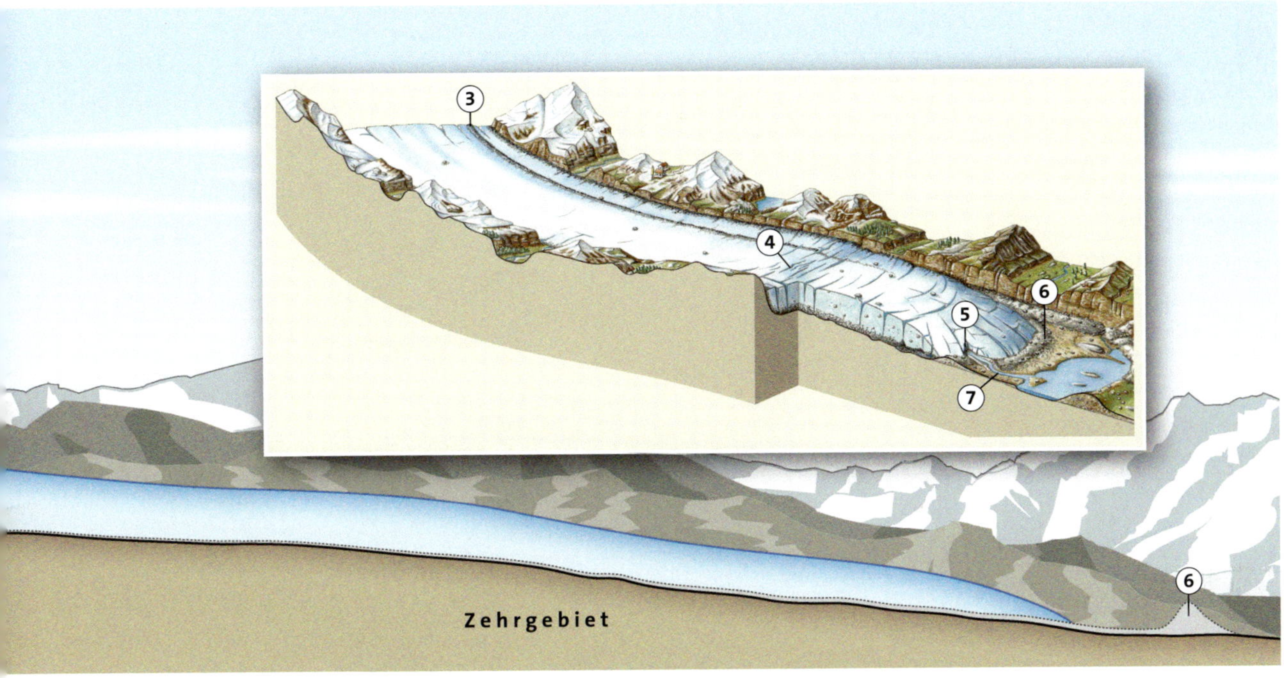

Während der Eiszeiten gab es die meisten Gletscher auf der Erde. In den Alpen muss es damals so ausgesehen haben wie heute in der Antarktis: Nur die Gipfel der höchsten Berge ragten aus einem Meer von Eis. Diese großen Gletscher schmolzen ab, als sich das Klima änderte. Ihre Spuren sind jedoch noch heute in der Landschaft zu sehen.

Gletscher in Gefahr

Schon seit Mitte des 19. Jahrhunderts ist in vielen Gebirgen weltweit ein deutlicher Rückgang der Gletscher zu beobachten. Die Alpengletscher schrumpften etwa um ein Drittel ihrer Fläche. Diese aktuelle Gletscherschmelze ist eine Folge des anthropogenen Treibhauseffektes.

3 **Schweiz: Tschierva-Gletscher**

1 Benenne mithilfe des Atlas je vier Gletscher in Europa, Amerika und Asien.

2 Bezeichne die Ziffern im Profil 2 und erkläre die Entstehung der jeweiligen Strukturen.

3 Erkläre die Entstehung einer Mittelmoräne mithilfe von Blockbild 2.

4 Bei der Besteigung des Mont Blanc ging 1788 eine Leiter im Gletschereis verloren. 44 Jahre später fand man sie wieder. Erkläre, wo man sie gefunden haben könnte und wie sie dahin kam.

Kaum zu glauben
Neben dem „Kleinen Markgrafenstein“ lag ursprünglich der „Große Markgrafenstein“. Er besaß mehr als das doppelte Volumen seines Nachbars, bevor im 19. Jahrhundert ein Großteil genutzt wurde, um eine 80 Tonnen schwere Schale zu fertigen, die heute vor dem Alten Museum in Berlin steht.

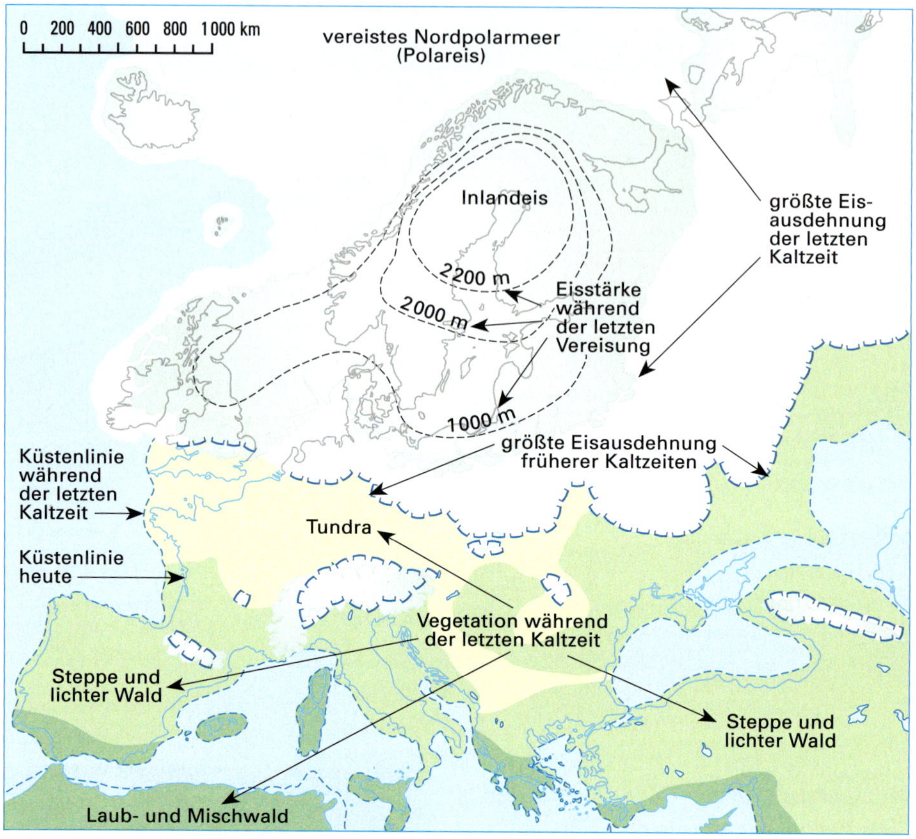

1 Europa im Eiszeitalter

Vier Eiszeiten, aber acht Namen: In Norddeutschland bezeichnet man die jüngsten Kaltzeiten nach Elbe, Elster, Saale und Weichsel; in Süddeutschland nach Günz, Mindel, Riß und Würm. Alle acht Namen stehen für Flüsse, die in etwa entlang der weitesten Eisausdehnung fließen.

Spuren der Eiszeit

Der „Kleine Markgrafenstein“ trägt seinen Namen sicherlich zu Unrecht: Immerhin hat dieser Gesteinsblock einen Umfang von 21 m und ist einige hundert Tonnen schwer. Er überragt mit 6 m Höhe alle Besucher deutlich, die sich immer wieder fragen, wie ein derartiger Fels mitten in den Wald bei Berlin kommen konnte. Auch an anderen Stellen Norddeutschlands findet man solche „Findlinge“. Heute weiß man, dass sie aus Skandinavien stammen und in den Eiszeiten mit den Gletschern an ihre heutige Stelle gelangt sind. Damals haben sich gewaltige Eismassen von Nordeuropa bis nach Deutschland ausgedehnt. Beim Abschmelzen der Gletscher mit Beginn der Warmzeit blieben die transportierten Materialien dort liegen, wohin sie das Eis transportiert hatte. Dabei entstanden aus dem Schutt am ehemaligen Gletschergrund kuppige Grundmoränen. Seiten- und Endmoränen prägen bis heute wallartig die Landschaft. Das Schmelzwasser des Eises floss zunächst in südliche Richtung, feines Material wurde ausgewaschen. Vor der Endmoräne bildeten sich so ausgedehnte Sandablagerungen, die Sander. In breiten Tälern, den Urstromtälern, suchte sich das Wasser einen Abfluss zur Nordsee. Die typische Abfolge der Landschaftsformen, die **glaziale Serie**, hat sich in Norddeutschland flächendeckend entwickelt. Die Gletscher stießen dabei mehrfach bis in das Norddeutsche Tiefland vor, zweimal sogar bis an den Harz. Die Spuren der vorhergehenden Eiszeit wurden dabei jeweils überformt.

In jeder der Teillandschaften finden sich heute bestimmte Nutzungsformen, denn die Fruchtbarkeit der Böden variiert sehr

Material
Glaziale Serie
104028-0802

2 **Kleiner Markgrafenstein südlich von Fürstenwalde**

3 **Endmoränenzüge im Naturschutzgebiet Kösterbeck**

4 **Ehemaliger Sander in der Schorfheide**

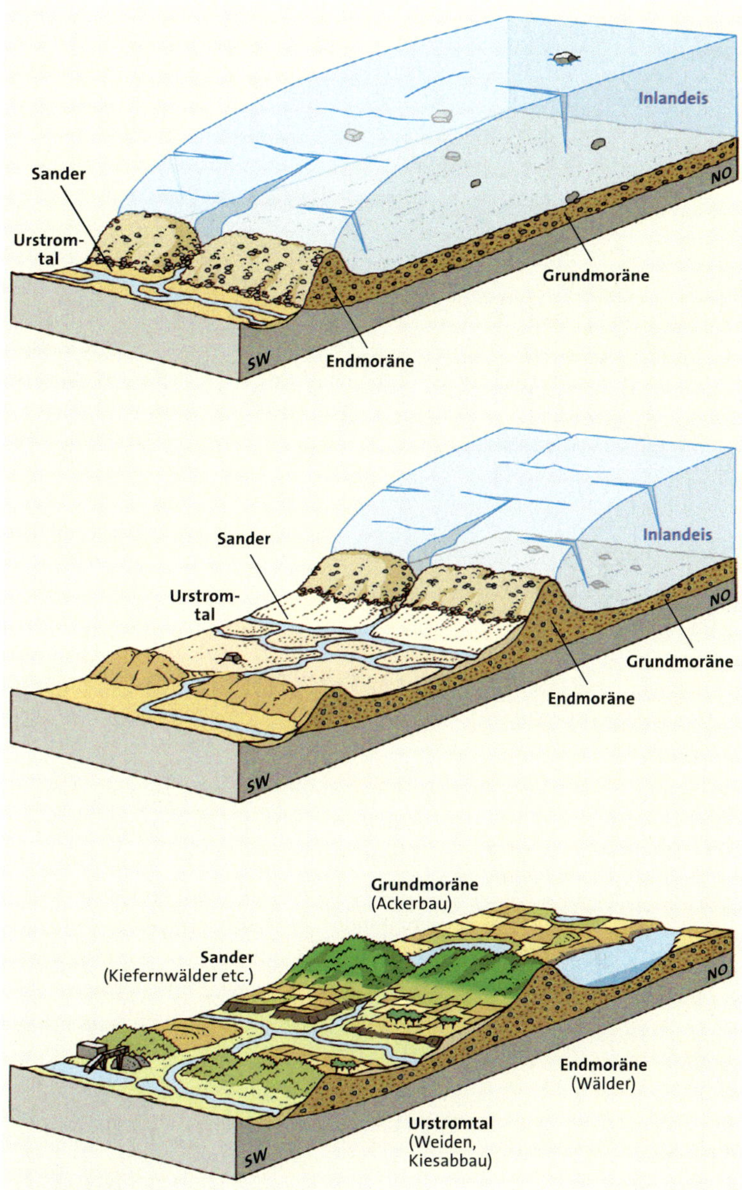

5 **Die glaziale Serie**

stark. Am fruchtbarsten – und deshalb auch am intensivsten genutzt – sind die lehmhaltigen Böden der jüngsten Grundmoränen. Im Altmoränenland, d. h. in den südlicheren Gebieten, die nur in früheren Kaltzeiten eisbedeckt waren, überwiegen heute hingegen sandige Böden, die für die Landwirtschaft nicht gut geeignet sind.

1 Werte die Karte 1 aus.
2 Erläutere mithilfe der Blockbilder 5 die eiszeitlichen Formen der glazialen Serie und ihre menschliche Nutzung.
3 Ordne die Fotos der glazialen Serie zu.
4 Vergleiche die entstandenen Landschaftsformen der glazialen Serie in Süddeutschland mit denen in Norddeutschland. Recherchiere dazu im Internet.

1 **Die deutsche Ostseeküste**

3 **Kieler Hafen**

Küstenformen an der Ostsee

Die Landschaft Nordostdeutschlands wurde nicht nur durch das Eis geprägt, sondern sie war und ist bis heute auch der Kraft des Meeres ausgesetzt. Aus dem Zusammenwirken von Eis, Wasser, Wind und Sand entstanden bis heute vielfältige, sehr unterschiedliche und für den norddeutschen Raum ganz typische Küstenformen: Steile Küstenabschnitte mit fast senkrechten Klippen wechseln sich mit flachen Sandstränden ab, gerade verlaufende Küstenlinien folgen auf tief eingeschnittene Buchten.

Die **Fördenküste** Schleswig-Holsteins geht auf die Arbeit der Gletscher während der letzten Eiszeit zurück. Förden sind weit ins Land reichende schmale Buchten: Die Schlei ist z. B. 40 km lang, misst aber an ihrer schmalsten Stelle gerade 100 m Breite. Diese lang gestreckte Rinne wurde in der Eiszeit durch einen Gletscher und sein Schmelzwasser geformt und später durch das Meer überflutet.

2

Wenn die Meeresströmung feines Material von einer solchen Steilküste fortträgt, kann eine **Nehrungsküste** entstehen. Von einer Nehrung spricht man, wenn Sand wie ein langsam wachsender Haken vor einer Bucht abgelagert wird. Eine solche Bucht nennt man Haff. Wird im Laufe der Zeit ein Haff komplett vom Meer abgetrennt, entsteht ein Strandsee. Die Küstenlinie wird vom Meer durch Abtragung und Ablagerung begradigt. Diese Küstenform bezeichnet man als **Ausgleichsküste**. Die langen Sandstrände der Nehrungsküsten und Ausgleichsküsten sind zum Baden natürlich besonders gut geeignet.

4

Ebenfalls eine Folge der Eiszeit ist die **Boddenküste** in Mecklenburg-Vorpommern. Bodden sind flache, unregelmäßig geformte Buchten – hier wurde eine kuppige Moränenlandschaft vom Meer überflutet.

5

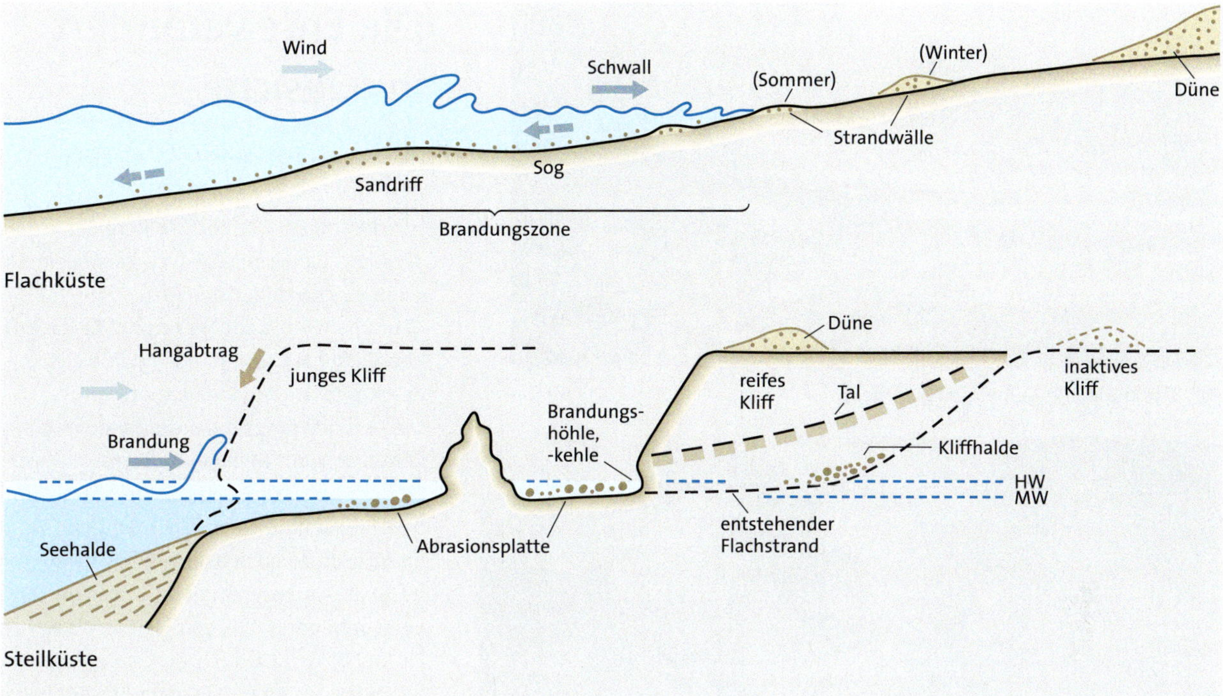

6 **Prozesse der Küstenbildung**

Sowohl die Fördenküste als auch die Boddenküste unterliegen weiterer Umgestaltung. An **Steilküsten**, die durch ans Ufer reichende Endmoränen und auf Rügen von hohen Kreidefelsen gebildet werden, greifen besonders im Winterhalbjahr schwere Brecher an und formen Kliffs. Vor allem die jungen, noch nicht verfestigten Moränen sind leicht abtragbar.

An **Flachküsten** kann sich dagegen von den Fluten transportiertes Material absetzen, weil die Wellen langsam auf den Strand auflaufen und dabei an Kraft verlieren, sodass ablaufendes Wasser die Fracht nicht mehr mitzunehmen vermag. Auf dem Strand entsteht ein flacher Strandwall.

7

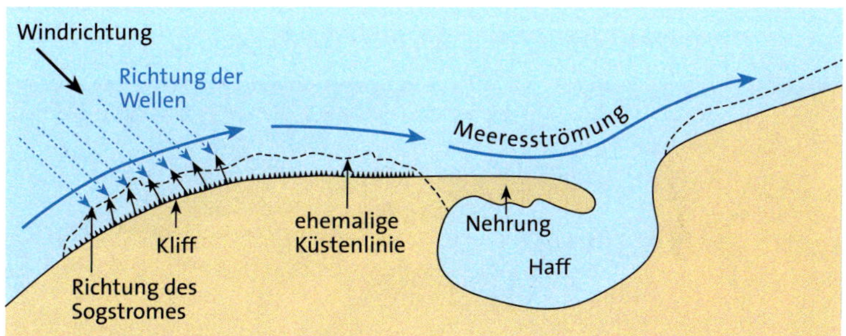

8 **Entstehung einer Ausgleichsküste**

1 Nenne die Namen der Förden, großen Bodden, Nehrungen und Haffs an der deutschen Ostsee (Karte 1, Atlas). Erstelle eine Übersicht.

2 Beschreibe und erläutere die Küstenform auf Luftbild 2. Weshalb bot es sich an, hier einen Hafen anzulegen?

3 Erkläre mithilfe der Zeichnung 8, wie Ausgleichsküsten entstehen.

4 Arbeite mit Grafik 6.

a) Beschreibe den Formenschatz einer Flachküste.

b) Erläutere die Entstehung von Steilküsten.

Die Erde verändert ihr Gesicht

1 **Blockhalde Rosselhalde (Hunsrück)**

2 **Verwitterungsschäden an einer Sandsteinfigur**

3 **Durch Wurzeln „gesprengtes“ Gestein**

4 **Stein, der starken Temperaturschwankungen ausgesetzt ist**

Die Alpen wachsen! Einen Millimeter pro Jahr! Ihrem Alter nach müssten sie in den Himmel ragen. Der höchste Berg der Alpen, der Mont Blanc, misst jedoch gerade einmal 4 808 m. Wie kann das sein?
Kaum haben die endogenen Kräfte die Erdoberfläche aufgebaut, beginnen die exogenen Kräfte, sie wieder zu zerstören.
Die **Verwitterung** ist ein exogener Vorgang. Gesteine und Mineralien zerfallen unter Einfluss von Wind, Wasser, Temperaturunterschieden und chemischen Stoffen.
Im Winter dringt z. B. Regenwasser in kleine Spalten unserer Straßen. Sinken die Temperaturen unter 0 °C, gefriert das Wasser zu Eis und dehnt sich aus. Der dabei entstehende Druck „sprengt“ aus dem Straßenbelag Material heraus. Nach strengem Frost sind die Straßen deshalb oft von Schlaglöchern übersät. Im Hochgebirge und in den Polargebieten wiederholt sich die Frostsprengung (Frostverwitterung) unzählige Male.
In den Wüsten bewirken große Temperaturunterschiede und gelegentlich fließendes Wasser, dass das Gestein immer weiter zerfällt und schließlich nur noch Sand übrig bleibt (Insolationsverwitterung).
Pflanzen, deren Wurzeln in kleine Spalten vordringen, erzeugen beim Wachstum einen solchen Druck, dass das Gestein zerspringt (Wurzelsprengung).
Neben diesen Formen der physikalischen Verwitterung kommt es durch die Lösungsfähigkeit des Wassers und der in der Luft enthaltenen Schadstoffe zur chemischen Verwitterung. Sichtbar wird diese z. B. an alten Denkmälern oder Statuen (Rauchgasverwitterung).

Wind formt die Landschaft

Gebiete, in denen es zu trocken oder zu kalt für eine dichte Vegetationsdecke ist sowie großflächig agrarisch genutzte Räume bilden die besten Voraussetzungen für die **Erosion** und **Akkumulation** durch Wind. Aber

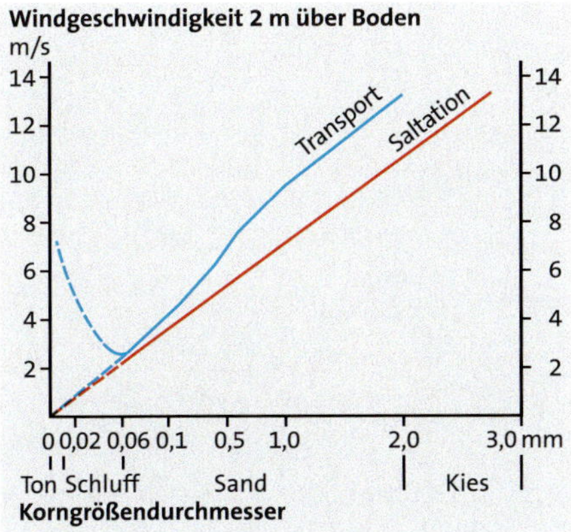

5 Winderosion in Abhängigkeit der Bodenart

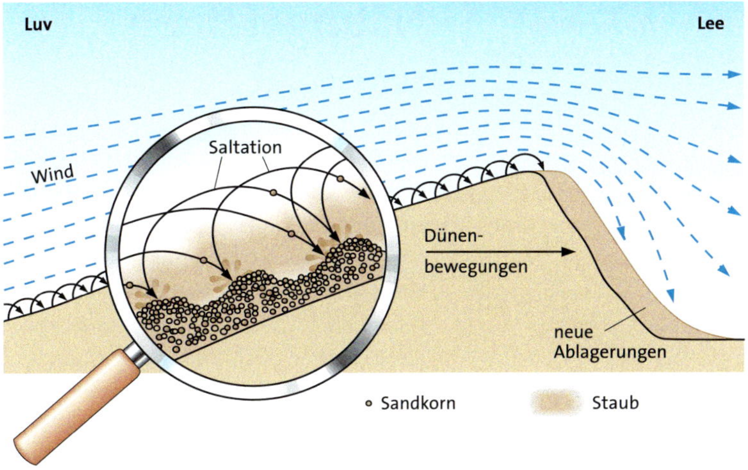

6 Dünenwanderung

7 Pilzfelsen in Israel

auch Küsten, die durch die Wellenwirkung vegetationsfrei gehalten werden, sind durch diese äolischen Prozesse geprägt.

Erosion, Transport und Akkumulation durch den Wind sind von der Geschwindigkeit und der jeweiligen Bodenart abhängig. Im Gegensatz zu feinen Sanden, die sehr leicht erodieren, sind die meist feuchten und dadurch zu größeren „Klumpen" vernetzten Tone kaum vom Wind erodierbar. Kleinste Unebenheiten der Bodenoberfläche bewirken eine uneinheitliche oder turbulente Windströmung. Dadurch werden vor allem Sande ausgeweht und in rollende und springende Bewegungen versetzt. Diese Bewegungsform wird als Saltation bezeichnet.

Daneben werden die Sandkörner angehoben und in parabelförmiger Flugbahn wieder zu Boden gedrückt. Treffen sie beim Aufprall auf andere, setzen sie diese in die gleiche Bewegung. Dadurch wächst die Menge des treibenden Sandes in den unteren Schichten an. Springende Sandkörner schleudern beim Aufprall noch feinere Schluff- und Tonpartikel in die turbulente Luftströmung, welche dann kilometerweit transportiert werden können. Auf diese Weise können Sand- und Staubstürme entstehen. Als Ergebnis dieser Auswehung oder **Deflation** bilden sich sogenannte Windrippeln. Werden die feinen Materialien aus steinreichen Gebieten ausgeweht, rutschen die Steine zusammen und bilden Steinpflaster. Die in ein bis zwei Meter Höhe fliegenden Sandkörner wirken auf Hindernisse wie Schleifpapier. Wo die Windgeschwindigkeit zu gering ist, entstehen äolische Akkumulationsformen. Je nach Schwere findet bei der Ablagerung eine Sortierung nach Sand- und Staubdecken statt. In vegetationsfreien Räumen bilden Dünen die Hauptform der Sanddecken.

1 Die Erde verändert ihr Gesicht
a) Ordne die Fotos 1–4 sowie 7 der jeweiligen Form der Verwitterung zu.
b) Erkläre für jede Form den Vorgang, der dazu geführt hat.

2 Erläutere mithilfe der Grafik 6 die Entstehung und Wanderung einer Düne.

3 An vielen Stellen versucht der Mensch die Veränderung der Landschaft aufzuhalten. Nenne Beispiele.

Die Gefährdung durch Naturereignisse ist nicht überall gleich auf der Erde. Es gibt aber kaum einen Lebensraum, der aufgrund seiner natürlichen Gegebenheiten durch den Menschen ohne Risiken nutzbar ist.

Naturgefahren weltweit

Auf einer Weltkarte haben die Gebiete besonderer Gefährdung durch Naturereignisse ein ganz bestimmtes Verbreitungsmuster. Einige der möglichen Naturereignisse und ihre Ursachen hast du in diesem Kapitel kennengelernt. Nicht immer können oder wollen die Menschen allen Risiken der Natur ausweichen. So berichtet die Münchener Rückversicherungs-Gesellschaft, dass die letzten Jahre einen zunehmenden Trend zu steigenden Schäden durch Naturkatastrophen feststellen lassen. Zwar gibt es seit etwa 1990 internationale Anstrengungen auf Initiative der UNO, um den Auswirkungen großer Naturkatastrophen entgegenzuwirken, aber der Kampf gegen die Hauptursachen Bevölkerungs- und Städtewachstum, Nutzung gefährdeter Gebiete, Anfälligkeit der Ballungszentren und Umweltveränderungen ist fast aussichtslos. Immerhin ist es gelungen, Katastrophenmanagement, Frühwarnung und Vorbeugung zu verbessern.

2 **Von Naturereignissen betroffene Gebiete**

Die folgenreichsten Naturkatastrophen (1970 bis 2008)							
Nach Anzahl der Toten				Nach Schaden (in Mio. US-$)			
Jahr	**Land**	**Ereignis**	**Tote**	**Jahr**	**Land**	**Ereignis**	**Schaden**
1970	Peru	Erdbeben	67 000	1988	Armenien	Erdbeben	14 000
1970	Bangladesh	Sturmflut	300 000	1990	Europa	Winterstürme	15 000
1976	Guatemala	Erdbeben	23 000	1992	USA	Hurrikan	30 000
1976	China	Erdbeben	290 000	1993	USA	Überschwemmung	16 000
1985	Kolumbien	Vulkanausbruch	25 000	1995	Japan	Erdbeben	100 000
1988	Armenien	Erdbeben	25 000	1995	Nordkorea	Überschwemmung	15 000
1990	Bangladesh	Sturmflut	140 000	1996	China	Überschwemmung	24 000
1999	Türkei	Erdbeben	20 000	1998	China	Überschwemmung	30 000
2003	Europa	Hitze/Brände	20 000	2003	Europa	Hitze/Brände	13 000
2004	Südasien	Tsunami	300 000	2004	Japan	Erdbeben	28 000
2005	Nordpakistan	Erdbeben	86 000	2005	USA	Hurrikan	125 000
2008	Myanmar	Zyklon	128 000	2006	Java	Erdbeben	3 100
2008	China	Erdbeben	80 000	2007	Europa	Orkan	10 000

1

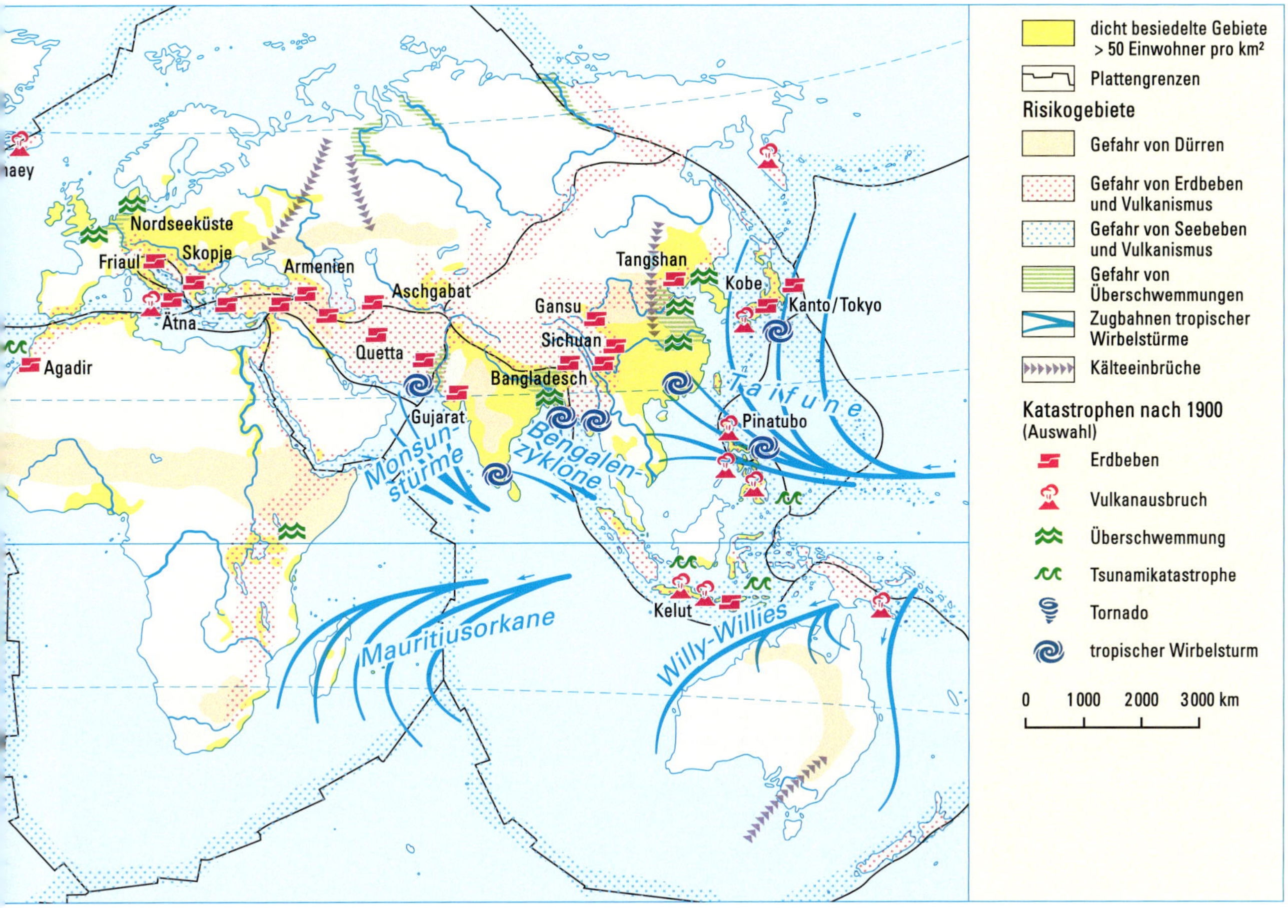

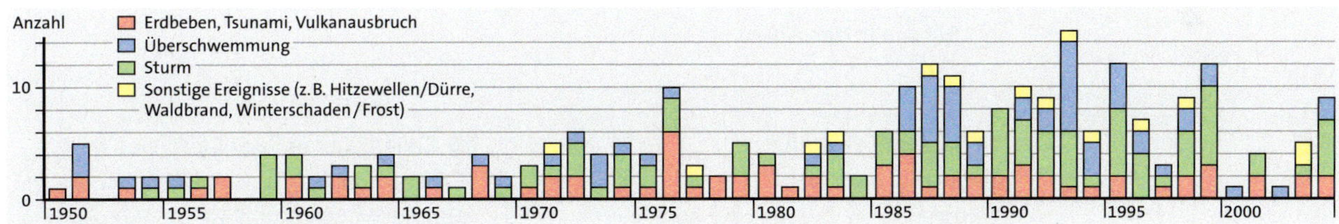

3 **Große Naturereignisse weltweit seit 1950**

1 Arbeite mit Karte 2:

a) Beschreibe die Verbreitung einzelner Erscheinungen und nenne betroffene Länder oder Landschaften.

b) Liste Gebiete auf, in denen sich die Gefährdungen durch unterschiedliche Naturereignisse überlagern.

2 Arbeite mit Tabelle 1:

a) Stelle fest, welche Naturereignisse viele Todesopfer fordern und welche hohe Sachschäden verursachen.

b) Stelle fest, welche Länder/Regionen betroffen sind.

c) Vergleiche die Jahresangaben bei den Schäden. Was fällt dir auf?

3 Arbeite mit dem Diagramm 3:

a) Werte das Material aus.

b) Was leistet es, was leistet es nicht?

4 Naturkatastrophen in den Medien: „Erdbeben in Kobe: Keine Natur-, sondern eine Sozialkatastrophe". Beziehe zu dieser Schlagzeile Stellung.

TERRA TRAINING

Wichtige Begriffe
Akkumulation
Ausgleichsküste
Boddenküste
Deflation
Delta
endogene Kräfte
Erosion
exogene Kräfte
Flachküste
Fördenküste
glaziale Serie
Gletscher
Nehrungsküste
Steilküste
Verwitterung
wasserbauliche Maßnahmen

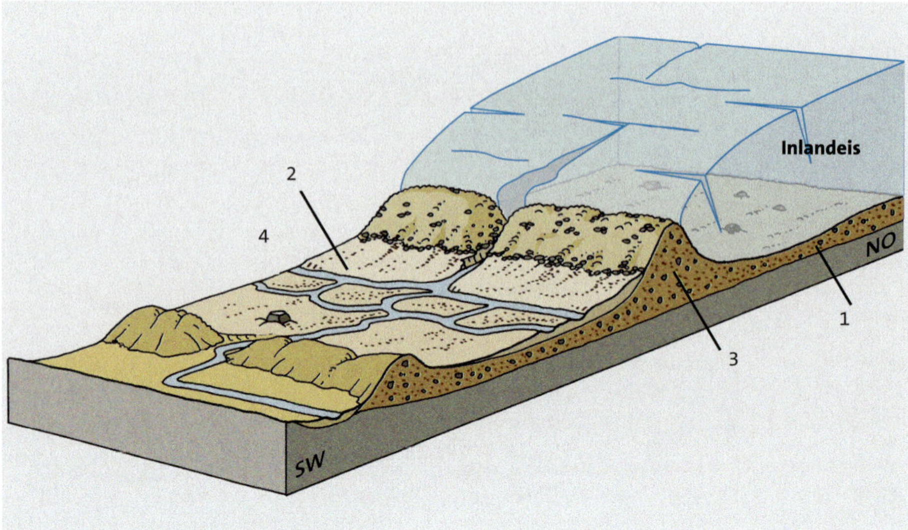

1 **Landschaft vor etwa 40 000 Jahren**

2 **Talform in den Alpen**

Wissen und verstehen

1 Richtig oder falsch?
Verbessere die falschen Aussagen.
a) Die Transportkraft des Wassers ist im unteren Teil größer als im Mittellauf des Flusses.
b) Frostverwitterung zählt zur physikalischen Verwitterung.
c) Je größer das Gefälle eines Flusses, umso größer ist seine Fließgeschwindigkeit.

2 Glaziale Serie
Ordne den Ziffern in Blockbild 1 die einzelnen Formen der glazialen Serie zu und beschreibe ihre Entstehung.

3 Erkläre anhand von Beispielen den Einfluss von Temperatur, Niederschlag und Ausgangsgestein auf die Intensität der physikalischen Verwitterung.

4 Erkläre, warum es besonders im Winter zur Bildung von Schlaglöchern auf den Straßen kommt.

Methoden anwenden

5 Talform erklären
a) Beschreibe das Foto 2.
b) Wie könnte eine solche Talform entstanden sein? Erkläre.

Material
Selbsteinschätzungsbogen
104028-0803

Teste dich selbst
mit den Aufgaben 1a und 5b.

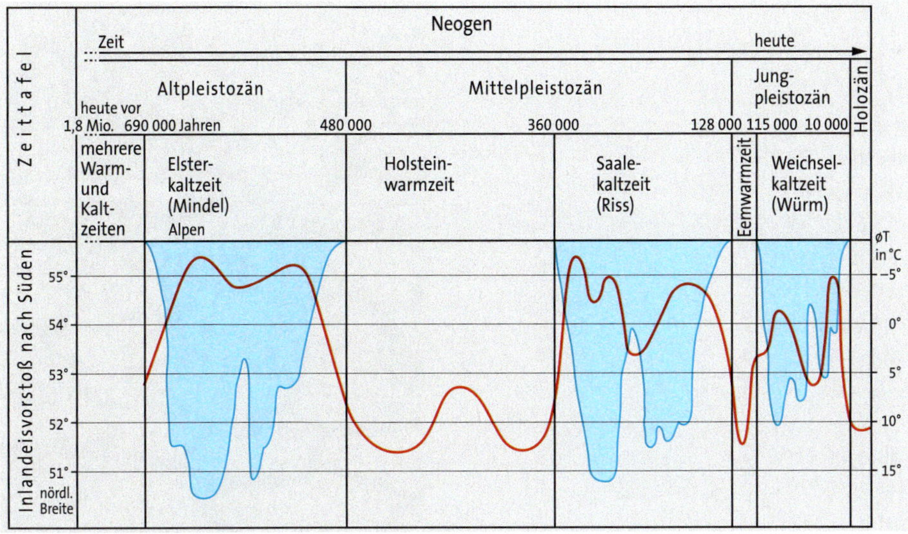

3 **Temperaturen und Eisvorstöße im Pleistozän**

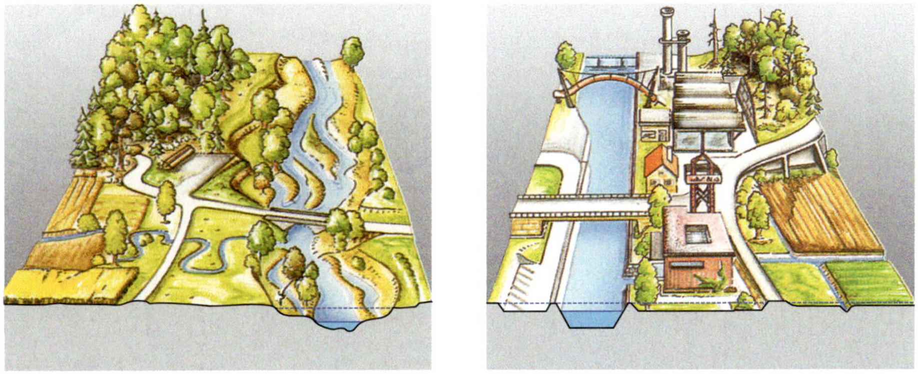

4 **Entstehung von Hochwasser**

5 **Moselschleife bei Bremm**

6 Beschreibe das Foto 5 und erläutere die Vorgänge der Gebirgsbildung und der Flussarbeit am Beispiel des Moseltals.

7 Werte das Diagramm 3 aus.

Beurteilen und bewerten

8 **Entstehung von Hochwasser**

a) Beschreibe mithilfe von Grafik 4 die Ursachen von Hochwässern. Unterscheide dabei zwischen natürlichen und vom Menschen beeinflussten Faktoren.

b) Überlege, was notwendig wäre, um die Auswirkungen von Hochwässern zu vermindern.

c) Bewerte diese Maßnahmen.

9 **Zum Knobeln**

Am 1. Dezember 1990 war es zum ersten Mal seit 13 000 Jahren wieder möglich, zu Fuß von Frankreich nach Großbritannien zu gehen. Erkläre.

9

Lernen an Stationen: Wasser

Wasser ist Grundlage allen Lebens. Umweltverschmutzung, Klimawandel sowie Armut und Bevölkerungswachstum beeinträchtigen heute stark den Zugang zu sauberem Wasser.
Wasser ist Menschenrecht. Über 150 Länder haben bereits einen Vertrag der Vereinten Nationen unterschrieben, nach dem ein angemessener Lebensstandard der Menschen und damit Zugang zu Trinkwasser sichergestellt werden muss.
Weltweit sind die Süßwasserressourcen sehr ungleich verteilt. Welche Nutzungskonflikte gibt es heute schon, welche werden die Zukunft bestimmen?

1

2

1 Der tägliche „Kampf" um Wasser in Indien
2 Indien: Menschenmassen an einer Wasserstelle in der Trockenzeit
3 Murzuq (Libyen): Beregnungskarussell
4 Beschädigter Öltanker „Baltic Carrier" vor der Küste Dänemarks

3

4

TERRA **METHODE**

Beim Stationenlernen könnt ihr euch ein Thema schrittweise selbstständig erarbeiten und dabei euren Lernweg weitgehend selbst bestimmen. Das ermöglichen die Lernstationen, die vorbereitete Aufgaben und Materialien zu den Einzelthemen anbieten und die ihr in beliebiger Reihenfolge und selbsttätig bearbeiten könnt.

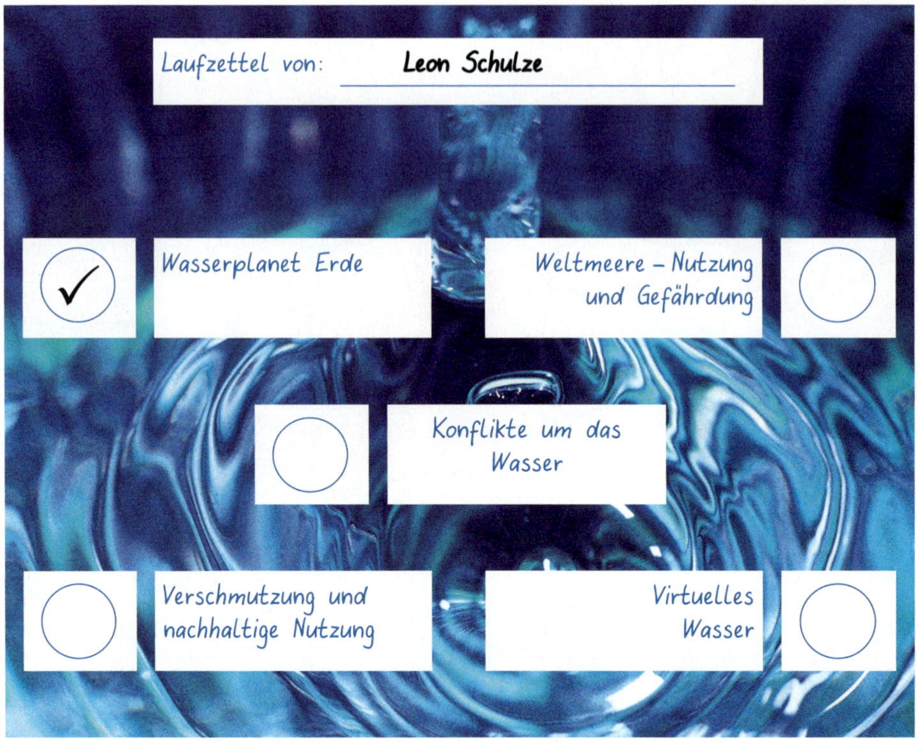

1

Lernen an Stationen

Zwar ist in Deutschland und den meisten Ländern auf der Nordhalbkugel das Wasser ein Gut, das noch im Überfluss vorhanden ist. Dennoch ist die Ressource Wasser auch in diesen Ländern durch Verschmutzung oder Übernutzung gefährdet.
Dramatischer stellt sich die Wasserversorgung in vielen Regionen Afrikas, Asiens und Lateinamerikas dar: Vor allem die Armensiedlungen sind nicht an das städtische Versorgungsnetz angeschlossen. So stellt in vielen Regionen der Welt Wasser den begrenzenden Faktor für eine weitere wirtschaftliche und soziale Entwicklung dar. Nach Ansicht der Weltbank könnte Wasser aufgrund der begrenzten Vorräte zukünftig zu einem extrem begehrten Gut werden und Nutzungskonflikte zur Folge haben.

Lernen an Stationen

1. Schritt: Arbeitsregeln festlegen

Bevor ihr beginnt, solltet ihr gemeinsam Regeln für die Arbeit an den Stationen festlegen. Diese können z. B. sein:

- Aufgabenstellung sorgfältig beachten.
- Einmal begonnene Arbeiten an einer Station nicht abbrechen, sondern zu Ende führen. Angefangene Stationen in der nächsten Stunde als Erstes beenden.
- Andere nicht beim Arbeiten stören.

2. Schritt: Stationen aufbauen

- Stellt die Tische in eurem Klassenzimmer so auf, dass das Arbeiten an vier einzelnen Stationen, die jeweils doppelt besetzt sind, möglich ist.
- Achtet darauf, dass die zur Bearbeitung der Aufgaben angegebenen Materialien bereitliegen. Hinweise dazu findet ihr bei den einzelnen Stationen.

Material
Laufzettel
104028-0901

2

3

4

5

3. Schritt: An den Stationen arbeiten

- Bearbeitet die Aufgaben der jeweiligen Station. Achtet darauf, wann in Gruppen und wann einzeln gearbeitet werden soll.
- Es kann mit jeder Station begonnen werden. Auch die Reihenfolge der zu durchlaufenden Stationen könnt ihr selbst bestimmen.
- Markiert auf eurem Laufzettel oder auf einem Übersichtsplakat, wenn ihr eine Station fertig bearbeitet habt. Notiert, wie euch die Station gefallen hat.

4. Schritt: Ergebnisse präsentieren und gemeinsam besprechen

- Stellt eure Arbeiten den anderen Mitschülern vor und besprecht die Ergebnisse.

5. Schritt: Reflexion

Überlegt zum Schluss:

- Welche Station hat mir besonders gut gefallen und warum?
- Welche Materialien fand ich interessant?
- Wie war die Zusammenarbeit in der Gruppe? Was können wir zukünftig verändern oder verbessern?

6 **Regeln für die Arbeit an den Stationen**

Hilfreich ist es, wenn feste Schülerteams immer für den Auf- und Abbau derselben Station zuständig sind.

1 Erstellt nach Bearbeitung aller Stationen selbstständig eine TERRATraining-Seite nach dem Muster der vorangegangenen Kapitel.

Lernen an Stationen
Stationsüberblick

TERRA **METHODE**

Lernen an Stationen
Station 1

Wasserplanet Erde

Aufgaben

1 Beschreibe mithilfe von Grafik 2 den Wasserkreislauf.

2 Erkläre, weshalb die Erde als Wasserplanet bezeichnet wird, obwohl nur 0,1 % des Erdvolumens Wasser ist.

3 Begründe mithilfe der Materialien, dass für den Wasserhaushalt der Erde N = V gilt.

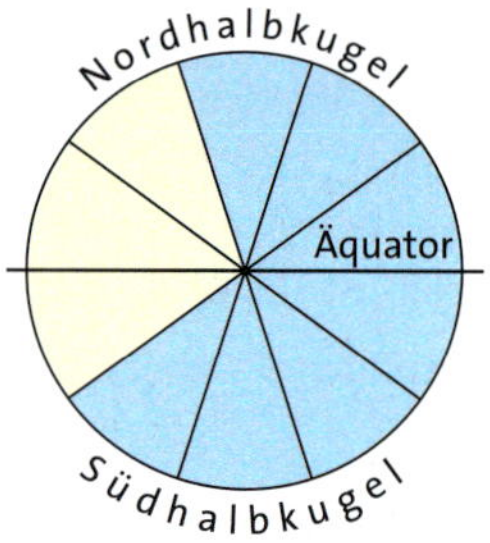

1 Vergleich der Landfläche und Wasserfläche auf der Nordhalbkugel und Südhalbkugel

Obwohl Wasser nur ca. 0,1 % des Volumens der Erde ausmacht, sind 71 % der Erdoberfläche mit Wasser bedeckt. Es prägt nicht nur die Oberfläche unseres Planeten, es ist für die belebte Natur auf der Erde existenziell.

3 Wasserplanet Erde

Der Wasserkreislauf

Das auf der Erde vorkommende Wasser befindet sich dank Sonnenenergie und Schwerkraft in einem stetigen Kreislauf zwischen Ozeanen, Atmosphäre und Festland, der durch **Niederschlag**, Abfluss sowie Verdunstung charakterisiert ist. Die durch die Sonnenstrahlung angetriebene Verdunstung erfolgt vor allem über dem Meer und bildet aus Meerwasser Süßwasser. Die zur Verfügung stehende Strahlungsenergie bestimmt neben der Wassertemperatur, dem Sättigungsgrad der Luft und den Luftturbulenzen die Verdunstungsrate. Von der Luft kann nur eine bestimmte Maximalmenge von Wasser in gasförmiger Form aufgenommen werden, wobei die Aufnahmefähigkeit mit der Temperatur ansteigt. Jede darüber hinausgehende Wasserdampfmenge führt zur Kondensation und setzt die

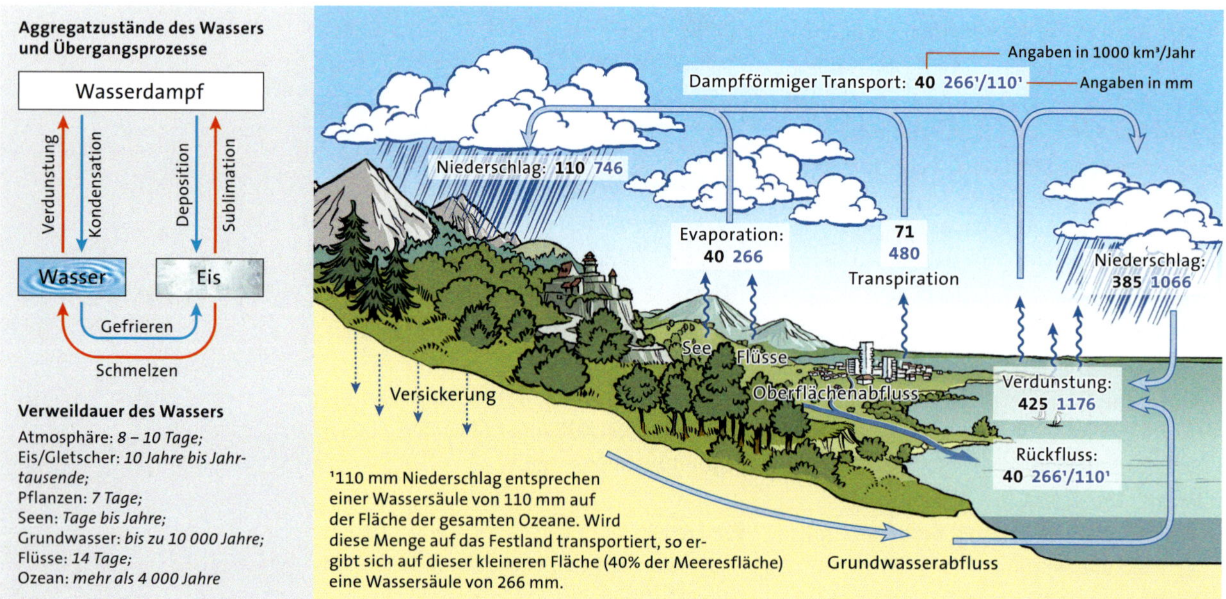

2 Der globale Wasserkreislauf

Wasserressource	Volumen	Anteil am Wasser	Anteil am verfügbaren Süßwasser	Erneuerungszeit
	($\times 10^3$ km³)	(%)	(%)	(a)
Salzwasser	1 370 323	93,942		3 000
Fossiles Grundwasser	60 000	4,113		5 000
Eis	24 000	1,645		8 000
Aktives Grundwasser	4 000	0,274	91,38	330
Seewasser	280	0,019	6,34	7
Bodenfeuchte	85	0,0058	1,93	1
Atmosphäre	14	0,00096	0,32	0,027
Fließgewässer	1,2	0,00008	0,03	0,031
Verfügbares Süßwasser	**4380,2**	**0,3**		
Total	**1 475 703**	**~100**	**100**	

4 **Die Wasservorräte der Erde**

latente Wärme des Wasserdampfes frei, sodass sich bei Wolkenbildung die Luft erwärmt.

Süßwasser
Global steigt der Bedarf an Süßwasser. Sein Anteil am Wasservorkommen der Erde beträgt je nach Schätzung nur 2,6 bis 3,5 %. Davon sind jedoch nur etwa 10 % für die menschliche Nutzung verfügbar.
Ein Teil der weltweiten Süßwasservorräte kann immer wieder erneuert werden. Dies geschieht im terrestrischen Teil des **Wasserkreislaufs** zum Beispiel mit den Komponenten Niederschlag, Verdunstung, Abfluss und Infiltration.
Etwa zwei Drittel des Niederschlags über dem Festland verdunsten wieder. Der Rest fließt oberirdisch über Fließgewässer oder zu einem kleinen Teil über das Grundwasser zurück ins Meer. Dabei ist zu berücksichtigen, dass Teile des Niederschlagswassers an der Oberfläche, in Pflanzen, Mooren oder Seen zwischengespeichert werden, bevor sie verdunsten oder abfließen.

Da die Erde ein geschlossenes System darstellt, kann der globale Wasserkreislauf einfach mit $N = V$, also Niederschlag gleich Verdunstung, beschrieben werden. Für eine differenziertere Betrachtung lassen sich Teilkreisläufe ausgliedern, welche aber über Flüsse und Luftbewegung miteinander verbunden sind. So gilt für die Meere (M) die Formel: $VM = NM + AL$
Für das Festland (L) muss neben Niederschlag, Verdunstung und Abfluss (A) auch die Differenz zwischen Rücklage (R) und deren Aufbrauch (B) durch Abfluss oder Verdunstung berücksichtigt werden. Als Rücklage bezeichnet man Wasser, welches zum Beispiel in der Bodenfeuchte, im Eis oder in den stehenden Gewässern gespeichert wird. Daher ergibt sich für das Festland die Gleichung:
$NL = VL + AL + (R - B)$.

5 **Wasserbilanz**

Süßwasser enthält maximal 0,5 ‰ Salz bei 8–12 °C.

Evaporation
Verdunstung von Wasser auf unbewachsenem Land oder von Wasserflächen.

Transpiration
Verdunstung von Wasser über die Oberflächen von Pflanzen.

Infiltration
Eindringen von Niederschlägen in den Boden

TERRA **METHODE**

Lernen an Stationen
Station 2

Verschmutzung und nachhaltige Nutzung

Aufgaben
Bearbeitet zunächst die Aufgaben 1–3 arbeitsteilig:

1. Stelle den Inhalt des § 1 a des Wasserhaushaltsgesetzes als Wirkungsgefüge dar.
2. Schreibe zu den aufgezählten Bedrohungen des Grundwassers, die für deine Stadt oder Gemeinde relevant sind, eine kurze Erläuterung.
3. Vergleiche die aufgeführten Bewässerungsmethoden nach ihrer Wirtschaftlichkeit und Nachhaltigkeit.

Löst Aufgabe 4 nun gemeinsam:

4. Stellt euch eure Ergebnisse aus den Aufgaben 1–3 gegenseitig vor. Formuliert anschließend ein gemeinsames Fazit.

Wasserhaushaltsgesetz (WHG)
§ 1a Grundsatz
(1) Die Gewässer sind als Bestandteil des Naturhaushalts und als Lebensraum für Tiere und Pflanzen zu sichern. Sie sind so zu bewirtschaften, dass sie dem Wohl der Allgemeinheit und im Einklang mit ihm auch dem Nutzen Einzelner dienen, vermeidbare Beeinträchtigungen ihrer ökologischen Funktionen und der direkt von ihnen abhängenden Landökosysteme und Feuchtgebiete im Hinblick auf deren Wasserhaushalt unterbleiben und damit insgesamt eine nachhaltige Entwicklung gewährleistet wird. Dabei sind insbesondere mögliche Verlagerungen von nachteiligen Auswirkungen von einem Schutzgut auf ein anderes zu berücksichtigen; ein hohes Schutzniveau für die Umwelt insgesamt, unter Berücksichtigung der Erfordernisse des Klimaschutzes, ist zu gewährleisten.
(2) Jedermann ist verpflichtet, bei Maßnahmen, mit denen Einwirkungen auf ein Gewässer verbunden sein können, die nach den Umständen erforderliche Sorgfalt anzuwenden, um eine Verunreinigung des Wassers oder eine sonstige nachteilige Veränderung seiner Eigenschaften zu verhüten, um eine mit Rücksicht auf den Wasserhaushalt gebotene sparsame Verwendung des Wassers zu erzielen, um die Leistungsfähigkeit des Wasserhaushalts zu erhalten und um eine Vergrößerung und Beschleunigung des Wasserabflusses zu vermeiden.

1

Wasserwerke können zur Senkung des Grundwasserspiegels beitragen.

Straßen: Tausalze, Benzinblei, Öle und Kraftstoffe gelangen ins Erdreich

Landwirtschaft: Durch übermäßiges Düngen tritt Nitrat ins Grundwasser, das zusätzlich durch Düngung mit schwermetallhaltigem Klärschlamm belastet wird.

Siedlungen verseuchen über die Abwassersysteme das Grundwasser mit Tausalzen, Ölen und anderen Schadstoffen. Zubetonierte Flächen verhindern das Einsickern von Regenwasser, sodass sich kein neues Grundwasser bildet.

Saurer Regen löst Schwermetalle im Boden, die mit dem Regenwasser ins Grundwasser gelangen.

Halden sind meist nicht abgedichtet. Mit dem Regen dringen z. B. Schwermetalle oder Sulfate ins Grundwasser.

Oberflächenwasser: Schadstoffbelastete Flüsse und Seen. Zulieferer für die Grundwasser-Reservoire gefährden die Trinkwasserqualität.

Müllplätze, wenn nicht abgedichtet: Gefährliche Chemikalien sickern ins Grundwasser.

Rohstoffabbau beeinträchtigt die Filterwirkung von Kies- und Sandschichten.

Industriebetriebe belasten das Grundwasser durch Abwässer und undichte Lagerbehälter.

2 Was bedroht das Grundwasser?

3 Kläranlage

6 Jeder Tropfen zählt!

Bewässerungsmethoden im Vergleich

Methode Art der Wasserzuleitung	Investitionskosten (in US-$/ha)	Arbeitsaufwand (in h/ha)	durchschnittlicher Wirkungsgrad (in %)	weltweite Verbreitung (in %)
Schwerkraftbewässerung durch Kanäle unter Ausnutzung des Gefälles	700–1150	12–30	45	90
Beregnungsbewässerung durch Sprühtechniken mit ortsfesten „Sprinklern“ oder „Karussells“	1050–2650	3–5	70	9
Tröpfchenbewässerung durch Schlauchsysteme im Wurzelbereich bei exakter Dosierung	1850–1950	10	85	1

Verändert nach Walter Lükenga

4

Die Landwirtschaft weist mit knapp 70 % den größten Anteil am globalen Wasserverbrauch auf. In Entwicklungsländern liegt dieser Wert sogar bei 85–90 %. Der Wirkungsgrad des eingesetzten Wassers ist dabei im Durchschnitt sehr niedrig, sodass sich in diesem Bereich das größte Einsparpotenzial bietet.

Eine Erhöhung der landwirtschaftlichen Wasserproduktivität setzt bei den drei unterschiedlichen Methoden an, die weltweit angewandt werden.

Bei der Schwerkraftbewässerung lässt sich der Wirkungsgrad u. a. durch eine gleichmäßigere Verteilung der Wasserzufuhr verbessern. Eine Voraussetzung hierfür ist z. B. die Planierung der Landfläche durch Beseitigung von Unebenheiten unter Beibehaltung des natürlichen Gefälles. In den USA gelang es, dieses Verfahren durch den Einsatz lasergesteuerter Planierungstechniken so zu perfektionieren, dass der Wirkungsgrad auf 90 % gesteigert wurde.

Bei der Beregnungsbewässerung kann durch den Einsatz der LEPA-Technik (Low Energy Precision Application) sogar eine Wasserausnutzung von 98 % erreicht werden. Das Wasser wird mit geringem Druck unmittelbar an die Pflanze gesprüht, was gleichzeitig den Energieverbrauch senkt.

Bei der Tröpfchenbewässerung wird heute nicht nur die Zufuhr von Wasser, sondern auch von Nährstoffen durch Computer und Sensoren gesteuert, wobei durch den sparsamen, gezielten Einsatz auch die Verwendung von Brackwasser möglich wird. Bei diesen Systemen liegt der Wirkungsgrad inzwischen bei ca. 95 %.

Hans-Jürgen Boss et al. Erdkunde 12/13 Gym. Baden-Württemberg, Gotha und Stuttgart: Klett-Perthes 2002, S. 242

5

7 Computergesteuerte Bewässerung im Negev

Zwischen 30 und 40 % der weltweit produzierten Nahrungsmittel sind von künstlicher Bewässerung abhängig.

Wasserabgabe an private Haushalte in Deutschland (je EW und Tag)

2007	122 l
2001	127 l
1998	129 l
1991	144 l
1987*	146 l
1983*	147 l
1979*	135 l
1975*	124 l

Statistisches Bundesamt, Wiesbaden, 2009

8

Lernen an Stationen
Station 3

Weltmeere – Nutzung und Gefährdung

Aufgaben

1 Stellt anhand der Materialien die Chancen und Risiken der Nutzung der Meere einander gegenüber.

2 Die Weltmeere liefern Nahrungsmittel und Rohstoffe, dienen als Transportweg und Müllkippe und der Erholung. Entwerft ein Konzept zum Schutz der Weltmeere, welches die wichtigsten Interessenkonflikte berücksichtigt.

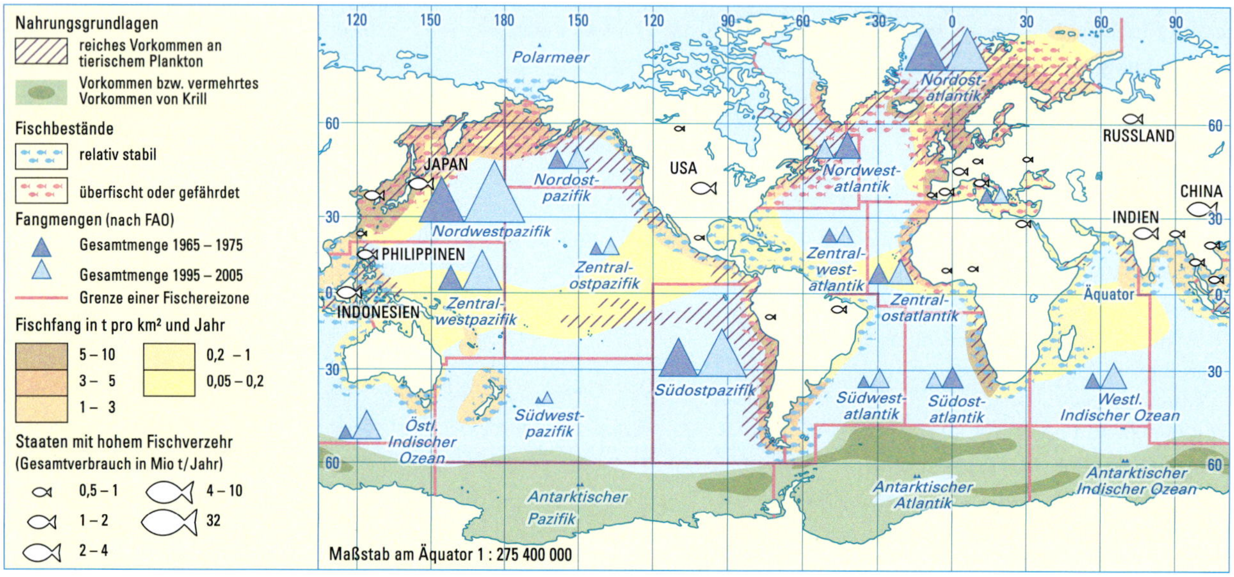

1 Fischfang

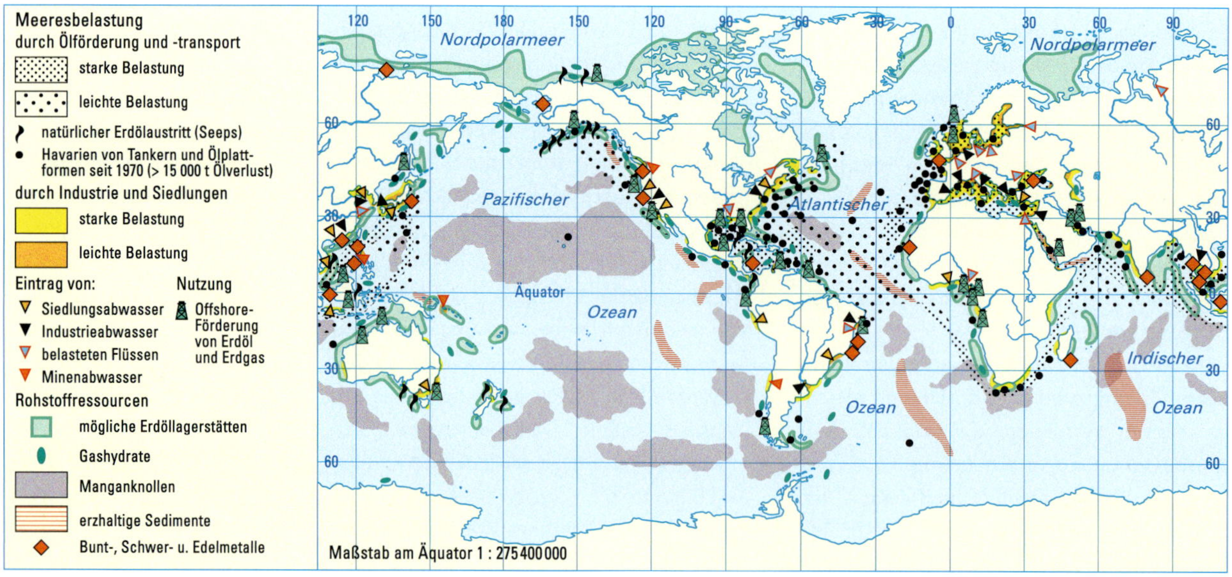

2 Meeresbelastung

Fischfabriken
Sogar Satelliten werden heute eingesetzt, um Fischschwärme zu orten. Gegen diese Technik haben Fische keine Chance. Sind größere Bestände ausgemacht, laufen große Fangschiffe aus, um mit gigantischen Netzen Beute zu machen. Von diesen schwimmenden Fischfabriken gibt es weltweit eine Million große und zwei Millionen kleine. Diese tun ihre Arbeit so gründlich, dass mittlerweile viele Fischarten in ihrem Bestand gefährdet sind.

Fehlende Kontrollen
Internationale Abkommen regeln Fangmengen und Maschenweite der eingesetzten Netze, doch deren Beachtung kann kaum kontrolliert werden. Nach Angaben der Ernährungs- und Landwirtschaftsorganisation der Vereinten Nationen (FAO) sind rund 70 % aller Fanggründe in den Meeren bedroht.
Organisationen wie die Deutsche Welthungerhilfe fordern, dass die Unterstützung der Fangflotten durch Steuergelder aufhört. So würde sich das industrielle Fischen kaum noch lohnen. Das Geld sei für die Unterstützung der Fischer, die mit kleineren Booten ausfahren, besser angelegt, was auch im Sinne der Natur sei. Der Rückgang der Fischbestände geht besonders zulasten der Küstenfischer in ärmeren Ländern. Sie fangen aufgrund der Überfischungen immer weniger und verlieren so ihre Existenzgrundlage.

Das Meer als Müllkippe
In den Küstenregionen sind die Fischbestände zudem durch die Entsorgung von Abfällen gefährdet. Feste Abfälle, Chemikalien und Abwässer der Siedlungen gelangen in die Ozeane. Solche Einleitungen gefährden das empfindliche Ökosystem der Meere. Trotz ihrer Größe verfügen die Weltmeere nicht über eine uneingeschränkte Aufnahmefähigkeit für das, womit die Menschen nichts mehr anzufangen wissen.

Öl: Rohstoff mit Risiken
Schon seit Jahrhunderten dient das Meer dem Menschen als Rohstoffquelle. In ariden Räumen wird beispielsweise seit über 4000 Jahren Meerwasser in flache Becken geleitet, um nach der Verdunstung des Wassers das zurückgebliebene Salz zu gewinnen. Noch heute erzeugt man so rund ein Drittel der Weltproduktion an Kochsalz. Auch bei Magnesium, Kalium und Brom werden 50 % der Weltproduktion aus Meerwasser gewonnen.
Knapp 30 % des weltweit geförderten Erdöls und rund 20 % des Erdgases werden von schwimmenden oder im Meeresgrund verankerten Bohrinseln gewonnen und in der Regel über Pipelines zum Festland geführt. Von diesen Bohrinseln gehen unterschiedliche Verschmutzungen aus, die auf die Einleitung ölhaltiger Abwässer zurückzuführen sind.

Schwimmende Zeitbomben
Öl wird aber nicht nur über Pipelines transportiert, sondern zu einem großen Teil mit Riesentankern. Zerbricht solch ein Schiff, bedeutet dies oft genug für Küstenregionen eine Katastrophe. Bilder von verendenden Vögeln und verölten Stränden, die mühsam Stück für Stück gereinigt werden müssen, gehen immer wieder um die Welt. So ereignete sich im November des Jahres 2002 vor der spanischen Küste die bis dahin größte Katastrophe: Der Tanker „Prestige“ brach auseinander – mit über 30 000 Tonnen Schweröl an Bord. 20 000 davon liefen ins Meer und verseuchten die Küsten Spaniens und Frankreichs.
Neben solchen Katastrophen gibt es aber auch die alltäglichen „Sünden“ vieler Tankerkapitäne. Jeder Tanker hat etwa 30 % Ballastwasser an Bord, damit sich das Schiff bei Leerfahrten besser steuern lässt. Dieses Wasser ist mit Öl verschmutzt. Wird es nicht mehr benötigt, wird es nicht selten illegal im Meer entsorgt. Es gibt noch zu wenig Kontrollen, um dies zu unterbinden.

3

Transport wichtiger Güter im Weltseegüterverkehr (in Mio. t)

	1990	2006
Rohöl	1 190	1 814
Kohle	342	755
Eisenerz	347	711
sonstige (z. B. Container)	1 570	2 848
insgesamt	3 977	6 982

nach Fischer Weltalmanach. Frankfurt a.M.: Fischer Taschenbuchverlag 2010, S. 685

4

Fischfang weltweit (in Mio. t)

1980	64,7
1990	84,1
2000	95,7
2009	90,0

nach FAO fishstat 2010

5

Lernen an Stationen
Station 4

Konflikte um das Wasser

Aufgaben

1 Fertigt auf der Grundlage des Textes eine Mindmap zum Thema Wasserkonflikte an.

2 Erstellt eine Tabelle über die aktuellen Wasserkonflikte nach dem Vorschlag von Tabelle 4.

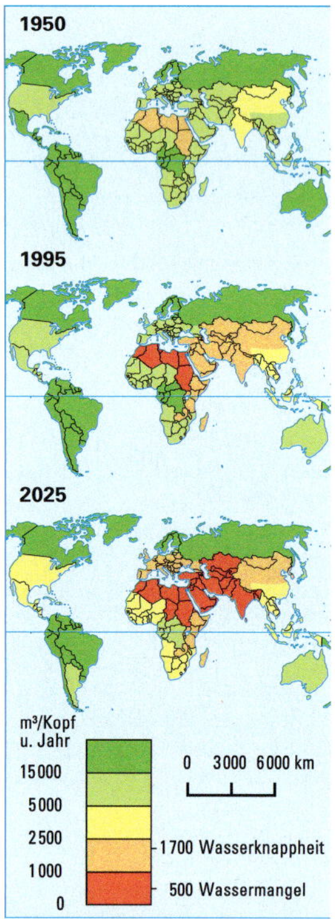

1 **Zugang zu sauberem Trinkwasser in m³/Kopf und Jahr**

Dimensionen der Konflikte

Wasserkonflikte reichen von umstrittenen, grenzüberschreitenden Nutzungen von Fließgewässern, wie am Euphrat oder Ganges, über die zunehmend schwieriger werdende Versorgung der Megastädte mit sauberem Trinkwasser, wie in Mexico City. Aber auch die Bereitstellung ausreichenden Bewässerungswassers für die Landwirtschaft, wie in Indien, bis hin zum Bau großer Staudämme, wie am Jangtsekiang in China, ist mit Spannungen verbunden. Die in vielen Regionen der Erde auftretenden unterschiedlichen Konflikte um Wasser sind zu einem globalen Problem geworden.

Dabei zeigen die um Wasser entbrannten Konflikte sehr unterschiedliche Charakteristika. Diese können primär politischer, ökonomischer oder ökologischer Natur sein. Immer aber haben sie negative Auswirkungen auf Menschen.

Die politischen Konflikte um Wasser können bi- oder multilateral, d.h. zwischen zwei oder mehreren Staaten entbrennen, wie etwa am Euphrat. Zu beobachten sind aber auch politische Konflikte um Wasser innerhalb von Nationalstaaten zwischen einzelnen Regionen, wie etwa am Cauvery in Südindien. Um dessen Wasser streiten sich die Bundesstaaten Karnataka und Tamil Nadu.

Demgegenüber treten ökonomisch motivierte Wasserkonflikte mit der Einführung oder der Erhöhung von Wasserpreisen auf, wie es in Mexico City der Fall ist. Dies führt dazu, dass Arme überproportional viel für Trinkwasser bezahlen müssen, was ihre Wasserversorgung gefährdet. Und in manchen Tourismusregionen Thailands verfügen Reisbauern oft nicht mehr über genügend Bewässerungswasser für ihre Reisfelder, da sie die durch die große Wassernachfrage von Golfplatzbetreibern stark gestiegenen Wasserpreise nicht zahlen können.

Ökologisch bedingte Wasserkonflikte entstehen etwa durch die Kontamination von Fließgewässern, die gleichzeitig anderen als Trinkwasserressource dienten. Auch die durch den Bau großer Staudammanlagen immer wieder hervorgerufenen schweren Schädigungen der lokalen ökologischen Verhältnisse führen zu Konflikten.

Die realen Wasserkonflikte sind nicht rein politischer, ökonomischer oder ökologischer Natur, sondern zeigen stets Überlappungen untereinander und haben mit ihren Auswirkungen auf Menschen – etwa in Gestalt von Gesundheitsgefährdungen, existenziellen Bedrohungen oder erzwungenen Umsiedlungsmaßnahmen – immer auch eine gesellschaftliche Dimension.

2

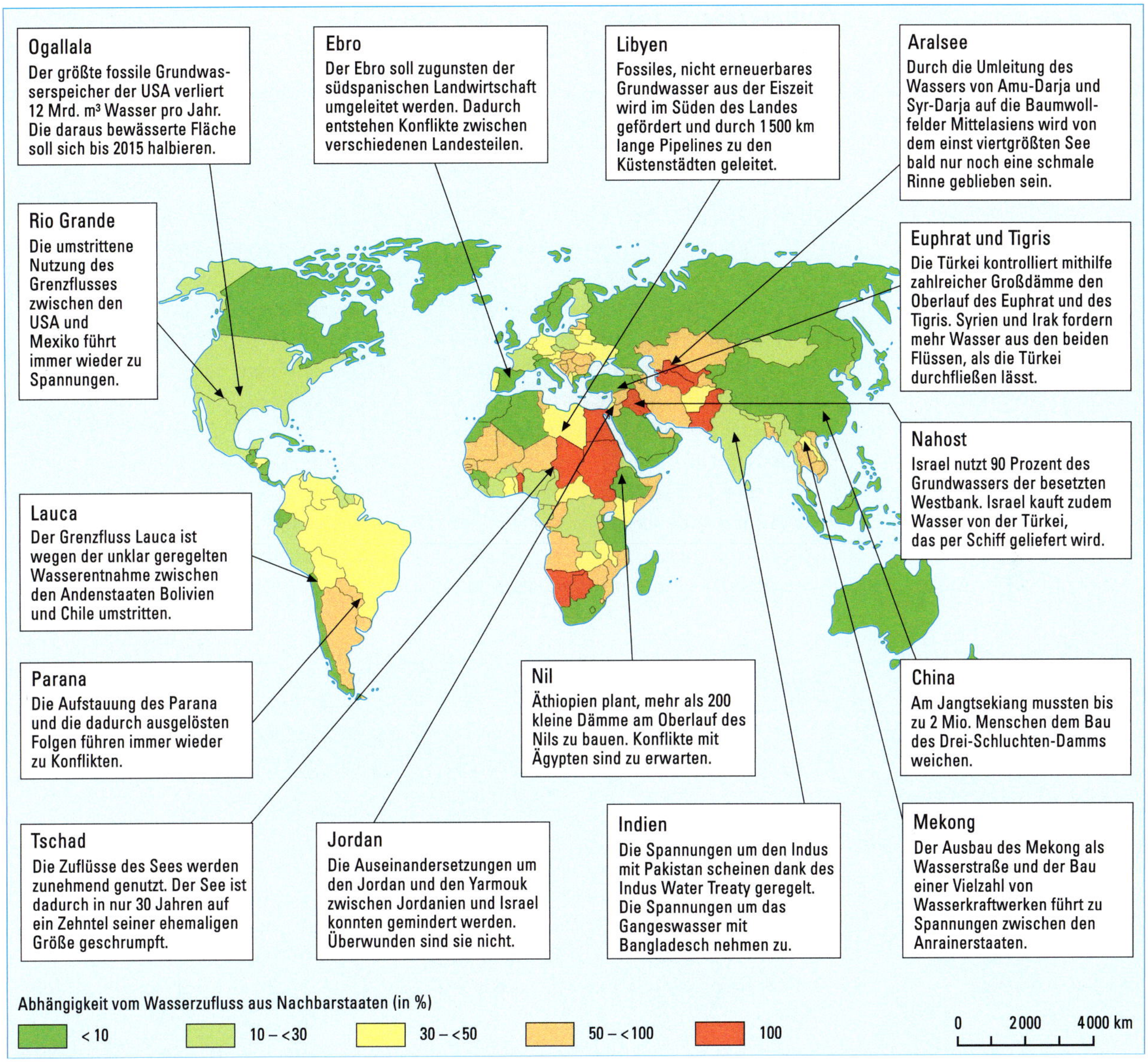

3 **Ausgewählte Wasserkonflikte weltweit**

Kontinent	Fluss/ Flussbecken	Anrainer-staaten	Abhängigkeits-grad	Dominierende Nutzungskonflikte
Afrika	Nil	Ägypten, Sudan, Äthiopien	100 % 100 % < 10 %	Äthiopien plant Staudämme; Ägypten und Sudan beanspruchen das Nilwasser
	...			
Asien	...			
...	...			

4

TERRA **METHODE**

Lernen an Stationen
Station 5

Virtuelles Wasser

Material
Atlas, Blatt Papier (Plakatgröße)

Aufgaben
Bearbeitet zunächst die Aufgaben 1–3 arbeitsteilig:

1 Wassermengen auf der Erde
a) Erläutere anhand der Grafik 2 die Angaben zum globalen Süßwasserangebot.
b) Nimm an, das gesamte Wasserdargebot füllt einen Fünflitereimer. Berechne die uns zur Verfügung stehende Wassermenge.

2 Weltweiter Wasserverbrauch
a) Erkläre, inwiefern der tägliche durchschnittliche Wasserverbrauch eines Deutschen weit über 129 l pro Tag und Person Trinkwasserverbrauch hinausgeht.
b) Sowohl der Sudan als auch Deutschland werden im Jahr 2025 laut Vorhersagen an Wasserarmut leiden. Erkläre dieses scheinbare Paradox.

3 Recherchiere im Atlas wichtige Anbau- und Exportländer für Baumwolle, Soja (= Basis vieler Futtermittel), Tee, Kaffee und Zitrusfrüchte. Vergleiche deine Ergebnisse mit Karte 1.

Löst Aufgabe 4 nun gemeinsam:

4 Entwerft ein anschauliches Plakat zum Thema „Virtuelles Wasser“ und den Möglichkeiten, seinen Verbrauch zu reduzieren.

Kaum zu glauben
Für einen PC werden 20 000 l virtuelles Wasser verbraucht, für ein Auto (1 500 kg schwer) 400 000 l. Für 200 g Kartoffelchips braucht man 185 l und für einen 2 g schweren Mikrochip 32 l.

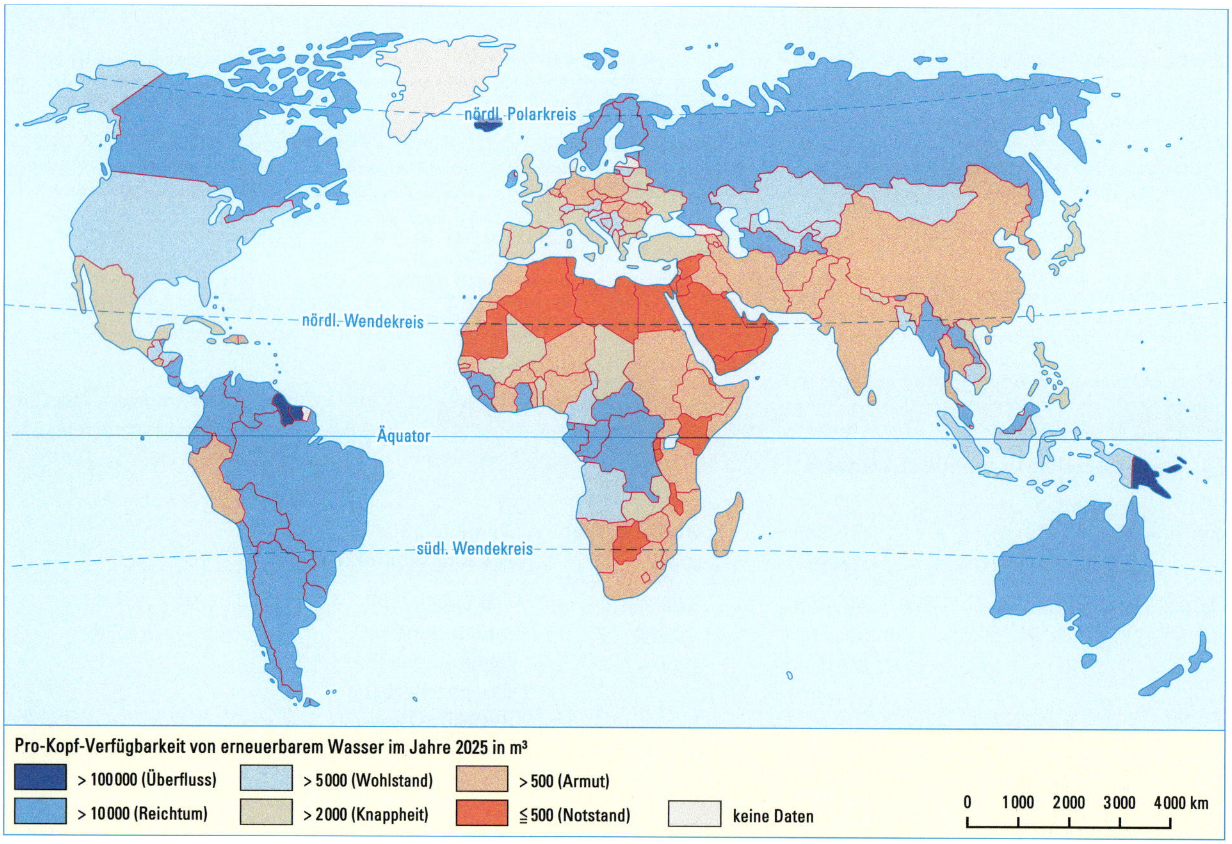

1 **Pro-Kopf-Verfügbarkeit von erneuerbarem Wasser im Jahre 2025 in m³**

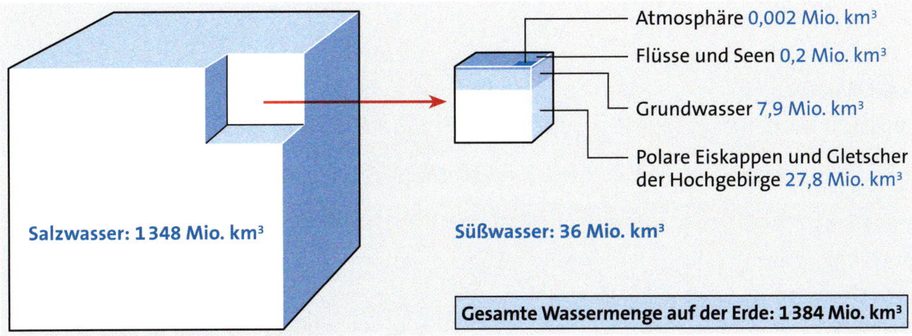

2 **Wassermengen auf der Erde**

Bewusster Umgang mit Wasser
In einer Zitrone mit einem Gewicht von 100 Gramm sind 100 Liter Wasser enthalten. Es ist unsichtbar, also virtuell. Das ist das Wasser, das erforderlich war, um diese Zitrone wachsen zu lassen. Je Gramm ist 1 Liter Wasser erforderlich.
Bei all dem, was wir täglich verbrauchen, summiert sich die Wassermenge, die für den Anbau in der Landwirtschaft oder die industrielle Produktion der Güter erforderlich ist. Der gesamte tägliche virtuelle Wasserverbrauch eines Bundesbürgers beträgt etwa 4000 Liter. (...) Für den Anbau einer Tasse Tee sind durchschnittlich 136 Tassen Wasser erforderlich. Für eine Tasse Kaffee werden sogar 1100 Tassen Wasser eingesetzt (...). Der virtuelle Wasserverbrauch für ein Baumwoll-T-Shirt beträgt 2000 Liter, für eine Jeans sind es 6000 Liter und für einen Hamburger 2400 Liter. (...)
Die große Chance der Debatte über virtuelles Wasser besteht darin, dass endlich bewusst wird, welche enormen Einsparpotenziale bestehen, wenn der Wassereinsatz für die Produktion von zahllosen Gütern reduziert und deren Verbrauch vermindert wird, z.B. durch wassersparende Bewässerungsmethoden in der Landwirtschaft oder die Nutzung von Brauchwasser.
Was können wir auf diesem Gebiet selbst tun?
Patentrezepte gibt es nicht, wohl aber viele kleine sinnvolle Schritte. Das beginnt beim heimischen Speiseplan. Jeder und jede kann auch überlegen, ob Tomaten aus dem trockenen Süden Spaniens oder Schnittblumen aus Afrika wirklich auf den eigenen Einkaufszettel gehören. 50 Gramm Salat aus Südspanien enthalten 50 Liter virtuelles Wasser.
(...) Auch ist zu prüfen, in welchem Zustand das Wasser, das nicht von den Pflanzen aufgenommen wurde, in die Natur zurückgegeben wird. Im Falle vieler Blumenfarmen ist es zum Beispiel so, dass dieses Wasser sehr stark pestizidbelastet ist. Auch dies spricht dafür, Blumen mit Siegel zu kaufen, mit dem angezeigt wird, dass sie umwelt- und sozialverträglich produziert worden sind.
Auch der eigene Speiseplan sollte überprüft werden. Für die Produktion von einem Kilogramm Rindfleisch werden mindestens 15 Kubikmeter Wasser benötigt, für ein Kilogramm Getreide sind es nur etwa 1,5 Kubikmeter Wasser. (...)
Ein letztes Beispiel, wie virtuelles Wasser gespart werden kann: In einem Blatt üblichen Papiers sind 10 Liter Wasser verborgen, in einem Blatt Recyclingpapier sind es nur 1,5 Liter. (...)

Frank Kürschner-Pelkmann: Wassersparen überflüssig? Sinnvoller Umgang mit dem kühlen Nass. Vortrag auf der Messe „Energie leben 2007" in Bremen am 14. Oktober 2007; unter www.wasser-und-mehr.de

3

Wie viel Wasser gibt es?
„Würde man unabhängig vom Aggregatzustand alles Wasser der Erde, also das Süßwasser, das Meerwasser, das Eis usw. addieren, so ließe sich diese Frage mit der unvorstellbaren Zahl von 1,4 Milliarden Kubikkilometer Wasser beantworten. Findige Köpfe haben zur Veranschaulichung errechnet, dass diese Menge ausreichen würde, um die Landmasse aller Kontinente unter einer 2728 Meter mächtigen Wasserschicht verschwinden zu lassen. Aber trotz dieses überwältigenden Überangebots an Wasser sehen wir uns auf der Erde Wasserproblemen ausgesetzt."

Thomas Hoffmann: TERRAglobal. Weltproblem Wasser. Gotha: Klett-Perthes 2003, S. 8

4

Der **Wasser-Fußabdruck** kann für Einzelpersonen, für Unternehmen und für ganze Nationen berechnet werden. Er beinhaltet die direkt verbrauchte Wassermenge sowie das in der Nahrung und anderen Gütern verbrauchte virtuelle Wasser.

10

Boden – Grundlage unseres Lebens

An der Steilküste gewährt uns die Erosion durch die Ostsee einen kleinen Einblick in das „Erdinnere". Über dem hellen Gestein der Grundmoräne liegt als dunkler grasbewachsener Boden die empfindliche Lebensgrundlage unseres Ökosystems. Aber wie entsteht der Boden überhaupt? Welche Gefahren drohen den Böden auf denen und von denen wir leben?

1 **Halbinsel Fischland: Hohes Ufer**

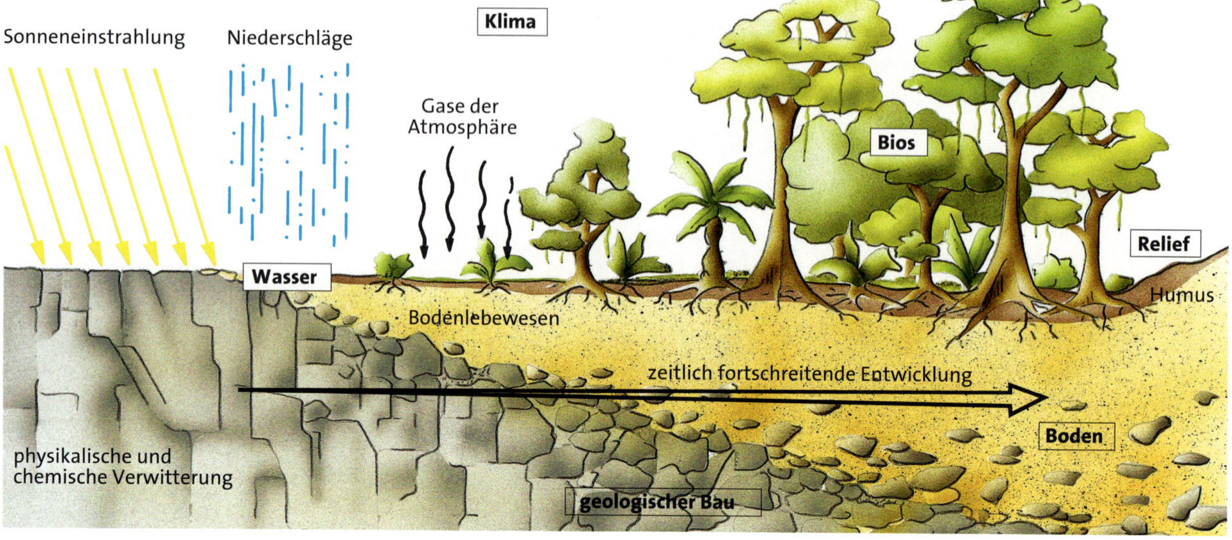

1 **Vom Gestein zum Boden**

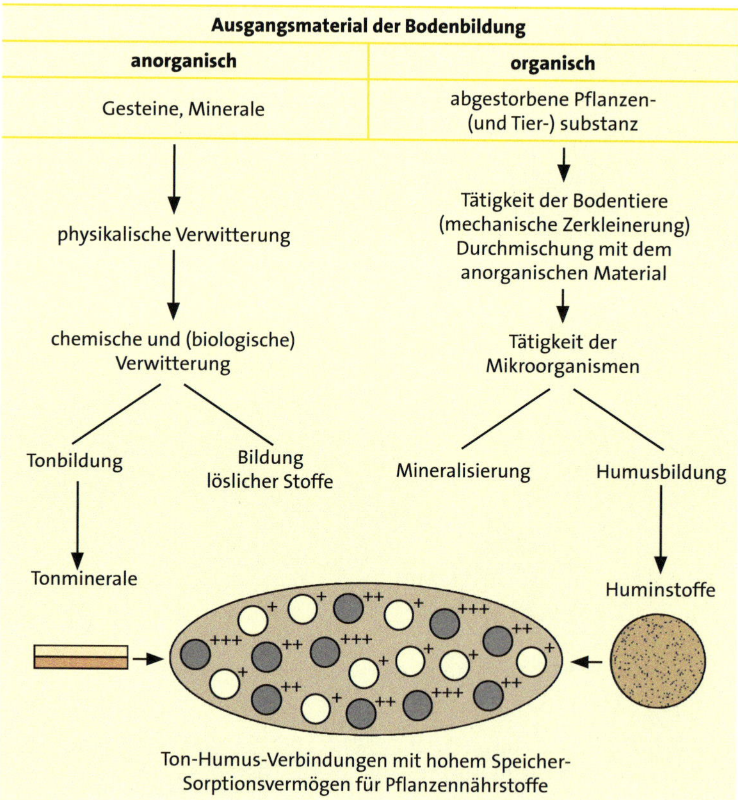

2 **Bodenbildungsprozesse**

Vom Gestein zum Boden

Eine der wichtigsten und empfindlichsten Schichten der Geosphäre ist die **Pedosphäre**, die dünne Bodenhülle der Erdoberfläche. In dieser Grenzzone, in der die Böden gebildet werden, durchdringen sich Athmosphäre (Luft im Boden), Hydrosphäre (einsickerndes Regenwasser, Grundwasser), Biosphäre (Pflanzenwurzeln, bodenbewohnende Tiere) und Lithosphäre (Gesteinsuntergrund).

Die Entstehung des Bodens beginnt mit der Zersetzung des Ausgangsmaterials. Das können zum Beispiel Löss, Granit, aber auch Pflanzenreste sein. Bei diesen chemischen, physikalischen und biologischen Prozessen verwittert einerseits das Ausgangsgestein, andererseits kommt es zur Umwandlung des organischen Materials. Chemische Verwitterung führt zur Freisetzung der im Gestein enthaltenen Minerale. Dabei werden neue Tonminerale gebildet und verlagert. Es kommt zur Verlehmung.

Mit der Ansiedlung von Pflanzen auf den mineralischen Böden bildet sich von oben eine Laub- oder Nadelstreu, welche die Bodenbildung entscheidend beeinflusst.

Material
Infoblatt Bodentypen
104028-1001

Zahlreiche Bodenlebewesen, darunter eine große Anzahl an Mikroorganismen, haben ebenfalls Anteil an den bodenbildenden Prozessen. Sie lockern den Boden und zersetzen die organische Substanz. Dabei entstehen anorganische Endprodukte wie Wasser, Kohlendioxid oder Nitrate.
Aus der abgestorbenen Substanz entstehen neue Stoffe, die Huminstoffe. Sie werden als Humus bezeichnet. Die bei der Mineralisierung und Humusbildung freigesetzten Ionen gehen in den Nährstoffkreislauf zurück, werden an Bodenteilchen gebunden oder aus dem Boden ausgewaschen. Humusteilchen und Tonminerale tragen so wesentlich zur Bindung und Speicherung von Pflanzennährstoffen und Wasser im Boden bei.
Zu den bodenbildenden Prozessen gehören auch Verlagerungsprozesse durch das Bodenwasser. Zum Beispiel werden die Tonminerale durch Schwerkraft abwärts oder durch Sogwirkung in den Hohlräumen aufwärts bewegt. Bodenverlagerungen können ebenso durch Bodentiere und ständiges Gefrieren und Auftauen erfolgen.
Die Bodenstruktur entsteht sehr langsam. Es bildet sich ein Porensystem aus, welches für den Gasaustausch, die Wasserspeicherung und als Lebensraum von Bedeutung ist. Die Prozesse laufen zeitlich sehr langsam ab und sind längst noch nicht abgeschlossen. Es können mehr als 1000 Jahre vergehen, bis sich ein Zentimeter neuer Boden entwickelt. Je nach Intensität und Dauer der Bodenbildung schwankt die Mächtigkeit eines Bodens zwischen wenigen Zentimetern bis zu mehreren Metern. Der Mensch beeinflusst durch Umschichten der Böden, intensive landwirtschaftliche Nutzung, Düngung, Bewässerung aber auch Schadstoffzufuhr die Bodenbildungsprozesse. So existieren in Mitteleuropa nur noch wenige Böden in ihrem natürlichen Zustand.

Bodentyp und Bodenart

Je nach Dauer der Bodenbildung entstehen charakteristische Bodenschichten, die als Bodenhorizonte bezeichnet werden. Die Aufeinanderfolge mehrerer Horizonte

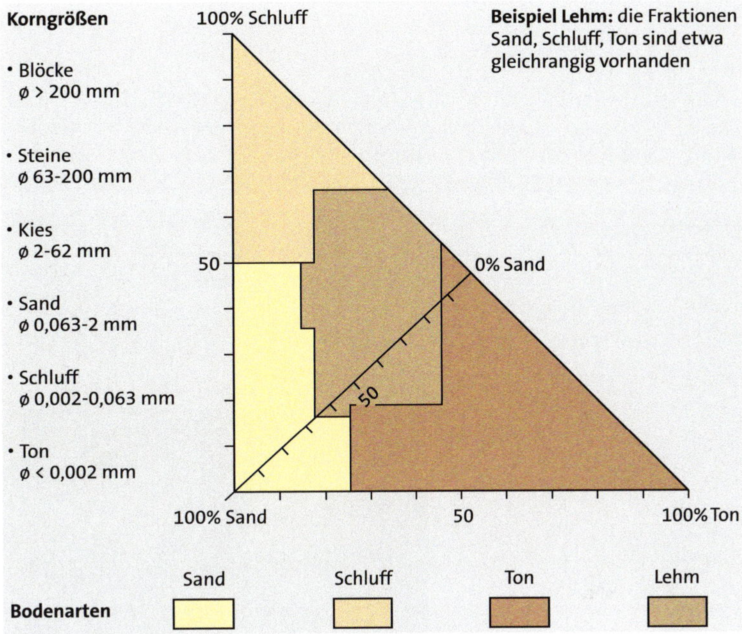

3 **Dreiecksdiagramm zur Bestimmung der Bodenart**

bezeichnet man als Bodenprofil. Böden mit ähnlichen bzw. übereinstimmenden Merkmalen und Entwicklungsstadien werden zu **Bodentypen** zusammengefasst. Eine Untersuchung der Böden nach den Anteilen verschiedener Korngrößen führt zur Bestimmung der **Bodenart**. Bodenarten können Schluff, Ton, Sand und Lehm sein. Die Bodenprobe erhält dabei ihre Bezeichnung nach der jeweils vorherrschenden Korngröße. Ist diese weniger dominant, wird diejenige mit dem zweithöchsten Mengenanteil zum Namen hinzugefügt, z.B. schluffiger Sand.

1 Bodenbildung
a) Nenne die wichtigsten Bodenbildungsfaktoren und erläutere ihre Bedeutung für die Bodenbildung.
b) Auch die Einwirkung des Menschen auf den Boden zählt man zu den Bodenbildungsfaktoren. Erkläre.

2 Beschreibe Voraussetzungen, Wirkungsweise und Bedeutung folgender Teilprozesse für die Bodenbildung: Verwitterung, Humusbildung, Verlagerung, Tonmineralbildung.

1 **Bodenerosion durch Wind**

Boden in Gefahr

In Norddeutschland wird intensiv Landwirtschaft betrieben. Dass dabei besonders auf den Bodenschutz geachtet werden muss, haben auch die Landesregierungen erkannt und auf Grundlage des Bundesbodenschutzgesetzes Maßnahmen zum Schutz des Bodens festgelegt. Doch warum ist der Boden überhaupt in Gefahr?

Boden in Bewegung

Eine besondere Gefahr für den Boden stellt die **Bodenerosion** dar. Dabei tragen Wasser oder Wind Bodenteilchen von der Bodenoberfläche ab und transportieren sie. Zur Ablagerung kommt es erst, wenn die Transportkraft des Wassers oder Windes nachlässt, und die vorherrschenden Widerstände, wie zum Beispiel die Rauigkeit der Oberfläche, nicht mehr überwunden werden kann.
Die Winderosion wirkt vor allem auf ebenen Flächen. Erfolgt der Bodenabtrag dabei gleichmäßig, bezeichnet man den Prozess als Flächenerosion.
Zur Wassererosion kommt es häufig auf unbedeckten Ackerflächen in Hanglagen. Je stärker die Oberfläche geneigt ist, umso mehr sammelt sich der Oberflächenabfluss in Rinnsalen. Wenn die Wassermenge hoch ist, können daraus große Gräben entstehen. Besonders häufig wird dabei der „bewegte" Boden an den Feldrändern angeschwemmt.

Folgen der Bodenerosion

Die Schäden auf den Erosionsflächen sind vielfältig. Dazu gehören die Verarmung des Bodens an Nährstoffen, insbesondere an Humus, die Verringerung durchwurzelbarer Bodensubstanz und Verminderung des Wasserspeicher- und -filtervermögens. Außerdem werden die Kulturpflanzen verletzt, entwurzelt und die Erträge sinken.
Tiefe Erosionsrinnen erschweren das Befahren der Felder und Wege. Durch das Ausschwemmen von Chemikalien gelangen große Mengen an Nähr- und Schadstoffen in die in Flüsse und umliegenden Gewässer.

Bodenerosion in Norddeutschland

In Norddeutschland findet die Bodenerosion überwiegend als Wasser- und Winderosion statt. Winderosion tritt bei starker Trockenheit und fehlender Vegetation (nach

§17 Bundesbodenschutzgesetz– Gute fachliche Praxis in der Landwirtschaft lautet:

... (2) Grundsätze der guten fachlichen Praxis der landwirtschaftlichen Bodennutzung sind die nachhaltige Sicherung der Bodenfruchtbarkeit und Leistungsfähigkeit des Bodens als natürliche Ressource. Zu den Grundsätzen der guten fachlichen Praxis gehört insbesondere, dass

1. die Bodenbearbeitung unter Berücksichtigung der Witterung grundsätzlich standortangepasst zu erfolgen hat,
2. die Bodenstruktur erhalten oder verbessert wird,
3. Bodenverdichtungen, insbesondere durch Berücksichtigung der Bodenart, Bodenfeuchtigkeit und des von den zur landwirtschaftlichen Bodennutzung eingesetzten Geräten verursachten Bodendrucks, soweit wie möglich vermieden werden,
4. Bodenabträge durch eine standortangepasste Nutzung, insbesondere durch Berücksichtigung der Hangneigung, der Wasser- und Windverhältnisse sowie der Bodenbedeckung möglichst vermieden werden,
5. die naturbetonten Strukturelemente der Feldflur, insbesondere Hecken, Feldgehölze, Feldraine und Ackerterrassen, die zum Schutz des Bodens notwendig sind, erhalten werden,
6. die biologische Aktivität des Bodens durch entsprechende Fruchtfolgegestaltung erhalten oder gefördert wird und
7. der standorttypische Humusgehalt des Bodens, insbesondere durch eine ausreichende Zufuhr an organischer Substanz oder durch Reduzierung der Bearbeitungsintensität, erhalten wird.

Landesamt für Umwelt, Naturschutz und Geologie Mecklenburg-Vorpommern: Böden in Mecklenburg-Vorpommern. Abriss ihrer Entstehung, Verbreitung und Nutzung. 2005

2

3 **Angewendetes Mulchsaatverfahren**

4 **Dauerhafte Begrünung (Wiese, Wald) gegen linienförmige Bodenerosion**

der Ernte, vor und nach der Aussaat) auf. Vor allem Böden, die sich auf sicker- und grundwasserbestimmten Böden entwickelt haben, sind gefährdet. Zum Beispiel in der ebenen „Griesen Gegend" bei Schwerin kann man bei entsprechendem Wind Staubwolken und regelrechte „Staubstürme" erleben.

Wassererosion findet hauptsächlich bei Starkregen und in steileren Hanglagen statt. Besonders die Maisfelder, die in Norddeutschland aus wirtschaftlichen Gründen immer weiter ausgedehnt werden, sind gefährdet. Die Aussaat erfolgt im April/Mai mit großem Abstand zwischen den Pflanzen und Saatreihen. Die Ernte beginnt ab September. Damit bleibt der Boden zwischen den Pflanzen sehr lange unbedeckt.

Maßnahmen zum Bodenschutz

Die Bodenerosion ist eines der großen Umweltprobleme in Mecklenburg-Vorpommern. In Abhängigkeit von den Erfordernissen auf den einzelnen Flächen eignen sich als Schutzmaßnahmen zum Beispiel:

– die Anlage von Windschutzhecken quer zur Hauptwindrichtung,
– das Konturpflügen (Pflügen parallel zum Hang),
– die Arbeit mit Zwischenfruchtanbau und dauerhaften Untersaaten (Beim Anbau von Getreide wird zwischen die Pflanzen Untersaaten, z. B. Klee, gesät.),
– die Stoppelbearbeitung nach dem Mähen, um die Bodenaustrocknung zu reduzieren und die frühe Keimung der Ausfallsamen (z. B. beim Raps) zu fördern,
– die konservierende Bodenbearbeitung, bei der der Boden nur gelockert und nicht gewendet wird und die Bodenoberfläche mit Pflanzenresten (Mulch) bis zur Saat der Folgefrucht bedeckt bleibt.

1 Benenne Folgeschäden der Bodenerosion für die Landschaft.

2 Bewerte den Nutzen und die Umsetzbarkeit der in Quelle 2 aufgeführten Maßnahmen.

Raus aus der Schule! Etwas über unsere Umwelt zu erfahren ist gar nicht schwer. Egal, wo die Schule steht, ob in der Stadt oder am Waldrand – vieles gibt es zu entdecken, vieles, an dem wir ohne Beachtung vorbeigehen. Gehen wir wie ein Forscher auf Expeditionsreise. Dazu brauchen wir aber einen Plan, nach dem draußen vorgegangen werden soll.

1

Eine Exkursion durchführen: Boden untersuchen

1. Schritt: Was uns wichtig ist: Problemstellung

Gemeinsam entwickelt ihr mit eurem Lehrer eine Fragestellung, die sich z. B. aus dem Unterricht heraus ergibt und die euch interessiert. Dazu werden Fragen und Hypothesen aufgelistet, die es zu klären gilt.

- Beispiel Stadt:
  Wie leben die Menschen in einer Straße? Wo arbeiten sie, wo können sie sich erholen? Wie wird der Verkehr geregelt? Möchtet ihr dort wohnen?
- Beispiel Land:
  Welche Vegetation bedeckt die Landschaft? Wo steht immer Wald? Sieht man Eingriffe des Menschen? Ist die Natur natürlich? Möchtet ihr hier wohnen?

2. Schritt: Was wird wie gemacht: Planung

Legt möglichst gemeinsam inhaltliche Schwerpunkte und Forschungsaufträge fest. Oft ist es auch motivierender, erst einmal „ohne Plan" den Standort zu erleben, die Augen aufzumachen und Interessantes zu erkennen. Trotzdem müssen im Vorfeld aber Arbeitsblätter angefertigt werden, ebenso eine Checkliste mit den wichtigen Utensilien (z. B. Fotoapparat, feste Schreibunterlage, Schuhwerk, Regenzeug, Verpflegung). In der Regel sollte eine Vorexkursion gemacht werden, um den Standort kennenzulernen. Ablauf, Organisation und Zeitplan müssen erarbeitet werden. Vergesst dabei nicht, Pausen zum Erholen sowie zum Essen und Trinken einzuplanen.

2 **Die Problemstellung wird entwickelt**

3 **Auswertung der Ergebnisse**

3. Schritt: Weiter praktisch: Durchführung

Erfüllt nun eure Aufträge vor Ort. Euer Lehrer unterstützt euch hierbei beratend und gibt euch wichtige Hilfen.

Die Ergebnisse der Gruppen werden für alle anschaulich, beispielsweise mithilfe von Plakaten, präsentiert und diskutiert. Dies erfolgt möglichst draußen am Standort oder aber später im Klassenraum.

4. Schritt: Was wir gelernt haben: Auswertung

Sichtet eure Ergebnisse nochmals, vergleicht sie mit anderen Daten (z. B. aus deinem Schulbuch) und veranschaulicht sie grafisch, beispielsweise in Form von Karten oder Diagrammen. Auch muss die anfangs gestellte Frage oder Hypothese wieder aufgegriffen werden. Verfasst einen Bericht und lasst darin auch eine kritische Bewertung nicht fehlen. Stellt euch dazu folgende Fragen:

- War die Exkursion für euch interessant?
- Würdet ihr alles noch einmal genauso machen oder was würdet ihr verändern?

Die virtuelle Exkursion

Diese Methode kann reale Geländearbeiten ergänzen. Sie finden im Cyberraum, einer computersimulierten Welt, statt, in der sich mehrere Anwender bewegen können. Die virtuelle Entdeckungsreise geht z. B. zu einem Vulkan, einem Gletscher oder in eine Stadt, eben dorthin, wo man sonst nicht so schnell hinkommt. Im PC-Raum der Schule, zuhause oder aber auch offline kann so mithilfe von Programmen wie „Brockhaus multimedial“ oder „Microsoft Encarta“ geforscht werden.

Wie reale Exkursionen müssen auch virtuelle gut vorbereitet sein:

1. Vorbereitung im Team,
2. Recherche im Internet,
3. Exkursionspausen zum Austausch,
4. Auswertung und Vorstellung der Ergebnisse,
5. Präsentation im virtuellen Exkursionsbericht.

4

TERRA METHODE

Eine der wichtigsten Eigenschaften des Bodens ist seine Fruchtbarkeit. Die **Bodenfruchtbarkeit** hängt von verschiedenen Faktoren ab, wie z. B. dem Nährstoffgehalt, der Verfügbarkeit der Nährstoffe, der Korngrößenstruktur, dem Wasserspeichervermögen und -haushalt, dem Humusgehalt und dem pH-Wert.
Wie du diese Bodeneigenschaften untersuchen kannst, erfährst du auf den folgenden Seiten.

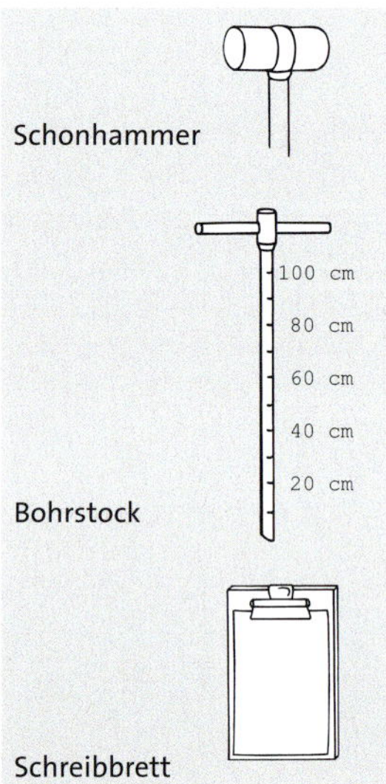

1 **Hilfsmittel**

2 **Schülerinnen in einer Bodengrube**

Die Ermittlung von Bodeneigenschaften erfolgt sowohl im Gelände als auch im Labor. Sehr oft wird im Gelände ein **Bodenprofil** mithilfe eines Bohrstocks aufgenommen. Dazu ist der Bohrstock mit dem Schonhammer in den Boden zu treiben. Nach dem Einsetzen des Griffs muss das Bohrrohr um 180° im Uhrzeigersinn gedreht werden, um es anschließend gefüllt langsam herauszuziehen.
Bodenprofile können aber auch an einer Aufgrabung, einer Profilgrube oder einer Ausschachtung, zum Beispiel bei einem Steinbruch oder einer Kiesgrube, untersucht werden. Bei Aufgrabungen sollte immer eine Auffrischung der Wand erfolgen.
Das Bodenprofil stellt stets einen senkrechten Schnitt durch den Boden dar, welcher von der Oberfläche bis zum anstehenden Gestein reicht. Werden außer der Geländearbeit im Labor noch zusätzliche Untersuchungen durchgeführt, sollten die Bodenproben der Bodenhorizonte getrennt in beschriftete Folienbeutel gefüllt werden, um sie leicht weiterverwenden zu können.

Ein Bodenprofil aufnehmen und protokollieren

- **Standortmerkmale bestimmen**
  Orientiere dich im Gelände und bestimme mithilfe von Karten die Lage deines Standortes. Aus geologischen Karten kannst du auch das Ausgangsgestein bestimmen, wenn es nicht unmittelbar am Standort sichtbar ist. Bestimme die Merkmale der Flora (z. B. Art und Grad der Bodenbedeckung), des Reliefs (z. B. Höhenlage, Neigung eines Hanges und dessen Exposition, das heißt seine Lage in Bezug auf Sonneneinstrahlung (Wind, Regen und Schneeablagerung) und trage alle Informationen in das Protokoll ein.
- **Anthropogene Einflüsse am Standort erkennen**
  Gewinne Informationen zur Nutzungsart des Standortes und damit einhergehenden Veränderungen des Bodens. Ermittle die Art der Bodenbearbeitung, z. B. Pflügung, Düngung, Fruchtfolge u. a. und notiere.
- **Bodenhorizonte kennzeichnen und beschreiben**
  Grenze die Bodenschichten voneinander ab, die sich durch ihre Merkmale wesentlich voneinander unterscheiden. Untersuche diese Bodenhorizonte danach einzeln und notiere z. B. Informationen zur Farbe und zur Durchwurzelbarkeit. Verwende zur Bezeichnung der Bodenhorizonte entsprechende Symbole (Text 4). Großbuchstaben bezeichnen dabei die Haupthorizonte, anschließende Kleinbuchstaben die speziellen Eigenschaften des Bodens.
- **Bodenarten der Horizonte bestimmen**
  Nutze die Fingerprobe. Feuchte dazu die Probe im Handteller an und knete sie so lange, bis der Glanz des Wassers verschwindet. Rolle nun die Probe zu einer bleistiftdicken Wurst und orientiere dich am Schema 6.

3

Kennzeichnung der Bodenhorizonte

Organische Horizonte

L Ansammlung von nicht und wenig zersetzter Pflanzensubstanz an der Bodenoberfläche (L von litter = Streu)

Of Humusansammlung über dem Mineralboden

Oh Organischer Horizont mit überwiegend organischer Feinsubstanz

A **Oberbodenhorizonte**, mineralische Horizonte mit organischer Substanz und/oder Verarmung an mineral. Substanz

Ah durch Humusstoffe gefärbter Horizont, bis zu 15 Gewichtsprozent sind organische Substanz (h von Humus)

Ae durch Auswaschung von Huminstoffen und Oxiden gebleichter Horizont (e von eluvial)

Al durch Auswaschung von Tonmineralien aufgehellter Horizont (l von lessiviert)

Ap durch regelmäßiges Pflügen gelockert und durchmischt (p von Pflug)

B **Unterbodenhorizonte**, Verwitterungs-, Verlehmungs- und/oder Anreicherungshorizonte

Bh mit Huminstoffen angereichert und graubraun bis schwarz gefärbt

Bs mit Eisen- und Aluminiumoxiden angereichert u. rostrot gefärbt (s: Sequioxid)

Bt mit Ton angereichert (t von Ton)

Bv durch Verwitterung verbraunt und verlehmt (v von verwittert)

C **Ausgangsgestein**

Cn unverwittert (n von novus = neu)

Cv schwach verwittert (v = verwittert)

G von Grundwasser beeinflusste Horizonte (G von Grundwasser)

Go unter Luftzutritt oxidierte Eisenverbindungen sorgen für eine rostigbraune Färbung, Schwankungsbereich des Grundwassers (o von oxidiert)

Gr durch Luftmangel reduzierte Eisenverbindungen, schwarz bis grau-grün, ständig im Grundw. (r von reduziert)

Sw Stauwasserhorizont

Sd Marmorierungs-, wasserstauender dichter Horizont

4

Geländeprotokoll

Standort: Stadtwald

Name: Müller **Datum:** 17.09.06 **Lfd. Nr.:** 3

Flora Kiefernforst, Heide

Relief

Neigung in °	0 – 2	X 2 – 5	5 – 10	10 – 20	20 – 30	20 – 30	20 – 30
in %	0 – 3	X 3 – 9	9 – 17	17 – 36	36 – 58	36 – 58	36 – 58
Bezeichnung	eben	schwach geneigt	mäßig geneigt	stark geneigt	steil	schroff	sehr schroff

Exposition ☒ Sonnenhang ☐ Schattenhang

Ansprache Mineralboden

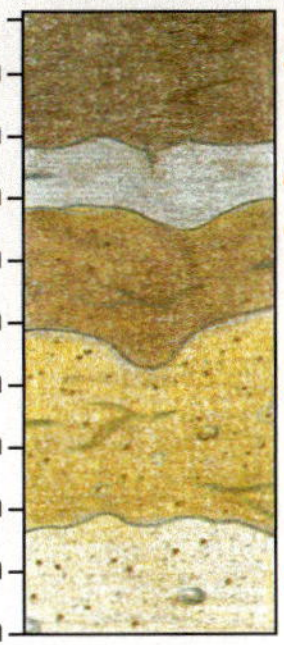

Bodenprofil	Kurzbeschreibung	Bodenart
A_h (0–20 cm)	dunkelbraun	schluffiger Sand
A_e	braungrau	Sand
B_h	dunkelbraun	Sand
B_s	braungelb	Sand
C (bis 100 cm)	hellbraun	Sand

Gründigkeit in cm Durchwurzelbarkeit	< 15 sehr flachgründig	15 – 30 flachgründig	30 – 60 mittelgründig	60 – 100 tiefgründig	> 100 sehr tiefgründig

Ausgangsgestein: Sand

5 **Geländeprotokoll zur Aufnahme eines Bodenprofils**

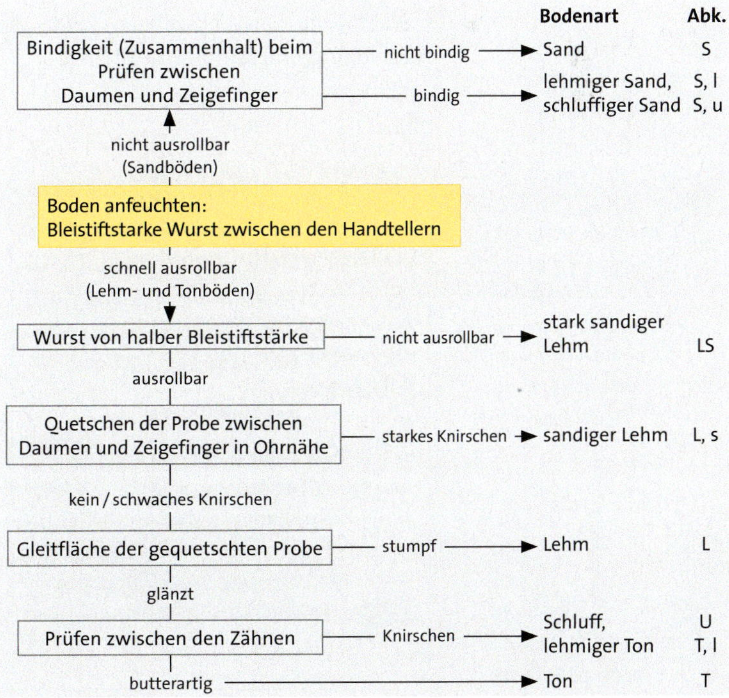

6 **Auswertung einer Fingerprobe zur Bestimmung der Bodenart**

TERRA METHODE

Experiment: Bestimmung des pH-Wertes

Der Gehalt an Wasserstoffionen in der Bodenlösung ist für die gesamten chemo-physikalischen und biologischen Bodenbildungsprozesse von großer Bedeutung. Die Acidität des Bodens stammt einerseits aus der Kohlensäure, die bei der Tätigkeit der Bodenorganismen entsteht, andererseits aus dem Eintrag saurer Niederschläge, die sich vor allem durch die Reaktion des Niederschlagswassers mit SO_2 und NOX bilden.

Das Pflanzenwachstum, wie auch der Verlauf der biologischen Prozesse, sind in erheblichem Maße vom pH-Wert des Bodens abhängig. Jede Pflanze hat ein bestimmtes Optimum, bei dem sie am besten gedeiht. Böden besitzen verschiedene Puffersysteme, mit denen der Säureeintrag ausgeglichen werden kann. Aber verstärkter Säureeintrag über längere Zeit hinweg führt zur Zerstörung der Pufferkapazität.

Im Endstadium kommt es zur Zerstörung der Tonmineralien, Freisetzung von Aluminium-ionen und Schwermetallen, Auswaschung von Pflanzennährelementen, Schädigung von Bodentieren sowie der Zerstörung von Mykorrhiza-Pilzen.

Material:

schlanker Becher, Filterpapier, destilliertes Wasser, pH-Spezial-Indikatorstäbchen

Durchführung:

– Bodenprobe im Becher mit destilliertem Wasser aufschwemmen,
– Filterpapier falten und in den Becher drücken,
– klare Bodenlösung mit pH-Streifen testen.

Auswertung:

Stufe den pH-Wert der Bodenproben mit Abbildungen (10, 11) ein.
Welche pH-Werte des Bodens sind für Getreidepflanzen optimal?
Welchen Einfluss hat der pH-Wert auf die Verfügbarkeit von Pflanzennährstoffen?
Welche Auswirkungen hat eine Versauerung des Bodens auf die Bodeneigenschaften?

2

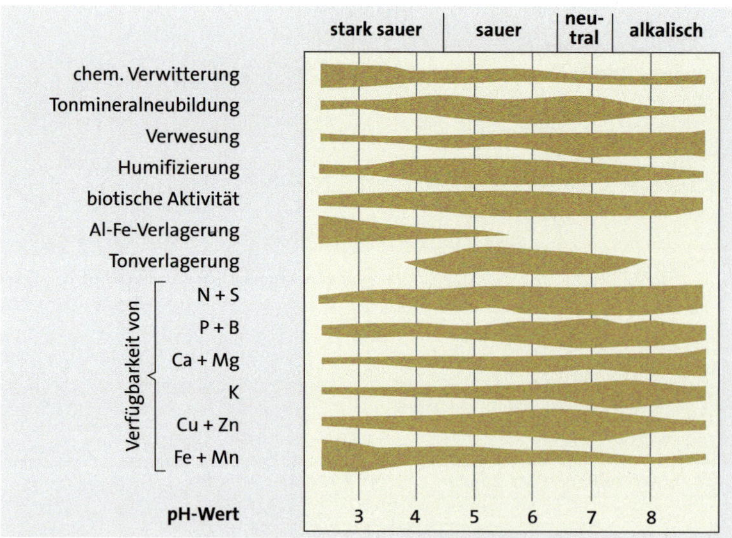

1 **Bedeutung des pH-Wertes für die Bodenbildung**

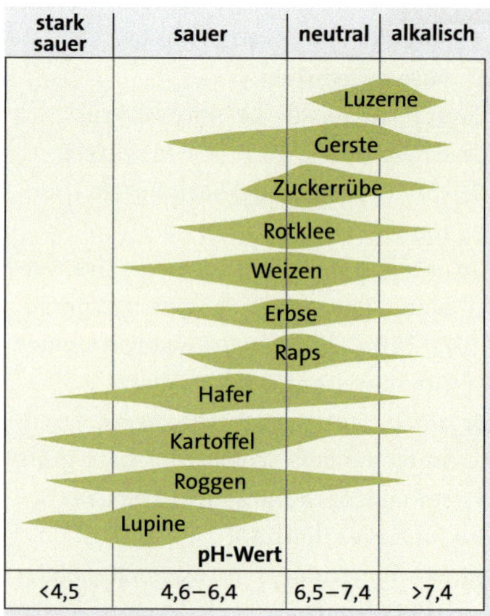

3 **Bedeutung des pH-Wertes für den Ackerbau**

Bodenlebewelt

Bodenflora und Bodenfauna beeinflussen die Bodeneigenschaften entscheidend. So sorgt die Bodenfauna für die Zerkleinerung organischer Substanzen, für die Einarbeitung oberirdischer Pflanzenreste in den Untergrund, für die Auflockerung sowie Belüftung und somit für eine gute Durchwurzelbarkeit des Bodens. Besonders die Regenwürmer fördern die Durchmischung und bilden im Wurmkot Ton-Humusverbindungen, die zu einer guten Wasserspeicherfähigkeit und Krümelstruktur des Bodens beitragen. Bakterien und Strahlenpilze der Bodenflora sind zudem maßgeblich am Ab- und Umbau abgestorbener organischer Substanzen zu anorganischen Substanzen beteiligt. Dabei werden neben CO_2 (Bodenatmung) für die Pflanzenernährung wichtige Mineralstoffe freigesetzt und ein Teil in Form von Dauerhumus als Nährstoffreserve umgewandelt. Es gibt auch „Spezialisten", wie z. B. nitrifizierende Bakterien, die den Pflanzen Stickstoff aus der Atmosphäre verfügbar machen. Pilze dagegen durchziehen mit ihren Myzelfäden den Boden und können Symbiosen mit Wurzeln höherer Pflanzen zum gegenseitigen Nutzen eingehen.

4

Experiment:
Untersuchung der Bodenatmung

Material:
Einmachgläser, Becher(gläser), Kalkwasser, Bodenproben

Durchführung:
- Kalkwasser vorsichtig in das Einmachglas füllen,
- Becherglas, das mit etwa 50 g naturfeuchtem Boden gefüllt ist, hineinstellen und das Einmachglas verschließen; einen Tag stehen lassen,
- weiteres Becherglas mit gewaschenem Sand in ein zweites Einmachglas stellen.

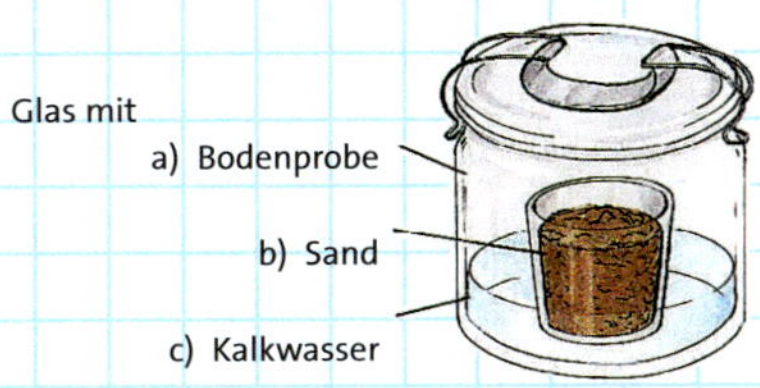

Auswertung:
Überprüfe die These: Bodenproben mit aktiven Mikroorganismen zeigen eine erhöhte CO_2-Ausatmung; Nachweis durch Trübung des Kalkwassers.

5

Experiment:
Suche nach wirbellosen Bodentieren

Material:
großer Trichter, Küchensieb, Becherglas, 100 Watt-Glühlampe mit Ständer, Stereolupe, Bodenproben

Durchführung:
Bodenprobe etwa 3 cm hoch auf das Sieb im Trichter einfüllen, Becherglas unter die Trichteröffnung stellen, den Trichter mit der Glühlampe beleuchten; die lichtscheuen und trockenheitsempfindlichen Bodentiere im Becherglas auffangen und unter der Lupe sortieren bzw. bestimmen.

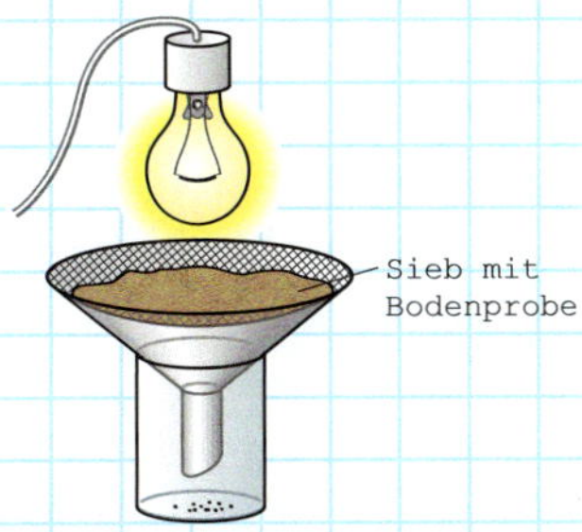

Auswertung:
Vergleiche Anzahl und Artenvielzahl von Bodentieren in sandigen bzw. humosen Böden. Erkläre die Unterschiede.

6

Kaum zu glauben
Auf 1 m² großen und 30 cm tiefen Wiesenboden leben:

Pflanzliche Mikroorganismen
z. B.
Bakterien 1 000 000 000 000
Strahlenpilze 10 000 000 000
Pilze 1 000 000 000

Tierische Mikroorganismen
z. B.
Geißeltierchen 500 000 000 000
Wimperntierchen 1 000 000

Kleintiere
z. B.
Fadenwürmer 1 000 000
Springschwänze 50 000

Größere Kleintiere
z. B.
Asseln 50
Vielfüßler 300
Käfer und Larven 100
Regenwürmer 80

Die Bodenorganismen, die auf einem Hektar Wiesenfläche leben, wiegen etwa so viel wie 20 Kühe.

7

TERRA **METHODE**

Experiment: Bestimmung der Bodenart (Schlämmanalyse)

Mithilfe der Schlämmanalyse kann eine quantitative Erfassung der drei Korngrößen Sand, Schluff und Ton erfolgen. Jedoch werden Bindungen, die zwischen einzelnen Bodenteilchen bestehen können, bei diesem Versuch nicht beseitigt.

Material:

3 Messzylinder (100 ml) oder Sedimentationstrichter, Mörser, Lineal, Folienstifte, Wasserflasche, Stopfen, Uhr, 3 verschiedene Bodenproben (z. B. Sandboden, Lehmboden)

Durchführung:

a) aus den Bodenproben zunächst Steine und Wurzeln entfernen, dann jede Probe einzeln zermörsern;

b) jeweils 20 ml der Bodenproben in die beschrifteten Messzylinder einfüllen, mit Wasser auffüllen, mit einem Stopfen verschließen, 1 Minute lang kräftig schütteln, Zylinder abstellen und sofort die Uhrzeit nehmen.

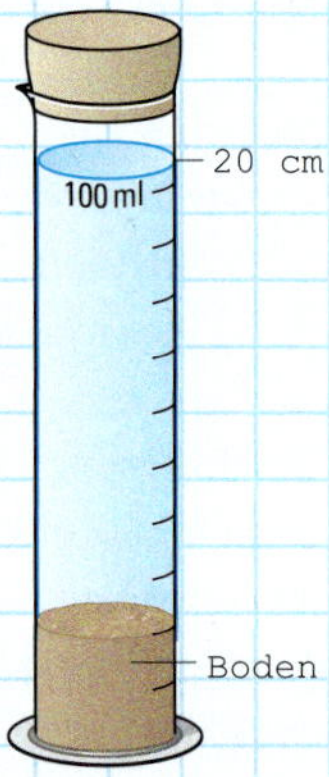

Beobachtungsauftrag:

Lies nach folgenden Zeiten die jeweilige Höhe des bei 20 °C abgesetzten Bodenanteils in ml ab:

- nach 1 Minute (-Sandfraktion)
- nach 1 Stunde (-Schlufffraktion)
- nach 1 Tag (-Tonfraktion)

Auswertung:

a) Berechne die Prozentanteile für die einzelnen Fraktionen.

b) Bestimme die Bodenart mithilfe des Bodenartendreieckes (Seite 171).

8

Experiment: Bestimmung des Porenvolumens

Die Bodenart wird von den Korngrößen bestimmt. Die Zusammensetzung der Einzelkörner, ihre Größe und räumliche Anordnung bestimmen das Porenvolumen des Bodens. Dieses steht in enger Beziehung zu seinem Wasser-, Luft- und Nährstoffhaushalt.

Material:

2 kleine leere Milchdosen, Messbecher, Handschaufel, Dosenöffner, Wasser, Messzylinder, Bodenprobe

Durchführung:

a) von beiden Dosen jeweils den Deckel entfernen, den Boden einer Dose mehrmals durchlöchern,

b) Dose mit durchlöchertem Boden mit der Öffnung nach unten auf den Boden aufsetzen und durch vorsichtiges Darauftreten in den Boden drücken, mit der Handschaufel vorsichtig – randvoll mit Boden gefüllt – ausgraben,

c) Messung: Dose ohne Bodenlöcher mit der Öffnung nach oben in den Messbecher setzen, Dose und Messbecher bis auf 1 000 ml mit Wasser auffüllen, gefüllte Dose herausnehmen und Wasserstand A am Messbecher markieren; nun die mit Boden gefüllte Dose in den Messbecher setzen, Wasser in den Porenraum der Bodenprobe einsickern lassen und Wasserstand B markieren.

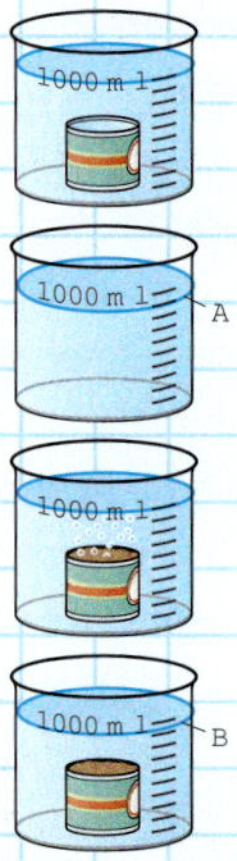

Auswertung:

$$\text{Luftgehalt in \%} = \frac{1\,000\,\text{ml} - B}{1\,000\,\text{ml} - A} \times 100$$

Ermittle für deine Bodenprobe die Wasserdurchlässigkeit und notiere dein Ergebnis.

9

Experiment: Wasserhaltevermögen verschiedener Bodenarten

Bodenwasser ist für die Versorgung der Pflanzen mit Wasser und mit wasserlöslichen Nährsalzen notwendig. Jeder Boden kann aber nur eine bestimmte Wassermenge aufnehmen und gegen die Wirkung der Schwerkraft festhalten. Man bezeichnet diese Wassermenge als Wasserkapazität (Haftwasser).

Wie viel Wasser im Boden gehalten wird, hängt von dem Porenvolumen, dem Porendurchmesser, der Lagerungsdichte und dem Humusgehalt des Bodens ab. Ein Teil des Haftwassers verbleibt an der Oberfläche von Ton- und Humusteilchen (Adsorptionswasser), ein anderer Teil in den Fein- und Mittelporen des Bodens (Kapillarwasser). Gerade feine Poren wirken wie Kapillaren, in denen das Wasser aufsteigen und gehalten werden kann. Aus diesem Kapillarwasser decken die Pflanzen hauptsächlich ihren Wasserbedarf.

Material:

Glasröhren, Gaze, Gummiringe, Becher, Stative, Wasser, Bodenproben,

Durchführung:

Glasröhren mit der Gaze einseitig verschließen und gleich hoch mit Kies bzw. Sand bzw. Ton füllen – in jede Röhre gleich viel Wasser einfüllen.

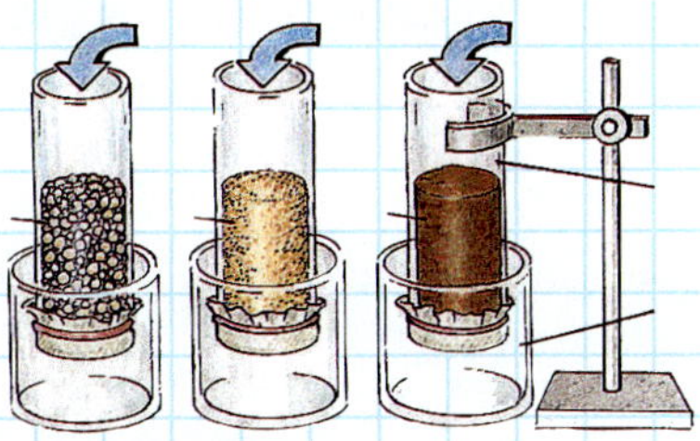

Auswertung:

a) Welche Bodenart lässt Wasser langsamer infiltrieren und hält Wasser länger?

b) Warum ist das so?

10

Experiment: Bestimmung des Carbonatgehalts

Der Kalkgehalt des Bodens hat entscheidende Bedeutung für die richtige Pflanzenernährung, Bodenfruchtbarkeit und Ertragsleistung. Böden mit zu geringem Kalkgehalt müssen gedüngt werden. Eine weitere Funktion ist das Entgegenwirken gegen Bodenversauerung und ihre Begleiterscheinungen.

Material:

Bodenproben, Glas- oder Porzellanschälchen, verdünnte Salzsäure, Papiertücher

Durchführung:

In eine Porzellanschale einen Löffel einer Bodenprobe geben und diese mit ca. 5 Tropfen verdünnter Salzsäure versetzen. Die Beobachtungen notieren.

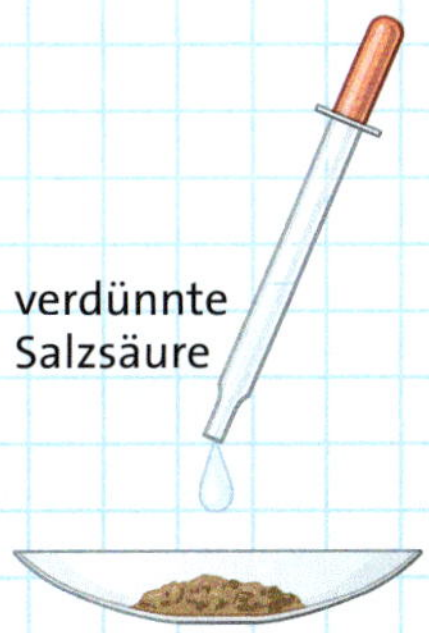

Auswertung:

Bestimme den Carbonatgehalt der Bodenproben mithilfe der Tabelle.

CO_2-Entwicklung	Carbonatgehalt
keine Reaktion	carbonatfrei
schwache, nicht anhaltende Bläschenbildung	schwach carbonathaltig
deutliche, nicht anhaltende Bläschenbildung	mittel carbonathaltig
starkes, nicht anhaltendes Aufschäumen	stark carbonathaltig
starkes, anhaltendes Schäumen	carbonatreich

11

Wir leben buchstäblich auf der Erde. So selbstverständlich ist es für uns, dass wir uns darüber kaum Gedanken machen. Wie nehmen wir durch unser Dasein und Tun Einfluss auf den Boden, auf dem wir stehen? Überall, wo Menschen leben, kann man die Spuren deutlich erkennen, die sie hinterlassen, und die sind nicht immer gerade gut.

Globale Boden(über)nutzung

Überall, wo der Mensch lebt, nimmt er Einfluss auf seinen Lebensraum. Je mehr Menschen an einem Ort leben, desto intensiver wird Landwirtschaft betrieben, desto mehr Platz wird zum Wohnen benötigt, desto mehr Flächen werden versiegelt.

Aus der Nutzung wird so langsam und oftmals unmerklich eine Übernutzung.

Es ist ein schleichender Prozess: In einem Fall werden dem Boden über Jahre und Jahrzehnte mehr Nährstoffe entzogen, als er nachliefern kann. In einem anderen Fall wird mehr Wasser verbraucht, als über den Regen wieder ins Grundwasser gelangt. Oder es wird mehr Vegetation, die den Boden mit ihren Wurzeln vor Erosion schützt, abgeholzt, als nachwachsen kann.

Am Ende können immer größere Gebiete nicht mehr genutzt werden, sie sind gewissermaßen zerstört.

1 **Rheinhessen: Bodenerosion im Weinberg**

2

3

4

5

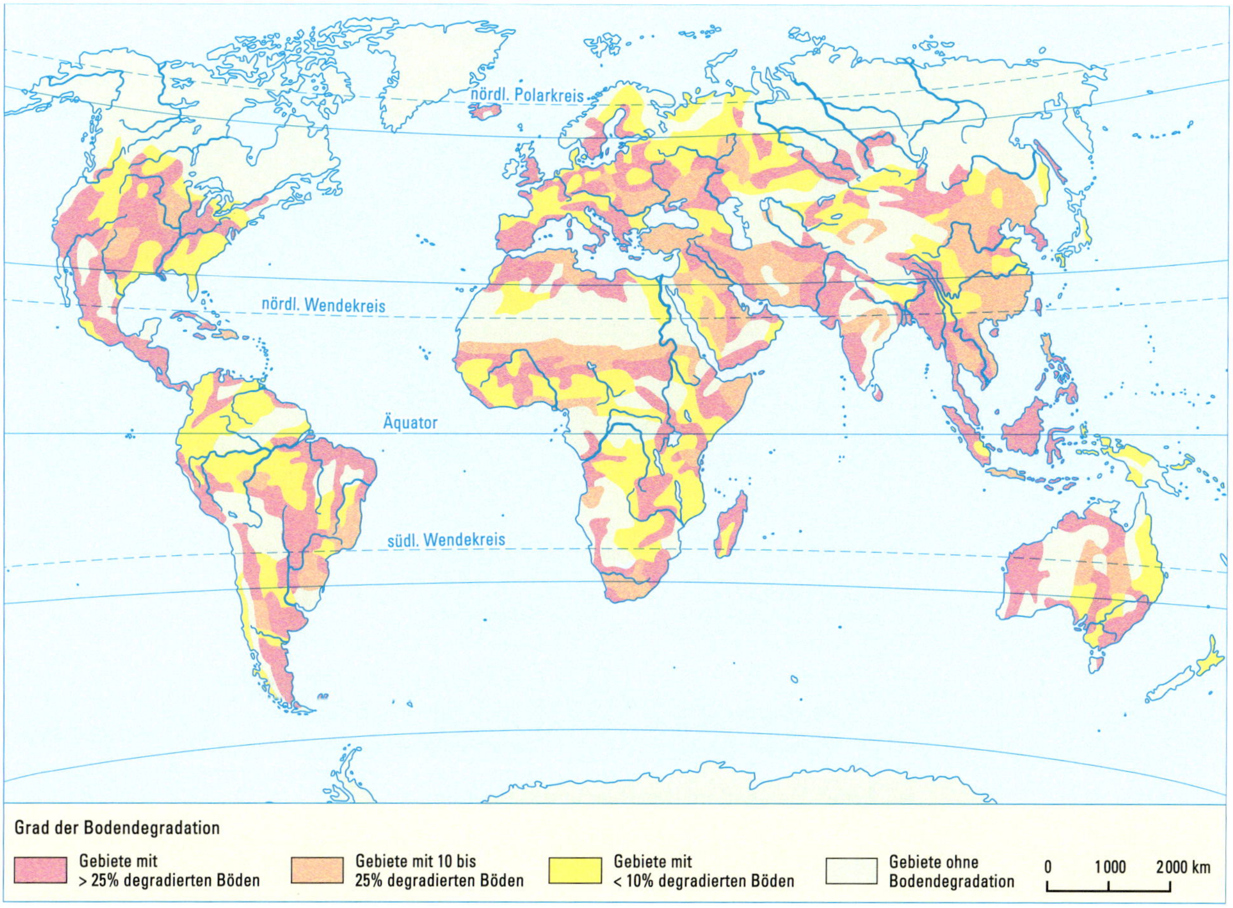

6 **Bodendegradation weltweit**

Bodendegradation
Damit wird die Verschlechterung der Bodeneigenschaften durch natürliche und/oder menschliche Einflüsse bezeichnet. Dazu zählen beispielsweise: Nährstoffauswaschung, Entkalkung, Versauerung, Versalzung, Erosion, Vegetationsschäden und -verlust oder die Veränderung des Wasserhaushaltes.

7

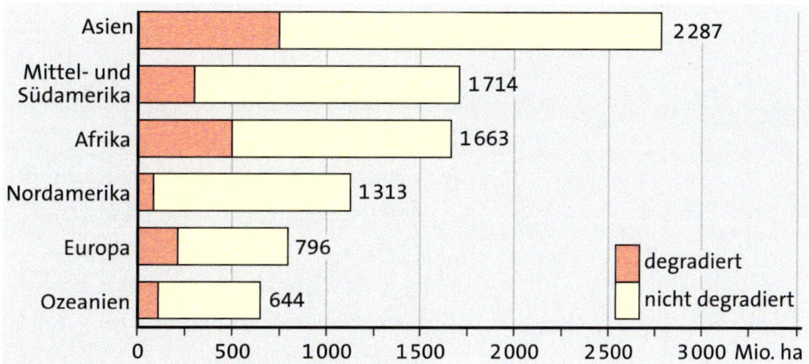

8 **Grad der Bodendegradation nach Kontinenten**

1 Bodendegradation weltweit: Erstelle eine Tabelle mit je zwei Beispielländern (> 25 % Degradation, 10–25 %, < 10 %). In welchen Kontinenten liegen sie?

2 Welche Regionen sind besonders von der Bodendegradation betroffen? Werte dazu Karte 6 und Diagramm 8 aus.

3 Nenne weitere Ursachen für Bodendegradation. Werte dazu je eine Atlaskarte zur Landwirtschaft und Bevölkerung aus.

4 Bilder (2–5) sprechen lassen: Was haben sie zu erzählen, wo könnten sie aufgenommen worden sein?

TERRA **TRAINING**

Wichtige Begriffe
Bodenart
Bodenerosion
Bodenprofil
Bodentyp
Pedosphäre

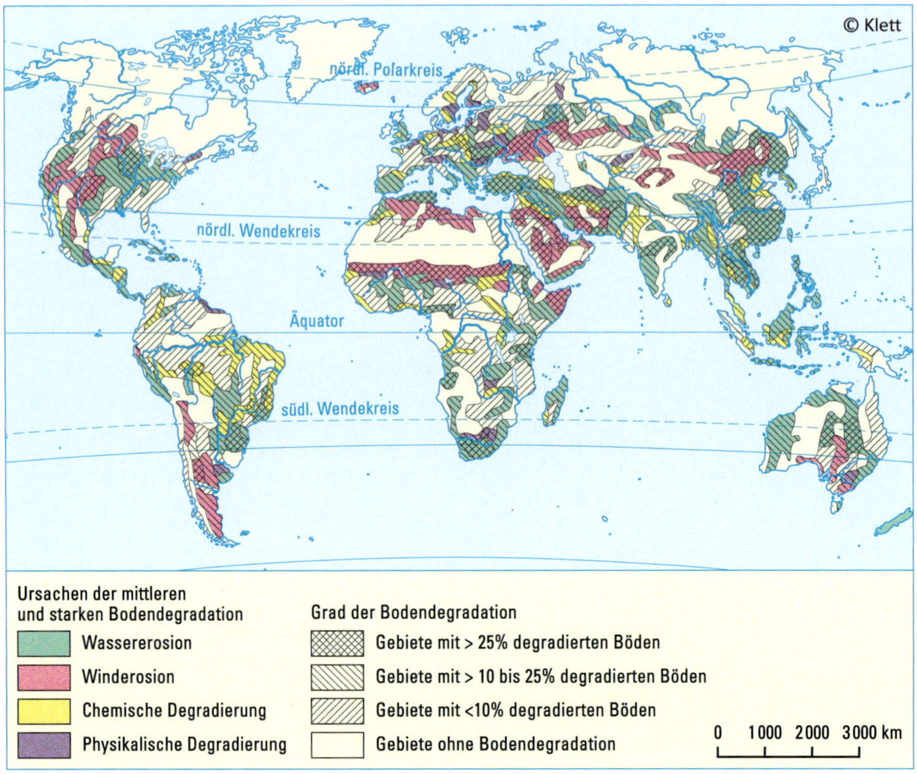

1 Bodendegradation: Ursachen und Verbreitung

Orientieren

1 Notiere mithilfe der Karte 1 für die einzelnen Formen der Bodendegradation besonders betroffene Räume.

Wissen und verstehen

2 Findest du die Begriffe?
a) Bezeichnung für Böden mit ähnlichen Merkmalen, Eigenschaften und vergleichbarem Entwicklungsstand.
b) Klassifizierung der Böden nach der prozentualen Zusammensetzung der Korngrößengruppen.
c) So nennt man eine über das natürliche Maß hinausgehende Abtragung des Bodens durch Wasser und Wind, welche in erster Linie auf den Einfluss des Menschen zurückzuführen ist.

3 Gefährdeter Boden
a) Welche Aufgaben erfüllt ein gesunder Boden?
b) Wodurch wird der Boden gefährdet?

4 Wissen strukturieren
Erstelle mit den folgenden Begriffen ein Strukturschema zum Oberbegriff Boden. Verbinde dabei zusammenhängende Begriffe mit einer Linie.
Boden – Bodenart – Bodenbildungsfaktoren – Bodenhorizonte – Bodenprofil – Bodentyp – Klima – Korngröße – Lehmboden – Mensch – Relief – Schluff – Tonboden – Zeit

5 Nenne deine wichtigsten Freizeitaktivitäten und überprüfe, wie viel Fläche bzw. Boden verbraucht wird, damit du diese Aktivität ausüben kannst. Halte deine Ergebnisse in einer Tabelle fest.

Methoden anwenden

6 Eine Mindmap erstellen
Erstelle mithilfe der Stichworte (M2) eine Mindmap zum Thema „Bodenschutz – das kann jeder tun". Ergänze die Mindmap mit weiteren Vorschlägen.

Material
Selbsteinschätzungsbogen
104028-1002

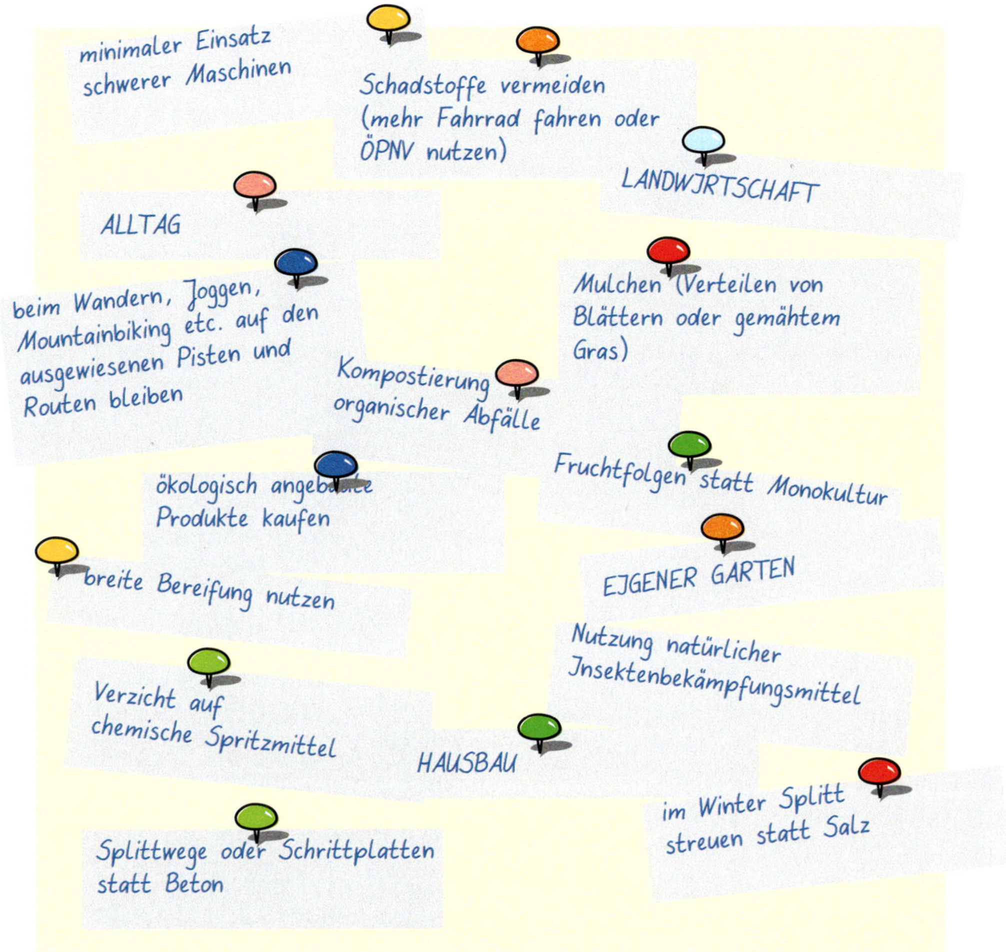

2 **Stichworte für die Mindmap „Bodenschutz – das kann jeder tun“**

7 **Fotos auswerten**
Beschreibe die Auswirkungen von Wind- und Wassererosion mithilfe von Foto 3.

Beurteilen und bewerten

8 Beurteile das Zitat.
„Eine Nation, die ihren Boden zerstört, zerstört sich selbst.“ (F.A. Fallon, 1862)

Handeln

9 **Bodenentsieglung**
a) Kartiert in eurer Schulumgebung Flächen, die eurer Meinung nach mit einem vertretbaren Aufwand entsiegelt werden könnten.
b) Stellt das Ergebnis eurer Kartierung und Untersuchung in einem „Gutachten“ eurer Schulleitung vor.

3 **Erosionsgraben in den Great Plains (USA)**

Teste dich selbst
mit den Aufgaben 2 und 3b.

11

Herausforderung Klimawandel

Die Polkappen und die Gletscher schmelzen ab, der Meeresspiegel steigt, die ersten tropischen Inseln versinken, deren Einwohner stellen Asylanträge in benachbarten Staaten. Solche Meldungen finden sich beinahe täglich in Zeitschriften und Nachrichtensendungen.
Aber auch bei uns ist die Klimaveränderung spürbar: Stürme, Überschwemmungen, Hitzewellen und Waldbrände häufen sich, Tiere und Pflanzen aus wärmeren Gebieten wandern ein, tropische Krankheiten breiten sich aus.
Doch warum kommt es zu solchen Klimaveränderungen? Inwieweit ist der Mensch für die Erderwärmung verantwortlich? Mit welchen weiteren Folgen müssen wir rechnen? Was können und müssen wir tun, um die negativen Folgen eines Klimawandels zu bekämpfen?
Und wie funktioniert eigentlich unser Klima?

1 Dieses Foto zeigt einen SOS-Schriftzug, den eine 23-köpfige Menschenkette auf einem Eisberg in der Antarktis gebildet hat. Ziel der Aktion war es, die Welt auf das Problem der globalen Erwärmung aufmerksam zu machen – eine Mahnung und ein Hilferuf!

SOS

1 **Die Wikinger besiedeln um 985 Grönland und Nordamerika**

3 **A. P. van de Venne: „Der Winter 1614", Gemäldegalerie Berlin**

Ursachen des Klimawandels

Das Gemälde des Malers van de Venne zeigt Menschen auf einem zugefrorenen Gewässer in Holland. Viele weitere künstlerische Darstellungen aus dieser Zeit verdeutlichen, dass damals die Winter über mehrere Jahrzehnte wesentlich kälter gewesen sind. Denn heute sind die niederländischen Kanäle im Winter meist eisfrei. Tatsächlich war der Zeitraum Anfang des 15. bis in das 19. Jahrhundert in Europa eine Periode niedrigerer Temperaturen, vor allem in den Wintermonaten, die „Kleine Eiszeit" genannt wird.

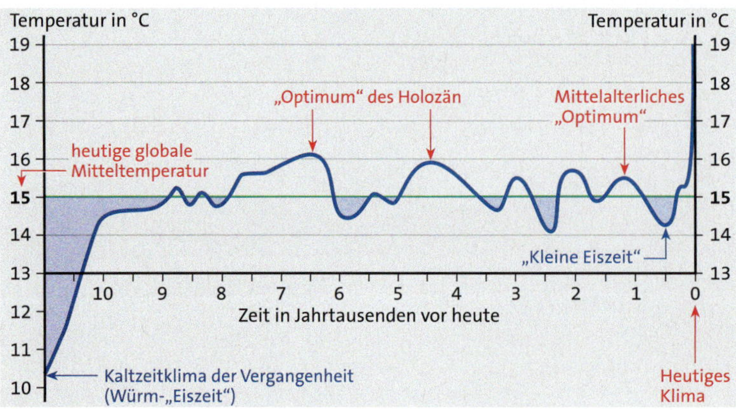

2 **Temperaturveränderung der letzten 12 000 Jahre**

Woher wissen wir eigentlich, wie das Klima früher war?
Erst seit etwa 300 Jahren werden in Europa Klimadaten gemessen und aufgezeichnet. Informationen über das frühere Klima erhalten Klimaforscher aus den unterschiedlichsten Archiven wie Chroniken, Schiffstagebüchern, Naturbeobachtungen über den Beginn der Obstblüte oder Buchführungen über Preise von Getreide.

Je weiter man in die Erdgeschichte zurückblickt, desto ungenauer wird das Bild vom Klima in der Vergangenheit. Die Wissenschaftler nutzen für die Rekonstruktion indirekte Klimadaten aus den verschiedenen natürlichen Klimaarchiven wie Eisbohrkernen, See- oder Tiefseesedimenten, Pollen oder Baumringen. In ihnen können die Wissenschaftler wie in uralten Tagebüchern des Klimas lesen.

Gewandelt hat sich das Klima schon immer. Es schwankt, seitdem die Erde existiert. Um aber die Prozesse zu verstehen, wie und warum das Klima sich wandelt, muss man erst einmal begreifen, wie das Klima funktioniert. Der **Treibhauseffekt** spielt hierbei eine zentrale Rolle.

Lernen im Netz
Material zur Atmosphäre
104028-1101

Material
Infos zu Eisbohrkernen, Baumringen, Pollen
104028-1102

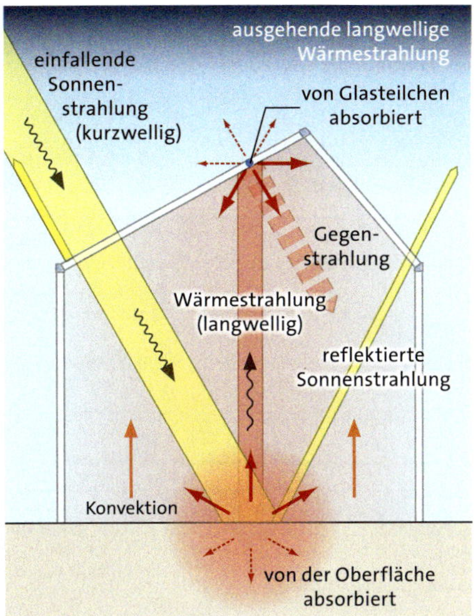

4 **Strahlung im Glashaus**

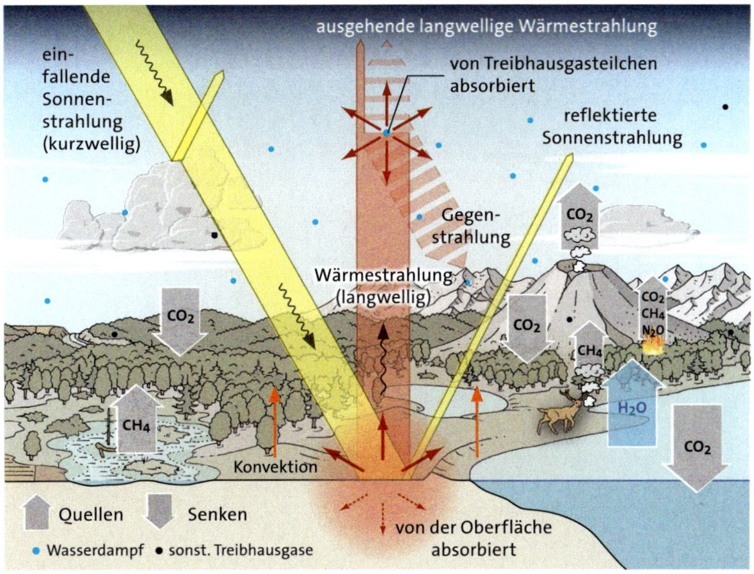

5 **Strahlung in der Atmosphäre**

Erwärmung im Glashaus

Die Luft in Glashäusern erwärmt sich außerordentlich schnell, wenn die Sonne auf diese scheint. Die Erklärung scheint zunächst sehr einfach: Sonnenstrahlen dringen ungehindert durch das Glasdach ein und die vom Boden reflektierte Strahlung kann das Glashaus nicht mehr verlassen. Diese Vorstellung wird häufig sogar auf die Atmosphäre übertragen, um die globale Erwärmung zu erklären. Doch tatsächlich sind die Prozesse im Glashaus und in der Atmosphäre verschieden. Beim Glashaus dringt kurzwellige Sonnenstrahlung durch das Glas, nur ein kleiner Teil wird an der Glasoberfläche reflektiert. Die Strahlung gelangt zum Boden, wird dort aufgenommen (= absorbiert), in Wärme umgewandelt und als langwellige Wärmestrahlung in alle Richtungen abgestrahlt. Diese Ausstrahlung kann im Gegensatz zur kurzwelligen Einstrahlung das Glas nicht gut durchdringen, sondern wird von diesem zum Teil absorbiert, zum Teil reflektiert. Außerdem erwärmt der aufgeheizte Boden direkt die bodennahe Luft, welche nach oben steigt (= Konvektion). Sie wird allerdings vom Glasdach aufgehalten, sodass sie nicht entweichen kann – die Temperaturen im Glashaus steigen an.

Erwärmung der Erdatmosphäre

Die Luft wird durch die aufgeheizte Erdoberfläche erwärmt. Doch im Unterschied zum Glashaus steigt die erwärmte Luft weiter auf und kühlt sich ab. Die Erdoberfläche strahlt langwellige Wärmestrahlung ab. Der größte Teil wird von den in der ganzen Atmosphäre verteilten **Treibhausgasen** absorbiert. Dadurch wird Wärmeenergie an die Luft übertragen, ein kleiner Teil entweicht ins Weltall. Die Treibhausgase strahlen einen Teil der aufgenommenen Wärmeenergie zur Erdoberfläche zurück. Durch diesen **natürlichen Treibhauseffekt** stellt sich global eine Mitteltemperatur von etwa 15 °C ein.

Beitrag von Wasserdampf und Treibhausgasen am natürlichen Treibhauseffekt

Treibhausgas		Temperaturanstieg	Anteil in %
Wasserdampf	H_2O	+20,6 °C	62 %
Kohlendioxid	CO_2	+7,2 °C	22 %
Lachgas	N_2O	+1,4 °C	4 %
Ozon (bodennah)	O_3	+2,4 °C	7 %
Methan	CH_4	+0,8 °C	2,5 %
Weitere Gase	...	+0,6 °C	2,5 %

6

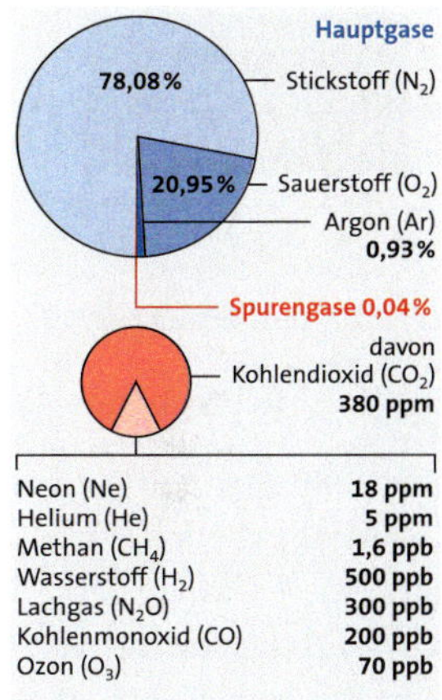

7 **Zusammensetzung der Atmosphäre**

Spurengase

Spurengase sind Gase, die nur in einem sehr kleinen Anteil in der Luft vorkommen. Dieser kann in einem Bereich von einem Gasmolekül pro einer Million (ppm = parts per million) oder pro einer Milliarde (ppb = parts per billion) Luftmolekülen liegen.

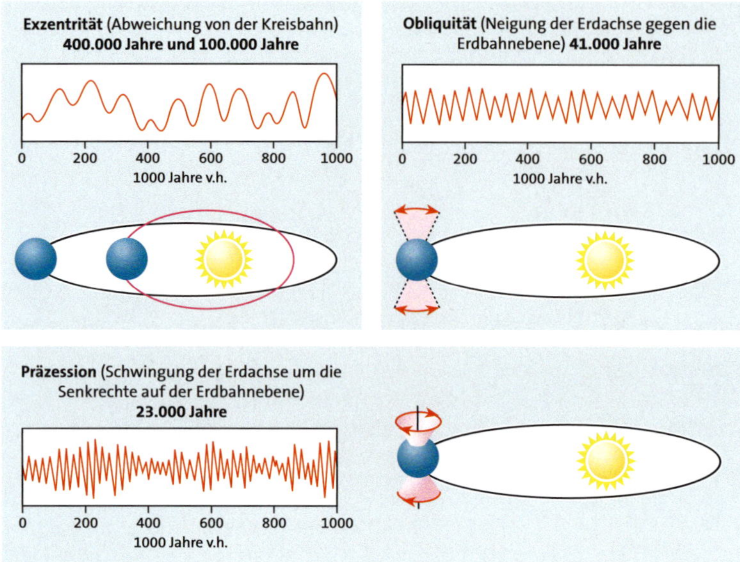

8 **Erdbahnparameter und ihre charakteristischen Zeitskalen (Zyklen)**

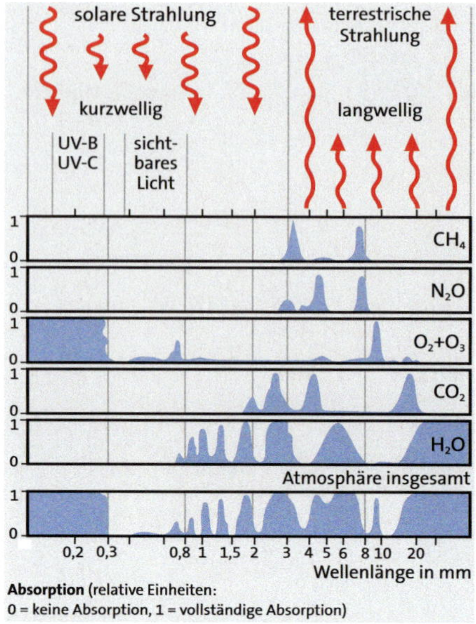

10 **Strahlungsabsorption durch Gase**

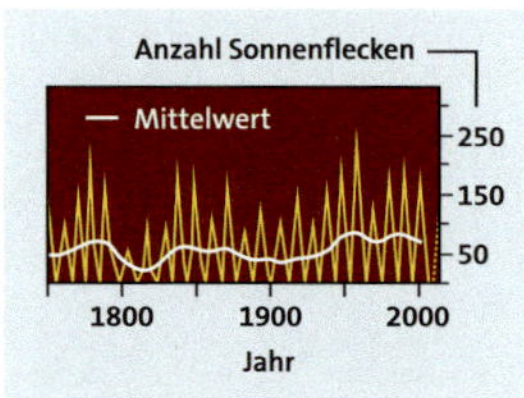

9 **Sonnenfleckenzyklus**

IPCC

Das 1988 gegründete Intergovernmental Panel on Climate Change (IPCC, im Deutschen oft als Weltklimarat bezeichnet) hat die Aufgabe in regelmäßigen Abständen (etwa alle 5 Jahre) den Zustand des Klimas und seine Auswirkungen auf Mensch und Natur festzustellen und mögliche Gegenmaßnahmen zu benennen. Der jüngste Bericht erschien 2007.

www.ipcc.ch

Natürliche Ursachen

Die Gründe für die Klimaschwankungen sind vielfältig: Unbestritten gilt auf der einen Seite der Einfluss des Menschen auf den Klimawandel. Auf der anderen Seite gibt es aber auch natürliche Ursachen, die vom Eingreifen des Menschen gänzlich unabhängig sind.

Ohne die Energie der Sonne wäre auf der Erde kein Leben möglich. Jedoch variiert der Energiebetrag der Solarstrahlung. Verantwortlich hierfür ist die Anzahl der Sonnenflecken, die in einem typischen Zyklus von etwa 11 Jahren schwankt. Je größer die Zahl der Sonnenflecken, desto höher ist die Strahlungsintensität der Sonne.

Auch ist die Bahn der Erde um die Sonne nicht immer konstant, sondern sie variiert ebenfalls in gleichmäßigen Zeiträumen, den sogenannten Milankovich-Zyklen.

Meteoriteneinschläge und Vulkanausbrüche können das Klima ebenfalls verändern. Allerdings wirken sie abkühlend. Denn durch die in die Atmosphäre gebrachten Aerosole erreicht ein erhöhter Anteil der Solarstrahlung nicht mehr die Erdoberfläche, sondern wird direkt an den Aerosolen zurück ins Weltall reflektiert.

Anthropogene Ursachen

Seit dem Erscheinen des [...] IPCC-Sachstandsberichts 2001 hat sich das Wissen um den Klimawandel durch eine breitere Datenbasis, verfeinerte Auswertungsverfahren sowie ein verbessertes Verständnis der physikalisch-chemischen Zusammenhänge deutlich vergrößert. Demnach geht der größte Teil des Anstiegs der mittleren globalen Temperatur seit Mitte des 20. Jahrhunderts mit einer sehr hohen Wahrscheinlichkeit [...] auf den Anstieg der vom Menschen verursachten Treibhausgaskonzentrationen zurück, z. B. von Kohlendioxid, Lachgas, Methan, bodennahes Ozon oder Fluorchlorkohlenwasserstoffe. Das heutige Niveau der Treibhausgase liegt deutlich höher als das natürliche Niveau in den letzten 650 000 Jahren. Infolgedessen hat sich die Erde in den letzten 100 Jahren im Mittel um 0,74 °C erwärmt, so schnell wie nie zuvor in ihrer Geschichte. Man nennt die durch den Menschen erzeugte, zusätzliche Treibhauswirkung **anthropogener Treibhauseffekt**.

Based on Climate Change 2007: The Physical Science Basis. Working Group I Contribution to the Fourth Assessment Report of the Intergovernmental Panel on Climate Change, Summary for Policymakers. Cambridge University Press.

11

Material
Galerie der Klimakiller
104028-1103

Lernen im Netz
Animation Treibhauseffekt
104028-1104

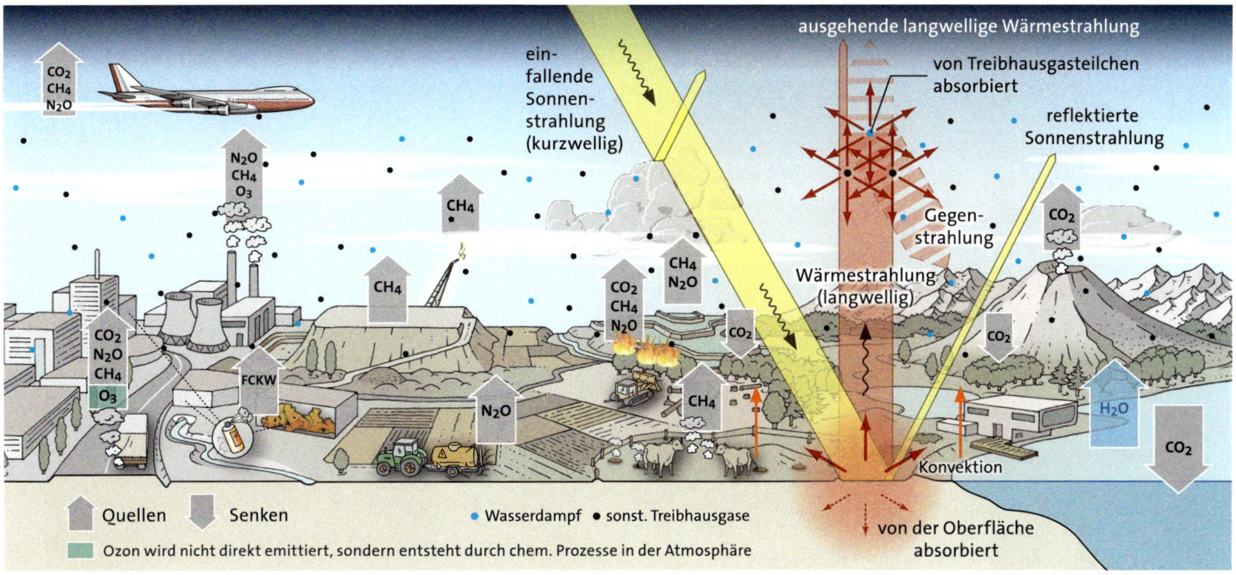

12 **Der vom Menschen beeinflusste Treibhauseffekt**

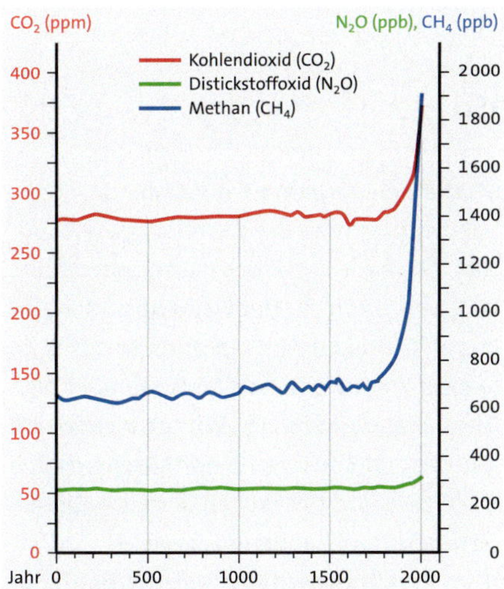

13 **Atmosphärische Konzentration wichtiger Treibhausgase**

Charakteristika einiger Treibhausgase

	CO_2	CH_4	N_2O	FCKW-11
Mittlere Verweilzeit in Jahren	50–200	12	114	45
Relatives Treibhauspotenzial[1]	1	23	296	4600
Beitrag zum anthropogenen Treibhauseffekt in Prozent[2]	60	20	6	3

[1] Relatives molekulares Treibhauspotenzial gemessen an der Treibhauswirkung von CO_2 (= 1) über 100 Jahre
[2] Der Rest entfällt auf andere FCKW sowie auf das troposphärische Ozon

14

Die 10 wärmsten Jahre im Verlauf der letzten 300 Jahre

1.	1998
2.	2005
3.	2003
4.	2002
5.	2004
6.	2006
7.	2007
8.	2001
9.	1997
10.	2008

15

1 Informiere dich über die Bedeutung des Namens Grönland und begründe, warum die Wikinger diese Insel so getauft haben.

2 „Ohne den natürlichen Treibhauseffekt wäre die Entwicklung von höherem Leben nicht möglich!“ Begründe diese Aussage.

3 Zu zweit geht es leichter: Legt zwei Bücher nebeneinander und vergleicht den natürlichen und den vom Menschen beeinflussten Treibhauseffekt.
Folgende Leitfragen helfen euch dabei:
Welche Gase sind wie beteiligt?
Welches sind jeweils die Quellen und die Senken der Gase?
Welchen Weg nimmt die Strahlung?

4 Erkläre mithilfe der Materialien 10–14 die Zusammenhänge zwischen menschlichen Aktivitäten und der globalen Erwärmung in den letzten 150 Jahren.

5 Dem IPCC wurde 2007 der Friedensnobelpreis verliehen. Begründe.

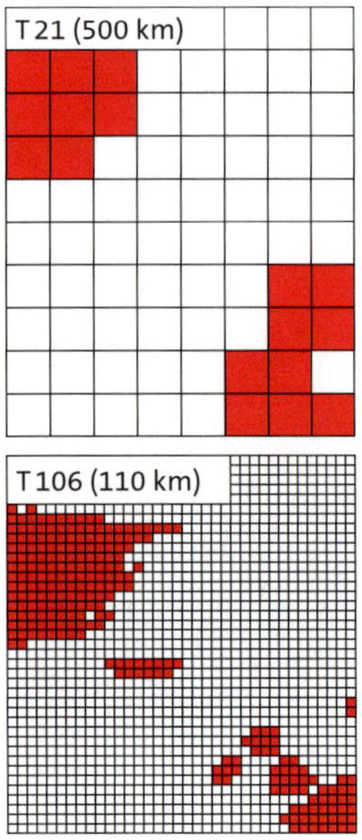

1 **Grönland und Westeuropa mit einem Gitternetz in unterschiedlicher Auflösung**

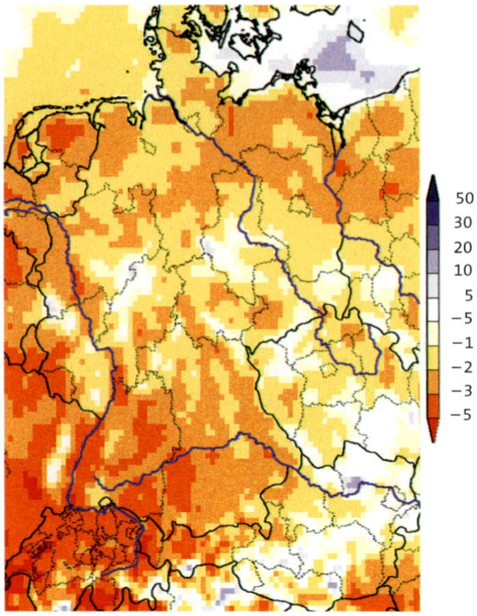

2 **Relative Niederschlagsänderung 2071–2100 gegenüber 1961–1990 (in %)**

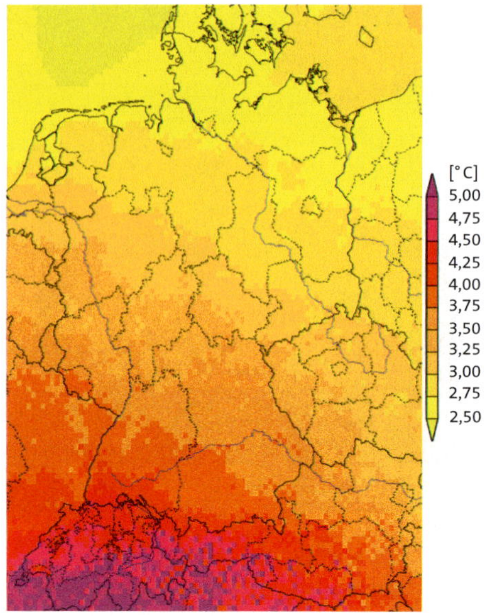

3 **Veränderung der Jahresmitteltemperatur 2071–2100 gegenüber 1961–1990 (in °C)**

Folgen des Klimawandels

Zur Berechnung der Bewegung von Gasen in der Luft oder in einer Flüssigkeit wie dem Ozean überzieht man die Erdatmosphäre sowie den Ozean mit einem relativ groben dreidimensionalen Gitternetz. Eine typische Gitterzelle hat eine Länge und Breite von 500 km und ist 1 km hoch. Mit der Verkleinerung der Gitternetze verbessern sich die Ergebnisse, aber die zu verarbeitenden Datenmengen erreichen schnell die Rechenkapazität der leistungsfähigsten Rechner der Erde.

Seit sich die Wissenschaftler mit den Folgen der Erwärmung der Erdatmosphäre beschäftigen, werden in der Öffentlichkeit mögliche Konsequenzen diskutiert.

Um Aussagen über das künftige Klima und seine Auswirkungen zu gewinnen, haben Wissenschaftler Klimamodelle entwickelt. Dazu berechnen sie wichtige Aspekte des Klimasystems mithilfe von Gleichungen, die dann Hochleistungsrechner lösen. Atmosphäre, Kontinente und Ozeane werden dabei in Gitterzellen zerlegt. Zur Untersuchung der Auswirkungen auf Europa und Deutschland entwickelte das Max-Planck-Institut das regionale Klimamodell (REMO) mit einem Gitternetz von 10 Kilometern Maschenweite.

Klimamodellrechnungen sind mit Unsicherheiten verbunden. Fehler können entstehen, weil die im Klimasystem ablaufenden Prozesse unzureichend verstanden sind oder die Rechnerkapazitäten noch beschränkt sind, um die mathematischen Gleichungen exakt zu lösen. Außerdem erschwert die chaotische Natur des Klimasystems dessen modellhafte Abbildung.

Klimaänderungen in Deutschland

„Je nach Anstieg der Treibhausgase könnten bis zum Ende des Jahrhunderts die Temperaturen in Deutschland um mehr als 4 °C steigen. Im Sommer wird es in weiten Teilen Deutschlands weniger Niederschläge geben. Im Winter werden im Süden und Südosten mehr Niederschläge fallen – allerdings wegen der gestiegenen Temperaturen weniger Schnee.

Die Ergebnisse im Detail: Mehr Treibhausgase führen in Deutschland zu einer mittleren Erwärmung, die im Jahr 2100 – abhängig von der Höhe zukünftiger Treibhausgasemissionen – zwischen 2,5 °C und 3,5 °C liegt. Diese Erwärmung wird sich saisonal und regional unterschiedlich stark ausprägen. Am stärksten dürften sich der Süden und Südosten im Winter erwärmen. 2100 könnten die Winter hier um mehr als 4 °C wärmer werden als im Zeitraum 1961 bis 1990."

Nach MPI-M und UBA (Hrsg.): Künftige Klimaänderungen in Deutschland – Regionale Projektionen für das 21. Jahrhundert. Hintergrundpapier April 2006, S. 4

4

5 **Hochwasser auf der Großen Elbstraße in Hamburg am 1.11.2006**

7 **Folgen von Kyrill im Hochsauerland**

8 **Dornfingerspinne**

9 **Wespenspinne**

Temperatur
Bei einem globalen Anstieg der Temperaturen um 2 bis 4 °C bis zum Ende des Jahrhunderts hat Hamburg einerseits durch seine nördliche Lage einen höheren Temperaturanstieg zu erwarten (hin zur Arktis wird es überproportional wärmer), andererseits mildert die Nähe zum Meer die Hitze ab, und durch die mögliche Schwächung des Golfstroms wird die Erwärmung ebenfalls in Grenzen gehalten. Daher können wir davon ausgehen, dass die Temperaturerhöhung bei uns ähnlich sein wird wie woanders auch (wenn nicht der Golfstrom plötzlich zum Erliegen kommt, was Wissenschaftler aber für sehr unwahrscheinlich halten).

Niederschlag
Die Niederschläge verändern sich weniger in der Gesamtmenge als in der räumlichen und zeitlichen Verteilung. Für Hamburg sind erheblich trockenere Sommer zu erwarten und erheblich feuchtere Winter. Gleichzeitig fallen die Niederschläge bei höheren Temperaturen öfter als Starkregen in Verbindung mit Stürmen und Gewittern, seltener als lang andauernde Landregen. Auch Hagel – mit immer größeren Körnern – wird häufiger.

Stadtklima
Die Stadt speichert die Wärme durch ihre Bauwerke. Gleichzeitig hat sie eine größere Versiegelung als das Umland, weniger Vegetation und weniger Feuchtigkeit. Mehr Hitze und Trockenheit im Sommer, das bedeutet gerade für die Stadt und besonders für den Innenstadtbereich: mehr Tropennächte, die kaum noch eine Abkühlung bringen, und damit heizt sich die Stadt im Sommer erheblich mehr auf als der Umlandbereich.

Stürme
Wenn es wärmer wird, muss Hamburg sich auf mehr und stärkere, vor allem plötzliche Sturmereignisse einstellen. Für die Zukunft ist – ziemlich unabhängig von den verschiedenen Emissionsszenarien – mit bis zu 10 % erhöhten Starkwinden zum Ende des Jahrhunderts zu rechnen.

Helga Schenk: Klima und Klimaschutz in Hamburg; unter: www.germanwatch.org/klima/hh07.htm (Zugriff: 03/2011)

6 **Auswirkungen auf Hamburg**

Kaum zu glauben
Eine künstliche Sandinsel soll zur neuen Hauptstadt der Malediven werden.Das Prestigeprojekt des Präsidenten soll die 300000 Menschen vor einer möglichen Evakuierung in andere Länder bewahren.
4,6 Millionen Kubikmeter Sand wurden bisher zu einer künstlichen Insel aufgeschüttet. Bagger und Betonmischer planieren und zementieren eifrig neue Straßen.

11 **Male, Malediven**

Meeresspiegelanstieg
Die Erwärmung der Erdatmosphäre hat Auswirkungen auf den Meeresspiegel. Das verstärkte Abschmelzen des Eises in der Antarktis und auf den Festländern hat schon zu einem Anstieg des Meeresspiegels geführt. Die zu beobachtende Erhöhung der Lufttemperatur bewirkt auch eine Erwärmung des Meerwassers. Das führt zu einer Volumenvergrößerung des Wassers und somit zu einem Meeresspiegelanstieg.

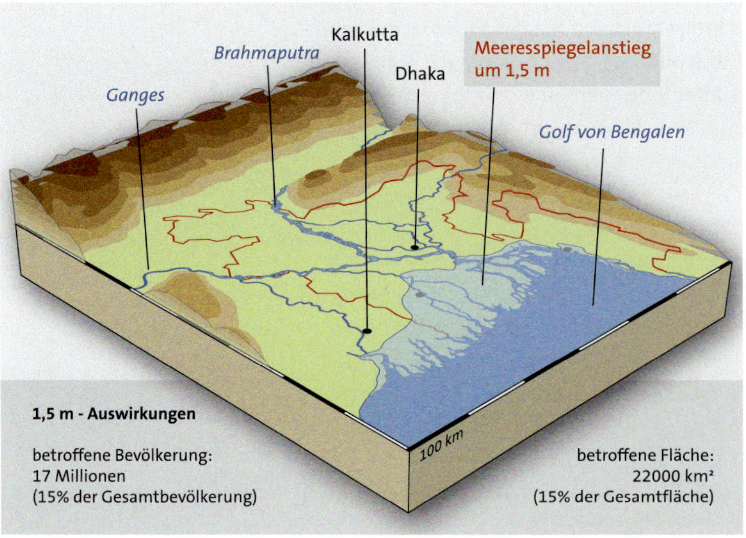

10 **Mögliche Auswirkungen des Meeresspiegelanstiegs auf Bangladesch**

Im Südpazifik steigt der Meeresspiegel um 25 Millimeter/Jahr. Vorsichtige Schätzungen von German Watch gehen von einem Anstieg um einen Meter in den nächsten 50 Jahren aus. Pessimisten befürchten einen Anstieg von mehreren Metern. Inselstaaten im Südpazifik wie Kiribati oder die Marshall-Inseln sind bedroht. Das Tawara-Atoll, auf dem ein Drittel der Einwohner Kiribatis lebt, wird bis 2050 zur Hälfte vom Meer überspült sein, da die Inseln nur 2 Meter über dem Meeresspiegel liegen.
Die 3200 Einwohner der Cateret-Inseln vor der Küste Papua-Neuguineas müssen ihre Heimat bereits verlassen. Zwar haben sie Mangroven gepflanzt und Wellenbrecher aus Muschelschalen errichtet, aber es war zu spät. Die wiederholten Überflutungen führten zur Versalzung des Bodens. Die Obstbäume sind abgestorben, Süßkartoffeln wachsen nicht mehr, die Trinkwasserbrunnen enthalten nur noch Brackwasser.
Was sich heute in Kiribati oder vor der Küste Papua-Neuguineas abspielt, kann morgen ein Problem in vielen Küstenstädten des indisch-pazifischen Raums sein. Shanghai, Hongkong, Singapur, Tokio, Osaka, Bombay, Madras – sie alle liegen nur wenig über dem Meeresspiegel. Gewaltige Deiche und Pumpwerke sind nötig, um sie zu schützen. Aber: Wer soll das bezahlen?

Lernen im Netz
Animation Meeresspiegelanstieg
104028-1105

12 **Triftgletscher, Schweiz 1948**

13 **Triftgletscher, Schweiz 2002**

Kaum zu glauben
In den Niederlanden haben Architekten Pläne für schwimmende Wohnanlagen entworfen. Die Häuser sollen auf schwimmenden Fundamenten aus Beton und Schaumstoff gebaut werden.

Auswirkungen in den Hochgebirgen
Die Erwärmung der Atmosphäre macht sich in allen Hochgebirgen der Erde bemerkbar, so auch in den Alpen. 1850 gab es in der Schweiz noch 1800 km² Gletscherfläche. Heute sind es noch 1300 km². Fast ein Drittel der ehemals vereisten Gebiete ist heute ganzjährig eisfrei. Die Hälfte des Eisvolumens ist in den letzten 150 Jahren verschwunden. Der größte Alpengletscher, der Aletschgletscher, schrumpft jedes Jahr um 50 Meter. Die Umweltorganisation Greenpeace warnt: „Wenn die Klimaerwärmung im augenblicklichen Ausmaß anhält, werden von den Alpengletschern im Jahre 2080 nur noch Moränenreste übrig sein." Das Gletschereis hat auch die Felswände stabilisiert. Seit dem Beginn des Abschmelzens kommt es zu Gesteinsabbrüchen, die Felslawinen auslösen können.

Die Erwärmung hat Folgen für den Wintersport in den Alpen. Heute gelten nur noch Gebiete über 1800 Meter über N. N. als schneesicher. Tiefer gelegene Ferienorte helfen sich mit Kunstschnee. Um ihn zu erzeugen, pumpt man im Herbst Wasser aus dem Tal in höher gelegene Gebirgsabschnitte. Es wird in Speicherbecken, die überall in den Skigebieten gebaut wurden, gesammelt und bei Bedarf mithilfe von Schneekanonen versprüht.
Der Rückgang der Gletscher ist ein weltweites Phänomen und betrifft alle Landschaftszonen der Erde. Auch die Höhenlagen der Tropen sind davon betroffen. Seit 1912 ist die Gletscherbedeckung des Kilimandscharo um ca. 75% zurückgegangen. Man vermutet, dass das Eis auf dem höchsten Berg Afrikas bis 2020 völlig verschwunden ist.

1 Beschreibe mithilfe der Karten 2 und 3 sowie des Textes 4 auf Seite 192 die vermutlichen Temperatur- und Niederschlagsveränderungen in Deutschland.
2 Erkläre die regionalen Unterschiede dieser Entwicklung.
3 Nenne mögliche Folgen des Klimawandels für das alltägliche Leben in Hamburg (Text 6, S. 193).
4 Begründe mithilfe von Text und Grafik 10, warum der Meeresspiegelanstieg für Bangladesh schlimmer ist als für die europäischen Küstenregionen.
5 Vergleiche die beiden Bilder 12 und 13 des Triftgletschers und beschreibe die Veränderungen.
6 Nenne mögliche Auswirkungen des Klimawandels auf Sommer- und Wintertourismus in den Alpen.

11 TERRA **METHODE**

Der Begriff „Szenario“ stammt aus der Filmbranche und bezeichnet dort das Drehbuch. Und wie in einem Science Fiction Film wird bei der Szenario-Technik ein mögliches, wahrscheinliches Bild der Zukunft entwickelt. Die Erstellung der Szenarien zielt aber nicht auf das Hervorbringen von Fantastereien ab. Ziel ist es, ausgehend von heutigen Fakten, begründete Projektionen zukünftiger Entwicklungen zu erarbeiten. Zwar können Szenarien keine exakte Beschreibung der Zukunft liefern, doch helfen sie dabei, Probleme systematisch zu strukturieren und zu begreifen. Sie bieten darüber hinaus eine Grundlage für Lösungsansätze und Handlungsoptionen.

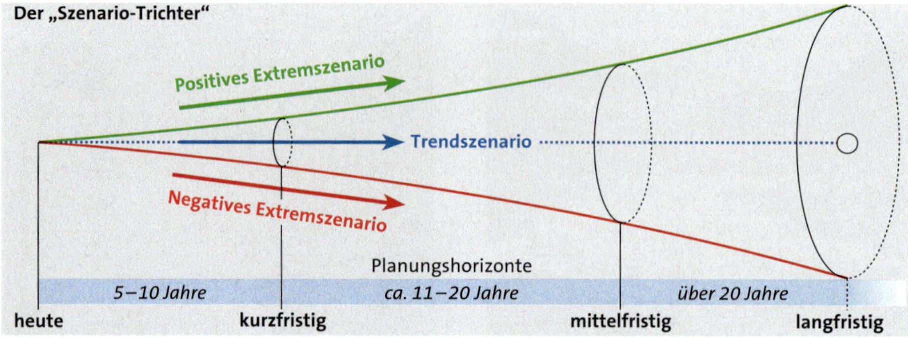

1

Szenarien erstellen: Die Zukunft des Klimas

Wie wird das Klima in der Zukunft aussehen? Und welche Auswirkungen werden die Veränderung auf unsere Umwelt und auf unser Leben haben? Exakt kann dies niemand voraussagen, denn niemand kann in die Zukunft schauen. Doch um effiziente Gegenmaßnahmen und Anpassungsstrategien zu entwickeln, ist es wichtig, eine möglichst genaue Vorhersage über das zukünftige Klima zu erhalten. Dabei kann das Erstellen von Szenarien helfen. Szenarien sind Entwürfe über mögliche positive oder negative Entwicklungen in der Zukunft.

Die Ergebnisse der Methode kann man am besten mithilfe eines Szenariotrichters veranschaulichen. Die Gegenwart beginnt am engsten Punkt des Trichters. Je weiter man durch den Trichter in die Zukunft blickt, umso vielfältiger und komplexer werden die Möglichkeiten, umso größer die Ungewissheit. In der Regel werden zwei Grundtypen von Szenarien entwickelt:

- ein positives Extremszenario mit der günstigsten Zukunftsentwicklung (best-case-scenario)
- ein negatives Extremszenario mit dem schlechtest möglichen Entwicklungsverlauf (worst-case-scenario).

Das Trendszenario, das die heutige Situation für die Zukunft fortschreibt, ergibt sich daraus aus einer Möglichkeit von vielen.

Szenarien erstellen

1. Schritt: Thema finden und analysieren

- Wählt gemeinsam ein Thema aus und grenzt dieses mithilfe von Leitfragen ein: Was ist zu beobachten? Wer ist in welcher Weise betroffen? Welche Fakten und Zusammenhänge sind bekannt? Warum ist dieses Thema gesellschaftlich relevant und lösungsbedürftig?

2. Schritt: Einflussfaktoren analysieren

- Ermittelt im Plenum die wichtigsten Faktoren, die unmittelbar auf das gewählte Thema einwirken (z.B. politische, wirtschaftliche, gesellschaftliche, demografische, ökologische Faktoren).
- Entwerft dazu eine Mindmap.
- Arbeitet nun in Kleingruppen weiter und schätzt ab, wie sich die Einflussfaktoren in Zukunft entwickeln werden.

3. Schritt: Szenarien entwickeln

- Entwerft in Kleingruppen arbeitsteilig ein Positiv- und ein Negativszenario.
- Entwerft anschließend ein eurer Meinung nach wahrscheinliches Trendszenario.
- Zeigt auch die Folgen der jeweiligen Entwicklungen auf.
- Stellt dem Plenum die Szenarien vor.

4. Schritt: Handlungsmöglichkeiten erörtern

- Sucht auf Grundlage der Szenarien im Plenum nach Maßnahmen zur Verhinderung der negativen bzw. zur Förderung der positiven Entwicklungen.

Material
Vorlagen
104028-1106

Einflussfaktor	Ist-Zustand heute	Wahrscheinlich im Jahr 2050	Einflussfaktor	Ist-Zustand heute	Wahrscheinlich im Jahr 2050
Zahl der regelmäßig genutzten Autos	ca. 0,5/Einw.		Internationale Abkommen	Kyoto-Protokoll in Kraft	
Flugverkehr in Flüge pro Einwohner/Jahr	ca. 1,8		CO_2-Ausstoß (2002)	860 Mio. t	
Fossile u. atomare Energie (Anteil a. d. Stromerzeugung)	90 %		CO_2-Konzentration	ca. 360 ppm	
Erneuerbare Energie (Anteil a. d. Stromerzeugung)	10 %		Mittl. Temperatur im Vergleich zu heute	0	
Energie-Produktivität (Vgl. 1990 = 100)	124		Meeresspiegel im Vergleich zu heute	0	

2 Extremszenario Deutschland 2050

Negatives Extremszenario
- Das Kyoto Protokoll scheitert, Folgevereinbarungen gibt es nicht.
- Die großen Staaten setzen auf Atomkraft mit hohen Folgekosten. Zugleich werden Ölquellen und Kohlelagerstätten bis zum letzten Tropfen bzw. Gramm ausgebeutet.
- Neue Technologien dienen v.a. dem Schutz Reicher vor Umweltgefahren.
- Die Erde heizt sich um mehr als 4 °C auf.

Positives Extremszenario
- Der Menschheit gelingt eine radikale Trendwende. Der Ausstoß von CO_2 und anderen Treibhausgasen wird drastisch gesenkt.
- In erneuerbare Energien und ressourcenschonende Technologien wird genauso viel Geld investiert wie früher in Atomkraftwerke.
- Die mittlere Temperatur der Erde bleibt auf dem Stand von 2005.

Seite 12ff.
Informationen zur globalen Bevölkerungsentwicklung

3

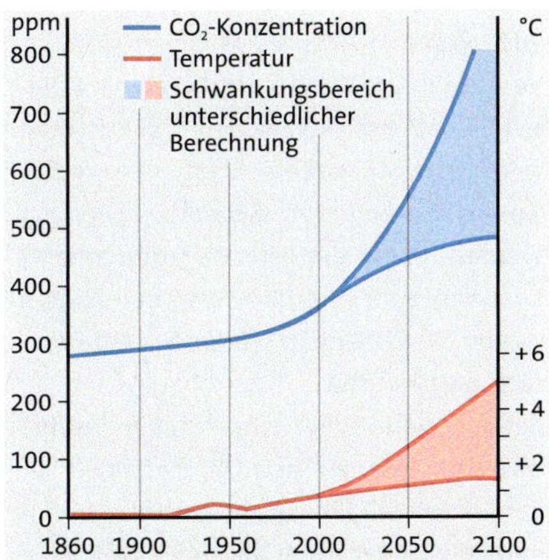

4 Unterschiedliche Szenarien zur Veränderung von CO_2-Gehalt und Temperatur

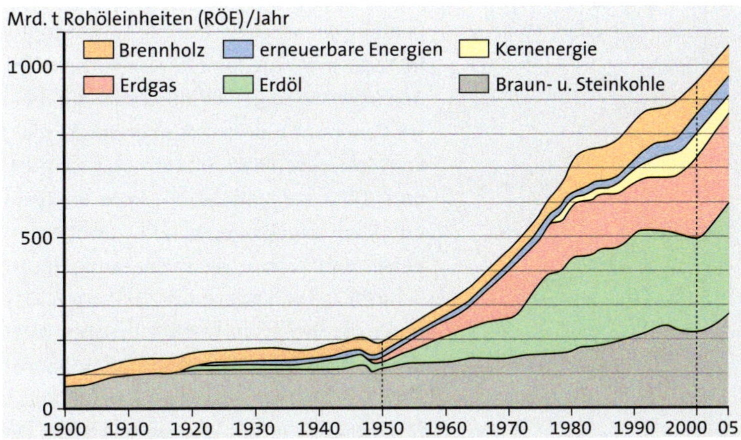

5 Energiebedarf

1 Entwickelt mithilfe der Szenariotechnik ein positives und ein negatives Szenario zur Zukunft unseres Klimas für das Jahr 2050 und beschreibt die Folgen der Klimaveränderungen auf unseren Lebensalltag.

Veränderung der Emissionen von Treibhausgasen 1990–2006 in % (1990 = 100 %)

	Soll	Ist
A	−13,0	+15,1
B	−7,5	−5,2
CAN	−6,0	+27,7
CH	−8,0	+0,8
CZ	−8,0	−23,7
D	−21,0	−18,2
E	+15,0	+50,6
F	0	−3,5
GB	−12,5	−15,1
I	−6,5	+9,0
J	−6,0	+5,3
NL	−6,0	−2,0
PL	−6,0	−28,9
RUS	−34,2	−34,2
USA	keine	+14,4
EU 15	−8,0	−2,2

unfccc.int

1

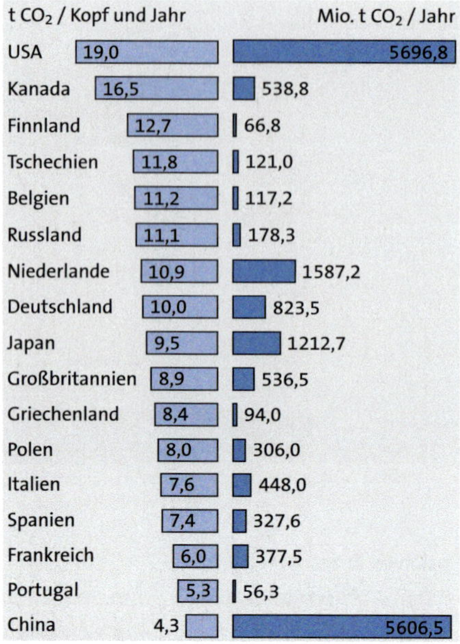

2 Verursacher von CO_2-Emissionen 2006

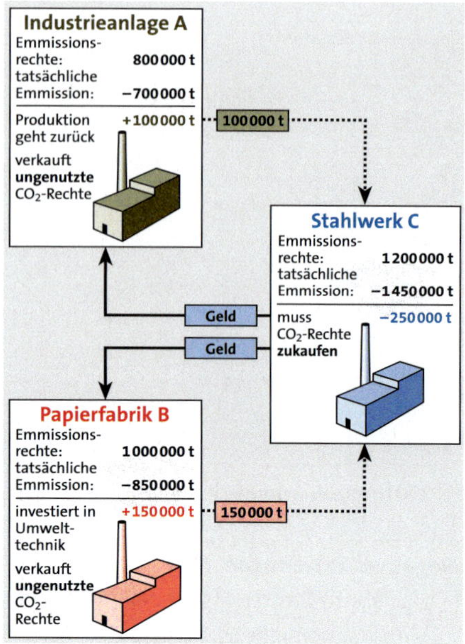

3 Der Handel mit Emissionen

Klimaschutz – eine Aufgabe für alle!

Kaum zu glauben

Wusstest du, dass in China derzeit jede Woche ein neues Kohlekraftwerk eröffnet wird? Jedes dieser Kraftwerke entlässt so viel CO_2 in die Luft wie 2 Millionen PKW!

Das Klima ändert sich – dies ist unstrittig! Aber um diesen Wandel nicht noch weiter zu beschleunigen, müssen wir heute damit beginnen, die Emission von Treibhausgasen drastisch zu reduzieren. An diesem Ziel muss die Weltgemeinschaft gemeinsam arbeiten. Der UN-Umweltgipfel 1992 in Rio de Janeiro war Auftakt für den internationalen Klimaschutz. Auf dieser Konferenz wurde erstmals eine Klimakonvention von 189 Staaten unterschrieben. 1997 konkretisierten diese Staaten auf einer Folgekonferenz in Kyoto ihr Anliegen, den Ausstoß der sechs klimaschädlichsten Treibhausgase bis 2012 um 5,2 % unter das Niveau von 1990 zu senken. Mit der Ratifizierung durch Russland im Jahre 2004 waren die Vorbedingungen des **Kyoto-Protokolls** erfüllt und es trat 2005 in Kraft. Insgesamt haben bisher 141 Staaten den Vertrag unterzeichnet, die USA als weltweit größter CO_2-Emittent hingegen noch nicht. Da alle Länder unterschiedlich viel CO_2 emittieren, wurde für jede Nation eine eigene Reduktionszahl verbindlich festgelegt.

Und was macht Deutschland?

Deutschland hat sich verpflichtet, bis 2012 seinen CO_2-Ausstoß um 21 % zu verringern. Darüber hinaus wurde ein umfangreiches Klimaschutzpaket vereinbart, in dem sich Deutschland verpflichtet, bis 2020 den CO_2-Ausstoß sogar um 40 % im Vergleich zu 1990 zu reduzieren. Um dieses Ziel zu erreichen, sollen u. a. Zuschüsse für eine effizientere Wärmeversorgung und -dämmung von Gebäuden gewährt werden. Auch der Einsatz erneuerbarer Energien soll gefördert werden. Zudem wurde die KfZ-Steuer stärker am CO_2-Ausstoß ausgerichtet.

Bei dem von der EU eingeführten Emissionshandel werden den Unternehmen sogenannte CO_2-Emissions-Zertifikate zugeteilt, die dem Betrieb eine bestimmte Menge an Emissionen erlauben. Überschreitet der Betrieb diese Menge, so muss er Zertifikate von anderen Betrieben zukaufen, die unter der erlaubten Ausstoßmenge bleiben, oder in seine Umwelttechnik investieren, so dass sein Ausstoß vermindert wird. Ansonsten zahlt er Strafe.

Material
Verhaltenstipps
104028-1107

Material
Pille für die Kuh
104028-1108

Auch du kannst durch dein Verhalten zum Klimaschutz beitragen. Die folgenden „Sechs Richtigen“ sollen dir dabei helfen, dich klimaschonender zu verhalten.

Im Schlaf Strom sparen! Goodbye Standby

Hifi-Anlagen, Spielekonsolen, Fernseher, DVD-Spieler oder auch Küchengeräte bleiben häufig unnötig im Standby-Modus und stehen somit ständig unter Strom. Dieser Leerlauf verbraucht nicht nur unnötig Energie, sondern er verschlingt pro Jahr etwa 70 €. Deshalb ist es ratsam, wenn möglich, den Stecker zu ziehen oder eine abschaltbare Steckdosenleiste zu benutzen.

Mal ordentlich Luft ablassen! Effizient lüften

Stehen Fenster und Türen länger auf Kipp, entweicht allzu viel Wärmeenergie. Besser ist, mehrmals am Tag für wenige Minuten das Fenster ganz zu öffnen und gut durchzulüften. Hierbei geht deutlich weniger Energie verloren.

Nur ein kleiner Dreh! Richtig Heizen

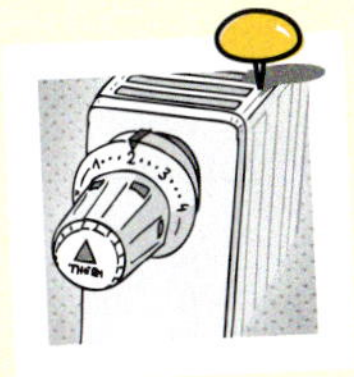

Nur ein Grad weniger im Raum senkt den Energieverbrauch um ca. 7 %. Temperaturen zwischen 18 °C im Schlafzimmer und 21 °C in der guten Stube reichen in Wohnräumen meist aus. Nachts und wenn alle außer Haus sind, empfiehlt sich die Heizung noch weiter zu drosseln.

Zuviel Fleisch ist Käse! Klimaschonend essen

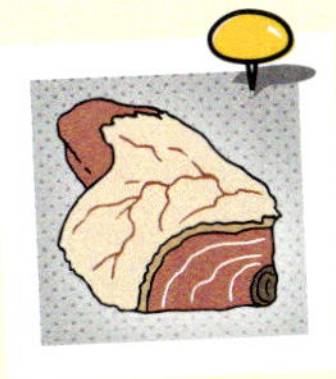

Alle 40 Sekunden etwa rülpst eine Kuh und befördert auf diese Weise etwa 250 l Methan pro Tag in die Luft. Somit ist die Kuh ein ernstzunehmender Klimakiller. Die Herstellung von 1 kg Rindfleisch ist so klimaschädlich wie eine Autofahrt von 250 km. Obst und Gemüse sind nicht nur gesünder, sie werden auch klimaschonender produziert. Und Nahrungsmittel, die aus der eigenen Region stammen, vermeiden lange, energieverbrauchende Transportwege.

Wer bremst verliert! Ökonomisches Verkehrsverhalten

Wer seine Geschwindigkeit dem Verkehrsfluss anpasst, vorausschauend fährt und somit ständiges Bremsen und wieder Beschleunigen vermindert, kommt mit deutlich weniger Benzin aus. Klimaschonend ist zudem das Fahren mit niedriger Drehzahl. Noch besser: Nutze Bus oder Bahn, nimm das Fahrrad oder geh zu Fuß.

Endlich geht ein Licht auf! Richtig beleuchten

Normale Glühbirnen leuchten nur mit knapp 5 % der eingesetzten Energie – der Rest verpufft als Wärme. Effizienter sind Energiesparlampen: Bei gleicher Lichtausbeute brauchen sie etwa 75 % weniger Strom. Sie sind zwar in der Anschaffung teurer, halten aber etwa zehnmal so lange. Daher hat die EU beschlossen, ab Herbst 2009 die Glühbirne schrittweise zu verbieten.

4

Kaum zu glauben
Hättest du gedacht, dass du Tag für Tag einen Ballon von drei Meter Durchmesser, gefüllt mit CO_2 (das sind ca. 30 kg) produzierst?

1 Beschreibe mithilfe der Tabelle 2 den Stand der Umsetzung des Kyoto-Protokolls.

2 Informiert euch über die bisherigen Umweltkonferenzen und daraus folgende Entwicklungen in den letzten Jahren.

3 Gestalte ein Plakat, auf dem du zum Sparen von CO_2 aufrufst!

4 Sicher gibt es auch bei dir an der Schule CO_2-Einsparmöglichkeiten. Sammel als Klimadetektiv geeignete Ideen und Wege.

Ergebnisse des Weltgipfels von Johannesburg

- Die Industrieländer werden aufgefordert, ihre Entwicklungshilfe auf 0,7 % der Wirtschaftsleistung zu erhöhen. Dadurch soll der Anteil der in extremer Armut lebenden Menschen an der Weltbevölkerung bis 2015 halbiert werden.
- Die Zahl der Menschen ohne hinreichenden Zugang zu sauberem Trinkwasser, zu sanitären Anlagen und zur Abwasserentsorgung soll bis 2015 halbiert werden.
- Den Staaten wurde empfohlen, die erneuerbaren Energieträger zu fördern und das Kyoto-Protokoll zu ratifizieren.
- Innerhalb von zehn Jahren soll ein Kurswechsel im Konsum- und Produktionsverhalten eingeleitet werden.
- Der Schwund von Arten und natürlichen Ressourcen soll deutlich verringert werden.

2 „Ich jedenfalls verleih nie wieder etwas!“

„Rio plus zehn“

In Rio de Janeiro fand 1992 die Weltkonferenz über Umwelt und Entwicklung statt. Dabei wurde von über 170 Staaten das Dokument zur Agenda 21 unterzeichnet, die so bezeichnet wird, weil sie eine „Tagesordnung“ für das 21. Jahrhundert darstellt. In der Agenda 21 werden die Probleme der Gegenwart und Zukunft angesprochen sowie mögliche Lösungen benannt. Die größten Probleme stellen die zunehmende Ungleichheit zwischen den Ländern dieser Erde, Armut, Hunger, Krankheit, Analphabetentum sowie die fortschreitenden Schädigungen der Ökosysteme dar. Die Staaten haben sich verpflichtet, in den Bereichen Entwicklung und Umwelt zusammenzuarbeiten und eine **nachhaltige Entwicklung** zu fördern. So soll die Zukunft unseres Planeten und der Menschheit gesichert werden.

Doch nicht nur auf Regierungsebene müssen entsprechende Maßnahmen eingeleitet werden, sondern auch die Menschen in ihren Kreisen, Städten und Gemeinden sind aufgefordert, einen Beitrag zu leisten, indem sie sich aktiv an Projekten vor Ort beteiligen: Dazu dient die **Lokale Agenda 21**.

Im Jahr 2002 wurde in Johannesburg auf dem Weltgipfel für nachhaltige Entwicklung und zehn Jahre nach der Konferenz von Rio eine erste Bilanz gezogen. Pläne zur Umsetzung wurden weiterentwickelt. Das Kyoto-Protokoll zum Klimaschutz, mit dem Ziel der Senkung des Ausstoßes von CO_2, seine Folgekonferenzen, aber auch Veranstaltungen wie die Konferenz zur Biodiversität (Artenvielfalt) in Bonn 2008 stellen Zwischenschritte dar, um die nachhaltige Entwicklung der Menschheit zu ermöglichen.

1 Arbeite mit der Karikatur 2:
a) Beschreibe die Karikatur. Was will uns der Zeichner verdeutlichen?
b) Beurteile die Aussagekraft der Karikatur aus dem Jahr 1988.

2 Lokale Agenda 21:
a) Erkläre den Begriff.
b) Recherchiert Agenda 21-Projekte in Hamburg. Stellt euer Ergebnis mithilfe einer Präsentation vor.

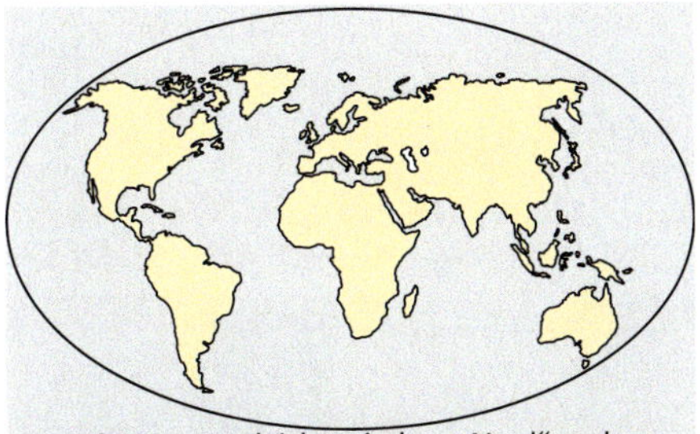

Agenda 21: Ausgleich zwischen „Nord“ und „Süd“, Weltklimakonferenz, Weltsiedlungskonferenz, Leitbild der nachhaltigen Entwicklung

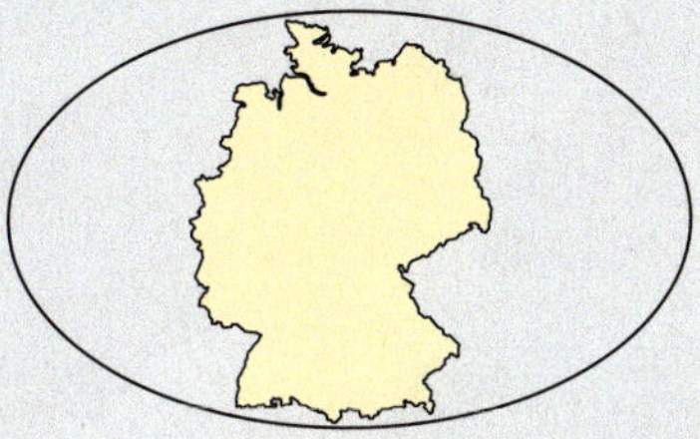

Nationale Agenda 21: z. B. nachhaltige Entwicklung in Deutschland: Entwurf eines umweltpolitischen Schwerpunktprogramms

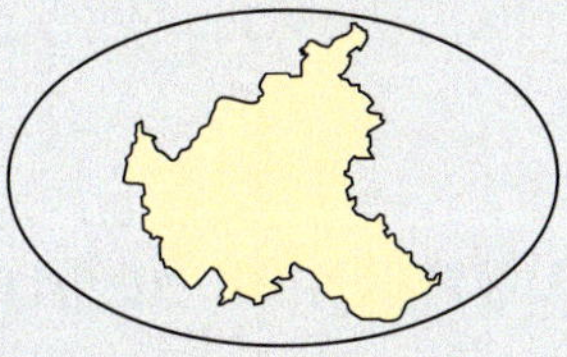

Agenda 21 in Hamburg: Landesagenda 21: Unterstützung und Förderung nachhaltiger Entwicklungsstrategien auf Landesebene

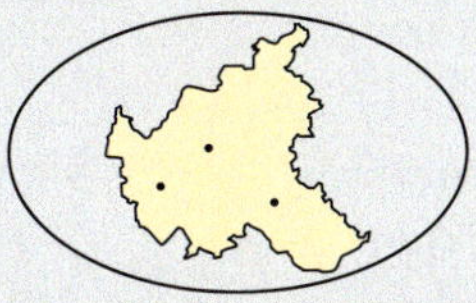

Lokale Agenda 21: Aktionen im Sinne einer nachhaltigen Entwicklung in der Stadt Hamburg, Zusammenarbeit der beteiligten Gruppen vor Ort.

3 Räumliche Ebenen des Agenda 21-Prozesses

Deutschland (je 1000 Einw.)		Entwicklungsländer (je 1000 Einw.)
158	Energieverbrauch (1000 Joule)	22[1]
13700	Treibhausgase (t)	1300[1]
450	Ozonschichtkiller (kg)	16[2]
8	Straßen (km)	0,7[1]
4391000	Gütertransporte (tkm)	776000[1]
9126000	Personentransporte (pkm)	904000[1]
443	Pkw	6[2]
28	Aluminiumverbrauch (t)	2[3]
413	Zementverbrauch (t)	56[1]
655	Stahlverbrauch (t)	5[1]
400	Hausmüll (t)	120[4]
187	Sondermüll (t)	2[4]

1 Ägypten; 2 Philippinen; 3 Argentinien; 4 Durchschnitt

4 Vergleich der jährlichen Umweltbelastung (je 1000 Einwohner) zwischen Deutschland und den Entwicklungsländern

„Nachhaltig leben bedeutet, den Verbrauch so zu gestalten, dass auch für andere etwas übrig bleibt. Nachhaltigkeit heißt, nicht auf Kosten der Kinder und Enkel zu wirtschaften. Nachhaltigkeit bedeutet, nicht mehr zu verbrauchen als nachwächst. Nachhaltigkeit heißt, die Ökosysteme so zu nutzen, dass sie auch in Zukunft noch funktionieren. Nachhaltigkeit heißt, das, was zur Verfügung steht, auch gerecht zu verteilen.“

5

Was bedeutet dies für uns und wie weit reicht unsere Verantwortung für künftige Generationen? Es bleibt daher für uns viel zu tun und wir müssen eine Antwort auf die drängenden Fragen der Zukunft finden.

Kaum zu glauben
Wäschetrockner oder Wäscheklammer?
Bei der Benutzung eines Wäschetrockners werden pro Trockengang 4 kWh Energie verbraucht. Dies entspricht der CO_2-Emission eines Mittelklassewagens auf 16 Kilometern.

3 2011 ist Hamburg Europas Umwelt-Hauptstadt. Stellt Projekte vor, die in diesem Rahmen geplant sind oder bereits umgesetzt werden.

4 Voltaire (französischer Schriftsteller, 18. Jahrhundert): „Wir sind nicht nur verantwortlich für das, was wir tun, sondern auch für das, was wir nicht tun.“ Bewerte diese Aussage und nimm Stellung dazu.

1 **Das „nachhaltige Klassenzimmer“?**

Lokale Agenda 21 – auch an unserer Schule!?

Kaum zu glauben
Schon mit der Absenkung der Raumtemperatur um 1 °C wird eine Energieeinsparung von 6 % erreicht. Probiert es doch einfach einmal aus, ob ihr dabei immer noch behaglich lernen könnt. Da jede Person, die sich im Klassenraum befindet, Wärme abgibt und sich der Raum dadurch in kurzer Zeit erwärmt, kann die Temperatur zu Unterrichtsbeginn zunächst auch unter 20 °C liegen.

Schulalltag an eurer Schule. Morgens rein, mittags raus, zwischendurch Lernen, Pausen, Lernen. Denkt ihr dabei an die Zukunft? Vielleicht ja. Aber denkt ihr auch an das Energiesparen oder an die Verringerung des CO_2-Ausstoßes in die Atmosphäre? Ganztägige Beleuchtung in den Fluren, Klassenbeleuchtung bei hellem Sonnenschein, Stand-by-Betrieb von Geräten oder ständig gekippte Fenster im Winter sind leider immer noch an einigen Schulen zu beobachten. Was geht das alles euch an?
Die Ergebnisse aus Energiesparprojekten sind überraschend und interessieren immer mehr Schulen. Wenn ihr euch aktiv für die Umwelt einsetzen wollt, engagiert euch! Startet das Projekt: „Spare Energie!“ und leistet so einen Beitrag zur Lokalen Agenda 21 in Hamburg.

Um 1000 kWh elektrische Energie zu erzeugen, werden:

verbrannt	freigesetzt
1300 kg Braunkohle	1167 kg CO_2
320 kg Steinkohle	666 kg CO_2
270 m³ Erdgas	242 kg CO_2
220 l Heizöl	310 kg CO_2

Ein Kühlschrank, der in der Schule rund um die Uhr arbeitet, verbraucht etwa 410 kWh elektrische Energie im Jahr. Durch ein Abschalten in den Ferienzeiten verbraucht er nur noch 300 kWh pro Jahr.

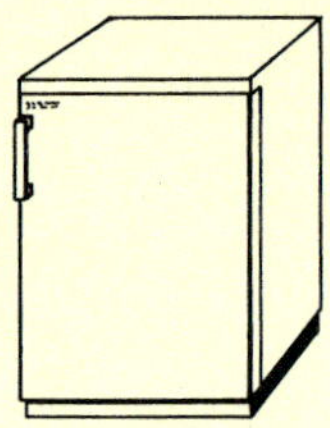

Ein Elektroboiler für die Heißwasserbereitung verbraucht in der Schulzeit 190 kWh. Ist er in der Ferienzeit nicht abgeschaltet, beträgt sein Energiebedarf 350 kWh im Jahr.

2 **Anregungen zum Stromsparen in der Schule**

Eines der erfolgreichsten Konzepte zur Umsetzung der Lokalen Agenda 21 in der Hansestadt ist das Projekt fifty/fifty. Es ist ein Energiesparkonzept der Hamburger Behörde für Schule und Berufliche Bildung (BSB), dass seit über 15 Jahren sehr erfolgreich umgesetzt wird. Das Konzept ist einfach: Finanzielle Einsparungen, die durch aufmerksames Verhalten der Schülerinnen und Schüler in den Bereichen Elektroenergie, Heizenergie, Wasser und Abfall erzielt werden, fließen nur zu 50% in den Haushalt der Stadt Hamburg zurück. Die anderen 50% werden als Prämie an die Schule ausgeschüttet. Die Stadt Hamburg und die Schule teilen sich also die eingesparten Gelder und machen „fifty/fifty".

So sparten Hamburger Schulen vom 1. Juli 1994 bis zum 31. Dezember 2008 u.a.

- 78 Mio. kWh elektrischen Strom,
- 528 Mio. kWh Heizenergie,
- 870 000 m^3 Wasser,
- 132.000 Tonnen Kohlendioxid.

Das ergiebt eine Einsparung von 32,5 Mio. € bei Energie und Wasser sowie 5,3 Mio. € beim Abfall.

Diese Einsparungen entsprechen

- im Elektrobereich dem Jahresverbrauch von 26 000 Haushalten,
- im Heizenergiebereich dem Jahresverbrauch von 37 000 Haushalten und
- dem fast dreifachen Wasserinhalt der Binnenalster (ca. 300 000 m^3).

3 Das Projekt „Fifty/fifty" in Hamburg

Eine weitere Möglichkeit, aktiv den Ausstoß von CO_2 zu mindern, ist die Installation einer Solaranlage. Auch das Carl-von-Ossietzky-Gymnasium entschied sich 1997 zu dieser Investition. Und obwohl die Anlage relativ klein ist, soll folgender Vergleich mit herkömmlichen Verbrauchern die produzierte Gesamtenergiemenge (18 956 kWh) veranschaulichen. Von der erzeugten Energie könnten:

- vier 4-Personenhaushalte pro Jahr leben;
- 1 362 537 h ein 150l-Kühlschrank betrieben werden;
- 94 621 h am PC gearbeitet werden;
- 2 516 909 Brotscheiben getoastet werden;
- 283 862 Hemden gebügelt werden.

4 Vergleich der Einsparungen mit alltäglichen Handlungen

Checkliste Raumheizung		
1. Wie und wann wird gelüftet?	Lüftungsart: ☐ Stoßlüften ☐ Daueröffnung	Häufigkeit: ___ mal am Tag ___ h/Tag (insg.)
2. Werden die Außentüren nur bei Bedarf geöffnet?	☐ ja	☐ nein
3. Werden die Fenster während der großen Pausen geschlossen?	☐ ja	☐ nein
4. Werden die Sollwerte für die Schulräume entsprechend den Empfehlungen für Raumheizung eingestellt?	☐ ja	☐ nein
5. Kann die Raumtemperatur zentral je nach Bedarf (z. B. bei Abendveranstaltungen) eingestellt werden?	☐ ja	☐ nein
6. Stehen die Heizkörper frei oder werden sie durch Gegenstände verdeckt?	☐ ja	☐ nein / Räume mit verdeckten Heizungen:
7. Können die Messfühler die Raumtemperatur ungestört erfassen?	☐ ja	☐ nein
8. Sind die Ventile an den Heizkörpern funktionsfähig?	☐ ja	☐ nein / Räume:
9. Kann das Heizungssystem die Vorlauftemperatur regeln?	☐ ja	☐ nein

5 Checkliste Raumheizung

1 „Nachhaltigkeit im Klassenraum": Fertige eine Tabelle an und trage darin die Einsparmöglichkeiten ein, die sich aus dem Foto 1 ergeben.

2 Erarbeitet weitere Checklisten für die Themenfelder Stromverbrauch, Wasserverbrauch und Restmüllaufkommen.

3 Informiere Dich über weitere Projekte der Stadt Hamburg. Stelle ein ausgewähltes Projekt im Rahmen eines Kurzvortrages vor.

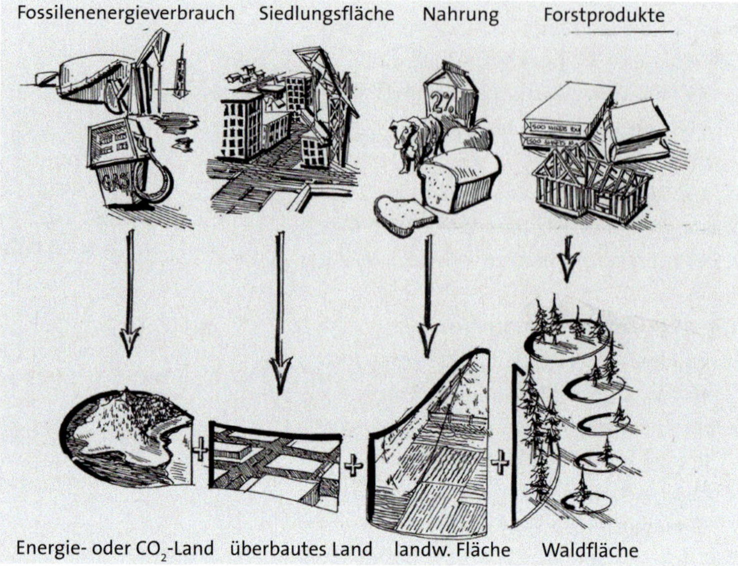

1 **Zusammensetzung der Flächen des ökologischen Fußabdrucks**

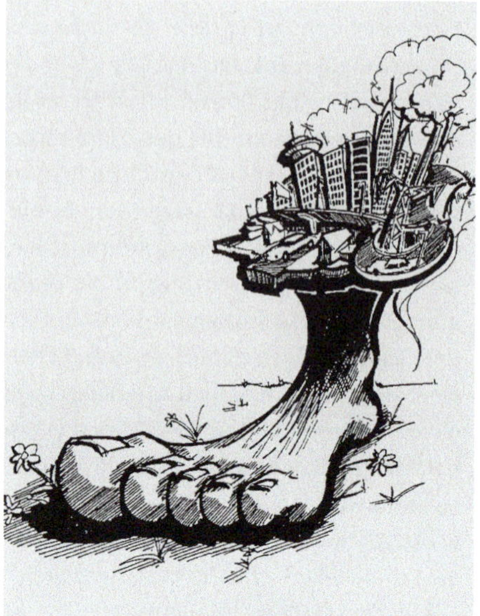

2 **„Der ökologische Fußabdruck“**

Leben auf großem Fuß!

Kaum zu glauben
Das Global Footprint Network berechnet über den ökologischen Fußabdruck den Tag der ökologischen Überschuldung, den World Overshoot Day.
Die ökologische Schuldenuhr läuft unerbittlich weiter. Sie zeigt uns den jährlichen Zeitpunkt an, wann wir alles verbraucht haben, was uns die Natur eigentlich bis zum Ende eines Jahres bieten könnte.
Im Jahr 1987 fiel der Tag auf den 19.12., im Jahr 2007 auf den 6.10. und im Jahr 2008 bereits auf den 23.09.

Wie viele Stunden täglich benutzt du einen Computer? Mit welchem Verkehrsmittel kommst du zur Schule? Was tust du zur Abfallvermeidung? Wie warm ist es in deinem Arbeitszimmer? Durch die Beantwortung solcher und weiterer Fragen wird deutlich, dass der Mensch durch sein tägliches Tun wie Essen, Wohnen, mit dem Bus oder Auto fahren, Bücher und Hefte benutzen Rohstoffe verbraucht. Ebenso verbraucht die Natur Ressourcen, um zum Beispiel Abfälle abzubauen. Dieser Verbrauch kann in Flächeneinheiten umgerechnet werden. Zum Beispiel werden Acker- und Weideflächen für den Anbau von Nahrungsmitteln benötigt oder es werden für den Straßenverkehr Flächen überbaut und versiegelt. Ebenso müssen die Wälder einberechnet werden, die man braucht, um das durch menschliches Wirken zusätzlich freigesetzte CO_2 wieder abzubauen. Das Ergebnis zeigt, welchen **ökologischen Fußabdruck** wir hinterlassen. Die Tragfähigkeitsgrenze eines Landes, einer Region oder weltweit kann so ermittelt werden. Die zur Verfügung stehende nutzbare Naturfläche entspricht der Biokapazität. Wenn unser Verbrauch, das heißt unser ökologischer Fußabdruck, die Tragfähigkeit zum Beispiel unserer Region überschreitet, tritt das ökologische Defizit, der „Overshoot“, ein. Die Fläche wird überbeansprucht. Damit ist das Ziel einer nachhaltigen Lebensweise verfehlt und wir sind aufgefordert, den Ressourcenverbrauch zu vermindern. Die Schuhgröße muss passen. Zurzeit würden weltweit 1,35 Erden benötigt, um unsere Bedürfnisse zu decken.

Ländervergleich zum ökologischer Fußabdruck im Jahr 2006 (ha pro Person)

Vereinigte Arabische Emirate	11,9
USA	9,6
Großbritannien	5,6
Deutschland	4,5
Brasilien	2,1
Volksrepublik China	1,6
Indien	0,8
Weltweit	2,2

Bayerisches Landesamt für Umwelt 2009

3

Berlins ökologischer Fußabdruck
Der ökologische Fußabdruck eines Berliners beträgt 1998 4,41 Hektar: Das sind 15 Millionen Hektar für alle Berliner insgesamt. Dies entspricht einem Kreis von 218 Kilometer Radius. Das sind 168-mal die Stadtfläche oder 34 % der Bundesrepublik.
Bei einer nutzbaren Fläche von 7,3 Milliarden Hektar auf der Erde bleiben für 6 Milliarden Menschen 1,2 Hektar Land plus 0,5 Hektar Meeresfläche/Person oder 1,7 Milliarden Menschen mit dem „Berliner Lebensstandard" könnte die Erde dauerhaft beherbergen.

nach Matthias Schnauss in Zusammenarbeit mit Grüne Liga e.V. und Kate e.VM.: Zeigt her eure Füße. 2002; unter: www.agenda21berlin.de

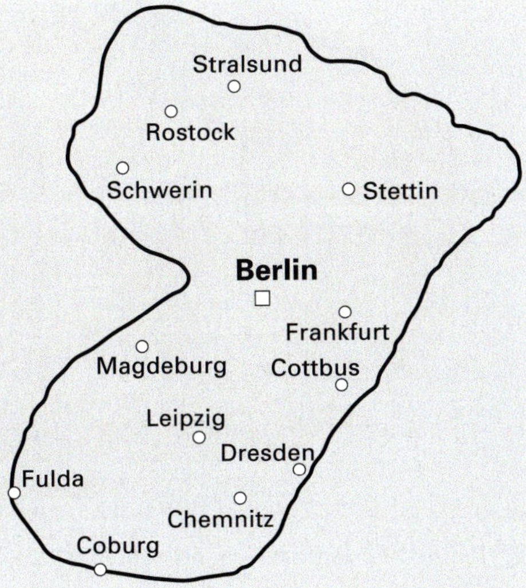

4

Biokapazität:
Bezeichnet die Fähigkeit der Natur, Rohstoffe aufzubauen und Schadstoffe abzubauen. Eine nachhaltige tragfähige Natur haben wir, wenn der ökologische Fußabdruck und die Biokapazität einer Region übereinstimmen.

Fit mit Milch aus der Region
Eine Biomolkerei in Brandenburg, ca. 66 km von Berlin entfernt, liefert im Jahr rund 1,4 Mio. Liter Milch nach Berlin. Der Transportaufwand trägt immerhin 3,5 ha zum Fußabdruck bei. Jede Flasche Milch hat ein „ökologisches Füßchen" von rund 0,02 m² oder 200 cm². Würde die Milch aus dem 660 km entfernten Bayern herbeigeschafft, wäre der Aufwand und Flächenbedarf 10x so hoch und der ökologische Fußabdruck einer Person würde um fast 20 m² zunehmen.

Matthias Schnauss: Zeigt her eure Füße. a.a.O.

5

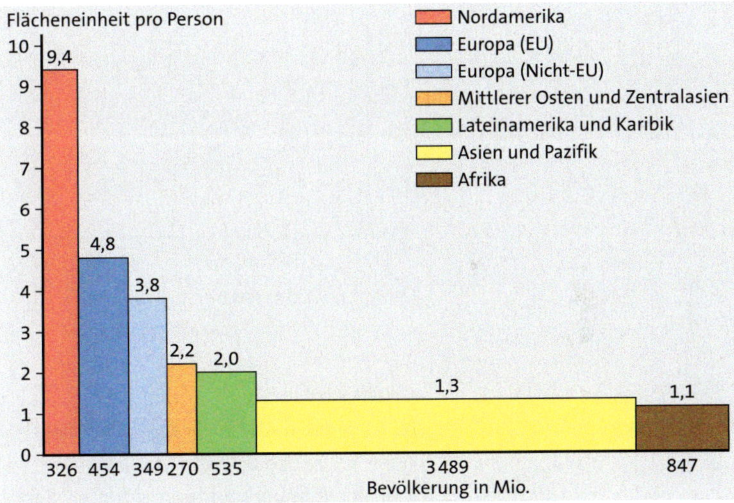

6 **Der ökologische Fußabdruck in verschiedenen Regionen**

1 Erläutere mithilfe der Karikatur 2 den Begriff „ökologischer Fußabdruck."
2 Nenne Beispiele, wie der Mensch die einzelnen Flächentypen für seine Bedürfnisse nutzt (Grafik 1).
3 Fasse die Kernaussagen der Materialien 3, 4 und 6 zusammen und beurteile diese.
4 Erläutere Maßnahmen, wie der ökologische Fußabdruck in Deutschland verringert werden könnte.
5 Entwickle ein persönliches Konzept für dein nachhaltiges Verhalten.

TERRA TRAINING

Wichtige Begriffe
anthropogener Treibhauseffekt
Klimawandel
Kyoto-Protokoll
Lokale Agenda 21
nachhaltige Entwicklung
natürlicher Treibhauseffekt
ökologischer Fußabdruck
Treibhauseffekt
Treibhausgas

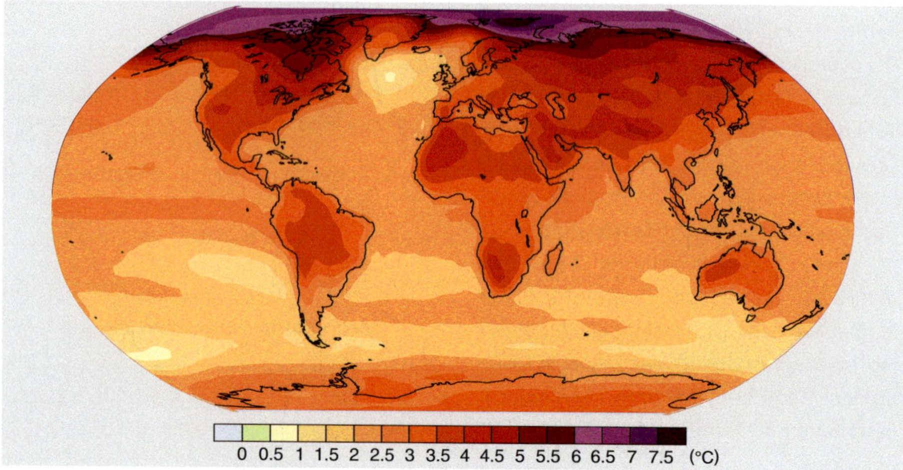

1 Temperaturveränderung bis zum Jahr 2100 Die Farbflächen zeigen die Veränderung der jährlichen Mitteltemperatur der Periode 2090–2099 gegenüber der Periode 1980–1999 nach einem Szenario der IPCC

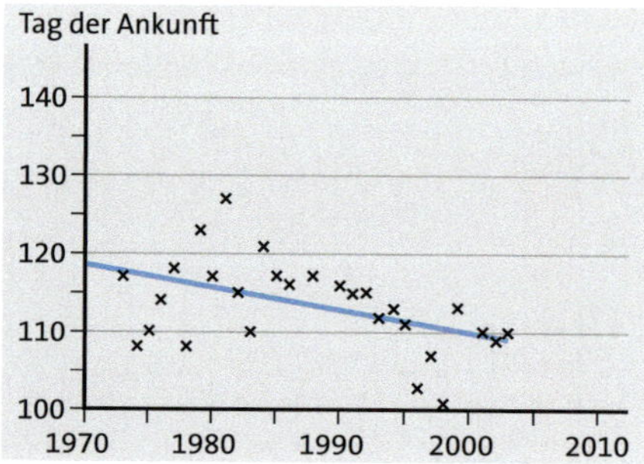

2 Ankunft der Mauersegler

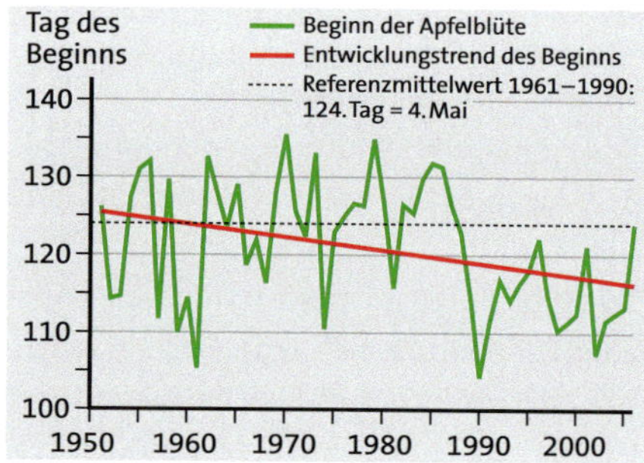

3 Beginn der Apfelblüte

Orientieren

1 Benenne mithilfe der Karte 1 die Regionen, die in besonderem Maße von der globalen Klimaerwärmung betroffen sind.

Wissen und Verstehen

2 Richtig oder falsch

Überprüfe die folgenden Aussagen und verbessere die falschen Aussagen. Begründe deine Antworten.

a) Kohlendioxid ist der Hauptverursacher des natürlichen Treibhauseffektes.
b) Methan wird in erster Linie durch Düngung von Ackerböden freigesetzt.
c) Die langwellige Ausstrahlung wird größtenteils von den Treibhausgasen absorbiert.
d) Die im Zuge der Konvektion aufsteigende erwärmte Luft wird von den Treibhausgasen aufgehalten.

3 Brandrodung verstärkt den Treibhauseffekt in zweierlei Weise. Begründe.

4 Anzeiger des Klimawandels:
a) Beschreibe die Diagramme 2 und 3.
b) Erläutere, inwieweit diese als Beweis für den Klimawandel angesehen werden können.

5 Benenne, welche der Ursachen A bis D auf den Meeresspiegelanstieg zutreffen. Begründe deine Entscheidung. Der Meeresspiegel steigt an, weil

A mit der Erwärmung auch die Niederschläge zunehmen;

Material
Selbsteinschätzungsbogen
104028-1109

4 Großzügige Hilfe Neuseelands für die Bewohner von Nauru

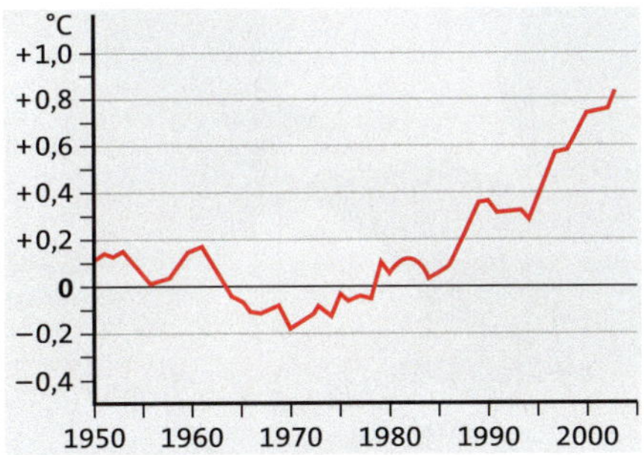

5 Temperaturveränderungen auf der Nordhalbkugel 1970–2005

B das Wasser sich bei der Erwärmung ausdehnt und sein Volumen vergrößert;
C die Eispanzer Grönlands und der Antarktis schmelzen;
D die Gletscher der Gebirge schmelzen.

6 Vulkanismus und Klima
Beschreibe und begründe mithilfe von Diagramm 5 die Auswirkungen eines Vulkanausbruchs auf das Klima am Beispiel des Ausbruchs des Pinatubos 1991.

7 Begründe, warum die zwischenstaatliche Einigung über Maßnahmen zum Klimaschutz ein langwieriger Prozess ist.

Methoden anwenden

8 Ein Szenario entwickeln
Entwickle ein Szenario zu den Auswirkungen des Klimawandels auf den Wintertourismus in den Alpen.

Beurteilen und Bewerten

9 Bewerte die Karikatur 4.

10 „Die Entwicklungsländer sind die Leidtragenden eines Problems, das sie nicht verursacht haben!" (Aboubacar Traore, Mitarbeiter der Entwicklungshilfeorganisation Oxfam, zu den Auswirkungen des Klimawandels). Beurteile diese Aussage.

11 Einige Gegner der Hypothese, dass der Mensch für den Klimawandel der letzten Jahrzehnte verantwortlich ist, behaupten: „Der vom Menschen verursachte Anteil am Treibhauseffekt beträgt doch lediglich 2%!" Nimm Stellung dazu.

Handeln

12 Erörtere mit deinen Mitschülerinnen und Mitschülern, wie ihr persönlich auch außerhalb der Schule einen Beitrag zum Klimaschutz leisten könnt.

13 Informiere dich in der Stadtverwaltung, welche Maßnahmen deine Heimatstadt ergreift, um den Klimawandel zu bremsen.

14 Klimawandel und wir
a) Informiert euch im Internet über das Konjunkturpaket für Schulen von SolarWorld. Prüft, ob eure Schule an dem Projekt teilnehmen kann.
b) Prüft, ob es andere für eure Schule interessante Projekte gibt (z.B. bei der Agenda 21).

Teste dich selbst
mit den Aufgaben 2 a, b und 3.

Anhang

In diesem Anhang findet ihr wertvolle Hilfen für die selbstständige Arbeit im Geographieunterricht.

PS Ich liebe Dich
McDERMID

Wichtige Begriffe

A

Agenda 21: Ein globales Aktionsprogramm zur Zukunftssicherung unserer Erde. Ziel ist eine → nachhaltige Entwicklung, d. h. nicht nur die Bedürfnisse der heutigen Generation sollen erfüllt werden, sondern auch die unserer Nachkommen. Sie wurde 1992 auf dem „Umweltgipfel" in Rio de Janeiro beschlossen und soll in jedem Staat auch auf örtlicher Ebene umgesetzt werden (→ Lokale Agenda 21).

AIDS (Acquired Immune Deficiency Syndrome, deutsch: erworbener Immundefekt): Immunschwächekrankheit, die durch HIV (Human Immunodeficiency Virus) hervorgerufen wird.

Akkumulation: Jegliche Form der Ablagerung von Material.

Aktiengesellschaft (AG): In einer Aktiengesellschaft ist das Grundkapital in Aktien zerlegt, die an der Börse gehandelt werden können. Die Aktie ist ein Wertpapier, das ein Anteilsrecht an einer AG garantiert. Der Aktionär ist mit einer Kapitaleinlage an der Aktiengesellschaft beteiligt und erwartet einen jährlichen Gewinnanteil (Dividende). Der Vorstand hat die Geschäftsführung, der Aufsichtsrat kontrolliert diesen und vertritt die Interessen der Aktionäre und der Arbeitnehmer. Die Hauptversammlung ist das oberste Beschlussorgan einer AG, in dem jeder Aktionär sein Stimmrecht geltend machen kann. Große Industrieunternehmen sind zumeist als Aktiengesellschaften organisiert.

Anökumene: Die wegen extremer physisch-geographischer Bedingungen nicht besiedelten Gebiete der Erdoberfläche. Dies sind vor allem Vollwüsten, Polarregionen und die Gipfelregionen der Hochgebirge.

anthropogener Treibhauseffekt: → Treibhauseffekt

Außenmigration: Wanderung über die Grenze eines Staates hinweg.

Ausgleichsküste: Eine fast geradlinig verlaufende Küste. Ehemalige Vorsprünge und Einbuchtungen wurden durch das Meer (Abtragung und Ablagerung) begradigt. Es entstehen Nehrungen, deren Außensaum schließlich eine ausgeglichene Küstenlinie bewirkt. Eine Voraussetzung ist ein gezeitenarmes Meer.

B

Becken: Größere Hohlform, die gegenüber der Umgebung durch randliche Erhebungen abgeschlossen wird.

Bevölkerungsexplosion: Damit wird das starke Bevölkerungswachstum in einzelnen Teilräumen der Erde, insbesondere den Entwicklungsländern, vor allem in den letzten 50 Jahren bezeichnet. Die Bevölkerung wächst dort nicht linear, sondern exponentiell. Das explosionsartige Wachstum wird deutlich, wenn man die Zeiträume für den Zuwachs von 1 Mrd. Menschen auf der Erde betrachtet: etwa 1830: 1 Mrd.; 1930: 2 Mrd.; 1960: 3 Mrd.; 1975: 4 Mrd.; 1986: 5 Mrd.; 1999: 6 Mrd.

Bevölkerungsstruktur: Beschreibt die Zusammensetzung und den inneren Aufbau der Bevölkerung. Dazu werden Merkmale wie Alter, Geschlecht, Familienstruktur, Stellung im Beruf, Einkommen u. a. verwendet.

Bevölkerungsdiagramm: Grafische Darstellung der Bevölkerung eines Gebiets (Staat, Region, Gemeinde oder Stadt) nach Alter und Geschlecht.

Binnenflüchtling: Mensch, der innerhalb seines Heimatlandes vertrieben wird.

Binnenmigration: Wanderung innerhalb eines Staates.

Boddenküste: Küstenform mit seichten Meeresbuchten, die nur einen schmalen Zugang zum offenen Meer hat. Dieser Küstentyp ist durch die Überflutung einer Jungmoränenlandschaft entstanden. Bekanntestes Beispiel einer Boddenküste: Ostseeküste in Mecklenburg-Vorpommern.

Boden: Die an der Erdoberfläche anstehende Schicht aus zerkleinertem Gestein, die mit Wasser, Luft, Pflanzen und Tieren durchsetzt ist.

Bodenart: Klassifizierung des → Bodens nach seiner prozentualen Zusammensetzung der Korngrößengruppen mineralischer Partikel im Boden (Korngrößenzusammensetzung). Nach dem vorherrschenden Körnungsartengemisch lassen sich Skelettböden, Sandböden, Lehmböden, Schluffböden und Tonböden unterscheiden.

Bodenerosion: Eine über das natürliche Maß hinausgehende Abtragung des Bodens durch Wasser und Wind, welche in erster Linie auf den Einfluss des Menschen zurückzuführen ist. Im Gegensatz zu der natürlichen Abtragung (→ Erosion) wird diese durch die Bewirtschaftung des Bodens ausgelöst. Durch Maßnahmen zum Bodenschutz, wie z. B. Anlegen von Windschutzstreifen oder Konturpflügen, versucht der Mensch, das Ausmaß der Bodenerosion zu verringern.

Bodenprofil: Vertikalaufbau des → Bodens aus untereinander liegenden Bodenhorizonten, von der Oberfläche bis zum unverwitterten Ausgangsgestein. Man unterteilt das Profil in einen Oberboden (A-Horizont, meist reich an organischer Substanz), Unterboden (B-Horizont, in der Regel Anreicherungshorizont) und untersten Bodenhorizont (C-Horizont, bestehend aus dem in Verwitterung befindlichen Ausgangsgestein). Es zeigt gewissermaßen in einem senkrechten „Schnitt“ (z. B. in einem gegrabenen Loch) den Bodenaufbau von der Oberfläche (mit Pflanzendecke) bis zum Ausgangsmaterial (z. B. Gestein).

Bodentyp: Bezeichnung für Böden mit ähnlichen Merkmalen (Bodenhorizonten), Eigenschaften und vergleichbarem Entwicklungsstand.

Bruchstufe: Durch Bruchtektonik entstandene Landstufe; längs einer Bruchlinie fand eine vertikale Verschiebung von Schollen statt.

Bruttoinlandsprodukt (BIP): Gesamtwert aller wirtschaftlichen Leistungen (produzierte Güter und Dienstleistungen), die innerhalb eines Jahres in einem Land von in- und ausländischen Firmen erbracht wurden.

Bruttonationaleinkommen (BNE, früher: Bruttosozialprodukt, BSP): Geldwert aller in einer Volkswirtschaft im Zeitraum eines Jahres produzierten Güter und erbrachten Dienstleistungen. Hierbei werden die von Ausländern erbrachten Leistungen nicht mit einbezogen, dafür sind jedoch die von Deutschen im Ausland erbrachten Werte enthalten.

D

Deflation: Abtragung von Feinsedimenten durch die Kraft des Windes. Die Auswehung wirkt vor allem in Klimazonen, in denen die Oberfläche keinen Vegetationsschutz trägt. Hierdurch entstehen z. B. die Staubstürme.

Delta: Mündungsbereich eines Flusses mit vielen Flussarmen. Aufgrund der großen Mengen an mitgeführten Schwebstoffen und Flussgeröllen wächst es immer weiter in das Meer hinaus.

demografischer Übergang: Wandel der → natürlichen Bevölkerungsbewegungen von relativ hohen Geburten- und Sterberaten zu vergleichsweise niedrigen Werten.

Disparitäten: Ungleichheiten zwischen Ländern bzw. Regionen, die sich vor allem in unterschiedlichen Lebensbedingungen und wirtschaftlichen Entwicklungsmöglichkeiten äußert.

E

Emigrant: Person, die ihr Heimatland dauerhaft verlässt.

endogene Kräfte: Naturkräfte (z. B. Vulkanismus, Erdbeben), die aus dem Erdinneren wirken und hauptsächlich Großformen der Erdoberfläche hervorbringen.

Entwicklungshilfe: Sammelbegriff für Maßnahmen zur Verbesserung der Lebensqualität in den → Entwicklungsländern.

Entwicklungsland: Land, das in Bezug auf seine wirtschaftliche, soziale und politische Entwicklung einen relativ niedrigen Stand aufweist. Beispielhafte Merkmale sind ein hohes Bevölkerungswachstum, unzureichende Nahrungsmittelversorgung, hohe Analphabetenrate, niedriges Pro-Kopf-Einkommen und Kapitalmangel.

Epizentrum: Senkrecht über dem Erdbebenherd liegender Ort der Erdoberfläche, an dem die Schäden eines → Erdbebens am stärksten sind.

erdäußere Naturkräfte: → exogene Kräfte

Erdbeben: Erschütterungen an der Erdoberfläche, die durch ruckartige Bewegungen von Gesteinsschichten hervorgerufen werden.

Erdkern: Innerster Bereich der Erde, unterhalb 2 900 km Tiefe, der vorwiegend aus Eisen und Nickel besteht. Der äußere Kern ist flüssig, der innere Kern fest.

Erdkruste: Äußere feste Schale der Erde. Sie reicht unter den Kontinenten bis in eine Tiefe von etwa 70 km und unter den Ozeanen bis etwa 9 km. Man unterscheidet kontinentale und ozeanische Kruste.

Erdmantel: Unter der → Erdkruste liegende Schale der Erde, die bis in eine Tiefe von 2 900 km reicht. Bei etwa 660 km Tiefe liegt die Grenzfläche zwischen Oberem und Unterem Mantel. Im Oberen Mantel, etwa zwischen 100 und 250 km Tiefe, befindet sich die für die Bewegung der Platten bedeutsame → Fließzone.

Erosion: Abtragung und damit auch Zerstörung von Gestein und Boden durch → exogene Kräfte wie fließendes Wasser, Küstenströmung und Brandung, Wind sowie Gletscher und Inlandeis.

exogene Kräfte: Bezeichnung für alle Kräfte und Vorgänge, die von außen auf die Erdoberfläche einwirken und diese verändern, z. B. Meeresbrandung.

F

Fairer Handel: Synonym für Bestrebungen eines gerechten und nicht nur ausschließlich Gewinn orientierten Austausches in der Welt. Durch garantierte Mindestpreise sowie die Gründung von Genossenschaften soll der kapitalgesteuerten Ausbeutung der → Entwicklungsländer entgegengewirkt werden. Garantierte Mindestpreise reduzieren die Abhängigkeit von den starken Schwankungen der Weltmarktpreise. Die Prämien des fairen Welthandels (Fair Trade Prämien) werden in der Genossenschaft investiert.

Wichtige Begriffe

Finanzmarkt: Sammelbezeichnung für alle Märkte, an denen mit Geld, entweder Bargeld oder Giralgeld (Buch- und Bankgeld, welches z. B. auf Sparkonten liegt), gehandelt wird. Es handelt sich hierbei um einen Markt im ökonomischen Sinne, d. h. der Finanzmarkt ist kein physischer Ort.
Flachküste: Küstenform, die allmählich zum Meer abfällt.
Fließzone (Asthenosphäre): Schale des oberen → Erdmantels, die sich an die → Lithosphäre anschließt und eine Tiefe zwischen etwa 100 km und 250 km erreicht. Diese Zone gilt als Gleitzone, auf der sich die starren Platten der Lithosphäre bewegen.
Flüchtling: Menschen, die unfreiwillig oder unter Druck infolge von Naturkatastrophen, wirtschaftlicher Not, Verfolgung aus politischen bzw. weltanschaulichen Gründen oder Krieg gezwungen werden, ihre Heimat zu verlassen.
Fördenküste: Küstenabschnitt, an dem Förden auftreten. Förden sind schmale, langgestreckte Meeresbuchten, die tief ins Land reichen.

G

Geburtenrate (Geburtenziffer): Zahl der Lebendgeborenen bezogen auf eine bestimmte Einwohnerzahl während eines bestimmten Zeitraumes. Die Demografie gibt die Geburtenrate in 1 000 Einwohnern pro Jahr an. Im Buch wird zum leichteren Verständnis die Geburtenrate pro 100 Einwohner und pro Jahr angegeben.
Gesamtfruchtbarkeitsrate (auch: Totale Fruchtbarkeitsrate, TFR): Die durchschnittliche Anzahl der Lebendgeborenen in einem Staat, die eine Frau in ihrem Leben zur Welt bringt.
glaziale Serie: Abfolge von Formen, die beim Abschmelzen einer Inlandeismasse entstanden sind. In Norddeutschland gehören dazu Grundmoräne, Endmoräne, Sander und Urstromtal.
Gletscher: Eisstrom, der durch Anhäufung von Schnee und durch Druck entsteht und talabwärts fließt.
Global City: eine Weltstadt mit besonders starker Integration in die Weltwirtschaft. Kriterien einer Global City sind: hohe Einwohnerzahl, internationales Finanzzentrum, Standort von Hauptquartieren multinationaler Konzerne, Sitz großer internationaler Firmen, Knotenpunkt internationaler Transportnetze.
Globalisierung: Seit Ende des 20. Jahrhunderts besonders dynamisch ablaufender Prozess, in dem Produktion, Handel mit Gütern und Dienstleistungen, Kapital, Kommunikation und Technologie über nationale Grenzen hinweg zu einem „Weltbinnenmarkt" zusammenwachsen.
Global Player: Multinationales Unternehmen, das auf fast allen Märkten der Welt vertreten ist. Es optimiert Zulieferung, Produktion und Absatz im globalen Maßstab.
Graben: lang gestrecktes tektonisches Senkungsgebiet zwischen zwei stehen gebliebenen oder gehobenen Schollen; Beispiel: Oberrheingraben.
Grundbedürfnis: Mindestbedarf eines Menschen an Nahrung, Unterkunft, Kleidung, öffentlicher Dienstleistung (v. a. Verfügbarkeit von Trinkwasser und sanitären Anlagen), Gesundheitsfürsorge und Bildungsmöglichkeiten, um ein gesundes, zufriedenes und würdiges Leben führen zu können.
Grüne Gentechnik: Anwendung gentechnischer Verfahren in der Pflanzenzüchtung bzw. Nutzung gentechnisch veränderter Pflanzen in der Landwirtschaft.

H

Human Development Index (HDI): Maßzahl für den Stand der menschlichen Entwicklung. Drei Indikatoren sind maßgebend: Lebenserwartung bei der Geburt, Bildungsrate und reale Kaufkraft pro Kopf.

I

Immigrant: Person, die in ein anderes Land einwandert.
Industrieland: Staat, dessen Wirtschaft seit der industriellen Revolution durch die Industrie geprägt wurde.
internationale Arbeitsteilung: Zerlegung von komplexen Arbeitsprozessen in Teilprozesse. Diese werden an den weltweit jeweils günstigsten Standorten ausgeführt.

K

Klimawandel: Durchgreifende Veränderung wichtiger Klimaelemente, besonders der Lufttemperatur, über einen sehr langen Zeitraum, z. B. die Erwärmung nach der letzten Eiszeit vor ca. 10 000 Jahren. Der Einfluss des Menschen auf das Klima der Erde ist noch immer nicht abschließend geklärt. Durch die verstärkte Freisetzung von Kohlendioxid und weiteren Treibhausgasen seit Beginn der Industrialisierung vor etwa 150 Jahren trägt der Mensch höchstwahrscheinlich in entscheidendem Maße zur Erwärmung der Erdatmosphäre und somit der Verstärkung des Treibhauseffekts bei.
kontinentale Kruste: → Erdkruste
Kyoto-Protokoll: Das Kyoto-Protokoll, benannt nach dem Ort der Konferenz Kyoto in Japan, ist eine am 11. Dezember 1997 beschlossene Konvention der Vereinten Nationen mit dem Ziel des Klimaschutzes.

Das am 16. Februar 2005 in Kraft getretene und 2012 auslaufende Abkommen legte erstmals verbindliche Zielwerte für den Ausstoß von Treibhausgasen für die unterzeichnenden Staaten fest. Das Protokoll sieht vor, den jährlichen Treibhausgas-Ausstoß der Industrieländer innerhalb der sogenannten ersten Verpflichtungsperiode (2008–2012) um durchschnittlich 5,2 % gegenüber 1990 zu reduzieren.

L

Lava: Tritt → Magma bei Vulkanausbrüchen an die Erdoberfläche, bezeichnet man es als Lava. Lava kühlt an der Luft sehr rasch ab.
Liberalisierung: Prozess, bei dem der Staat auf Eingriffsrechte in die Wirtschaft seines Landes verzichtet.
Lithosphäre: Die feste Gesteinshülle der Erde. Sie umfasst die → Erdkruste und den oberen → Erdmantel bis zur → Fließzone.
Lokale Agenda 21: Im Rahmen der auf der Konferenz für Umwelt und Entwicklung 1992 in Rio de Janeiro beschlossenen → Agenda 21 verpflichteten sich weltweit Städte und Gemeinden, die Leitlinien einer → nachhaltigen Entwicklung auf lokaler Ebene konkret umzusetzen.

M

Magma: Glutflüssige, gashaltigeGesteinsschmelze in den tiefen Teilen der → Erdkruste (Temperatur etwa 1 000 °C).
Migration: Wechsel des Wohnsitzes, bei dem die Gemeindegrenze überschritten wird. Im weiteren Sinne Wanderungsbewegungen größerer Bevölkerungsgruppen, ausgelöst durch Krieg oder existenzielle Not.

N

nachhaltige Entwicklung: Entwicklungsstrategie, mit der die Lebenschancen der heutigen Generation verbessert werden sollen, ohne die Chancen künftiger Generationen einzuschränken. Der Begriff wird auch für verschiedene Nutzungsformen und Entwicklungen gebraucht: nachhaltige Landwirtschaft, nachhaltige Stadtentwicklung oder nachhaltiger Tourismus. Dabei sollen ökonomische, ökologische und soziale Aspekte in einem ausgewogenen Verhältnis zur Geltung kommen.
Nationalpark: Großräumiges Schutzgebiet, das wegen seiner Schönheit, Eigenart bzw. Einmaligkeit als besonders schützenswert gilt.
natürliche Bevölkerungsbewegung: Veränderung bzw. Entwicklung der Bevölkerung eines Gebietes, die sich aus dem Saldo von Geborenen und Sterbefällen ergibt.
natürlicher Treibhauseffekt: →Treibhauseffekt
Nehrungsküste: Küstentyp oder -abschnitt, der eine Nehrung und eine Bucht aufweist. Wird letztere ganz vom Meer abgeschlossen, spricht man von einem Haff.
Niederschlag: Alle Formen von Wasser, die aus der Atmosphäre auf die Erde gelangen, zählen zum Niederschlag. Er entsteht, wenn sich Luft unter den Taupunkt abkühlt und dadurch Kondensation einsetzt. flüssiger Niederschlag: Regen, Nebel, Tau; fester Niederschlag: Schnee, Graupel, Hagel, Reif.

O

ökologischer Fußabdruck: Methode zur Erkennung und Messung der Umweltauswirkungen bestimmter menschlicher Aktivitäten. Mit dem ökologischen Fußabdruck lässt sich insbesondere der Ressourcenverbrauch des Menschen bildlich in Form des Flächenverbrauchs darstellen.
Ökumene: Der besiedelte Teil der Erdoberfläche, der von der → Anökumene durch Trocken-, Höhen- und Kältegrenzen getrennt ist. Diese Grenzen haben allerdings keinen scharfen Verlauf, sie sind eher als Übergangszonen zu sehen.
ozeanische Kruste: → Erdkruste

P

Pedosphäre: Grenzbereich der Erdoberfläche, in der die bodenbildenden Prozesse stattfinden, wodurch sich ein → Boden entwickelt.
Plattentektonik: Tektonisches Konzept der Erde, das von großen und kleinen Platten der → Lithosphäre ausgeht, die sich auf der → Fließzone unabhängig voneinander und mit unterschiedlichen Geschwindigkeiten von 0,5 bis 10 cm pro Jahr bewegen. Infolge Plattenbewegungen verändert sich die Erdoberfläche durch → Erdbeben, → Vulkanismus und die Entstehung von Gebirgen.

R

regionale Disparitäten: Ungleichheit zwischen verschiedenen Regionen oder auch innerhalb einer Region. Sie zeigt sich vor allem dadurch, dass Räumen besonders guter wirtschaftlicher Entwicklung und guter Lebensbedingungen, sog. Aktivräumen, rückständige und oft schlecht ausgestattete Gebiete, sog. Passivräume, gegenüberstehen.

Wichtige Begriffe

S

Schichtvulkan (Stratovulkan): Kegelförmiger → Vulkan, der aus wechselnden Lavaschichten und vulkanischen Lockermaterialien aufgebaut ist.
Schildvulkan: Flacher, schildförmiger Vulkan, der durch gleichmäßiges Ausfließen dünnflüssiger Lava entstanden ist.
Schwellenland: → Entwicklungsland bzw. NIC (Newly Industrializing Country), das in seiner wirtschaftlichen Entwicklung weit fortgeschritten ist und sich „an der Schwelle" zum → Industrieland befindet. Der Anteil der Industrie am → Bruttoinlandsprodukt ist dabei ein wichtiges Kriterium für die Zuordnung.
soziale Disparitäten: Ausgeprägte Unterschiede im sozialen Bereich zwischen verschiedenen Bevölkerungsschichten, vor allem zwischen Arm und Reich.
Steilküste: Küstenform, die steil zum Meer abfällt.
Sterberate (Sterbeziffer): Zahl der Verstorbenen bezogen auf eine bestimmte Einwohnerzahl während eines bestimmten Zeitraumes. Die Demografie gibt die Sterberate in 1000 Einwohnern pro Jahr an. Im Buch wird zum leichteren Verständnis die Sterberate pro 100 Einwohner angegeben.
Subduktionszone (Abtauchzone): Plattengrenze, an der sich zwei Platten aufeinander zubewegen, wobei die schwerere ozeanische Kruste unter die kontinentale Kruste abtaucht. Dabei entstehen Tiefseegräben.

T

Terms of Trade: Verhältnis zwischen den Erlösen aus den Exportwaren und den Aufwendungen für Importgüter (Austauschbedingungen). Ein Rückgang dieser Maßgröße infolge steigender Preise für Importgüter und sinkender Preise für Exportgüter hat die Verschlechterung der Terms of Trade zur Folge.
Transmigrasi: Umsiedlungsprojekt in Indonesien mit dem Ziel, den Bevölkerungsdruck auf die Insel Java zu verringern.
Transnationale Unternehmen (TNCs): TNCs sind in mehreren Geschäftsbereichen außerhalb des Heimatlandes tätige Unternehmen, die sich finanziell auf Unternehmen in zwei oder mehr Ländern stützen.
Treibhauseffekt: Unter dem Treibhauseffekt versteht man die Fähigkeit der Atmosphäre, die Energieverluste der Erdoberfläche durch Ausstrahlung zu kompensieren und so ein Auskühlen der Erde zu verhindern. Zur Wirkungsweise des Treibhauseffekts: Von der Sonne wird der Erde v. a. kurzwellige Strahlung im Bereich des sichtbaren Lichts sowie UV-Strahlung zugesandt. Die Erde selbst strahlt aufgrund ihrer eigenen Temperatur und der durch die kurzwellige Strahlung absorbierten Energie im langwelligen Bereich aus. Wäre die Atmosphäre nicht vorhanden, so würde die Erde aufgrund ihrer allseitigen Ausstrahlung mehr Energie im langwelligen Bereich verlieren, als sie von der Sonne im kurzwelligen Bereich erhält. Aufgrund der Atmosphäre jedoch erhält die Erde einen Großteil ihrer ausgestrahlten langwelligen Energie zurück, da z. B. auch Wolken im langwelligen Bereich strahlen (Gegenstrahlung). Die wasserdampf- und kohlendioxidhaltige Atmosphäre verhindert eine zu große Ausstrahlung (natürlicher Treibhauseffekt). Steigt der Gehalt an Treibhausgasen, so bewirken diese eine langfristige Erhöhung der Temperatur auf der Erde (anthropogener Treibhauseffekt).
Tsunami: Eine extrem hohe Meereswelle, die überwiegend durch Seebeben und Massenverlagerung am Meeresboden ausgelöst wird und an Meeresküsten auftreffend größte Zerstörungskraft hat.

U

Überalterung: Als Folge der demografischen Entwicklung in den meisten → Industrieländern nimmt der Anteil der älteren Bevölkerung stetig zu.
Überernährung: Eine Art der Fehlernährung, bei der der Körper durch eine zu große Nahrungszufuhr Schaden nimmt. Häufig in den → Industrieländern zu finden.
Unterernährung: Es stehen weniger Kalorien zur Verfügung, als der Körper eigentlich benötigt.

V

Verwitterung: Die Verwitterung schafft die Voraussetzungen für die Abtragung sowie die Bodenbildung und beeinflusst damit die Entwicklung des Reliefs. Man unterscheidet zwei Verwitterungsarten:
1. physikalische Verwitterung, z. B. Frostsprengung, Windschliff, Temperaturwechsel, Druck von Pflanzenwurzeln.
2. Chemische Verwitterung: Umwandlungsprozesse unter Einwirkung von Luft, Wasser und Säuren.

Die Verwitterung ist neben der → Erosion Voraussetzung für die Abtragung und spätere Ablagerung von Gesteinen bzw. Bestandteilen von Gesteinen und damit für die Bildung neuer Gesteine.

Vulkan: Eine Öffnung an der Erdoberfläche, durch die → Magma sowie Aschen und Gase austreten. Durch das ausgeworfene Material werden bestimmte Formen wie z. B. Kuppen, Berge oder Plateaus gebildet. Man unterscheidet → Schichtvulkane und → Schildvulkane.

Vulkanismus: Bezeichnung für alle Vorgänge und Erscheinungen, bei denen → Magma an die Erdoberfläche dringt. Die wichtigste Erscheinungsform sind die → Vulkane.

W

Wachstumsrate: In der Demografie berechnet sich die Wachstumsrate aus der Differenz von Geburten- und Sterberate zuzüglich der Wanderungsgewinne bzw. abzüglich der Wanderungsverluste.

Wanderung: Wechsel des Wohnsitzes, bei dem die Gemeindegrenze überschritten wird (→ Migration).

wasserbauliche Maßnahmen: Alle zielgerichtet durch den Menschen vorgenommenen baulichen Veränderungen von Gewässern.

Wasserkreislauf: Der Wasserkreislauf – angetrieben durch die Sonnenenergie und die Wirkung der Schwerkraft – umfasst den ständigen Transport von Wasser zwischen Meeren, Landflächen und der Atmosphäre. Die wichtigsten Teilphasen dieses Kreislaufs bestehen in Verdunstung, Niederschlag und Abfluss.

Welthandel: Gesamtheit der Güter-, Dienstleistungs- und Finanztransfers zwischen den Staaten der Erde bzw. Summe des Außenhandels.

Sachverzeichnis

Alle **fett** gedruckten Begriffe sind als „Wichtige Begriffe" hier im Anhang erläutert.

Methoden im Überblick

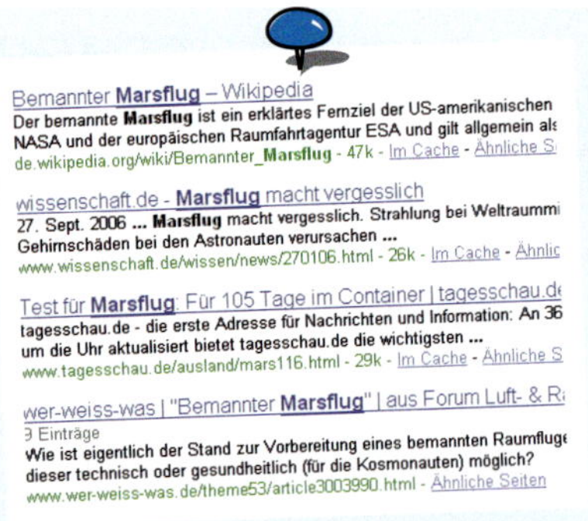

Eine Internetrecherche durchführen

1. Schritt: Suchmaschine aufrufen
Es gibt viele Suchmaschinen. Achte darauf, dass du den Suchbereich, je nachdem, was du suchst, eingrenzen kannst.

2. Schritt: Geeignete Suchbegriffe überlegen und eingeben
Überlege dir zu deinem Thema Schlüsselwörter, die bei der Suche helfen können.

3. Schritt: Ergebnisse überprüfen und bewerten
Dieser Schritt ist der wichtigste und zugleich der schwierigste. Unabhängig von der Suchmaschine und egal, ob die Suchbegriffe geschickt gewählt sind: Ob dir die Ergebnisse auf dem Bildschirm weiterhelfen, musst du selbst feststellen.

4. Schritt: Die Suche ausweiten oder eingrenzen
Bist du mit dem Ergebnis deiner Suche nicht zufrieden, ist es sinnvoll, die Suche begrifflich oder räumlich auszuweiten beziehungsweise einzugrenzen.
Die neuen Treffer müssen nun ihrerseits ausgewertet und bewertet werden (siehe Schritt 3).

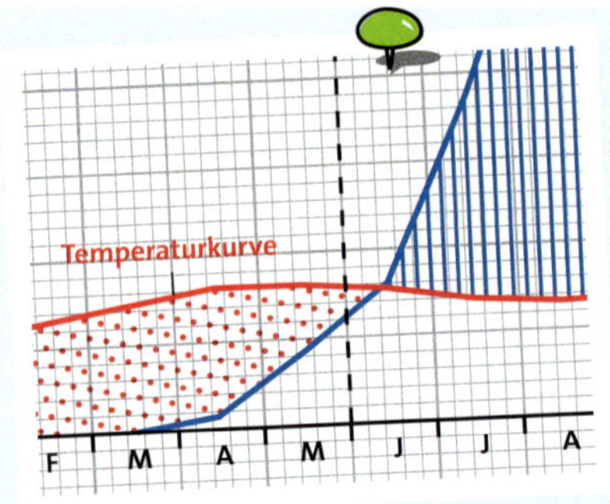

Klimadiagramme auswerten

1. Schritt: Orientieren
Ermittle Lagemerkmale der Station.

2. Schritt: Ablesen und Ermitteln
Lies die mittlere Jahrestemperatur, den kältesten und wärmsten Monat, die Jahresschwankung der Temperatur, den Jahresniederschlag sowie Monate mit dem höchsten und dem niedrigsten Niederschlag ab.

3. Schritt: Beschreiben
Beschreibe den Jahresgang von Temperatur und Niederschlag sowie den Wasserhaushalt.

4. Schritt: Begründen und Einordnen
Begründe die klimatischen Verhältnisse und ordne die Station in die Klimazonen der Erde ein.

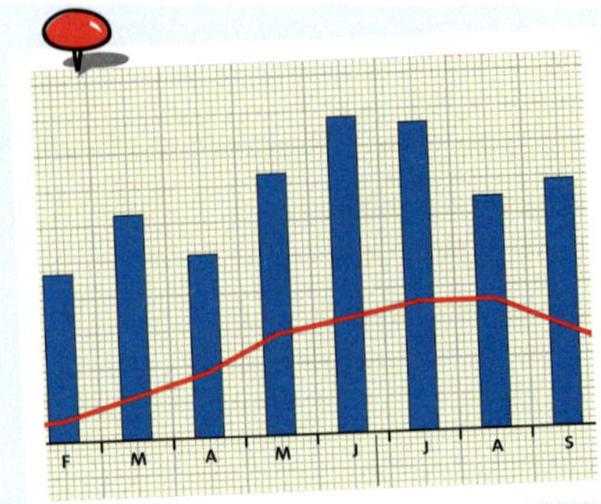

Klimadiagramme zeichnen

1. Schritt: Zeichne zunächst eine waagerechte 12 cm lange Grundlinie und teile sie für die Monate ein (1 Monat = 1 cm).

2. Schritt: Zeichne links von der Grundlinie eine senkrechte Achse für die Temperaturwerte (rote Zahlen, 1 cm = 10 °C). Trage den Wert für 0 °C an der Grundlinie ein. Wenn es Monate mit Werten unter 0° gibt, muss die Achse nach unten verlängert werden. Schreibe nun die Anfangsbuchstaben der Monate unter die Grundlinie.

3. Schritt: Zeichne rechts von der Grundlinie eine senkrechte Achse für die Niederschläge (blaue Zahlen, 1 cm = 20 mm).

4. Schritt: Beschrifte die Achsen jeweils mit °C und mm und schreibe Name sowie Höhe der Station über das Diagramm.

5. Schritt: Markiere die mittleren Monatstemperaturen mit einem Kreuz in der Monatsmitte und verbinde sie mit einem roten Stift zu einer Kurve.

6. Schritt: Markiere die Höhe der mittleren Monatsniederschläge mit einem kleinen Punkt. Zeichne dann bis zu dieser Marke in Blau 4 mm breite Säulen.

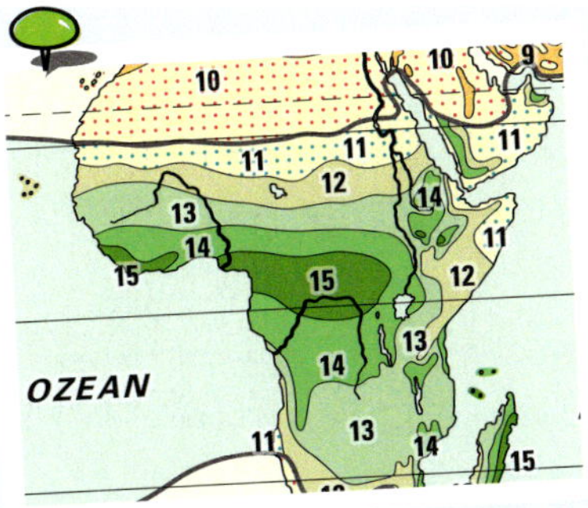

Mit einer Klimakarte arbeiten

1. Schritt: Fragestellung finden
Lege zunächst die Fragestellung fest. Was möchtest du mithilfe der Klimakarte herausfinden?

2. Schritt: Einen Überblick mit der Legende verschaffen
Mithilfe der Legende kannst du dir einen Überblick zu den Inhalten der Karte verschaffen. Folgende Fragen solltest du dabei klären: Welche Bedeutung haben die Farben und Signaturen? Was wird unterschieden?

3. Schritt: Informationen entnehmen
Entnimm der Klimakarte alle Informationen, um deine Fragestellung zu beantworten. Damit du deinen Untersuchungsraum findest, solltest du eine Atlaskarte zur Hilfe nehmen. Folgende Fragen solltest du klären: Welche Klimazonen umfassen den Untersuchungsraum? Wie verlaufen die Grenzen zwischen den Zonen? Gibt es auffällige Regelhaftigkeiten?

4. Schritt: Ergebnisse zusammenfassen
Fasse nun deine Ergebnisse mit wenigen Worten zusammen. Welche Schlüsse kannst du aus deinen Resultaten ziehen? Nutze zur Überprüfung der Ergebnisse auch andere Informationsquellen.

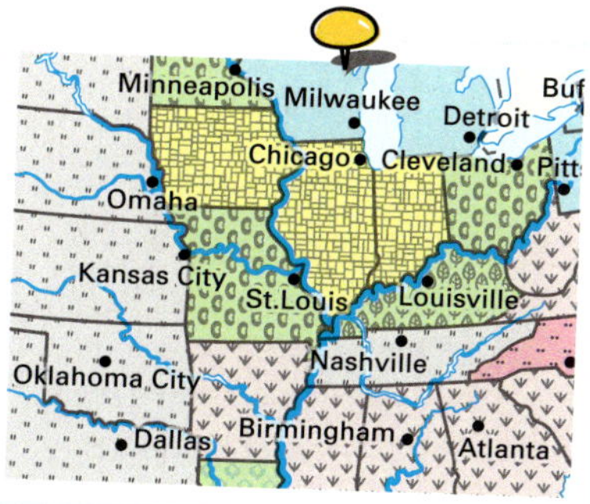

Eine thematische Karte auswerten

1. Schritt: Karteninhalt erfassen und beschreiben
- Erfasse das Thema der Karte, den dargestellten Raumausschnitt sowie die Inhalte der Legende;
- Beschreibe die Hauptinhalte der Karte, z. B. räumliche Verteilung und Häufigkeit bestimmter Farben oder Signaturen bzw. dargestellte Entwicklungsprozesse beachten.

2. Schritt: Karteninhalt erklären
Finde Ursachen für die in der Karte dargestellten Erscheinungen und deren räumliche Verteilung.

3. Schritt: Karteninhalt bewerten und schlussfolgern
- Bewerte Informationsgehalt, Aussagewert und Darstellung der Karteninhalte. Achte auf angegebene Datenquellen, die Aktualität, verwendete Farben, Symbole und Signaturen.
- Überprüfe dein eigenes Vorgehen: War die Auswertung systematisch angelegt und die Beschreibung ausführlich? Sind die Zusammenhänge logisch dargestellt und nachvollziehbar?

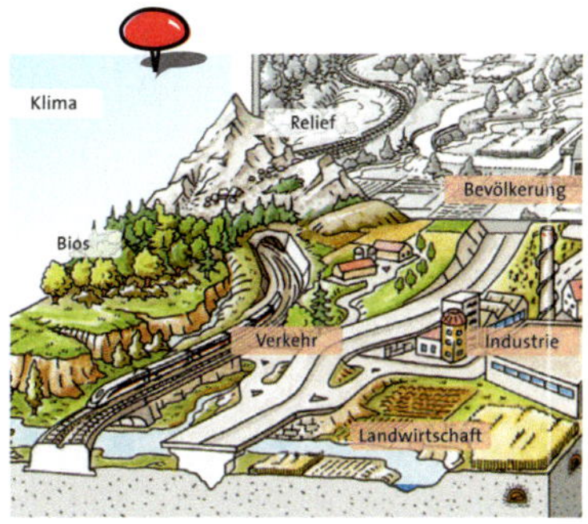

Eine Raumanalyse durchführen

1. Schritt: Fragen formulieren
Formuliere eine oder mehrere Leitfragen zur Untersuchung des Raumes.

2. Schritt: Überblick verschaffen
- Grenze den Untersuchungsraum ab und beschreibe seine geographische Lage.
- Ordne den Raum in größere räumliche Einheiten ein.
- Verschaffe dir einen Überblick über wesentliche, den Raum prägende Strukturen und Merkmale.

3. Schritt: Arbeitsschritte planen
Wähle Materialien und Untersuchungsmethoden aus, mit denen sich die Leitfragen am besten beantworten lassen.

4. Schritt: Faktoren analysieren
Untersuche einzelne Faktoren mithilfe der Materialien.

5. Schritt: Wechselwirkungen zwischen den Faktoren erklären
Stelle Zusammenhänge zwischen den untersuchten Faktoren dar.

6. Schritt: Einzelergebnisse zusammenfügen und bewerten
- Beantworte zusammenhängend die Leitfragen.
- Bewerte die Ergebnisse der Raumanalyse sowie die verwendeten Materialien und angewandten Methoden kritisch.

Operatoren nach Anforderungsbereichen

Anforderungsbereiche und Operatoren

Du hast schon immer mit unterschiedlichen Aufgaben gearbeitet. Die dabei verwendeten Operatoren sind mit unterschiedlichen Leistungsanforderungen verbunden. Dabei unterscheidet man drei Anforderungsbereiche:

Der **Anforderungsbereich I** umfasst die Wiedergabe von Sachverhalten aus einem begrenzten Gebiet und im gelernten Zusammenhang sowie die Verwendung gelernter und geübter Arbeitstechniken und Methoden.

Der **Anforderungsbereich II** umfasst das selbstständige Bearbeiten, Ordnen und Erklären bekannter Sachverhalte sowie das angemessene Anwenden gelernter Inhalte und Methoden auf andere Sachverhalte.

Der **Anforderungsbereich III** umfasst den reflexiven Umgang mit neuen Problemstellungen sowie das selbstständige Anwenden von Methoden mit dem Ziel, zu Begründungen, Deutungen, Wertungen und Beurteilungen zu gelangen.

Um den verschiedenen Anforderungsbereichen gerecht zu werden, sind den Anforderungsbereichen sogenannte **Operatoren** zugeordnet. Sie sind als Verben formuliert (z. B. darstellen, erläutern, beurteilen) und geben an, was konkret zu tun ist.
Die folgenden Listen geben eine Hilfe zum Verständnis der Aufgabenstellungen.
Viele der Operatoren tauchen bereits in den diversen Aufgaben zu den einzelnen Kapiteln dieses Buches auf. Sie decken natürlich nicht alle Aufgabentypen eines Schulbuches ab.

Anforderungsbereich I

Reproduktion

Beispiele

- Beschreiben des weltweiten Verstädterungsprozesses
- Nennen von Erscheinungsformen regionaler Disparitäten
- Auflisten von „Indikatoren der Unterentwicklung" in der Dritten Welt
- Grafisches Umsetzen einer Tabelle

Operatoren

beschreiben: Materialaussagen und Kenntnisse (unter einem vorgegebene Aspekt) mit eigenen Worten zusammenhängend, geordnet und fachsprachlich angemessen wiedergeben.

charakterisieren: Sachverhalte und Vorgänge mit ihren typischen Merkmalen unter einem leitenden Gesichtspunkt beschreiben.

ermitteln: Einen Zusammenhang oder eine Lösung finden und das Ergebnis formulieren.

herausarbeiten: Informationen und Sachverhalte aus vorgegebenem Material entnehmen und wiedergeben.

darstellen: Einen Sachverhalt ausführlich (u. U. mithilfe einer Skizze) in Worten deutlich machen

lokalisieren: Einordnen von Fall-/ Raumbeispielen in bekannte topografische Orientierungsraster.

nennen: Etwas mit einem passenden Begriff bezeichnen, Informationen aus vorgegebenem Material unkommentiert entnehmen.

wiedergeben: Informationen aus vorgegebenem Material aufzählen oder einen Sachverhalt aus dem Wissen vortragen.

Anforderungsbereich II

Reorganisation und Transfer

Beispiele

- Vergleichen der Entwicklungsprobleme eines bekannten mit denen eines nicht bekannten Raumes.
- Auswerten einer Tabelle und Verknüpfen mit anderen Informationsträgern
- Erstellen eines Wirkungsschemas zur Darstellung von Zusammenhängen

Operatoren

analysieren: Materialien oder Sachverhalte systematisch und gezielt untersuchen, auswerten und Strukturen herausarbeiten.

ein-, zuordnen: Sachverhalte, Räume begründet in einen vorgegebenen Zusammenhang stellen oder in ein Ordnungsraster einordnen.

erklären: Informationen und Sachverhalte (z. B. Erscheinungen, Entwicklungen) so darstellen, dass Bedingungen, Ursachen, Folgen und Gesetzmäßigkeiten verständlich werden.

erläutern: Sachverhalte im Zusammenhang beschreiben und Beziehungen deutlich machen.

erstellen: Sachverhalte inhaltlich und methodisch angemessen grafisch darstellen und mit fachsprachlichen Begriffen beschriften (z. B. Fließschema, Diagramm, Kartenskizze ...).

gliedern: Aussagen in eine logische Reihenfolge oder in eine systematische Ordnung bringen.

vergleichen: Gemeinsamkeiten und Unterschiede gewichtend einander gegenüberstellen und ein Ergebnis/ eine Schlussfolgerung formulieren.

Anforderungsbereich III

Reflexion und Problemlösung

Beispiele

- Diskutieren von Maßnahmen zum Abbau von Disparitäten in der EU
- Stellung nehmen zu Maßnahmen der Entwicklungshilfe in einem Land der Dritten Welt
- Beurteilen des Aussagewertes von verwendeten Arbeitsmaterialien

Operatoren

begründen: Komplexe Grundgedanken argumentativ schlüssig entwickeln und im Zusammenhang darstellen.

beurteilen: Aussagen, Behauptungen, Vorschläge oder Maßnahmen im Zusammenhang auf ihre Stichhaltigkeit bzw. Angemessenheit prüfen und dabei die angewandten Kriterien nennen, ohne persönlich Stellung zu beziehen.

bewerten: Aussagen, Behauptungen, Vorschläge oder Maßnahmen beurteilen unter Offenlegung/Reflexion der angewendeten Wertmaßstäbe und persönlich Stellung nehmen.

erörtern/diskutieren: Zu einer vorgegebenen Problemstellung durch Abwägen von Pro- und Kontra-Argumenten ein begründetes Urteil fällen/eine begründete Meinung formulieren.

gestalten: Sich produkt-, rollen- bzw. adressatenorientiert mit einem Problem durch Entwerfen z. B. von Reden, Modellen oder Ähnlichem auseinandersetzen.

prüfen/überprüfen: Vorgegebene Aussagen bzw. Behauptungen an konkreten Sachverhalten auf ihre Stimmigkeit und Angemessenheit hin untersuchen und dabei eventuelle Widersprüche aufzeigen.

Stellung nehmen: Zu einer Behauptung, einer Aussage begründend eine eigene Meinung äußern.

Strukturdaten ausgewählter Staaten

Land	Fläche in 1 000 km²	Einwohner 2009 in Millionen	Jährliches Bevölkerungswachstum	Geburtenrate 2009 in %	Sterberate 2009 in %	Lebenserwartung 2007 in Jahren	Anteil der Bevölkerung unter 15 Jahren 2009 in %	Anteil der Bevölkerung über 65 Jahren 2009 in %	Städtische Bevölkerung 2008 in %	Wirtschaftsleistung je Einwohner 2006 in US-$[2]	Erwerbstätige in der Industrie[3] 2005 in % der Erwerbstätigen insgesamt	Erwerbstätige in Dienstleistungen[3] 2005 in % der Erwerbstätigen insgesamt	Anteil der Industrie[3] am BIP 2007 in %	Anteil der Dienstleistungen[3] am BIP 2007 in %	Arbeitslose 2008 in %	Energieverbrauch je Einwohner 2005 in kg Öleinheiten[1]	Analphabeten 2008 in %	Kalorienversorgung je Einwohner und Tag 2006	Einwohner je Arzt 2006	Internet-Nutzer 2008 je 1000 Einwohner
Europa																				
Albanien	29	3,2	0,6	1,0	0,5	78	23,5	13,4	49	3 021	14,0	28,0	20,0	59,0	12,6	k.A.	1	2 920	845	147
Belgien	31	10,8	0,2	1,1	0,9	79	16,8	23,0	97	35 445	24,4	73,5	23,2	76,0	7,0	6 650	k.A.	3 720	244	670
Bosnien-Herzegowina	51	3,8	0,0	0,9	0,9	78	15,4	18,7	46	2 327	k.A.	k.A.	22,0	68,0	k.A.	1 136	1	3 030	716	344
Bulgarien	111	7,6	-0,4	1,0	1,4	73	13,4	24,2	71	4 545	32,8	57,1	30,5	62,1	5,6	2 620	1	2 640	283	310
Dänemark	43	5,5	0,2	1,2	1,0	78	18,2	23,0	72	49 314	23,8	73,2	26,1	72,7	3,3	3 170	k.A.	3 510	285	849
Deutschland	357	82	-0,2	0,8	1,0	79	13,5	25,7	73	36 646	29,9	67,8	30,1	69,0	7,8	3 930	k.A.	3 620	269	757
Estland	45	1,3	0,0	1,2	1,2	72	15,1	22,4	69	11 437	32,5	61,3	29,0	68,5	5,5	k.A.	0	3 170	320	640
Finnland	338	5,3	0,2	1,1	0,9	79	16,7	24,0	63	38 249	25,9	69,2	32,4	64,9	6,4	4 880	k.A.	3 270	317	790
Frankreich	544	62,6	0,4	1,3	0,9	81	18,4	22,7	77	33 901	24,2	71,9	20,5	77,6	7,8	4 310	k.A.	3 670	294	512
Griechenland	132	11,3	0,0	1,0	1,0	79	14,2	24,0	60	20 754	22,4	65,1	19,7	77,0	7,7	3 020	2	3 790	211	325
Großbritannien	243	61,8	0,4	1,3	0,9	79	17,4	22,4	80	36 240	22,1	76,5	23,7	75,6	5,6	3 770	k.A.	3 460	457	799
Irland	70	4,5	1,0	1,6	0,6	78	20,7	15,9	60	61 245	27,8	66,3	33,8	64,1	6,3	3 580	k.A.	3 710	363	646
Italien	301	60,3	0,0	1,0	1,0	80	14,2	26,4	68	29 542	30,7	65,3	27,0	71,0	6,8	3 140	1	3 700	159	494
Kroatien	57	4,4	-0,2	1,0	1,2	75	15,1	23,1	56	8 672	28,5	54,2	28,5	65,0	8,4	1 976	1	2 800	542	427
Lettland	65	2,3	-0,3	1,0	1,4	72	13,8	22,5	68	7 953	27,0	59,2	22,7	74,2	7,5	1 881	0	2 860	344	550
Litauen	65	3,3	-0,2	1,1	1,3	74	14,9	21,3	67	8 489	27,8	57,4	32,2	63,4	5,8	2 430	0	3 390	256	527
Luxemburg	3	0,5	0,4	1,1	0,7	79	17,8	18,9	83	80 040	21,4	77,2	15,9	83,6	4,9	9 472	0	3 550	361	780
Montenegro	14	0,6	0,3	1,3	1,0	k.A.	19,4	17,5	64	k.A.	34,2	58,4	20,0	69,0	9,0	k.A.	k.A.	2 800	518	490
Niederlande	42	16,5	0,3	1,1	0,8	79	17,8	21,4	66	37 464	20,6	76,1	25,5	73,0	2,8	5 800	k.A.	3 320	317	868
Norwegen	324	4,8	0,4	1,3	0,9	80	19,0	20,8	80	61 255	20,7	76,0	46,1	52,6	2,5	9 740	k.A.	3 410	289	850
Österreich	84	8,4	0,0	0,9	0,9	79	14,9	22,9	67	37 033	27,8	66,8	30,9	67,3	3,8	4 200	k.A.	3 820	243	590
Polen	313	38,1	0,1	1,1	1,0	75	15,0	18,8	61	8 091	29,7	53,2	31,1	64,5	7,1	2 400	0	3 420	436	440
Portugal	92	10,6	0,0	1,0	1,0	78	15,3	23,3	55	17 883	30,5	57,7	24,0	73,6	7,7	2 180	3	3 750	298	418
Rumänien	238	21,5	-0,1	1,0	1,2	72	15,2	20,0	55	3 653	30,8	36,5	37,4	55,5	5,8	1 840	2	3 430	505	240
Russland	17 098	141,8	-0,3	1,2	1,5	66	14,8	17,8	73	4 673	29,4	61,9	38,0	57,0	6,3	4 720	0	3 050	210	318
Schweden	450	9,3	0,2	1,2	1,0	81	16,6	24,7	84	41 553	21,9	75,8	28,0	70,5	6,2	5 500	k.A.	3 190	334	800
Schweiz	41	7,8	0,2	1,0	0,8	81	15,3	23,0	73	50 532	23,0	73,0	28,3	70,5	2,6	3 760	k.A.	3 460	266	764
Serbien	88	7,3	-0,5	0,9	1,4	75	17,7	19,4	56	k.A.	34,2	58,4	28,0	59,0	18,8	1 991	k.A.	2 800	381	396
Slowakei	49	5,4	0,1	1,1	1,0	75	15,4	17,3	56	9 703	38,3	55,8	36,8	59,8	9,5	3 380	k.A.	3 160	270	514
Slowenien	20	2,0	0,2	1,1	0,9	77	13,8	21,9	48	19 510	37,5	53,7	34,0	63,9	4,4	3 518	0	3 210	427	557
Spanien	506	46,9	0,3	1,1	0,8	80	14,8	22,2	77	27 810	296	65,1	28,9	68,4	11,3	3 400	1	3 371	227	587
Tschechische Republik	79	10,5	0,1	1,1	1,0	76	14,1	21,8	74	14 823	39,5	56,4	37,6	60,1	4,4	4 340	k.A.	3 220	288	585
Ukraine	604	46	-0,5	1,1	1,6	68	13,9	20,8	68	1 666	30,0	51,0	37,0	55,0	6,4	2 980	0	3 040	212	222
Ungarn	93	10	-0,3	1,0	1,3	73	14,8	22,1	65	13 453	32,4	62,8	29,2	66,4	7,8	2 470	1	3 570	300	550
Weißrussland	208	9,7	-0,3	1,1	1,4	70	14,7	18,1	74	3 101	34,1	54,6	42,0	49,0	0,8	2 430	0	2 990	217	348
Amerika																				
Argentinien	2 780	40,3	1,0	1,8	0,8	76	25,1	14,6	91	5 549	19,9	78,8	29,0	62,0	7,9	1 720	2	3 200	316	281
Bolivien	1 099	9,9	2,1	2,9	0,8	66	36,2	7,1	65	1 260	19,7	76,9	36,0	51,0	7,5	504	9	2 300	2 806	105
Brasilien	8 515	191,5	1,0	1,7	0,6	72	25,9	9,9	84	4 145	20,9	58,4	28,0	65,0	7,9	1 040	10	3 060	378	352
Chile	756	17,0	1,0	1,5	0,5	77	22,7	12,8	87	7 065	23,6	63,0	47,0	49,0	7,7	1 660	3	2 910	770	328

[1] 1 kg Öleinheit = Energie von 1 kg Erdöl (etwa 10 000 Kalorien). Mit dieser Maßeinheit kann man verschiedene Energiearten untereinander vergleichen. [2] Gemeint ist das Bruttoinlandsprodukt (BIP) = Maß für die wirtschaftliche Leistung eines Landes; misst den Wert der im Inland hergestellten Waren und Dienstleistungen, soweit diese nicht vorher für die Produktion anderer Waren und Dienstleistungen verwendet werden. [3] Der Anteil der Landwirtschaft ergibt sich, indem man die Anteile der Industrie und Dienstleistungen addiert und von 100 subtrahiert. – k.A. keine Angaben.

Ecuador	284	13,6	1,8	2,3	0,5	77	31,1	9,2	63	2777	21,4	69,3	37,0	56,0	7,3	640	6	2460	626	98
Guatemala	109	14,0	2,8	3,4	0,6	70	41,9	6,4	47	2206	20,0	38,0	26,0	63,0	3,2	608	21	2340	1322	147
Haiti	28	9,2	2,1	3,1	1,0	57	36,3	6,4	43	468	k.A.	k.A.	17,0	55,0	k.A.	270	k.A.	2190	k.A.	96
Honduras	112	7,5	2,2	2,7	0,5	69	37,4	6,1	49	1204	21,0	41,0	28,0	59,0	3,0	522	16	2450	3865	93
Kanada	9985	33,7	0,4	1,1	0,7	80	16,5	19,5	81	33011	22,3	75,0	24,9	73,0	6,2	9840	k.A.	3240	475	730
Kolumbien	1139	45,1	1,4	2,0	0,6	72	29,2	8,3	75	2746	19,7	59,3	35,0	56,5	12,4	620	7	2630	729	366
Kuba	110	11,2	0,3	1,1	0,8	77	17,7	16,8	76	2586	20,0	53,0	20,0	76,0	1,8	1000	0	2580	161	128
Mexiko	1964	109,6	1,6	2,0	0,5	76	28,5	9,1	77	7344	24,8	58,8	36,0	60,0	4,7	1410	7	3180	836	216
Peru	1285	29,2	1,5	2,1	0,6	70	30,3	8,5	76	2741	20,6	78,7	37,0	56,0	8,7	470	5	2630	820	253
USA	9629	306,8	0,6	1,4	0,8	78	20,3	17,9	79	45172	20,8	77,6	22,0	77,0	5,8	7790	k.A.	3800	334	712
Venezuela	912	28,4	2,0	2,4	0,4	73	29,8	8,4	88	5152	20,0	69,0	58,0	38,0	7,1	2590	5	2360	692	255
Afrika																				
Ägypten	1002	78,6	1,9	2,5	0,6	72	32,3	7,3	43	1164	21,0	52,0	36,0	50,0	9,1	770	33	3420	1605	164
Algerien	2382	35,4	1,9	2,3	0,4	74	27,3	6,8	63	3640	26,0	53,3	61,0	31,0	12,9	1030	25	2960	876	103
Äthiopien	1104	82,8	2,7	3,9	1,2	49	43,5	5,0	16	180	22,5	69,6	13,0	41,0	16,7	299	63	1880	k.A.	4
Burkina Faso	274	15,8	3,2	4,6	1,4	49	46,3	3,3	16	429	k.A.	k.A.	22,0	45,0	k.A.	k.A.	70	2560	k.A.	5
Ghana	239	23,8	2,1	3,1	1,0	59	38,4	5,7	48	512	14,0	31,0	26,0	40,0	k.A.	400	35	2750	k.A.	43
Kenia	580	39,1	2,7	3,9	1,3	55	42,8	4,1	19	554	k.A.	k.A.	18,0	56,0	12,7	494	k.A.	2213	7427	87
Kongo, Dem. Rep.	2345	68,7	3,1	4,4	1,3	57	46,7	4,2	33	94	k.A.	k.A.	28,0	28,0	40,0	293	k.A.	1550	k.A.	5
Libyen	1760	6,3	2,0	2,4	0,4	77	30,1	6,5	77	6515	k.A.	k.A.	68,1	27,3	30,0	3191	14	3350	k.A.	52
Mali	1240	13,0	2,8	4,3	1,5	50	44,2	3,8	31	510	k.A.	k.A.	24,0	39,0	k.A.	k.A.	k.A.	2390	k.A.	16
Marokko	447	31,5	1,4	2,1	0,6	71	28,4	7,9	56	1575	20,2	35,9	24,0	63,0	9,6	378	44	3070	1961	326
Niger	1267	15,3	3,9	5,3	1,4	44	49,9	3,5	17	310	k.A.	k.A.	k.A.	k.A.	k.A.	k.A.	71	2130	35806	2
Nigeria	924	152,6	2,6	4,1	1,5	47	42,5	4,9	47	856	k.A.	k.A.	39,0	34,0	14,6	777	28	2790	k.A.	73
Ruanda	26	9,9	2,5	4,1	1,6	49	42,3	3,8	18	290	k.A.	k.A.	14,0	46,0	k.A.	k.A.	57	2110	k.A.	5
Sambia	753	12,6	2,9	4,5	1,6	38	46,2	4,8	37	560	k.A.	k.A.	38,0	40,0	k.A.	592	k.A.	1920	k.A.	20
Südafrika	1221	50,7	0,8	2,3	1,5	42	30,5	7,1	59	6189	24,5	65,2	31,0	66,0	21,7	2510	12	2920	1355	87
Tansania	945	43,7	2,3	3,8	1,5	51	44,7	4,8	25	402	3,0	15,0	17,0	38,0	k.A.	465	27	2020	k.A.	13
Tunesien	164	10,4	1,2	1,7	0,6	75	23,2	9,5	66	3399	32,0	49,0	30,0	60,0	14,2	837	k.A.	3330	1202	274
Asien																				
Bangladesch	144	162,2	1,6	2,3	0,7	63	31,5	6,0	25	462	10,0	24,0	26,0	58,0	4,2	110	46	2210	3714	3
China, VR	9597	1331,4	0,5	1,2	0,7	73	20,2	11,9	46	1972	22,7	20,7	49,0	40,0	4,2	1200	7	3120	708	223
Indien	3287	1171,0	1,6	2,3	0,7	69	31,3	7,4	29	769	k.A.	k.A.	29,0	53,0	3,1	340	34	2550	1708	69
Indonesien	1905	243,2	1,5	2,1	0,6	70	27,0	8,8	43	1293	13,2	43,5	53,0	33,0	8,4	510	8	2960	7368	108
Irak	438	30,0	2,3	3,2	0,9	69	41,1	4,7	67	1272	31,2	45,3	k.A.	k.A.	k.A.	943	k.A.	2180	1648	10
Iran	1648	73,2	1,5	2,0	0,5	71	24,1	7,1	67	2954	k.A.	k.A.	45,0	45,0	11,0	2330	18	3020	2192	319
Israel	22	7,6	1,6	2,1	0,5	80	27,7	14,2	92	24792	22,6	75,6	20,0	78,0	6,0	3086	k.A.	3580	263	292
Japan	378	127,6	0,0	0,9	0,9	82	13,3	29,7	86	43249	28,4	67,0	30,1	68,4	4,0	4100	k.A.	2790	485	689
Kasachstan	2725	15,9	1,3	2,3	1,0	67	23,7	10,1	53	3233	17,0	47,8	41,0	53,0	7,6	3630	0	2560	274	148
Korea, Republik	100	48,7	0,4	0,9	0,5	77	16,8	15,1	82	16428	27,5	64,3	39,0	58,0	3,2	4690	k.A.	3090	588	689
Malaysia	330	28,3	1,6	2,1	0,5	73	29,5	7,5	68	7316	30,1	55,1	46,0	44,0	3,8	2390	8	2960	1377	625
Pakistan	796	180,8	2,3	3,0	0,7	64	36,9	6,1	35	702	21,0	37,0	26,0	54,0	7,4	350	51	2490	1314	111
Philippinen	300	92,2	2,1	2,6	0,5	71	33,9	6,5	63	1097	15,6	47,0	32,0	54,0	6,8	300	7	2410	2762	60
Saudi-Arabien	2150	28,7	2,6	2,9	0,2	76	32,4	4,5	81	10914	21,0	74,0	65,0	32,0	11,5	6340	16	2870	699	285
Singapur	0,7	5,1	0,6	1,0	0,4	82	16,3	15,2	100	25216	23,0	76,0	31,0	69,0	2,3	11120	5	3160	645	734
Syrien	185	21,9	2,5	2,8	0,3	71	35,0	4,8	54	1760	27,0	43,0	35,0	47,0	9,0	986	k.A.	3080	699	178
Taiwan	36	23,1	0,2	0,8	0,6	78	k.A.	k.A.	78	17246	33,1	61,1	25,2	73,2	4,1	4420	k.A.	3120	666	658
Thailand	513	67,8	0,6	1,5	0,9	73	21,7	11,2	36	3028	20,5	37,2	44,0	45,0	1,2	1360	5	2520	3569	210
Türkei	784	74,8	1,2	1,8	0,6	73	26,8	8,8	63	5041	23,0	43,0	26,9	64,4	9,4	1240	11	3380	725	323
Vietnam	332	87,3	1,2	1,7	0,5	71	25,7	8,6	28	636	17,4	24,7	42,0	38,0	5,0	544	k.A.	2580	1637	205
Australien																				
Australien	7692	21,9	0,7	1,4	0,7	81	19	19,1	83	31334	21,2	75,0	25,8	71,7	4,4	5840	k.A.	3160	391	568
Neuseeland	270	4,3	0,8	1,5	0,7	79	20,4	17,8	86	26086	22,7	69,8	27,0	68,0	4,1	4333	k.A.	3250	456	700

Quellen: Statistisches Bundesamt, Statistisches Jahrbuch 2009; Fischer Weltalmanach 2010; Human Development Report 2009; World Population Data Sheet 2009; CIA – The World Factbook

Teste dich selbst – Lösungen

Seiten 32/33

2

b) demografischer Übergang

3

c) Das Modell des demografischen Übergangs ist nicht so einfach auf die Entwicklungsländer übertragbar, weil:
- die Ausgangssituation in vielen Entwicklungsländern anders ist als jene damals in Europa;
- die Phasen 2 bis 4 in den Entwicklungsländern wesentlich schneller durchlaufen werden als in den Industrieländern;
- mehrere Entwicklungsländer das Modell noch nicht bis zur Phase 5 durchlaufen haben.

5

b) Zwei wesentliche Gründe führen zum weiteren Anwachsen der Weltbevölkerung:
Altersstruktureffekt: Die Bevölkerungsdiagramme der Entwicklungsländer haben noch die Pyramidenform. Jede neue Generation hat mehr potenzielle Eltern als die vorherige Generation. Erst wenn über 20 Jahre hinweg die Geburtenrate stagniert oder abnimmt, wird das Wachstum der Weltbevölkerung abnehmen.
Gesamtfruchtbarkeitsrate: Weltweit liegt die Gesamtfruchtbarkeitsrate im Durchschnitt über dem Ersatzniveau.

Seiten 54/55

2

d) Terms of Trade
e) Erfüllung der Grundbedürfnisse

7

b) Bei der Karte 2 handelt es sich um keine Realdarstellung, da hohe Werte des BIP eines Landes immer auch große Flächenanteile bedeuten. So sind direkt vergleichende Aussagen über Regionen möglich. Nachteilig ist, dass einzelne Länder nicht mehr zu erkennen sind. Die Darstellung beinhaltet schon eine Wertung. Bei der Karte 3 auf Seite 37 sind die Flächenanteile unabhängig vom BIP dargestellt, die Lage der Länder ist nicht verzerrt. Es sind auch Angaben über Länder bzw. Teilregionen möglich.

Seiten 68/69

2

e) Binnenflüchtlinge

7

b) Der junge Mann kann als Flüchtling anerkannt werden, weil er sein Heimatland wegen seiner politischen Überzeugung verlassen hat. Bliebe er in seinem Heimatland, hätte er die Verfolgung zu befürchten.

Seiten 94/95

1

b) Afrika, Mittel- und Südamerika, GUS, Osteuropa, Australien/Ozeanien

3

Schnellere und bessere Kommunikation erleichtert die Logistik (sinkende Transportkosten); außenwirtschaftliche Liberalisierung erleichtert den Warenaustausch und erfordert mehr Logistik, sinkende Transportkosten ermöglichen mehr Warenaustausch auf größere Entfernungen; Liberalisierung des Geldmarktes erleichtert den Warenaustausch

Seiten 132/133

3

b) Der Rand des Pazifischen Ozeans wird auch Feuerring genannt, weil sich rings um den Pazifik Plattenränder mit vielen aktiven Vulkanen befinden.

5

a) Vulkan, Erdbeben

Seiten 152/153

1

a) falsch; die Transportkraft des Wassers ist im Mittellauf größer als im unteren Teil eines Flusses.

5

b) Ein Trogtal entsteht zum Beispiel, wenn ein Gletscher ein ehemals V-förmiges Kerbtal vertieft und u-förmig ausweitet.

Seiten 184/185

2

a) Bodentyp
b) Bodenart
c) Bodenerosion

3

b) Hauptursachen für die Gefährdung des Bodens sind Wasser- und Winderosion, aber auch unsachgemäße Eingriffe durch den Menschen, wie Bodenverdichtung (durch schwere Arbeitsmaschinen) oder falsches Pflügen der Böden.

Seiten 206/207

2

a) falsch: Wasserdampf ist mit einem Anteil von 62 % der Hauptverursacher des natürlichen Treibhauseffektes. CO_2 folgt mit einem Anteil von 22 % auf Platz 2. CO_2 ist aber mit etwa 60 % Hauptverursacher des anthropogenen Treibhauseffektes.
b) falsch: In Folge der Düngung von Ackerböden wird v. a. Lachgas N_2O freigesetzt. Natürliche Quellen von Methan stellen Feuchtgebiete und viele Tierarten dar. Zu den vom Menschen beeinflussten Quellen zählen die Viehzucht, geflutete Reisfelder, Mülldeponien und das Verbrennen fossiler Brennstoffe.

3

Brandrodung verstärkt den Treibhauseffekt in doppelter Weise, weil erstens beim Verbrennen der Bäume große Mengen CO_2 freigesetzt und an die Atmosphäre abgegeben werden. Das CO_2 wirkt als Treibhausgas, welches die ausgehende langwellige Wärmestrahlung zu absorbieren vermag und diese teilweise zum Erdboden zurückstrahlt.
Zweitens wird durch die Brandrodung die Waldfläche auf der Welt verringert. Da Wälder aber durch den Prozess der Fotosynthese CO_2 binden, geht hierdurch ein Teil einer natürlichen CO_2-Senke verloren.

Nachweise

Bildquellennachweis

Cover Klett-Archiv (Skyscan), Stuttgart; 2.1 Corbis (Philippe Lissac/Godong), Düsseldorf; 2.2 The Associated Press GmbH (Ajit Solanki), Hamburg; 2.4 laif (Huber), Köln; 2.5 laif, Köln; 2.6 TOPICMedia (Gerlach), Ottobrunn; 3.7 Picture-Alliance (dpa), Frankfurt; 3.8 Klett-Archiv (Jens Joachim, Leipzig), Stuttgart; 3.9 Copeland, Sebastian, Los Angeles, CA; 3.9 Okapia (Ishokon/UNEP/Still Pictures), Frankfurt; 3.10 Klett-Archiv (Rainer Enkelmann, Filderstadt), Stuttgart; 3.10 Klett-Archiv (Enkelmann, Filderstadt), Stuttgart; 5.1 Corbis (Philippe Lissac/Godong), Düsseldorf; 5.2 Logo, Stuttgart; 5.3 Grameen America, New York; 5.4 EyeUbiquitous/Hutchison, Shoreham, West Sussex, BN43 6R; 5.5 Green Belt Movement International, London; 5.6 vario images GmbH & Co.KG (Peter Günter), Bonn; 7.2 ddp images GmbH, Hamburg; 7.3 Klett-Archiv (Wolfgang Schaar), Stuttgart; 7.4 Action Press GmbH, Hamburg; 8.6 Gerster, Dr. Georg, Zumikon; 9.8 Klett-Archiv (Volker Wilhelmi, Wackersheim), Stuttgart; 10.1 Deutsche Stiftung Weltbevölkerung, Hannover; 11.2 Corbis (Jason Lee/Reuters), Düsseldorf; 11.3 nach Deutsche Stiftung Weltbevölkerung, unter www.dsw-online.de; 12.1 CCC, www.c5.net (Waldemar Mandzel), Pfaffenhofen a.d. Ilm; 14.1.1 Alamy stock photo (Tina Manley), Abington; 14.1.2 Bickel, Birgit, Berka/Werra; 16.1 Der Spiegel, Hamburg; 20.1 Graupner, Berlin; 21.7 Ullstein Bild GmbH (AP), Berlin; 21.8 NETZ www.bangladesch.org (Herold), Wetzlar; 24.1 Mauritius Images (Photri), Mittenwald; 24.3 Getty Images (Popper-Foto, London), München; 25.5 nach Jürgen Bähr: Bevölkerungsgeographie. Stuttgart: Ulmer, 2004, S. 57; 26.1 ISAAA, New York; 28.1 Greser & Lenz, Aschaffenburg; 28.3 Der Spiegel, Hamburg; 29.6 nach International Energy Agency: Key World Energy Statistics 2009, Paris 2009, S. 6, unter: http://www.iea.org/textbase/nppdf/free/2009/key_stats_2009.pdf; 33.4 SASI Group (University of Sheffield), ..; 36.1 Bilderberg (G.Tizon/GRANANGULAR), Hamburg; 36.1 iStockphoto (Anja Hild), Calgary, Alberta; 37.3 Klett-Archiv, Stuttgart; 42.1 www.welthungerhilfe.de/fileadmin/media/pdf/WHI/Welthunger-Index-2009.pdf; 44.2 Corbis (Robert van der Hilst), Düsseldorf; 44.3 vario images GmbH & Co.KG (Westend61), Bonn; 45.5 nach Deutsche Gesellschaft für Geographie (Hrsg.): Bildungsstandards im Fach Geographie für den Mittleren Schulabschluss – mit Aufgabenbeispielen – 5., durchgesehene Auflage Dezember 2008, S. 90; 46.1 Anzenberger Agency (Paolo Woods), Wien; 49.2; 49.3 Sakurai, Heiko, Köln; 50.2 Brot für die Welt (Uli Reinhardt), Stuttgart; 51.4 CCC, www.c5.net (Liebermann), Pfaffenhofen a.d. Ilm; 52.1 Erde in Bildern (Cordula Werner), München; 52.4 Das Fotoarchiv (Xinhua), Essen; 54.1 CCC, www.c5.net (Horst Haitzinger), Pfaffenhofen a.d. Ilm; 55.2 Copyright 2009 SASI Group (University of Sheffield) and Mark Newman (University of Michigan); 56.1 Ullstein Bild GmbH (Eckel), Berlin; 56.2 Picture-Alliance (dpa/epa/efe/Manuel Lerida), Frankfurt; 56.3 laif (Bialobrzeski), Köln; 57.4 laif (Huber), Köln; 59.2; 59.4 Klett-Archiv (Hans-Henje Hild), Stuttgart; 60.1 nach www.unhcr.de/statistiken.html; 61.2 Picture-Alliance (EFE/Perez), Frankfurt; 61.3 Picture-Alliance (dpa), Frankfurt; 61.4 Getty Images (Nelson), München; 62.1 Klett-Archiv (Georg Pinter, Königswinter), Stuttgart; 62.3 Klett-Archiv (Marion Rausch, Frickenhausen-Linsenhofen), Stuttgart; 64.1 Klett-Archiv (Butz), Stuttgart; 64.4 Klett-Archiv (Betül Kamat, Mönchengladbach), Stuttgart; 65.5 Picture-Alliance, Frankfurt; 65.7 Noheh-Khan, Mehdi, Recklinghausen; 66.2.1 Getty Images (Daily Mirror Gulf coverage / Mirrorpix), München; 66.2.2 ShutterStock.com RF (A and N photography), New York, NY; 68.1 Picture-Alliance (dpa), Frankfurt; 68.2 Bilderberg (Ginter), Hamburg; 69.3 Reuters (Medina), Frankfurt; 69.4 CCC, www.c5.net (Jan Tomaschoff), Pfaffenhofen a.d. Ilm; 71.1 laif, Köln; 71.2 Klett-Archiv (Volker Wilhelmi, Wackersheim), Stuttgart; 71.3 laif (Dominik Butzmann), Köln; 71.4 Sipa Press (Taylor Ross), Paris; 72.1 nach Folie Zeitbild-Verlag: Materialien zum Download – Eine Welt für alle, unter: http://www.zeitbild.de/2009/02/18/eine-welt-downloads/–> Zeitbild-Eine Welt fuer alle-entwicklung-der-kommunikationsmedien.jpg; 72.3 nach OMNIA auf Grundlage von GATT-Angaben –> AB Weltwirtschaft, unter http://www.omnia-verlag.de/upload_files/ls_arb_wirt01.pdf; 73.4 nach Globus Kartendienst 7575, Hamburg; 73.5 Oppermann, Stefan, Hamburg; 74.3 Flughafen Frankfurt Main AG (Rebscher), Frankfurt; 76.1 Picture-Alliance (dpa/Roland Witschel), Frankfurt/M.; 77.4 ShutterStock.com RF (Anton_Ivanov), New York, NY; 77.5 Alamy stock photo (Keizo Mori), Abington; 78.12 laif (Mark Leong), Köln; 79.13 Alamy stock photo (Joerg Boethling), Abington; 82.3 Corbis (London Aerial Photo Library), Düsseldorf; 83.4 Ullstein Bild GmbH (Vario-Press), Berlin; 85.11 Corbis (Pfaff/zefa), Düsseldorf; 85.11.2 Ullstein Bild GmbH (Imagebroker.net), Berlin; 85.11.3 Corbis (Eric Sierins), Düsseldorf; 86.1 Picture-Alliance (dpa), Frankfurt; 88.3 nach www1.bpb.de/wissen/8EUGSK,0,0,Inter_und_intraregionaler_Warenhandel.html; 89.4 nach Bundeszentrale für politische Bildung, 2009, www.bpb.de – unter http://www1.bpb.de/wissen/8EUGSK, 0,0,Inter_und_intraregionaler_Warenhandel.html (Zugriff: 30.11.09, 17:30); 90.4 Fotosearch Stock Photography (Brand X Pictures), Waukesha, WI; 91.5 Getty Images (Sonny Tumbelaka/AFP), München; 92.10 Klett-Archiv (Prof. Dr. Volker Wilhelmi, Wackersheim), Stuttgart; 93.11 nach Eberhard Rothfuss, 2003; 93.13; 93.14 Klett-Archiv (Prof. Dr. Volker Wilhelmi, Wackersheim), Stuttgart; 94.1 Klett-Archiv (Rudolf Hungreder, Leinenfelden-Echterdingen), Stuttgart; 94.2 nach www.bpb.de; 95.5 Klett-Archiv (Prof. Dr. Volker Wilhelmi, Wackersheim), Stuttgart; 96 Okapia (Ferrero-Labat/Auscape/SAVE), Frankfurt; 98.2 Klett-Archiv (Wolfgang Schaar, Grafing), Stuttgart; 98.3 Klett-Archiv (Richter, Röttenbach), Stuttgart; 99.5 Mauritius Images (Sandra Schänzer), Mittenwald; 100.1 Corbis (Gryniewicz), Düsseldorf; 100.2 Okapia (Reinhard), Frankfurt; 100.3 Okapia (Büttner/Naturbild), Frankfurt; 101.7 Klett-Archiv (Lorenz Deuringer, Marktoberdorf), Stuttgart; 102.1 Still Pictures (Edwards), Berlin; 103.8 Das Fotoarchiv (Thege), Essen; 104.1 Die Bildstelle (McPhoto), Hamburg; 104.2 Deutsches Reisebüro (Kenya Tourist Board), Frankfurt; 106.1 Agenda (Jörg Böthling), Hamburg; 106.3 STOCK4B GmbH RM (Altemüller), München; 106.4 f1 online digitale Bildagentur, Frankfurt; 107.5 Klett-Archiv, Stuttgart; 107.6 VectorImages.com, Moskau; 108.1 Corbis (Stone), Düsseldorf; 109.4 Klett-Archiv, Stuttgart; 110.1 Helga Lade Fotoagentur, Frankfurt; 111.3 Picture-Alliance (dpa), Frankfurt; 111.3 Fotolia LLC (missliberty), New York; 111.4 Dreamstime LLC (Valery Shanin, Moskau), Brentwood, TN; 113.4 Okapia (Pum), Frankfurt; 114.2 FOCUS, Hamburg; 114.2 Edelmann, Jens (Dresden); 115.4 Picture-Alliance (dpa), Frankfurt; 115.5 FOCUS (Baron Sakiya), Hamburg; 115.5 VISUM Foto GmbH (Panos Pictures), Hamburg; 115.6 Klett-Archiv (Hess, Buckow), Stuttgart; 116.1 NASA,Washington, D.C.; 118.1 Action Press GmbH, Hamburg; 119.3 nach F. Press/R. Siever: Understanding Earth, 3rd ed, New York: W. H. Freeman 2002, Fig. 18.11, unter: http://ethz.planetmages.ch/Erd-Prod-Sys/Green/Erdbeben1%203.pdf; 119.4 Korby, Korb; 120.1 nach Hans Gehardt/Rüdiger Glaser u.a.: Geographie. Heidelberg: Elsevier, Spektrum Verlag, 2007, S. 1046; 120.2 Ward, Steven, Santa Cruz, CA; 120.3 Reuters (Kyodo), Frankfurt; 121.4 GFZ, Potsdam; 122.4 Picture-Alliance (Michael Hanschke), Frankfurt; 124.2 BPK, Berlin; 128.1 Klett-Archiv (Hess, Buckow), Stuttgart; 128.3 AKG (Jürgen Sorges), Berlin; 130.1 Landeshauptarchiv Koblenz